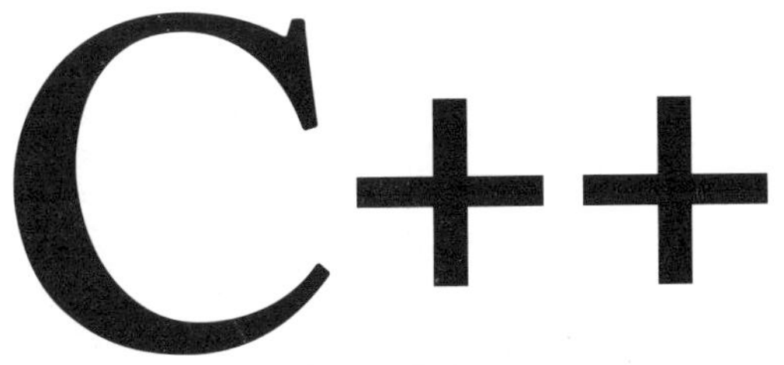

现代编程技术

写给工程师的C++教程

[德]彼得·哥特史林(Peter Gottschling)◎著

邓世超◎译

人民邮电出版社

北京

图书在版编目（CIP）数据

C++现代编程技术 ： 写给工程师的C++教程 / (德)
彼得•哥特史林 (Peter Gottschling) 著 ； 邓世超译
. -- 北京 ： 人民邮电出版社, 2024.7
ISBN 978-7-115-63764-2

Ⅰ. ①C… Ⅱ. ①彼… ②邓… Ⅲ. ①C++语言－程序设计－教材 Ⅳ. ①TP312.8

中国国家版本馆CIP数据核字(2024)第039141号

◆ 著　　　[德] 彼得•哥特史林（Peter Gottschling）
译　　　邓世超
责任编辑　胡俊英
责任印制　王　郁　焦志炜

◆ 人民邮电出版社出版发行　　北京市丰台区成寿寺路 11 号
邮编　100164　　电子邮件　315@ptpress.com.cn
网址　https://www.ptpress.com.cn
三河市君旺印务有限公司印刷

◆ 开本：800×1000　1/16
印张：32.5　　　　2024 年 7 月第 1 版
字数：745 千字　　2024 年 7 月河北第 1 次印刷

著作权合同登记号　图字：01-2022-2651 号

定价：129.80 元

读者服务热线：(010)81055410　印装质量热线：(010)81055316
反盗版热线：(010)81055315
广告经营许可证：京东市监广登字 20170147 号

内容提要

在科学和工程领域，很多软件都是用 C++ 来实现的。随着软件项目的规模越来越大，C++ 的优势更加突出。C++ 既能够支持足够贴近硬件层面的编程工作，又能够驾驭高级抽象的编程需求。因此，全面掌握 C++ 语言的语法及新特性，对开发者非常重要。

本书由浅入深地介绍了 C++ 编程的方方面面，涉及 C++ 基础、类、泛型编程、程序库、元编程、面向对象编程、科学项目等内容，还通过 3 个附录（程序库、编程工具、语言规范）全面介绍了一些拓展知识。

本书适合想全面学习 C++ 编程的读者以及对 C++ 新特性感兴趣的读者阅读参考。

前言

“世界是建立在 C++（及其 C 子集）之上的。”
——赫布·萨特（Herb Sutter）
ISO C++ 标准委员会主席

Google、Amazon 和 Facebook 的软件基础架构都是通过 C++ 设计并实现的组件和服务构建的，很多操作系统、网络设备和存储系统的技术栈也是用 C++ 实现的。在通信系统中，几乎所有固定电话和手机的交互都是由 C++ 软件调度完成的。工业和交通系统中的关键组件，包括自动收费系统，汽车、卡车和公共汽车的自动驾驶系统等，都依赖于 C++。

在科学和工程领域，当前大多数优秀的软件包都是用 C++ 实现的。当项目超过一定规模并且数据结构和算法变得非常重要时，C++ 的优势就会变得非常明显。因此，现在很多模拟软件程序都是用 C++ 实现的，其中包括 FLUENT、Abaqus、deal.II、FEniCS、OpenFOAM 和 G+Smo。得益于强大的嵌入式处理器和不断改进的编译器，嵌入式系统也越来越多地使用 C++ 实现。此外，物联网、嵌入式边缘智能等新的应用领域都是由 TensorFlow、Cafe2 和 CNTK 等 C++ 平台驱动的。

人们经常使用的核心服务都是基于 C++ 的。例如，手机、汽车、通信和工业基础设施，以及媒体和娱乐服务中的关键部分都包含 C++ 组件。C++ 服务和应用在现代社会几乎无处不在。原因很简单，C++ 语言不断发展，并在许多方面引领着编程生产力和执行效率的创新，已经成为构建需要大规模运行的应用程序的首选语言。

学习 C++ 的理由

与其他语言不同，C++ 应用涵盖了从足够接近硬件的编程到高级抽象编程的所有范围。较低级别的编程（比如用户自定义的内存管理）使程序员能够理解执行过程中具体发生了哪些事情，这反过来又有助于程序员理解其他编程语言的行为。用 C++ 可以编写出非常高效的程序，以至于用机器语言编写的代码要付出巨大的努力才能略微超过它。但是，还是应该先将精力放在编写清晰且具有表现力的软件代码上，然后再考虑进行核心性能调优。

C++ 语言的高级特性包括以下几方面。该语言直接支持多种编程范式：面向对象编程（第 6 章）、泛型编程（第 3 章）、元编程（第 5 章）、并发编程（4.6 节）等。像 RAII（2.4.2.1 节）和表达式模板（5.3 节）这样的编程技术都是用 C++ 实现的，同时也是为 C++ 发明的。由于该语言的表现力非常强，通常可以在不改变语言的情况下构建这些新技术。也许将来你也会为它发明一种新技术。

阅读本书的理由

书中内容已经过实践检验。作者教授“C++ for Scientists”课程已超过 3 年，学习这门课程的学生大多来自数学系，还有一些来自物理和工程系，他们在参加此课程之前通常不了解 C++，但在课程结束时能够掌握表达式模板（5.3 节）等高级技术。读者可以按照自己的节奏阅读本书，按部就班地推进，或通过阅读附录 A 进行深入探索。

机遇和挑战

C++ 程序可以通过多种方式编写。在本书中，我们循序渐进地引领读者学习更复杂的编程方式。这需要用到一些高级功能，它们起初可能会令人生畏，不过一旦习惯了，也就不觉得它们可怕了。实际上，高级编程语言不仅适用范围更广，而且通常更加高效和易于理解。

我们先从一个简单的例子开始：步长恒定的梯度下降。其原理非常简单：我们计算 $f(x)$ 及其梯度的最快下降路线，比如 $g(x)$，然后按照这个方向以固定大小的步长到达下一个局部最小值。算法伪代码也像这里描述的一样简单：

算法 1　梯度下降算法

Input：起始值 x，步长 s，终止条件 ε，函数 f，梯度 g。
Output：局部最小值 x。

do
　$x = x - s \cdot g(x)$
while $|\Delta f(x)| \geqslant \varepsilon$;

对这个简单算法，我们编写了两种完全不同的实现。请先简要地了解一下它们，不要试图理解技术细节。

```
void gradient_descent (double * x,
    double* y , double s, double eps,
    double(*f)(double, double ),
    double(*gx)(double, double ),
    double(*gy)(double, double ))
{
    double val= f(*x, *y), delta ;
    do {
        *x-= s * gx (*x, *y);
        *y-= s * gy (*x, *y);
        double new_val= f(*x, *y);
        delta= abs(new_val - val);
        val= new_val ;
    } while (delta > eps);
}
```

```
template <typename Value , typename P1,
          typename P2, typename F,
          typename G>
Value gradient_descent(Value x, P1 s,
    P2 eps , F f , G g)
{
    auto val= f(x), delta= val;
    do {
        x-= s * g(x);
        auto new_val = f(x);
        delta= abs(new_val - val);
        val= new_val ;
    } while(delta > eps);
    return x;
}
```

它们看上去似乎是相似的，但我们很快就会告诉你哪一个更好。第一个版本原则上是由纯C语言编写的，就是说也能够用C编译器编译。其好处是优化的内容显而易见——具有`double`值（加粗显示的函数参数）的2D函数。我们更喜欢第二个版本，因为它的适用性更广泛——兼容任意值类型、任意维度的两个函数（通过标记的类型和函数参数展示）。令人惊讶的是，多功能的版本实现并没有降低效率。相反，为F和G提供的函数可能会被内联（1.5.3节），从而节省函数调用的开销，而第一个版本中函数指针的显式调用使编译器为此代码进行性能优化变得非常困难。

附录A（A.1）为真正有耐心的读者提供了比较新旧样式的详细示例。在那里，现代编程方式的好处比这里的简单示例要明显得多。

科学和工程技术中的编程语言

“如果所有数值计算软件都可以用C++编写而不影响效率，那就太好了，但除非能找到实现上述目标而又不损害C++类型系统的方法，否则最好依赖FORTRAN、汇编程序或特定体系结构的扩展。”

——本贾尼·斯特劳斯特卢普（Bjarne Stroustrup）

C++之父

科学和工程软件通常是由不同语言编写的，哪种语言更合适取决于目标和可用的资源。

当我们可以使用MATLAB、Mathematica或R等的现有算法时，这些工具是非常出色的。当用细粒度（如标量）操作实现自己的算法时，这些工具的性能会有明显的下降。如果问题比较简单，或者用户有足够的耐心，这可能不是问题；否则，应该考虑使用其他语言。

Python是一种高效的软件开发语言，包含类似scipy和numpy等的科学计算库，基于这些库（通常是由C和C++实现的）编写的应用程序具有很高的效率。然而，细粒度操作中的用户自定义算法通常会降低性能。Python在实现小型和中型任务方面表现非常优秀。当项目变得足够大时，更严格的编译器将变得越来越重要（例如当参数类型不匹配时，赋值将被拒绝）。

当我们可以依靠现有的、经过优化的操作（如密集矩阵操作）时，FORTRAN也是非常好的。FORTRAN很适合完成老教授布置的家庭作业（因为他们只问FORTRAN中容易的部分）。根据作者的经验，引入新的数据结构非常麻烦，用FORTRAN编写大型模拟程序也是一项挑战——如今只有少数人自愿完成它。

用C语言编写的程序可以获得良好的性能，并且大量的软件都是用C语言编写的。C语言相对较小且易于学习。挑战在于使用简单而危险的语言特性编写大型且无缺陷（Bug）的软件，特别是指针（1.8.2节）和宏（1.9.2.1节）。C语言最新的标准是在2017年发布的，因此将其命名为C17。大多数C语言的特性（但并不是所有特性），迟早会被引入C++中。

当应用程序的主要组件是网页或图形界面，并且需要执行的计算相对较少时，Java、C#和

PHP 等语言可能是不错的选择。

C++ 在开发大型、高质量的软件时表现尤其出色，而且开发过程不一定是缓慢而痛苦的。只要我们能正确地进行抽象，就可以迅速编写出 C++ 程序。我们乐观地认为，在未来的 C++ 标准中，将出现更多的科学计算库。

显然，我们了解的语言越多，我们的选择也就越多。此外，对这些语言了解得越多，我们的选择就越明智。大型项目通常包含用多种语言编写的组件，而在大多数情况下，关键性能的内核是用 C 或 C++ 实现的。总之，学习 C++ 是一段令人着迷的旅程，对其有深入的理解将使你成为一名在任何情况下都表现出色的程序员。

排版约定

本书中，C++ 源代码使用等宽字体排版；重要细节使用粗体字标记；类、函数、变量和常量使用小写字母表示，其中还可以包含下画线；矩阵通常使用单个大写字母命名；模板参数和概念使用大写字母开头，并可能包含更多的大写字母（驼峰命名法）；程序输出和命令使用淡蓝色打字机字体。

需要 C++11、C++14、C++17 或 C++20 特性的程序会用相应的边框标记。因为一些轻度使用 C++11 特性的程序，很容易被 C++03 表达式替换，所以没有明确标注。

除了非常简短的代码说明，本书中的所有编程示例都至少在一种编译器上进行了测试，在大多数情况下是在 3 种编译器（`g++`、`clang++` 和 Visual Studio）上进行的。为了便于理解，所有的示例都尽可能地简短。为此，我们没有集成在类似产品代码中使用的所有特性。

显然，我们尽量减少对尚未介绍的功能的使用。读完本书后，回顾一下书中的例子，问问自己，根据所学的新知识，你会以何种方式编码，这也许是个好主意。

对于 C++20 的示例，我们建议你尝试编写相关代码，以确定它们在你的系统中是否能够正常工作。在撰写本书时，大多数新特性并未得到所有编译器的全面支持。对于一些新的程序库，当任何编译器都没有可用的版本时，我们使用了原型实现（例如 `format` 库）。

⇒ `directory/source_code.cpp`

有关讨论主题的代码示例的位置在段落或章节开头用箭头指示，并给出程序路径。所有程序都可以在异步社区上找到。

致谢

按照时间顺序，我想要感谢 Karl Meerbergen 和他的同事们，2008 年我在 KU Leuven 授课时，他们为我提供了最初的 80 页教材。随着时间的推移，其中的大部分内容都被重写，而原始文档为我提供了对本书整个写作过程至关重要的初始动力。我非常感谢 Mario Mulansky 为本书贡献的 7.1 节“ODE 解析器的实现”。

我要特别感谢 Jan Christiaan van Winkel 和 Fabio Fracassi，他们对本书第 1 版的每个细节都进行了回溯检查，并就标准合规性和可理解性给出了很多建议。我同样要感谢本书第 2 版的校对人员 Chuck Allison、Sean Parent 和 Marc Gregoire，他们彻底检查了本书的每个细节。此外，Jan Christiaan van Winkel 在本版的最终出版过程中提供了很多有益的帮助，值得特别感谢。

我特别要感谢 Bjarne Stroustrup 为本书的成型提供了策略提示，还帮忙联系出版社，慷慨地允许我使用他精心准备的材料。所有这些人都努力帮助我尽可能地用最新的语言特性来表达我的想法。

此外，我还要感谢 Karsten Ahnert、Markus Abel 和 Theodore Omtzigt 的建议。

当我在为 4.2.2.6 节寻找一个有趣的随机数应用程序时，Jan Rudl 提供了他在授课过程中使用的股价演变示例 [60]。

我很感激德累斯顿工业大学，它让我在数学系教授了 3 年 C++ 课程，也很感谢从所有学生那里收到的建设性反馈意见。同样，我们很感谢那些参加过我的 C++ 培训的人。

非常感谢我的编辑 Greg Doench，他接受了我在本书中半严肃半随意的写作风格，耐心地参与了关于本书写作策略的长期讨论，直到我们都满意为止。同时为本书提供了专业支持，如果没有他，这本书永远都不会出版。

最后，衷心感谢我的孩子们——Yanis、Anissa、Vincent 和 Daniel，感谢他们的理解和包容，让我可以全身心地撰写这本书。

作者简介

Peter Gottschling 专注于开发行业领先的科学计算软件，他希望将这种专注也传递给读者。他主导了 MTL4 和 MTL5 的开发，并和其他人共同开发了 Boost 图形库等软件。这些编程经验在大学的几门 C++ 课程和专业培训课程中得到了广泛传播，并最终有了本书。

他是 ISO C++ 标准委员会成员，也是德国编程语言标准委员会主席，以及德累斯顿 C++ 用户组的创始人。年轻时就读于德累斯顿工业大学，他同时学习了计算机科学和数学两门专业，后者获得了学士学位，而前者则获得博士学位。在经历了学术机构的严格训练之后，他创立了自己的公司 SimuNova。

资源与支持

资源获取

本书提供如下资源：

- 配套源代码；
- 本书思维导图；
- 异步社区 7 天 VIP 会员。

要获得以上资源，您可以扫描下方二维码，根据指引领取。

提交错误信息

作者和编辑尽最大努力来确保书中内容的准确性，但难免会存在疏漏。欢迎您将发现的问题反馈给我们，帮助我们提升图书的质量。

当您发现错误时，请登录异步社区（https://www.epubit.com），按书名搜索，进入本书页面，单击“发表勘误”，输入错误信息，单击“提交勘误”按钮即可（见下图）。本书的作者和编辑会对您提交的错误信息进行审核，确认并接受后，您将获赠异步社区的 100 积分。积分可用于在异步社区兑换优惠券、样书或奖品。

与我们联系

我们的联系邮箱是 contact@epubit.com.cn。

如果您对本书有任何疑问或建议，请您发邮件给我们，并请在邮件标题中注明本书书名，以便我们更高效地做出反馈。

如果您有兴趣出版图书、录制教学视频，或者参与图书翻译、技术审校等工作，可以发邮件给我们。

如果您所在的学校、培训机构或企业，想批量购买本书或异步社区出版的其他图书，也可以发邮件给我们。

如果您在网上发现有针对异步社区出品图书的各种形式的盗版行为，包括对图书全部或部分内容的非授权传播，请您将怀疑有侵权行为的链接发邮件给我们。您的这一举动是对作者权益的保护，也是我们持续为您提供有价值的内容的动力之源。

关于异步社区和异步图书

“异步社区”是由人民邮电出版社创办的 IT 专业图书社区，于 2015 年 8 月上线运营，致力于优质内容的出版和分享，为读者提供高品质的学习内容，为作译者提供专业的出版服务，实现作者与读者在线交流互动，以及传统出版与数字出版的融合发展。

“异步图书”是异步社区策划出版的精品 IT 图书的品牌，依托于人民邮电出版社在计算机图书领域的发展与积淀。异步图书面向 IT 行业以及各行业使用 IT 的用户。

目录

第 1 章

C++ 基础

"勿在浮沙筑高台。"

——Sue Fitzmaurice

本章通过不同角度向读者介绍 C++ 的一些基本特性，但不会详细介绍其中的所有细节。相关功能特性的详细信息，建议读者访问在线参考网站 cppreference。

1.1 我们的第一个程序

为了对 C++ 语言有一个初步的印象，让我们看看下面的例子：

```
# include <iostream>

int main()
{
    std::cout ≪" The answer to the Ultimate Question of Life,\ n"
              ≪" the Universe, and Everything is:"
              ≪ std::endl ≪ 6 * 7 ≪ std::endl;
    return 0;
}
```

程序的输出结果如下：

```
The answer to the Ultimate Question of Life,
the Universe, and Everything is:
42
```

如 Douglas Adams 所述 [2]，上述简短的示例已经说明了 C++ 的以下几个特性。

- 输入和输出功能并不是该语言的核心组成部分，而是由 C++ 标准库提供的。必须显式引用它们，否则无法执行读取或写入操作。
- 标准的 I/O 包含一个流模型，将其命名为 <iostream>。为了启用此功能，需要在第一行代码中添加 #include <iostream>。

- 每个 C++ 程序的执行都是从调用 main 函数开始的，main 函数会返回（return）一个整数值，其中 0 表示成功终止。
- 大括号 {} 用于修饰一个代码块 / 组（也称复合语句）。
- std::cout 和 std::endl 是在 <iostream> 中定义的。前者是一个输出流，用于将文本打印输出到屏幕上。std::endl 用于终止一行，也可以使用特殊字符 \n 进行换行。
- 运算符 ≪ 可用于将对象传递给类似 std::cout 这样的输出流，从而执行输出操作。请注意，上述运算符在程序中是用两个小于号（<<）表示的。为了获得更好的打印效果，我们在列表中采用了法式引用符号来替代它。
- std:: 表示采用标准命名空间中的类型或函数。命名空间用于帮助我们组织代码结构名称，处理命名冲突。
- 本书中的很多示例都会在没有添加 std:: 前缀的情况下使用来自 std 命名空间中的类型。为了编译这些示例，我们都会假定已经引用了头文件。已经引用头文件的程序需要包含如下声明：

```
using namespace std;
```

命名空间的相关细节将会在 3.2.1 节中讨论。

- 字符串常量（更精确地说是字面值）是用双引号括起来的。
- 表达式 6*7 被执行运算后作为整数传递给 std::cout。在 C++ 中，每个表达式都有一个类型。有时必须显式声明类型，而有时编译器可以为用户推导出它。6 和 7 是整数类型（int）的常量，因此它们的乘积也是整数类型。

在继续阅读之前，强烈建议读者在自己的计算机上编译并运行这个小程序。一旦它通过编译并运行，那么你还可以做一些别的尝试。例如，添加更多的操作和输出（并查看一些异常消息）。最后，有效学习一门语言的唯一方法就是使用它。如果你已经知道如何使用编译器甚至已经会使用 C++ IDE，那么可以跳过本章的其余部分。

Linux 的每个发行版都提供 GNU C++ 编译器——通常已经安装（可以参考 B.1 节）。假定下面程序的名称是 hello42.cpp，那么可以方便地使用如下命令对其进行编译：

```
g++ hello42.cpp
```

按照以往的约定，生成的二进制文件默认名称是 a.out。有时我们可能会创建多个源代码文件，那么可以使用输出标记参数（-o）来指定目的更明确的名称：

```
g++ hello42.cpp - o hello42
```

还可以使用构建工具 make（参考 7.2.2.1 节），它提供了构建二进制文件的默认规则。因此也可以执行如下命令：

```
make hello42
```

make 将会在当前目录中查找类似名称的程序源，它将找到 hello42.cpp，并且因为 .cpp

是 C++ 源文件的标准文件扩展名，所以它会调用系统默认的 C++ 编译器。一旦程序通过编译，那么就可以在命令行中调用它：

```
./ hello42
```

二进制文件可以在不需要任何其他软件的情况下执行，而且可以将其复制到另一个兼容的 Linux 系统①中并运行。

Windows：如果运行的是 MinGW，那么可以像在 Linux 系统中那样执行编译。如果采用的是 Visual Studio，那么需要先创建一个项目。其最简单的方法是使用控制台应用程序的项目模板，具体操作可以参考 VS 官方网站上提供的入门教程。

在运行程序时，在控制台关闭之前，可能只有几毫秒来读取输出结果②。为了将读取阶段的时间延长到 1 秒，只需插入不可移植命令 `Sleep(1000);` 并引用头文件 `<windows.h>`。对于 C++11 或更高版本来说，等待阶段的可移植实现代码如下所示：

```
std::this_thread::sleep_for(std::chrono::seconds(1));
```

然后还需要引用 `<chrono>` 和 `<thread>`。微软公司提供的免费 Visual Studio 被称为社区版，它的功能和专业版为 C++ 提供的支持几乎一样。其区别在于，专业版附带了更多的开发者库。由于本书不会用到这些库，所以可以使用社区版来运行我们的示例。

IDE：类似本书示例中的短小程序，使用普通的文本编辑器就可以轻松处理。在较大的项目中最好使用集成开发环境（Integrated Development Environment，IDE），以便查看函数的定义或使用位置，显示代码内部文档，在项目范围内搜索或替换名称等。KDevelop 是一款由社区开发的免费 IDE，并且是使用 C++ 实现的。它可能是 Linux 环境下最高效的 IDE，并且可以很好地与 git、subversion 和 CMake 集成。Eclipse 是用 Java 开发的，但是响应速度明显较慢。不过最近为了改善对 C++ 的支持，Eclipse 投入了大量精力，并且很多开发者认为使用它的工作效率非常高。Visual Studio 是一款非常可靠的 IDE，能够让开发者在 Windows 环境下进行高效开发，并且最近的版本中还为 CMake 项目的集成提供了支持。

找到最高效的开发环境需要一些时间和经验，当然也取决于个人和协作团队的喜好。因此，开发环境的选择也会随着时间的推移而变化。

1.2 变量

C++ 是一种强类型语言（与很多脚本语言相反），这意味着每个变量都包含一种类型，并且其类型永远不会改变。声明变量是以类型名称开头，后跟变量名（初始化不是必须的）或者变量列表的语句构成的：

```
int    i1 =  2;          // 对齐仅仅是为了提高可读性
int    i2,  i3 = 5;      // 注意：i2 没有被初始化
```

① 标准库通常是动态链接的（参见 7.2.1.4 节），并且它在其他系统中存在相同的版本是由某些兼容性需求导致的。

② 从 VS 2019 开始，控制台支持自动暂停。

```
float   pi =  3.14159;
double x = - 1.5 e6;        // - 1500000
double y = - 1.5 e- 6;      // - 0.0000015
char   c1 = 'a', c2 = 35;
bool   cmp = i1  < pi,      // -> true
       happy = true;
```

这里的两个双斜杠表示单行注释，即从双斜杠到行尾的所有内容都会被编译器忽略。从理论上来说，这就是注释的主要功能。为了不让你觉得该主题过于简单，我们将在 1.9.1 节中进一步讨论它。

1.2.1　内置类型

C++ 中最基础的类型叫内置类型，如表 1-1 所示。它们是核心语言的一部分并且始终是有效的。

前 5 种类型是非递减长度的整数。例如，int 类型至少和 short 类型一样长。每种类型的实际长度取决于具体实现，例如 int 可以是 16 位、32 位或 64 位。所有这些类型都可以被声明为有符号或者无符号的。前者（有符号）对于整数（字符除外）没什么影响，因为它们默认就是有符号的。

当将一个整数类型声明为无符号类型时，该类型中将不存在负值，不过能够表示的正数的数量是有符号整数类型中负数的两倍（当认为 0 既不是正数也不是负数时，其总数加一）。

表 1–1　内置类型

类型名称	语　义
char	字母或者非常短的整数
short	很短的整数
int	常规整数
long	长整数
long long	超长整数
unsigned	上述类型的无符号版本（前 5 种）
signed	上述类型的有符号版本（前 5 种）
float	单精度浮点数
double	双精度浮点数
long double	长双精度浮点数
bool	布尔类型

signed 和 unsigned 可以作为名词 int 的形容词，并且当只声明形容词时，int 会作为默认的名词。此规则也适用于形容词 short、long 和 long long。

char 类型的使用方式有两种：用于字母或者相当短的数字。除了非常奇特的架构以外，它一般都有 8 位长度。因此，我们可以表示从 -128 到 127（有符号型）或从 0 到 255（无符号型）的值，并对它们执行所有可用于整数的算术运算。当既没有 signed 也没有 unsigned 的声明时，它取决于编译器内部实现使用的是哪一个。不过对于较小的数字，当它们存在大型容器时，采用 char 或者 unsigned char 类型会非常有用。

逻辑值最好使用 bool 类型表示。一个布尔型的变量可以存储 true 或者 false。非递减长度属性也同样适用于浮点数：float 小于或等于 double 的长度，而 double 又小于或等于 long double 的长度。

一般而言，float 的长度是 32 位，double 的长度是 64 位，long double 的长度是 128 位。

1.2.2 字符和字符串

如前所述，char 类型可用于存储字符：

```
char c= 'f';
```

我们还可以用其表示编码兼容 8 位的任何字母，它甚至可以与数字混合，例如根据字母的底层编码机制，'a' + 7 的结果是 'h'。强烈建议你不要这么做，因为潜在的混乱可能会浪费大量的时间。

可从 C 语言中继承将字符串表示为字符数组的特性。

```
char name[8]= "Herbert";
```

这些旧式的 C 字符串都会将一个二进制 0 的字符值作为结尾标记。如果这个 0 丢失，算法将继续执行，直到找到下一个包含 0 的内存位置。另一个严重的问题是数组溢出：在上述代码中，name 没有多余的空间，额外的字符会覆盖其他一些数据。

在不损坏内存或截断较长字符串的情况下，正确地进行所有字符串操作，对于这些旧字符串来说是非常烦琐的。因此，我们强烈建议不要使用它们，除非是字面值。

C++ 编译器会区分单引号和双引号：'a' 是字符“a”（其类型为 char）；而 "a" 是一个以二进制 0 作为终止符的数组（即它的类型是 const char[2]）。

处理字符串更简便的方法是使用字符串类，这需要我们引用 <string>：

```
# include <string>

int main()
{
    std::string name = "Herbert";
}
```

C++ 字符串使用动态内存并能够自我管理。因此，如果要将更多的文字附加到字符串中时，无须担心内存损坏或截断字符串：

```
name = name + ", our cool anti - hero"; // 稍后详述
```

许多当前的实现也对短字符串（例如 16 字节长度）进行了优化，这些短字符串不是存储在动态内存中，而是直接存储在字符串对象本身。这种优化可以显著减少昂贵的内存分配和释放。

C++14 由于双引号中的文本会被解析为字符数组，需要能够将此类形式的文本当作字符串来使用。这是通过添加后缀 s 来实现的，例如 "Herbert"s。[①] 不幸的是，直到 C++14 才支持此功能。像 string("Herbert") 这样的显式转换总是奏效。C++17 中引入了一个轻量级的字符串常量特性，我们将在 4.4.5 节中予以介绍。

1.2.3 声明变量

建议

尽可能晚一些声明变量，通常是在第一次使用它们之前或者任何可能使用它们的时候，但不要在初始化它们之后。

声明变量使得程序代码变长时更具可读性，它还允许编译器通过嵌套作用域来更高效地使用内存。

C++11 C++11 可以为我们推导出变量的类型，例如：

```
auto i4 = i3 + 7;
```

i4 的类型和 i3+7 一样，都是 int 类型。尽管类型是自动判定的，它仍然可以保持一致，之后分配给 i4 的任何内容都将转换为 int 类型。稍后我们将介绍 auto 关键字在高级编程中的用法。对于本节中的简单变量声明，最好显式声明其类型。auto 关键字将在 3.4 节中详细讨论。

1.2.4 常量

从语法上来说，常量就像 C++ 中的特殊变量，不过附带了恒定属性：

```
const  int    ci1= 2;
const  int    ci3;          // 错误：未初始化赋值
const float   pi= 3.14159;
const char    cc= 'a';
const bool    cmp= ci1 < pi;
```

由于它们无法更改，因此必须在声明中设置它们的值。第二个常量在声明时违反了这个规则，编译器不会容忍这样的错误行为。

常量可以在任何允许使用变量的地方使用——只要它们没有被修改。此外，像上面那样的

---

① 与很多其他示例一样，我们在这里假定程序代码中包含 using namespace std。也可以仅导入后缀或某个特定后缀。不过建议读者在学习该语言时导入整个标准库的命名空间。

常量在编译过程中是已知的。这可以进行多种优化，并且常量还可以用作类型的参数（将在5.1.4节详细介绍）。

1.2.5 字面量

像2或3.14这样的字面值也是有类型的。

简单地说，根据数值的大小，整数会被视为int、long或unsigned long等类型。每个带有小数点或指数的数字（例如3e12=3×10[12]）会被认为double类型（双精度）。

其他字面值的类型可以通过添加下表中的后缀来声明。

字 面 量	类 型
2	int
2u	unsigned
2l	long
2ul	unsigned long
2.0	double
2.0f	float
2.0l	long double

一般来说，没必要显式声明字面量的类型，因为内置数字类型之间的隐式转换（也称为强制转换）通常会根据程序员的期望设置合适的值。

不过，应该关注字面量类型的主要原因有4个。

可用性：标准库提供了一种复数类型，其中实部和虚部的类型可由用户参数化：

```
std::complex <float> z(1.3, 2.4), z2;
```

不过，这仅支持类型自身和底层实际类型之间进行相关操作（这里没有转换参数）①。因此，不能将z与int或double类型的数字相乘，而只能与float类型的数字相乘：

```
z2= 2 * z;          // 错误：禁止 int * complex <float>
z2= 2.0 * z;        // 错误：禁止 double * complex <float>
z2= 2.0 f  * z;     // 正确：float * complex <float>
```

歧义性：当函数为不同的参数类型重载时（参见1.5.4节），像0这样的参数可能存在歧义，而像0u这样的限定性参数可能是唯一匹配的。

精确性：当我们使用long double类型时，会出现精确性问题。因为非限定字面量是一个double类型，我们可能会在将它分配给long double类型的变量时丢失数字精度：

```
long double third1= 0.3333333333333333333;     // 可能丢失数字精度
long double third2= 0.3333333333333333333 l;   // 保证了精度
```

① 混合算术运行是可以实现的，如[19]所示。

非十进制数：以 0 开头的整数字面量会被认为八进制数，例如：

```
int o1= 0 42;     // int o1 = 34;
int o2= 0 84;     // 错误，八进制中没有数字 8 和 9!
```

十六进制数字可以通过在它们前面加上 0x 或 0X 前缀来声明：

```
int h1= 0x 42;    // int h1 = 66;
int h2= 0x fa;    // int h2 = 250;
```

C++14　C++14 中引入了以 `0b` 或 `0B` 为前缀的二进制字面量：

```
int b1= 0b 11111010;    // int b1 = 250;
```

C++14　为了改善长数字的可读性，C++14 允许使用撇号分隔数字：

```
long                 d=   6 ' 546 ' 687 ' 616 ' 861 ' 129 l;
unsigned  long       ulx= 0 x139 ' ae3b '2 ab0 ' 94 f3;
int                  b=   0 b101 ' 1001 ' 0011 ' 1010 ' 1101 ' 1010 ' 0001;
const long double pi=  3.141 ' 592 ' 653 ' 589 ' 793 ' 238 ' 462 l;
```

C++17　从 C++17 开始，甚至可以编写十六进制的浮点数：

```
float    f1= 0 x10 .1 p0f; //  16.0625
double d2= 0 x1ffp10;     // 523264
```

为此这里引入了字母 `p`。指数是强制性的，因此在第一个例子中是 `p0`。由于后缀是 `f`，所以 `f1` 是一个浮点数，存储的值是 $16^1 + 16^{-1} = 16.0625$。这些数字基于三个要点：伪小数部分是由一个以 2 为幂的十六进制数，其指数是用十进制数表示的。因此，`d2` 的值是 $511 \times 2^{10} = 523264$。

诚然，十六进制字面量看上去似乎有点奇怪，但它被允许在不出现舍入误差的情况下声明二进制浮点数。

字符串也可以被当作字符（char）数组：

```
char s1[]= "Old C style"; // 最好不要使用这种形式
```

不过，这些数组用起来并不是特别方便，最好使用来自 `<string>` 库的常规 `string` 类型来处理。它可以直接根据字符串字面值进行创建：

```
# include <string>
std::string  s2 = "In C++ better like this";
```

较长的文本可以拆分为多个子字符串：

```
std::string s3 = "This is a very long and clumsy text"
                 "that is too long for one line.";
```

C++14　尽管 `s2` 和 `s3` 包含 `string` 类型，但它们仍然使用 `const char[]` 类型的字面值进行初始化。在这里并没有什么问题，但可能在编译器推断类型的某些情况下会存在问题。从 C++14 开始，可以通过附加后缀 s 直接创建 string 类型的字面值：

```
f("I'm not a string");       // const char[] 类型的字面值
f("I'm really a string"s);   // string 类型的字面值
```

如前所述，我们会假定使用了 std 命名空间。为了不导入整个标准库命名空间，还可以使用其中的某个子命名空间，即至少编写并引用以下代码之一：

```
using namespace std::literals;
using namespace std::string_literals;
using namespace std::literals::string_literals;
```

关于字面量（literal）的详细信息，可以参考示例 [62，6.2 节]。我们还将在 2.3.6 节中介绍如何构造自定义字面量。

1.2.6 非窄化初始化

C++11

假定我们用一个较大的数字初始化一个 long 型变量：

```
long l2= 1234567890123;
```

像大多数 64 位平台那样，当 long 类型能够处理 64 位数字时，上述代码能够编译并正常工作。当 long 类型只能处理 32 位数字时（我们可以在编译时设置标记 -m32 进行模拟），上面的数值就太长了。不过该程序仍将编译（可能会有一条警告信息），并使用另一个数值（例如，数值的前几位被截断）运行。

为确保浮点数的有效数字位数不会减少，C++11 中引入了一种无数据丢失的初始化方式。这是通过统一初始化或者刚性初始化实现的，这些内容将在 2.3.4 节进行详细介绍。大括号中的值不会被缩小：

```
long l= {1234567890123};
```

现在编译器将检查变量 l 是否可以保存目标架构上的值。当使用大括号时，可以省略等号：

```
long l{1234567890123};
```

编译器的窄化保护允许验证值在初始化时不会缩小数值的有效数字位数。隐式转换允许通过浮点数对 int 类型的变量进行普通初始化：

```
int i1= 3.14;         // 编译器可以缩小数值（存在风险）
int i1n= {3.14};      // 窄化异常：小数部分丢失
```

在以上的第二行代码中，新的初始化方式禁止这样做，因为它舍弃了浮点数的小数部分。同样，将负值分配给无符号变量或常量，这在传统的初始化操作中是允许的，但在新形式中是不允许的：

```
unsigned u2= - 3;        // 编译器进行窄化（有风险）
unsigned u2n= {-3};      // 窄化异常：禁止负值
```

在前面的示例中，我们使用了字面值，编译器会检查特定值是否可以用该类型表示：

```
float f1= {3.14};     // ok
```

3.14不能用任何二进制浮点格式进行绝对精度的表示，但编译器可以将 f1 设置为最接近 3.14 的值。当用一个 double 型变量（不是数字值）初始化一个 float 型变量时，我们必须考虑所有可能的双精度值以及它们是否都能以无损失的方式转换为浮点数。

```
double d;
...
float f2= {d};     // 窄化异常
```

注意，两种类型之间的窄化是相互的：

```
unsigned u3 = {3};
int      i2 = {2};

unsigned u4 = {i2};    // 窄化异常：禁止负值
int      i3 = {u3};    // 窄化异常：数值不完备
```

signed int 类型和 unsigned int 类型的大小（分配的内存空间）是一样的，但并非每种类型的所有值都可以在另一种类型中表示。

1.2.7 作用域

作用域可以确定变量（非静态）和常量的生命周期和可见性，并有助于我们在程序中建立结构。

1.2.7.1 全局定义

我们打算在程序中使用的每个变量都必须在代码的前期位置使用其类型说明符进行声明。变量可以位于全局或局部作用域内。全局变量是在所有函数之外声明的，之后可以从代码中的任何位置甚至是函数内部引用全局变量。这看起来似乎很方便，因为它使变量很容易获得，但是当你的软件代码不断增长时，跟踪全局变量的修改会变得越来越困难和烦琐。在某些时候，每次代码更改都有可能引发大量错误。

建议

不要使用全局变量。

如果你确实使用了它们，那么迟早都会后悔的，因为它们可以从整个程序来访问，所以跟踪全局变量的变更是非常困难的。

例如这样的全局常量：

```
const double pi= 3.14159265358979323846264338327950288419716939;
```

它就非常好，因为不会产生歧义。

1.2.7.2 局部定义

局部变量是在函数体中声明的，它的可见性和可用性仅限于其声明的 {} 封闭代码块内部。更准确地说，这种变量的作用域从它声明开始，到声明的代码块的右大括号结束。

如果我们在 main 函数中定义了 pi：

```
int main()
{
    const double pi= 3.14159265358979323846264338327950288419716939;
    std::cout ≪ "pi is " ≪ pi ≪ ".\ n";
}
```

变量 pi 的有效性仅存在于 main 函数中。我们还可以在函数或其他代码块中定义代码块：

```
int main()
{
  {
      const double pi= 3.14159265358979323846264338327950288419716939;
  }
  std::cout ≪ "pi is " ≪ pi ≪ ".\ n"; // 异常: pi 超出了作用域
}
```

在本示例中，pi 的定义有效性仅限于函数内部的代码块，因此函数其余部分的输出操作出现了错误：

```
≫pi ≪ is not defined in this scope.
```

因为 pi 超出了其作用域。

1.2.7.3 隐藏

当两个同名的变量分别位于嵌套的作用域中时，其中的变量相对于作用域只有一个是可见的。内部作用域中的变量屏蔽（隐藏）了外部作用域中的同名变量（在很多编译器中会出现警告）。例如：

```
int main()
{
    int a= 5;        // 定义 a#1
   {
       a= 3;         // 给 a#1 赋值，a#2 还未定义
       int a;        // 定义 a#2
       a= 8;         // 给 a#2 赋值，a#1 被隐藏
      {
          a= 7;      // 给 a#2 赋值
      }
   }                 // a#2 作用域的末尾
   a= 11;            // 给 a#1 赋值 (a#2 已经超出了作用域)

   return 0;
}
```

由于这种隐藏机制，我们必须能够区分变量的生命周期和可见性。例如，a#1 的生命周期是从它的声明开始到 main 函数的末尾结束。不过，它的可见性是从其声明开始直到 a#2 的声明以及包含 a#2 的代码块之后。事实上，其可见性的范围是其生命周期减去被隐藏的时间后得出的结果。在同一作用域中对同一变量定义两次是错误的。

作用域的好处在于，我们不需要关心某个变量是否已经在其作用域之外的某个地方定义了。它只是被隐藏了[①]，但不会产生冲突。不过这种隐藏机制也使位于外部作用域的同名变量变得不可访问。我们可以通过巧妙的重命名来解决这个问题。不过更好的解决方案是用命名空间来管理嵌套和可访问性。详情可以参考 3.2.1 节。

静态变量对于上述规则来说是一个例外：静态变量存续期一直会持续到程序执行结束，不过可见性仅限于其作用域内部。现阶段对其进行详细讨论是不必要的，后续会在附录 A.2.1 节进行详细阐述。

1.3　操作符

C++ 内置了丰富的操作符。它们主要包括以下几种：

- 计算类：
  - 算术操作符：++、+、*、% 等。
  - 布尔操作符：
    - 比较操作符：<=、!= 等。
    - 逻辑操作符：&& 和 ||。
  - 位操作符：~、>>、<<、&、^ 和 |。
- 赋值操作符：=、+= 等。
- 程序控制流：函数调用、?: 和 ,。
- 内存管理：new 和 delete。
- 访问操作符：.、->、[ ]、* 等。
- 类型处理：dynamic_cast、typeid、sizeof、alignof 等。
- 异常处理：throw。

本节将向读者简要介绍 C++ 中的操作符。某些操作符最好在相应语言特性的上下文中予以介绍，例如作用域的解析符号最好和命名空间一起阐述。大部分操作符都可以重载为用户自定义类型，例如当自定义类型出现在表达式中时，执行哪种运算是由用户来决定的。

在本节的末尾（表 1-8），你将会发现一张简洁的操作符优先级列表。把这张表格打印出来贴在显示器旁边可能是一个好主意。很多人都会这么做，因为几乎没有人能够对整个优先级列表倒背如流。如果你不能确定优先级的顺序，又或者觉得它能够提高程序的可读性，那么都应

① 宏是 C 语言的一项过时特性，因为它往往是不计后果的，所以应该尽量避免使用它——它会破坏语言的所有结构以及可靠性。

该毫不犹豫地为子表达式加上括号，从而明确优先级的顺序。假定你对编译器的设定比较死板，那么它往往会严肃对待这项工作，从而误以为你对优先级规则一知半解，并提示你添加了多余的括号。附录 C.2 节提供了所有操作符的完整列表以及简要说明和参考。

1.3.1 算术操作符

表 1-2 列出了 C++ 中可用的算术操作符。表 1-2 中的内容是按照优先级进行排列的，接下来将对它们进行逐一介绍。

表 1–2 算术操作符

操作	表达式
后缀增	x++
后缀减	x--
前缀增	++x
前缀减	--x
一元正号	+x
一元减号	-x
乘法	x*y
除法	x/y
取余	x%y
加法	x+y
减法	x-y

第一类操作是递增和递减运算。这类操作可以用于对某个数进行加 1 或者减 1 操作。由于它们修改了数字的值，所以它们只对变量有效，对临时数据是无效的。例如：

```
int i= 3;
i++;                // 现在 i 的值是 4
Const int j= 5;
j++;                // 错误：j 是常量
(3 + 5)++;          // 错误：3+5 只是一个临时量
```

总之，自增和自减运算需要操作的对象是可修改和可寻址的。可寻址数据的技术术语为 lvalue，即左值（更规范的表达可以参考附录 C 中的表 C-1）。在上述代码片段中，只有 i 符合左值的定义。而 j 是一个常量（不可修改），3+5 是不可寻址的。

这些操作符的前缀表示法和后缀表示法都会对变量产生加 1 或减 1 的效果。在递增和递减表达式中，前缀操作符和后缀操作符的执行结果是不一样的，前缀操作符会返回执行运算后的值，而后缀操作符会返回原来的值：

```
int i= 3, j= 3;
int k= ++i + 4;     //i 的值是 4,k 的值是 8
int l= j++ + 4;     //j 的值是 4,l 的值是 7
```

最后，i 和 j 的值都是 4。不过在计算 l 的值时，采用了 j 原来的值，而第一个运算采用了 i 执行自增运算后的值。

通常，最好避免在数学表达式中使用自增或自减，而是采用 j+1 之类的代替，或者单独执行自增或自减运算。数学表达式不存在副作用，不但更易理解，而且也利于编译器进行性能优化。具体原因可以参考 1.3.12 节。

一元减号会对操作数取负：

```
int i= 3;
int j= -i;    // j 的值是 -3
```

一元正号对于标准类型没有算术效果。对于用户自定义类型，我们可以定义一元正号和一元负号的行为。如表 1-2 所示，这些一元操作符具有与前缀自增和前缀自减操作符相同的优先级。操作符 * 和 / 表示乘法和除法操作，它们适用于所有数值类型。当除法操作中的两个操作数都是整数时，操作结果中的小数部分将会被截断（四舍五入为 0）。操作符 % 用于获取两个整数相除之后的余数。因此，取余运算的两个操作数都应该是整数类型。

最后，操作符 + 和 - 用于处理两个操作符或表达式之间的加法和减法。

至于相关操作的细节，例如计算结果的四舍五入以及如何处理数据溢出等。这些内容在语言规范中并未予以声明。由于性能的原因，C++ 通常将此类问题交给底层硬件处理。

通常，一元操作符要比二元操作符的优先级高。在极个别情况下，同时采用了一元前缀操作符和一元后缀操作符，那么此时后缀符号的优先级要比前缀符号更高。

对于二元操作符来说，它们同样遵循算术运算法则——先乘除后加减，同时运算也遵守左结合性。例如：

```
x - y + z
```

总是会被解析为：

```
(x - y) + z
```

需要着重留意的是：参数的执行顺序并没有定义。例如：

```
int i= 3, j= 7, k;
k= f(++i) + g(++i) + j;
```

在本示例中，根据结合性原则，第一个加法操作会在第二个加法操作之前执行。不过是否将 f(++i) 和 g(++i) 组合到第一次加法操作中，这取决于编译器的实现。因此，k 的值可能是 f(4)+g(5)+7 或者 f(5)+g(4)+7（如果在函数调用之前执行了自增运算，甚至可能是 f(5)+g(5)+7。

此外，我们不能假定上述表达式在不同平台上的计算结果是一样的。一般来说，在表达式中修改值是很危险的。这在某些条件下是可行的，不过我们必须对它进行测试并重点关注。总之，我们最好多花点时间来单独执行修改某些值的操作，而不是将这些操作放在表达式中。与此有关的细节可以参考 1.3.12 节。

⇒ c++03/num_1.cpp

通过这些操作符，就可以构造我们的第一个（完整的）数值程序：

```
# include <iostream>

int main()
{
    const float r1= 3.5, r2 = 7.3, pi = 3.14159;

    float area1 = pi * r1 * r1;
    std::cout ≪ "A circle of radius" ≪ r1 ≪ "has area"
              ≪ area1 ≪ "." ≪ std::endl;

    std::cout ≪ "The average of " ≪ r1 ≪ " and " ≪ r2 ≪ " is "
              ≪(r1 + r2) / 2 ≪ "." ≪ std::endl;
}
```

当二元操作的操作数具有不同类型时，其中的操作数会根据附录 C.3 节的规则自动（强制）转换为一种普通的类型。这类转换可能导致操作数丢失数字精度。

浮点数要比整数更好，比如将一个 64 位的 `long` 型整数转换为 32 位的 `float` 型浮点数时会造成精度丢失；甚至 32 位的 `int` 型也不能总是正确地表示 32 位的 `float` 型浮点数，因为还需要字节位来表示指数。也可能存在这种情况，就是目标变量保存的结果是正确的，但是在执行计算时数据精度丢失。为了阐述这种转换行为，请看如下示例：

```
long l=   1234567890123;
long l2 = l + 1.0 f - 1.0;      // imprecise
long l3 = l + (1.0 f - 1.0);    // correct
```

这在笔者的计算机上会出现如下结果：

```
l2 = 1234567954431
l3 = 1234567890123
```

在这种情况下，`l2` 由于某些中间转换操作而丢失了数字精度，而 `l3` 的计算结果是正确的。当然，这是一个人为的示例，不过你应该特别留意因为计算过程中转换而造成的计算结果不精确的问题。特别是在大型计算中，必须慎重选择数值算法，从而防止误差问题产生连锁反应。不过在下一节中，我们不会再被误差问题所困扰。

1.3.2 布尔操作符

布尔操作符是用于处理逻辑和关系的操作符。顾名思义，两者都会返回布尔值。表 1-3 列出了这些操作符及其表达式，并且它们是根据优先级进行分组的。所有算术操作符的优先级比二元关系和逻辑操作符都高。这意味着类似 `4>=1+7` 这样的表达式会被当作 `4 >= (1+ 7)` 来处理。此外，用于逻辑否定的一元操作符“！”比所有二元操作符的优先级都高。

表 1–3 布尔操作符

操 作	表 达 式
取反（！）	!b
三路比较（C++20）	x <=> y
大于	x>y
大于或等于	x >=y
小于	x<y
小于或等于	x <=y
相等	x ==y
不相等	x !=y
逻辑与（AND）	b &&c
逻辑或（OR）	b ||c

布尔操作符也包含关键字，比如 `not`、`or` 和 `xor`。甚至还有用于赋值的关键字，比如关键字 `or_eq` 和操作符 `|=` 是等效的。我们通常不会因为它们过时的外观而使用它们，不过有一种情况例外——关键字 `not` 能够让表达式更易理解。当否定某些以“i”或“l”开头的名词时，感叹号很容易被忽略。使用一个空格虽然有些效果，不过通过关键词能够让否定的意图更明显：

```
big=   ! little;        // 不容易理解
! big= not little;   // 更容易理解
```

虽然这些关键字在 C++ 标准问世之初就已经存在，但 Visual Studio 并没有直接为它们提供支持，如果要使用它们，那么需要在编译代码时添加 `/permissive-` 或者 `/Za` 参数。

在以前的旧式代码中，你可能会发现在 int 类型的数值上执行逻辑运算的例子。现在请尽量避免这样做，因为这样的代码难以理解并且会产生不可预期的后果。

建议

在逻辑表达式中总是使用 bool 型操作符。

注意，比较操作不支持链式执行：

```
bool in_bound= min <= x <= y <= max;     // 语法错误
```

相反，我们需要更冗长的代码来还原逻辑运算：

```
bool in_bound= min <= x && x <= y && y <= max;
```

下面介绍一些类似的操作符。

1.3.3 位操作符

这些操作符允许我们测试或者操作整数类型上的单个二进制位。这对于系统编程是必不可少的，不过在普通的应用程序开发中很少用到。表 1-4 根据优先级排序的操作符列表操作 x<<y 会将 x 左移 y 个二进制位。

相反，操作 x>>y 会将 x 右移 y 个二进制位[①]。大部分情况下，系统会根据编译器底层实现的定义用若干个 0 来填充（带负号的值除外）右移的二进制位。

表 1–4 位操作符

操　作	表 达 式
位求反	~x
左移	x ≪ y
右移	x ≫ y
位与	x & y
位异或	x ^ y
位或	x | y

按位与操作符（&）可以用于测试值的特定二进制位。按位或操作符（|）可以用于设置某个二进制位，按位异或操作符（^）可以用于翻转某些二进制位。尽管这些操作符在科学应用上较少用到，不过我们将在 3.5.1 节中的算法演示中用到它们。

1.3.4 赋值操作符

对象（可修改的左值）的值可以通过等号（=）进行设置：

```
object = expr;
```

当等号两边的类型不匹配时，等号右边的 expr 会尽量转换成等号左边 object 的类型。因为赋值过程遵循右结合性，所以在同一表达式中，一个值可以同时赋给多个对象：

```
o3 = o2 = o1 = expr;
```

对于赋值操作符（=），笔者将解释它为何遵循符号左对齐原则。大多数二元操作符都是对称的，因为其两边的操作数都是值。相反，赋值操作要求等号左边必须是一个可修改的变量，而等号的右边可以是任意表达式（包含相应的值）。当其他语言使用非对称符号（例如 Pascal 中的 :=）时，笔者在 C++ 中使用了非对称间距。

---

① 为了印刷效果美观，我们再次使用了法式箭头标记来表示两个大于号和两个小于号。

复合赋值操作符将算术运算或按位操作应用于操作符左侧的对象，其参数位于操作符右侧。例如下列两种操作是等效的：

```
a += b;    // 等效于
a =  a + b;
```

所有赋值操作符都比任何算术或按位运算的优先级低，因此赋值操作符右侧的表达式都会在复合赋值操作之前进行求值计算。

```
a *= b + c;    // 等效于
a =  a *(b + c);
```

表 1-5 介绍了一些常用的赋值操作符，它们都遵循右结合性并且优先级也是一样的。

表 1–5 赋值操作符

操　作	表 达 式
简单赋值	`x= y`
乘并赋值	`x*= y`
除并赋值	`x/= y`
取模并赋值	`x%= y`
加并赋值	`x+= y`
减并赋值	`x-= y`
左移并赋值	`x<<=y`
右移并赋值	`x>>=y`
与并赋值	`x&= y`
或并赋值	`x|= y`
异或并赋值	`x^= y`

1.3.5 程序控制流

用于控制程序流的操作符有 3 种。首先，C++ 中函数调用会被当作操作符来处理。关于函数及其调用的详细信息，可以参考 1.5 节。

条件操作符 `c?x:y` 会执行条件 `c`，当其结果为真（`true`）时，表达式将返回 `x` 的值，否则将会返回 `y` 的值。它可以作为 `if` 分支语句的替代品，特别是只允许使用表达式的情况下，详细信息可以参考 1.4.3.1 节。

逗号操作符是 C++ 中的一种很特殊的操作符，它构造了一个执行序列。它的意思是先执行逗号左边的子表达式，然后再执行逗号右边的子表达式。整个表达式的计算结果就是右边子表达式的值：

```
3 + 4, 7 * 9.3
```

上述表达式的结果是 65.1，此时第一个子表达式的计算结果与整个表达式的结果是完全无关的。子表达式中也可以包含逗号操作符，因此我们能够定义任意程度的执行序列。通过逗号操作符，我们可以在只允许出现一个表达式的地方计算多个表达式。一个典型的应用场景是 for 循环中对多个索引执行增量操作（1.4.4.2 节）：

```
++i, ++j
```

当用于处理函数参数时，逗号操作符表达式需要用括号括起来，否则逗号操作符会被解析成函数参数的分隔符。

1.3.6 内存管理

操作符 `new` 和 `delete` 分别用于分配和释放内存。我们将对它们的介绍推迟到 1.8.2 节，因为在介绍指针前讨论它们是没有意义的。

1.3.7 访问操作符

C++ 提供了一些用于访问子结构的操作符，例如用于访问引用的点操作符（.），其主要作用是获取变量的地址；用于间接引用的星号操作符（*），其主要作用是通过地址访问引用的内存数据。表 1-6 列出了常见的访问操作符。我们将在 2.2.3 节中引入指针和类的概念之后，介绍如何使用这些操作符。

表 1–6 访问操作符

操　作	表 达 式	参　考
成员选择	`x.m`	2.2.3 节
指针的成员选择	`p->m`	2.2.3 节
下标访问	`x[i]`	1.8.1 节
间接寻址	`*x`	1.8.2 节
取地址	`&x`	1.8.2 节
指向对象成员的指针	`x.*q`	2.2.3 节
指向指针的成员的指针	`p->*q`	2.2.3 节

1.3.8 类型处理

类型处理的操作符将会在第 5 章详细介绍，彼时我们将编写处理类型的编译期程序。现在我们只是将其在表 1-7 中列出。

表 1–7　类型操作符

操　作	表 达 式
运行时类型识别	`typeid(x)`
类型识别	`typeid(t)`
获取对象大小	`sizeof(x)` 或 `sizeof x`
获取类型大小	`sizeof(t)`
获取参数数目	`sizeof...(p)`
获取类型参数数目	`sizeof...(P)`
对象对齐（C++11）	`alignof(x)`
类型对齐（C++11）	`alignof(t)`

请留意表 1-7 中的操作符 `sizeof`，它是在表达式中使用时唯一不带括号的操作符。操作符 `alignof` 是 C++11 规范引入的；而其他操作符是从 C++98 就已经存在的。

1.3.9　异常处理

操作符 `throw` 用于声明某个程序在执行时出现了异常（例如内存不足），详情可以参考 1.6.2 节。

1.3.10　操作符重载

C++ 非常强大的一个特性在于，它允许程序员为新的类型定义操作符，这将在 2.7 节进行详细阐述。内置类型的操作符是无法更改的。不过我们可以对内置类型如何与新的类型交互进行定义，例如可以重载二次矩阵的混合运算。大部分操作符都可以重载，不过表 1-8 中的操作符除外。

表 1-8　不可重载的操作符及其用途

操 作 符	用　途
`::`	作用域解析
`.`	成员选择
`.*`	通过指针进行成员选择
`?:`	条件表达式
`sizeof`	获取对象或类型的大小
`sizeof...`	获取参数数目
`alignof`	对象或类型的内存对齐
`typeid`	类型标识符

C++ 中的操作符重载为用户提供了很大的灵活性，不过我们必须谨慎地使用它。在下一章中（2.7 节），当我们真正开始进行操作符重载时再来讨论此话题。

1.3.11　操作符优先级

表 1-9 给出了操作符优先级的简要概述。为了让排版紧凑简洁，我们将类型和表达式放在一

起（比如 typeid），对于 new 和 delete 操作符还采用了多种符号标记。符号 @= 用于表示所有复合赋值，比如 +=、-= 等。关于操作符更详尽的语义说明，可以参考附录 C 中的表 C-1。

表 1–9 操作符优先级

操作符优先级			
class::*member*	*nspace*::*member*	::*name*	::*qualified-name*
object .*member*	*pointer* ->*member*	*expr* [*expr*]	*expr* (*expr_list*)
type(*expr_list*)	*lvalue*++	*lvalue*--	typeid(*type/expr*)
*_cast<*type*>(*expr*)			
sizeof *expr*	sizeof(*type*)	sizeof...(*pack*)	alignof(*type/expr*)
++*lvalue*	--*lvalue*	*expr*	!*expr*
-*expr*	+*expr*	&*lvalue*	**expr*
new ... *type*...	delete[]*opt pointer*	(type) *expr*	co_await *expr*
object .**member ptr*	*pointer* ->**member ptr*		
expr * *expr*	*expr* / *expr*	*expr* % *expr*	
expr + *expr*	*expr* - *expr*		
expr ≪ *expr*	*expr* ≫ *expr*		
expr <=> *expr*			
expr < *expr*	*expr* <= *expr*	*expr* > *expr*	*expr* >= *expr*
expr == *expr*	*expr* != *expr*		
expr & *expr*			
expr ^ *expr*			
expr | *expr*			
expr && *expr*			
expr || *expr*			
expr ? *expr* : *expr*			
lvalue = *expr*	*lvalue* @= *expr*	throw *expr*	co_yield
expr expr , *expr*			

1.3.12 避免歧义

"疯狂就像一直重复相同的事情，却期待不同的结果。"

——无名氏①

对于存在歧义的应用程序来说，期望相同输入获得不同的输出结果并不奇怪。相反，预测

① 曾经被误认为是阿尔伯特·爱因斯坦、本杰明·富兰克林和马克·吐温等人说的。丽塔·梅·布朗的 *Sudden Death* 中引用了这句话，但最原始的出处似乎不详。

这类程序的行为会非常困难，因为其组件中包含大量干扰项。此外，拥有一个存在错误结果的稳定性程序强过拥有一个偶尔输出正确结果的不稳定程序，因为后者通常更难于修复。

一个恰好存在副作用的例子是 C 标准库中的字符串复制函数 strcpy。该函数接收指向源对象和目标对象的第一个字符的指针，并复制随后的字符，直到遇到“0”为止。这可以通过单个循环实现，甚至该循环可以是一个空的循环体，而赋值和自增操作是作为负作用而存在的：

```
while(*tgt ++= *src ++);
```

这看上去有点奇怪，在某种程度上来说的确如此。不过这确实是合法的 C++ 代码，尽管某些编译器会给出一些善意的提醒。花一些时间预先思考一下操作符优先级、子表达式的类型和代码执行顺序是一个比较好的编码习惯。

让我们把程序简化一下：我们给数组的第 i 个元素赋值，并在下一次循环对 i 执行自增操作：

```
v[i]= i++;    // Undefined behavior before C++17
```

上述代码看上去并没有什么问题。在 C++17 之前的含义是：该表达式的行为是未定义的。这是因为执行后缀增量操作的 i 可以确保我们能使用执行增量操作前的 i 值进行赋值，然后再执行增量操作。不过这个增量操作仍然可能在计算表达式 v[i] 之前被执行，这样我们就可能将 i 赋值给 v[i+1]。不过在 C++17 中这个问题被修复了，它要求等号右边的整个表达式必须在计算等号右边的表达式之前计算完毕，这并不意味着所有未定义的行为都消失了。下面这个公认的表达式结果仍然是未定义的：

```
i = ++i + i++;
```

上述示例表明，副作用并不总是显而易见的。某些晦涩的内容可能是有效的，而某些更简单的东西反而会失效。更有甚者，某些代码能够正常工作一段时间，而某些人在不同的编译器编译它，又或者新版本的编译器的某些实现细节发生了改变，这时它又无法正常工作了。

第一个代码片段是一个展示高超编程技巧的示例，用来证明操作符的优先级是有意义的，即不需要使用括号。不过这种编程风格并不适合现代的 C++。希望尽量缩短代码长度的做法可以追溯到早期的 C 语言时代，当时的打字机是机械式的，电气化程度很低。打卡机几乎都没有显示器。对于今天的技术来说，多输入一些字母可能并没有什么问题。

使用精炼的代码的另一个不足在于，它会混合不同的关注点：测试、修改和遍历。分离关注点是一条非常重要的软件设计原则。它能够在增加灵活性的同时减少复杂性。在这种情况下，我们希望降低理解代码实现的难度。应用该理念到单行复制后得到如下结果：

```
for (; *src; tgt++, src ++)
    *tgt= *src;
*tgt= *src; // copy the final 0
```

现在我们可以清楚地区分以下 3 个关注点。

1. 测试：*src。
2. 修改：*tgt= *src;。

3. 遍历：tgt++ 和 src++。

上述代码的表示更明显，先是对指针的自增操作，然后是对其引用的内容执行测试和赋值操作。这种代码实现并不像之前那样紧凑，不过更易于检查错误。同时也建议让非零测试更明显一些（*src!=0）。

有一类编程语言被称为函数式语言，数值在这类语言中一经设定就无法被更改。很明显C++ 并不属于此类语言。不过当我们尽可能合理地采用函数式编程风格进行程序开发时，那将会获益良多。例如，当我们构造一个赋值操作时，唯一应该改变的是赋值符号左边的变量。为此，我们必须用一个常量表达式来应对不确定性：例如用 i+1 来替换 i++。等号右边不会产生副作用的表达式可以帮助我们理解程序行为，使得编译器更容易优化代码。根据经验来看，更容易理解的程序往往具备更好的优化潜力。总之，常量声明不仅可以保护我们的代码不受意外变更的危害，而且是一种简单的优化代码性能的方法。

1.4 表达式和语句

C++ 会对表达式和语句予以区分。我们可以不太严谨地这样理解，如果在某个表达式的末尾添加了分号，那么此时它就成了一条语句。不过，我们希望更深入地探讨这个话题。

1.4.1 表达式

让我们自下而上递归式地讲解表达式的构建。任意变量名（x，y，z,...）、常量或者字面量都是一个表达式。一个或者多个表达式经由操作符连接组合成一个新的表达式，例如 x+y 或 x*y+z。在某些编程语言（例如 Pascal）中，赋值操作就是一条语句。在 C++ 中，赋值操作是一个表达式，例如 x=y+z。因此，上述表达式可以出现在另一个表达式中：x2=x=y+z。赋值操作是从右到左开始执行计算的。输入和输出操作也是表达式。例如：

```
std::cout << "x is " << x << "\n"
```

上述代码也是表达式。使用表达式作为参数的函数调用也是表达式，例如 abs(x) 和 abs(x * y +z)。因此函数调用是可以嵌套的：pow(abs(x), y)。不过，如果函数调用是语句，那么上述嵌套是不可能的。

由于赋值操作是一个表达式，所以它可以作为函数的参数进行调用，例如 abs(x= y)。或者类似上面的 I/O 操作：

```
print(std::cout << "x is " << x << "\n", "I am such a nerd !");
```

很明显，上述代码的可读性不佳，而且会造成更多的混乱。被括号包围的表达式也被视为表达式，例如 (x+y)。由于括号的分组优先级在所有操作符之前，因此我们可以使用括号改变表达式的执行顺序：x*(y+z) 会首先计算括号里的加法运算。

1.4.2 语句

给上述任何表达式末尾加一个分号，就会成为一条语句：

```
x= y + z;
y= f(x + z) * 3.5;
```

一条合法的语句类似如下形式：

```
y + z;
```

不过，一般来说它没什么意义。在程序执行过程中，y 和 z 相加后的结果被计算出来，然后被丢弃。目前的编译器对这种无用的计算操作进行了优化。不过编译器并不能保证这条语句总是会被省略。如果 y 或 z 是一个用户自定义类型的对象，并且加号（+）也是由用户自定义的，那么上述代码可能会修改 y 或 z，甚至是其他的一些东西。这明显不是良好的编码风格（潜在的副作用），但在 C++ 中是合法的。

一个分号就是一条空语句，并且我们可以在表达式后面放置多个分号。有些语句并不是以分号作为结束标记的，比如函数定义。如果分号被附加到了这样的语句中，那么这并非一个错误，而是额外的一条空语句而已。尽管如此，某些编译器还是会基于某些规则向用户发出警告信息。任何由大括号包围的语句序列都是一条语句，即复合语句。

我们之前看到的变量和常量声明也是语句。对于某个变量或常量的初始值，我们可以使用表达式（除了另外一个赋值或者逗号操作符之外）来设置。其他语句将会稍后讨论，比如函数和类的定义，以及我们将在接下来的章节中介绍的分支控制语句。

除了条件操作符之外，程序的流程是由语句控制的。接下来，我们将对分支和循环进行区分。

1.4.3 分支

本节介绍一些允许在程序执行过程中选择分支的特性。

1.4.3.1 if 语句

这是控制程序流的最简单形式，其含义也直观明了。例如：

```
if(weight> 100.0)
    cout ≪ "This is quite heavy .\ n";
else
    cout ≪ "I can carry this .\ n";
```

通常，else 分支并不是必需的，可以省略。假定变量 x 包含某个数值，并需要对该数值的大小进行判断：

```
if (x < 0.0)
    x= -x;
// 现在我们知道 x>=0 ( 后置条件 )
```

if 语句的分支是包含作用域的，因此下面的代码是错误的：

```
if (x < 0.0)
    double absx = -x;
else
    double absx = x;
cout ≪ "|x| is " ≪ absx ≪ "\n"; // 错误：absx超出了作用域
```

对于上述代码来说，我们引入了两个新的变量，其名称都是 absx。不过它们之间并不冲突，因为它们分别位于不同的作用域中。它们都位于 if 语句的分支中，但是最后一行代码访问 absx 是错误的。事实上，在某个分支中声明的变量只能在这个分支中使用。

if 语句中的每个分支都由一条单独的语句构成。为了执行多个操作，我们可以使用大括号，就像下面的例子中实现 Cardano 的方法（一元三次方程求解）那样：

```
double D= q*q /4.0 + p*p*p /27.0;
if(D> 0.0){
    double z1= ...;
    complex <double> z2= ..., z3= ...;
    ...
} else if(D == 0.0){
    double z1= ..., z2= ..., z3= ...;
    ...
}  else{                    // D < 0.0
    complex <double> z1= ..., z2= ..., z3= ...;
    ...
}
```

对于初学者来说，编码时总是写上大括号是有帮助的。很多编码风格指南中也强制要求在单个语句上使用大括号，而笔者更倾向于不使用大括号。不管怎样，为了提高代码的可读性，强烈建议对分支语句使用缩进格式。

if 语句还支持嵌套，而每个 else 语句都与最近的开放 if 分支语句相关。如果你对相关的示例感兴趣，可以参考附录 A.2.2.2 节。

最后，我们向你提供一些建议。

建议

虽然空格不影响 C++ 的编译，但缩进格式能够反映程序的结构。能够识别 C++ 的编辑器（例如 Visual Studio 的 IDE 和 emacs 下的 C++ 模式）支持自动缩进，这对结构化编程来说是非常有益的。每当语言识别工具中的一行代码没有按照预期进行缩进时，这很可能意味着某些代码没有正确的嵌套。

⇒ c++17/if_init.cpp

C++17 对 if 语句进行了功能扩展，从而能够初始化一个作用域仅限于 if 语句的变量。这有助于控制变量的生命周期，例如插入一个 map 对象的结果是一种指向新实体的引用，并且当 C++17

插入操作成功时会返回一个布尔值：

```
map <string, double> constants ={{"e", 2.7},{"pi", 3.14}};
if (auto res= constants.insert({"h", 6.6 e- 34});   res.second)
    cout ≪ " inserted " ≪ res.first ->first ≪ " mapping to "
         ≪ res.first ->second ≪ endl;
else
    cout ≪ " entry for " ≪ res.first ->first ≪ " already exists .\ n";
```

我们可以在 if 语句之前声明 res，这样它就会一直存续到外层代码块的末尾——除非我们在变量声明和 if 语句周围加上额外的大括号。

1.4.3.2　条件表达式

虽然前面讲述的是语句，但是我还想介绍一下条件表达式，因为它与 if 语句很接近。对于下列条件表达式

```
condition ? result_for_true: result_for_false
```

其结果是当该条件的结果为真时，程序返回第二个子表达式（比如 result_for_true），否则返回第三个子表达式（result_for_false）。例如：

```
min= x <= y ? x: y;
```

上述条件表达式等效于如下 if 语句：

```
if (x <= y)
    min= x;
else
    min= y;
```

对于初学者来说，第二种形式可能更容易理解，而经验丰富的程序员更喜欢第一种形式，因为它更简洁一些。?: 是一个表达式，因此可以用于初始化变量：

```
int x= f(a),
    y= x < 0 ? -x: 2 * x;
```

通过操作符选择参数的方式调用函数很容易：

```
f(a,(x < 0 ? b: c),(y < 0 ? d: e));
```

但使用 if 语句达到上述目的却很烦琐。如果你不相信，那么可以自己动手尝试一下。

一般来说，采用 if 语句还是条件表达式并不是重点。所以可以根据你的需要进行灵活取舍。

标准库模板（STL）中的 replace_copy 操作（4.1 节）就是一个在 if 语句和 ?: 之间做出取舍的例子。它之前是采用条件操作符实现的，而 if 语句则显得更通用一些。这个“Bug”甚至存在了 10 年之久都未被发现，直到在 Jeremy Siek 的博士论文 [57] 中通过自动分析才得以发现。

1.4.3.3　switch 语句

switch 语句就像一种特殊的 if 语句。它根据表达式是否与若干常量整数值中的某一个匹

配来执行相关分支操作。

```
switch(op_code){
    case 0: z= x + y; break;
    case 1: z= x - y; cout << " compute diff \ n"; break;
    case 2:
    case 3: z= x * y; break;
    default: z= x / y;
}
```

它有一个令人惊讶的行为是，除非我们使用 break 语句终止它，否则后续分支的代码也会被执行。因此，在我们的例子中，对第二种和第三种情况也执行了同样的操作。对于没有 break 的分支（非空），g++ 和 clang++ 等编译器会通过 -Wimplicit-fallthrough 参数向用户发出警告。

为了避免这类警告，并向协作者分支发送分支落空的意向，C++17 引入了 [[fallthrough]] 属性： C++17

```
switch(op_code){
  case 0: z= x + y; break;
  case 1: z= x - y; cout << " compute diff \ n"; break;
  case 2: x= y;[[fallthrough]];
  case 3: z= x * y; break;
  default: z= x / y;
}
```

与 if 语句类似，C++17 也加入了在 switch 语句中初始化变量的特性。 C++17

switch 语句的详细用法，可以参考附录 A.2.3 节。

1.4.4 循环

1.4.4.1 while 和 do-while 循环

顾名思义，只要给定的条件成立，while 循环就会一直重复执行。让我们以 Collatz 序列为例，它的定义如下所示：

算法 1–1 Collatz 序列

Input: x_0

1 **while** $x_i \neq 1$ do

2 $\quad x_i = \begin{cases} 3\,x_{i-1} + 1 & \text{if } x_{i-1} \text{ is odd} \\ x_{i-1}/2 & \text{if } x_{i-1} \text{ is even} \end{cases}$

如果我们不担心溢出，那么可以很容易地使用 while 循环实现：

```
int x= 19;
while (x != 1) {
    cout << x << '\n';
    if(x % 2 == 1)      // 奇数
```

```
        x= 3 * x + 1;
    else                    // 偶数
        x= x / 2;
}
```

和 if 语句类似，如果只有一条语句，那么可以不用大括号来构造循环体。C++ 还支持 do-while 循环。在该循环中，继续执行循环的条件会在最后测试：

```
double eps = 0.001;
do{
    cout << " eps= " << eps    '\n';
    eps /= 2.0;
}   while (eps> 0.0001);
```

无论条件是否为真，该循环至少都会执行一次。

1.4.4.2　for 循环

C++ 中最常见的循环是 for 循环。作为一个简单的示例，我们将会把两个向量相加[1]，然后打印结果：

```
double v[3], w[]={2., 4., 6.}, x[]={6., 5., 4};
for (int i= 0; i < 3; ++i)
    v[i]= w[i] + x[i];

for(int i= 0; i < 3; ++i)
    cout << "v[" << i << "]= " << v[i] << '\n';
```

循环体头部主要包括以下 3 部分：

1. 初始化；
2. 一个执行循环的条件因子；
3. 步长操作。

上述示例是一个典型的 for 循环。在初始化过程中，我们通常会声明一个新的变量，并将其初始化为 0——这是大多数索引数据结构的初始索引。第二步的条件通常是测试循环的索引是否小于某个值，而最后的操作是增加循环的索引。在这个例子中，我们预先对循环变量 i 执行了前缀增量操作。对于像 int 这样的内置类型，我们采用 ++i 还是 i++ 并不重要。不过，对于用户自定义类型来说，后缀增量操作会导致不必要的复制，参见 3.3.2.5 节。为了在本书中保持一致，我们总是会在循环索引上执行前缀增量操作。

将条件写成类似 i <= size(..) 这样的形式，是初学者经常犯的错误。因为在 C++ 中索引是从 0 开始的，索引 i== size(..) 已经超出了数组范围。有过 FORTRAN 或者 MATLAB 编程经验的人需要一些时间来适应索引从 0 开始的编程方式。对于很多人来说，基于 1 的索引似乎更自然一些，在某些数学文献中也会采用这种方式。不过对于索引和地址的计算都是基于 0 为索引的方式总是会更简单一些。

[1] 目前我们只使用了简单的数组，后续我们将会引入实际的向量类。

再比如，我们希望计算指数函数的泰勒级数：

$$e^x = \sum_{n=0}^{\infty} \frac{x^n}{n!}$$

到第 10 项结束计算：

```
double x= 2.0, xn= 1.0, exp_x = 1.0;
unsigned long fac= 1;
for (unsigned long n= 1; n <= 10; ++n){
    xn *= x; fac *= n;
    exp_x += xn / fac;
    cout ≪ "e^x is " ≪ exp_x ≪ '\n';
}
```

在这里，单独计算第 0 项，然后从第 1 项开始执行循环是比较简单的。我们还使用了小于或等于符号来确保 $x^{10}/10!$ 项也被包含在内。

C++ 中的 for 循环非常灵活。初始化部分可以是任意表达式、变量声明或者为空。甚至还可以引入多个相同类型的新变量。这可以用于避免在条件中重复相同的操作。例如：

```
for (int i= begin(xyz), e= end(xyz); i < e; ++i) ...
```

初始化中声明的变量仅在循环内部可见，循环外部将会屏蔽相同名称的变量。

条件可以是任何可以转换为布尔值的表达式。一个空的条件表明该条件永远为真（true），循环会无限重复。如 1.4.4.4 节所述，它仍然可以在循环体内部被终止。如前所述，循环索引通常会在 for 循环的第三个子表达式中被执行自增操作。原则上来说，我们也可以在循环体中修改它。不过，如果是在循环体头部进行修改，程序代码会更易理解。我们可以使用逗号操作符（1.3.5 节）修改任意数量的变量以及其他方面的修改。例如：

```
for (int i= 0, j= 0, p= 1; ...; ++i, j+= 4, p*= 2) ...
```

这当然比只包含一个循环索引要复杂，但还是比在循环之前或者循环体内部声明 / 修改索引更容易理解。

1.4.4.3 基于范围的 for 循环 C++11

一种非常紧凑的循环方式是由基于范围的 for 循环提供的。我们将在讨论迭代器的概念（4.1.1 节）时告诉你与之有关的详细信息。

现在，我们将把它视为对数组或其他容器的所有条目进行迭代访问的一种简洁方式：

```
int primes[]={2, 3, 5, 7, 11, 13, 17, 19};
for (int i:   primes)
    std::cout ≪ i ≪ " ";
```

上述代码将打印出数组中以空格分隔的素数。在 C++20 中，我们可以在基于范围的循环中对 primes 进行初始化： C++20

```
for (int primes[]={2, 3, 5, 7, 11, 13, 17, 19}; int i: primes)
    std::cout ≪ i ≪ " ";
```

1.4.4.4　循环控制

有两条语句可以中止常规的循环操作：

1. break；
2. continue。

break 语句可以完全终止循环，而 continue 只结束当前的循环并继续循环的下一次操作。例如：

```
for(...; ...; ...){
    ...
    if(dx == 0.0)
        continue;
    x+= dx;
    ...
    if(r < eps)
        break;
    ...
}
```

在上述示例中，我们假定当 dx==0.0 时结束循环。在某些迭代计算中，迭代的中间阶段（这里是 r<eps）可能就能够确定所有工作已经完成。

1.4.5　goto

所有分支和循环在底层都是通过跳转实现的。C++ 提供了显式跳转指令，它被称为 goto。不过你最好采纳如下建议。

建议

永远不要使用 goto 语句！

在 C++ 中，goto 语句的适用性比 C 语言更差（比如，不能跳过初始化），它仍然具有破坏程序结构的能力。

编写不包含 goto 语句的软件被称为结构化编程。不过，这个术语现在已很少被提及，因为这在高质量的软件中，结构化编程是理所当然的。

1.5　函数

函数是 C++ 程序的重要组成部分。我们介绍的第一个例子是 hello-world 程序中的 main 函数。同时将在 1.5.5 节中对该 main 函数进行详细介绍。

1.5.1　参数

C++ 传递参数的方式包括两种：一种是通过值传递，另一种是通过引用传递。

1.5.1.1 通过值进行调用

当我们将一个参数传递给函数时，它默认会创建一个副本。例如，下面的函数对 x 执行了自增操作，但是这些行为对于函数外部是不可见的：

```
void increment(int x)
{
    x++;
}

int main()
{
    int i= 4;
    increment(i);    // Does not increment i
    cout ≪ "i is " ≪ i ≪ '\n';
}
```

上述代码的输出结果是 4。i++ 操作只是在 increment 函数中对 i 的本地副本执行了自增操作，而不是 i 本身。这种参数的转移被称为按值调用或者按值传递。

1.5.1.2 通过引用调用

要想修改函数的参数，必须通过引用来传递参数：

```
void increment(int& x)
{
    x++;
}
```

现在，变量本身将被执行自增操作，输出的结果也将会是 5。我们将在 1.8.4 节详细讨论引用。

像操作结果这样的临时变量无法通过引用进行传递：

```
increment(i + 9); // 错误：临时变量不可引用
```

要想将表达式传递给函数，必须先将该表达式存储到一个变量中，然后再传递这个变量。很明显，在临时变量上修改函数是没有意义的，因为我们永远无法看到修改结果。

向量和矩阵这类较大的数据结构几乎都是通过引用来传递的，从而避免了开销昂贵的复制操作：

```
double two_norm(vector& v){...}
```

通常，规范的操作不应该改变其参数。但是通过引用传递向量可能会存在意外覆盖它的风险。为了确保向量不被改变（也不被复制），可以将其作为一个常量型引用进行传递：

```
double two_norm(const vector& v){...}
```

如果我们尝试在该函数中改变 v 的值，那么编译器将会发出一个错误提示。

通过值和常量引用调用都能够确保参数不被改变，不过实现的方式有所不同。

- 通过值传递的参数可以在函数中被改变，因为函数是通过该参数的本地副本执行的。[①]
- 对于常量引用，可以直接在传递的参数上进行操作，但所有可能改变参数的操作都是被禁止的。特别是常量引用的参数不能出现在赋值操作（=）的左侧（Left-Hand Side，LHS），也不能作为非常量引用传递给其他函数。事实上，赋值操作的 LHS 参数也是一个非常量引用。

与可变引用相比[②]，常量引用允许传递临时参数：

```
alpha = two_norm(v + w);
```

这在程序语言设计方面的确是无关紧要的，不过它能让程序员的工作更简单一些。

1.5.1.3　默认参数

如果一个参数经常会使用相同的值，那么我们可以在声明它时为其提供一个默认值。假定我们需要实现一个计算 *n* 次方根的函数，而且其主要的作用就是计算平方根，那么我们可以进行如下编码：

```
double root(double x, int degree = 2){ ... }
```

该函数可以通过一个或者两个参数进行调用：

```
x= root(3.5, 3);
y= root(7.0);    // like root(7.0, 2)
```

可以声明多个默认值，但只能在参数列表的末尾声明。换句话说，在带有默认值的参数之后，我们不能再使用不带默认值的参数。

当添加额外的参数时，默认值也是非常有用的。假定我们有一个画圆的函数：

```
draw_circle(int x, int y, float radius);
```

这些圆都是黑色的，后续我们将为其添加颜色：

```
draw_circle(int x, int y, float radius, color c = black);
```

得益于默认参数的存在，我们不需要重构该应用程序，因为只提供 3 个参数时，draw_circle 函数仍然能够正常工作。

1.5.2　返回值

在前面的示例中，我们的程序只返回了 double 或 int 型。这些都是行为良好的返回类型。现在我们来看一些极端的情况：大型数据或无数据。

1.5.2.1　返回大型数据结构

通过函数计算大型数据结构的新值是比较困难的。相关的细节，我们将会在后续章节介绍，

---

① 假定参数被正确复制了，如果用户自定义的复制构造函数实现有问题，就会破坏传入数据的完整性。

② 请注意，由于语言上的原因，我们在本书中使用 mutable 这个词作为非常量的同义词。在 C++ 中，我们也有关键字 mutable（2.6.3 节），但很少用到它。

这里只会介绍一些注意事项。不过幸好当前的编译器足够智能，大多数情况下都会省略返回值的复制，详情可以参考 2.3.5.3 节。此外，当上述省略规则未能生效时，通过移动语义（2.3.5 节）将临时数据“移为己用”来避免复制操作。高级程序库还支持一种叫作表达式模板的技术来完全避免返回大型数据结构，并将计算操作延迟到知道存储返回值位置之后（5.3.2 节）。在任何情况下，返回值都不能返回对局部变量的引用（1.8.6 节）。

1.5.2.2 无返回值

从语义上来说，每个函数都必须有返回语句，即使没有任何内容可以返回。这个难题是通过名为 void 的 void 类型来解决的。例如，下列函数只是打印输出 x，但是没有返回值：

```
void print_x (int x)
{
    std::cout ≪ " The value x is " ≪ x ≪ '\n';
}
```

void 不是一种真正的类型，而更像一个占位符，这使我们可以忽略返回值，但我们不能定义 void 型对象：

```
void nothing ;     // Error : no void objects
```

一个 void 函数还可以通过一个无参数的 return 语句提前终止：

```
void heavy_compute(const vector & x, double eps, vector & y)
{
    for(...){
        ...
        if(two_norm(y) < eps)
            return;
    }
}
```

在一个 void 函数中返回某些内容是错误的做法。唯一可以在其 return 语句中出现的是对另一个 void 函数的调用（作为 return 空值的一种快捷方式）。

1.5.3 内联

调用函数的开销相对来说是比较昂贵的：必须存入寄存器，将参数复制到堆栈上等。为了避免这种开销，编译器可以进行内联函数调用。在这种情况下，函数调用被替换成包含在函数内部的操作。程序员可以通过适当的关键字要求编译器执行这类操作：

```
inline double square(double x){ return x* x; }
```

不过编译器并没有义务必须执行内联操作。相反，当有助于提高程序代码性能时，它也可以在不使用 inline 关键字的情况下进行内联函数调用。内联声明还有其他用途：在多个编译单元中包含某个函数，与之有关的详情将在 7.2.3.2 节讨论。

1.5.4　重载

在 C++ 中，函数之间可以共享相同的函数名，只要它们的参数声明存在一些差异即可。这就是所谓的函数重载。让我们先来看一个例子：

```
# include <iostream>
# include <cmath>

int divide(int a, int b)
   {return a / b;
}

float divide(float a, float b){
    return std::floor(a / b);
}

int main(){
    int  x= 5, y= 2;
    float n= 5.0, m= 2.0;
    std::cout ≪ divide(x, y) ≪ std::endl;
    std::cout ≪ divide(n, m) ≪ std::endl;
    std::cout ≪ divide(x, m) ≪ std::endl; // Error: ambiguous
}
```

在这里，我们对函数 `divide` 进行了两次声明：参数声明分别是 `int` 和 `float`。当调用函数 `divide` 时，编译器将会对它进行重载解析。

1. 是否有一个与参数类型完全匹配的重载？如果有，就执行它；否则，继续下列操作：
2. 是否有类型转换后匹配的重载？有多少个？
    - 0 个：错误。没有找到匹配的函数。
    - 1 个：采用。
    - >1 个：错误，存在歧义的调用。

如何将上述规则应用到我们的示例中呢？`divide(x, y)` 和 `divide(n, m)` 的调用是完全匹配的。对于 `divide(x, m)` 来说，根本没有重载的匹配项并且都是隐式转换。

隐式转换这个词需要解释一下。如前所述，C++ 的数字类型可以进行适当的转换。如上述示例所示，这些都是隐式转换。当我们以后在定义自己的类型时，可以实现从另一种类型到当前自定义类型的转换，或者从我们的新类型到现有其他类型的转换。

⇒ c++11/overload_testing.cpp

更规范的说法是，函数重载要求它们的签名（Signature）必须存在差异。在 C++ 中，上述签名包括：

- 函数名称；
- 参数的数目，即元数（Arity）；

- 参数的类型（按其执行顺序）。

此外，仅在返回类型或参数名称上存在差异的重载函数包含相同的签名，并且被视为函数重定义（禁止这么做）：

```
void f(int x){}
void f(int y){} // 重复定义：只是参数名称不一样
long f(int x){} // 重复定义：只是参数名称不一样
```

具有不同名称或者参数数目的函数是不同的，这一点不言而喻。取址符号可以将参数类型变成另一种参数类型（因此，f(int) 和 f(&int) 可以并存）。下面的 3 个重载函数具有不同的签名：

```
void f(int x){}            // #1
void f(int & x){}          // #2
void f(const int & x){}    // #3
```

上述代码片段能够通过编译。不过，当调用函数 f 时：

```
int       i= 3;
const int ci= 4;

f(i);
f(ci);
f(3);
```

上述 3 个函数的调用都存在歧义：对于第一个调用，#1 和 #2 是等价的，而对于其他调用，#1 和 #3 是等价的。混合了引用参数和值操作的函数重载几乎总是会失败。因此，当一个重载函数中包含一个引用参数时，其他重载函数的相应参数也应该限定为引用参数。在上述示例中，我们可以通过省略值参数重载来实现这一点。然后，f(3) 和 f(ci) 将解析为带有常量引用的重载，f(i) 则解析为带有可变引用的重载。

1.5.5 main 函数

main 函数与其他函数没有本质上的区别。C++ 标准中支持两种签名的 main 函数：

```
int main()
```

或者：

```
int main(int argc , char * argv[])
```

后者等价于：

```
int main(int argc, char ** argv)
```

参数 argv 包含了参数列表，argc 表示参数列表的长度。第一个参数（argv[0]）在大多数系统中代表了被调用的可执行文件的名称（可能与源代码的名称不同）。为了阐述这些参数的用法，可以编写一个名为 argc_argv_test 的小程序：

```
int main(int argc, char * argv[])
{
    for (int i= 0; i < argc; ++i)
        cout << argv[i] << '\n';
    return 0;
}
```

使用下列选项来调用该程序：

```
argc_argv_test first second third fourth
```

输出结果为：

```
argc_argv_test
first
second
third
fourth
```

如你所见，命令中的每个空格都会分隔参数。main 函数会返回一个整数作为退出代码，从而声明程序是否正确执行完毕。返回 0（或者来自 <cstdlib> 的 EXIT_SUCCESS）表示程序成功执行，其他的值表示程序未能正确执行完毕。在 main 函数中省略 return 语句是符合规范的。在这种情况下，系统会自动插入代码“return 0;”。与之有关的更多细节可以参考附录 A.2.4 节。

1.6 异常处理

“知错能改，善莫大焉。”
——Orlando Aloysius Battista

在 C++ 中处理程序意外行为的两种主要方式是断言和异常，前者用于检测程序的代码错误，后者用于处理程序无法正常执行的特殊情况。但实际上它们的区别并不是很明显。

1.6.1 断言

头文件 <cassert> 中的宏 assert 是从 C 语言中继承的，不过它仍然非常有用。它会测试一个表达式，当结果为假（false）时，程序会立即终止。它应该被用来检查程序的编码错误。假定我们实现了一个很棒的算法，它用于计算非负实数的平方根。那么从数学上来讲，其结果应该是非负的；否则，就是计算程序有问题：

```
# include <cassert>

double square_root(double x)
{
```

```
    check_somehow(x >= 0);
    ...
    assert(result >= 0.0);
    return result;
}
```

上述代码如何实现初始的检查还是个未知数。当计算结果是负值时，程序执行时将会打印输出如下错误提示：

```
assert_test: assert_test.cpp:10: double square_root(double):
Assertion ' result>= 0.0 ' failed.
```

断言要求我们的计算结果必须大于或等于 0，否则我们的代码实现中就存在一个错误。在将这个函数付诸实际应用之前，我们必须将这个错误纠正。

在纠正了这个错误之后，我们可能会希望删除这个断言。但是我们不应该这么做。也许将来的某一天，我们会改变上述算法的实现方式，那么断言测试仍然是有效的。实际上，条件后置的断言在某种程度上就像小型的单元测试。

断言的优点之一是，我们可以通过一个简单的宏声明让它完全消失。

在引用头文件 <cassert> 之前，我们可以先定义 NDEBUG：

```
# define NDEBUG
# include <cassert>
```

并且所有断言都处于禁用状态，也就是说，它们不会在可执行文件中产生任何操作。与其每次在调试和预览模式之间切换，改变我们的程序源，不如在编译器标记中声明更简洁的 NDEBUG 标志（通常在 Linux 上是 -D，在 Windows 上是 /D）：

```
g++ my_app.cpp -o my_app - O3 - DNDEBUG
```

当断言在正式发布模式中没有被禁用时，在核心部件中带有断言的软件可能会让程序执行效率降低一半甚至更多。CMake 会在发布模式下的编译标志中自动激活 -NDEBUG 标志。

由于断言可以很容易地被禁用，所以我们应该接受这个建议。

防御性编程

尽可能多对软件进行测试。

即使你确信某个属性对于你的实现来说准确无误，也应该写一个断言。有时候，系统的行为并不像我们想象得那么精确，或者编译器可能存在问题（非常少见，但并不是没有可能），或者我们做的事情与最初的设想存在差异。无论考虑得多么周全，实现得如何仔细，迟早都会有某个断言出现报错的情况。如果要检查的属性太多，以致于实际功能在代码中变得不是那么清晰可辨。因此，可以将测试交给另一个函数来处理。

优秀的程序员都会实现大量的测试集。尽管如此，也并不能保证程序在所有情况下都能够正常运行。一个应用程序可以如有神助地稳定运行数年，但某一天它却毫无征兆地崩溃了。对于这种情况，我们可以在调试模式下运行该应用程序，并启用所有断言，在大多数情况下，这些断言对找出崩溃的原因会有很大帮助。不过这需要程序崩溃的场景是可重现的，并且在执行效率较慢的调试模式下的程序能够在合理的时间内执行到关键部分。

1.6.2 异常

在上一节中，我们了解了如何通过断言来检查程序代码的错误。不过，即使拥有最高超的编程技巧，但很多关键的问题我们仍是无法避免的。例如，我们需要读取的文件被删除了，或者程序所需的内存比实际机器能够提供的内存要更多。还有一些问题在理论上是可以预防的，但付诸实践的成本却非常高。例如，检查一个矩阵是否规则并可用，但检查的工作量可能比实际任务的工作量还要大。在这种情况下，尝试在完成任务的同时顺便检查异常，通常是更有效的。

1.6.2.1 必须重视异常的原因

在介绍旧式的异常处理方式之前，我们先介绍一下传奇人物赫伯特（Herbert）[①]，他是一位聪明的数学家，他认为编写程序是展示算法强大之处的必要之举。他对现代编程中无关紧要的东西不感兴趣。

他处理计算问题时通常会采用返回一个错误代码的方式（和 main 函数类似）。例如，我们想从一个文件中读取一个矩阵，如果没有读取成功，那么会将 1 作为错误代码返回：

```
int read_matrix_file(const char * fname, matrix & A)
{
    fstream f(fname);
    if (! f.is_open())
        return 1;
        ...
    return  0;
}
```

因此，他检查了所有可能出错的地方，并以适当的错误代码通知调用方。当调用方执行时获得该错误提示信息并作出适当的反馈时，这就是一种非常好的解决方案。但是当调用方对返回的代码不予理会时会发生什么呢？答案是什么都不会发生。程序继续运行，以后可能会因为错误的数据而导致程序崩溃，或者更糟糕的是可能产生一些无意义的结果。但是在实际的软件应用过程中，即使非常细心的人也不可能注意到每一个微小的细节。

尽管如此，把这些道理告知像 Herbert 这样的编程奇才，可能是无法说服他们的。

C++17　在 C++17 中，我们引入更多的安全特性。它支持 [[nodiscard]] 属性，从而声明返回值不应该被丢弃：

```
[[nodiscard]] int read_matrix_file(const char * fname, matrix & A)
```

① 致所有叫赫伯特的读者：请接受我们真诚的道歉，因为我们使用了你的名字。

因此，每个忽略返回值的调用都会引起一个警告，并通过额外的编译器标识，我们可以将每个警告变成一个错误。反过来说，我们也可以用另一个编译器标识来忽略这类警告。因此，该属性并不能确保返回代码被使用了。此外，仅仅将返回值存储到一个变量中就已经算是对它使用过，无论我们是否再使用这个变量。

错误代码的另一个缺点是，它不能返回我们的计算结果，而是必须将它们作为引用参数传递。这使得我们不能使用结果来构建表达式。另一种方法是返回计算结果并将错误代码作为（引用的）函数参数进行传递，这种做法并没有减少多少工作量。关于错误代码的介绍就到此为止。现在让我们看看异常是如何工作的。

1.6.2.2 抛出异常

处理问题的一个更好的办法是抛出（throw）异常：

```
matrix read_matrix_file(const std::string & fname)
{
    fstream f(fname);
    if (! f.is_open())
        throw "Cannot open file.";
    ...
}
```

C++ 允许我们将任意内容作为异常进行抛出：字符串、数字、自定义类型等。不过为了正确处理异常，最好是定义异常类型或者使用标准库中的类型：

```
struct cannot_open_file{};

matrix read_matrix_file(const std::string & fname)
{
    fstream f(fname);
    if (! f.is_open())
        throw cannot_open_file{};
    matrix A;
    // 用数据填充 A（也可能会抛出异常）
    return A;
}
```

在这里，我们引入了自定义异常类型。在第 2 章中，我们将详细解释如何定义类。在上述示例中，我们定义了一个空的类，它只需要一对大括号，后面跟一个分号即可。较大的项目通常会建立一个完整异常类型的层次结构，这些类型通常是继承自 `std::exception`（第 6 章）。

1.6.2.3 捕获异常

为了对一个异常作出反应，我们必须先捕获它。这可以在一个 `try-catch` 代码块中完成。在上述示例中，我们抛出了一个无法打开文件的异常，现在可以对它进行捕获：

```
try{
    A= read_matrix_file("does_not_exist.dat");
} catch(const cannot_open_file & e){
    //在这里，我们也可以对异常进行相应的处理。
}
```

可以在代码块中编写多个 catch 子句，以便在一个地方处理不同的异常类型。在介绍了类和继承之后，详细讨论这个问题可能会更有意义。因此我们将在 6.1.5 节对它进行详细讨论。

1.6.2.4 处理异常

处理异常最简单的方法是将其委托给调用方处理，这可能是通过什么都不做来实现的（也就是说没有 try-catch 代码块）。

我们也可以捕获异常，提供一个与该异常有关的详细错误提示信息，并终止该程序：

```
try{
    A= read_matrix_file("does_not_exist.dat");
} catch(const cannot_open_file & e){
    cerr << " Hey guys, your file does not exist! I'm out.\ n";
    exit(EXIT_FAILURE);
}
```

一旦异常被捕获，问题就会被认为已经解决了，程序将在 catch 代码块之后继续执行。为了终止程序的执行，我们使用了头文件 <cstdlib> 中的 exit 方法。即使我们不在 main 函数中，exit 方法也会终止程序的执行。只有当继续执行程序非常危险，并且调用的函数也无法对异常进行处理时，才应该使用该方法结束程序的执行。

另外，我们可以在提示警告信息后继续执行，或者通过重新抛出异常来对程序执行部分救援行动，这类情况可能会在后续得到处理：

```
try{
    A= read_matrix_file("does_not_exist.dat");
} catch (const cannot_open_file & e){
    cerr << " O my gosh, the file is not there ! Please caller help me .\ n";
    throw;
}
```

在上述示例中，我们已经在 main 函数中了，而且调用堆栈中没有其他函数可以捕获我们的异常。忽略一个异常可以很容易地使用一个空的代码块来实现。

```
} catch(cannot_open_file &){} //不用担心，文件是无用的。
```

到目前为止，我们的异常处理并没有真正解决文件丢失的问题。如果文件名是由用户提供的，那么可以向其索要正确的文件名，直到我们满意为止：

```
bool keep_trying = true;
do{
    std::string fname;
```

```
    cout << " Please enter the filename: ";
    cin >> fname;
    try{
        A= read_matrix_file(fname);
        ...
        keep_trying = false;
    } catch(const cannot_open_file & e){
        cout << " Could not open the file.Try another one !\ n";
    }
} while(keep_trying);
```

当到达 try 代码块的末尾，如果它没有抛出任何异常，那么我们就可以高枕无忧了。否则，我们将会进入 catch 代码块，并且会将 keep_trying 的值设置为 true。

1.6.2.5 异常的优点

当我们的程序在执行过程中遇到问题但是无法马上解决它时，异常处理机制是很有必要的。因此，我们必须将它传递给调用函数，希望检测到的问题能够得到妥善的解决，或者至少以用户可以接受的方式予以处理。有可能检测到相关问题的函数，而直接调用方不能处理这个问题，那么这个问题必须在几个函数的调用堆栈上进一步传递，并且可能会传递到 main 函数。考虑到这一点，异常比返回错误代码有以下优势：

- 函数接口更清晰；
- 返回结果而不是错误代码，支持函数的嵌套调用；
- 未经处理的错误会立即让程序崩溃，而不是让程序继续使用已经损坏的数据；
- 异常会在调用堆栈上自动传播；
- 错误代码的显式交互会让程序的结构变得混乱。

笔者在实际工作中碰到的一个例子是和 LU 因子分解有关的。对于一个奇异矩阵，它是无法计算的。对此我们无能为力。不过当因式分解是迭代计算的一部分的情况下，我们能够在没有该因式分解的情况下继续进行迭代。尽管采用传统的错误示例也是可行的，但异常处理允许我们以更优雅简洁的方式实现它。

我们可以对常规情况下的因式分解进行编程，当检测到奇异性时抛出一个异常。然后由调用者决定如何在各自的执行环境下处理这个奇异点。

1.6.2.6 谁来抛出异常

C++11

C++03 允许指定哪些类型的异常可以从一个函数中抛出，这些规范最后被证明没有什么特别有用的地方，从 C++11 开始便被弃用，在 C++17 中已经被删除。

C++11 规范增加了一个新的限定条件，用于指定不能从函数中抛出任何异常，例如：

```
double square_root(double x) noexcept { ... }
```

这个限定的好处在于，调用代码不需要在 square_root 之后检查抛出的异常。如果是存在这个限定条件的情况下，仍然有异常被抛出，那么程序将会被终止执行。

在模板化的函数中，是否抛出异常可能取决于参数类型。为了正确地处理这个问题，

noexcept 可以依赖于编译期的一个条件，详情可以参考 5.2.2 节。

到底是断言好还是异常好，这不是三言两语就能回答的问题。这个问题目前可能不会困扰你，因此我们把这个问题放在了附录 A.2.5 节讨论，等你阅读了相关内容后再做决定。

C++11 1.6.3 静态断言

程序在编译期间检测到错误时可能会触发静态断言（static_assert）操作。在这种情况下，编译器会向用户发送一条错误提示信息并停止编译。

```
static_assert(sizeof (int) >= 4 ,
              "int is too small on this platform for 70000");
const int capacity = 70000;
```

在这个示例中，我们将字面值 70000 存储到一个 int 型变量中。在这样做之前，我们需要验证该编译平台上 int 的大小，以便该代码片段能够正确地存储该字面值。static_assert 的强大威力可以通过元编程完全释放出来（第 5 章），我们将在后续的章节中展示更多示例。

1.7 I/O

C++ 采用了一个名为流（stream）的抽象方式在显示器和键盘这类连续介质上执行 I/O 操作。流是一个对象，程序可以向其中插入或提取字符。C++ 标准库包含头文件 <iostream>，标准输入和输出流对象就是在其中声明和定义的。

1.7.1 标准输出

一般来说，程序的标准输出会显示在屏幕上，我们可以使用名为 cout 的 C++ 流访问它，并且它是与插入操作符一起搭配使用的，该操作符使用 ≪ 表示（和左移操作符类似）。它可以在单个语句中多次使用。当我们想打印文本、变量和常量的组合时，这一点特别有用，例如：

```
cout ≪ " The square root of " ≪ x ≪ " is " ≪ sqrt(x) ≪ endl;
```

上述代码的输出结果如下：

```
The square root of 5 is 2.23607
```

endl 会产生一个换行符。endl 的另一种表示方法是用字符 \n。为了方便起见，输出内容可能是经过缓存的。在这方面，endl 和 \n 是不同的：前者会刷新缓存而后者则不会。当我们在调试程序时（没有调试器的情况下），刷新操作能够帮助我们找出程序在哪些输出之间出现了崩溃。相反，当大量的文件被写入文件时，每一行的刷新操作都会大大降低 I/O 的执行效率。

不过插入操作符的优先级相对较低，因此可以直接写入算术操作符：

```
std::cout ≪ "11 * 19 = " ≪ 11 * 19 ≪ std::endl;
```

所有比较、逻辑和位操作符都必须使用括号修饰以进行分组。同样，条件操作符也是如此：

```
std::cout ≪(age > 65 ? " I'm a wise guy\n": " I am still half- baked .\ n");
```

当我们忘记为表达式添加括号时，编译器会向我们发出提醒（为我们提供一条比较晦涩的信息）。

1.7.2 标准输入

在 C++ 中处理标准输入是通过重载取值操作符 ≫ 来实现的。标准输入设备通常是键盘，它在代码中对应的流名称是 cin：

```
int age;
std::cin ≫ age;
```

该命令从输入设备中读取字符，并将它们解析为存储到相关变量（age）对应的变量类型（int）的值。一旦回车（Enter）键被按下，来自键盘的输入就会被处理。我们也可以用 cin 来要求用户输入多个字符：

```
std::cin ≫width ≫ length;
```

上述代码等效于：

```
std::cin ≫width;
std::cin ≫length;
```

在这种两种情况下，用户必须提供两个值，一个是宽度（width），另一个是长度（length）。它们之间可以用任何有效的空白符分开，例如空格、制表符或换行符。

1.7.3 文件的输入和输出

C++ 提供了以下类来进行文件的输入和输出操作：

```
ofstream    写入文件
ifstream    读取文件
fstream     写入 / 读取文件
```

我们可以用与 cin 和 cout 相同的方式使用文件流，唯一不同的地方在于，必须将这些文件流与物理文件关联起来。下面是一个例子：

```
# include <fstream>

int main()
{
    std::ofstream square_file;
    square_file.open("squares.txt");
    for (int i= 0; i < 10; ++i)
```

```
        square_file << i << "^2 = " << i*i << '\n';
    square_file.close();
}
```

上述代码创建了一个名为 squares.txt 的文件（如果该文件已存在，那么就覆盖它），并向它写入一些内容。就像我们向 cout 写入内容那样。C++ 建立一个通用流的概念，这是通过输出文件和 std::cout 来实现的。这意味着我们可以把所有能够写入 std::cout 的内容也写入一个文件里面，反之亦然。当为某个新的类型定义操作符 << 时，我们只需为 ostream 定义一次即可（参考 2.7.3 节），然后它就能与控制台、文件以及其他任何输出流一起工作。

另外，我们也可以将文件名作为参数传递给流的构造函数，从而隐式打开相关的文件。当 square_file 超出作用域时①，该文件也会被隐式关闭。本示例中这种情况发生在 main 函数的末尾。前面程序的精简版如下所示：

```
# include <fstream>

int main()
{
    std::ofstream square_file{"squares.txt"};
    for (int i= 0; i < 10; ++i)
        square_file << i << "^2 = " << i*i << '\n';
}
```

我们更喜欢精简版的代码。只有在文件对象首次被声明并且后续因为某种原因要被打开时，显式调用形式才是必要的。并且只有在文件超出作用域时，才需要显式执行关闭文件的操作。

1.7.4 通用流的概念

流的应用并不局限于屏幕、键盘和文件，当某个类②从 istream、ostream 或 iostream 派生并提供这些类函数的实现时，都可以作为流使用。例如，Boost.Asio 为 TCP/IP 和 Boost 提供了流，而 IOStream 提供了上述 I/O 操作的替代品。标准库中包含一个用于处理字符串的 stringstream，它可以用于从任何可打印类型中创建一个字符串。stringstream 的方法 str() 会返回流的内部字符串。

我们可以通过将指向 ostream 的可变引用作为参数来编写接收任意输出流的输出函数：

```
# include <iostream>
# include <fstream>
# include <sstream>

void write_something(std::ostream & os)
{
    os << " Hi stream, did you know that 3 * 3 = " << 3 * 3 << '\n';
```

① 得益于 RAII 的强大技术，我们将在 2.4.2.1 节讨论。

② 类的派生机制将在第 6 章讨论。需要注意的是，输出流在技术上是通过 std::ostream 派生的。

```
}

int main(int argc, char * argv[])
{
    std::ofstream  myfile{"example.txt"};
    std::stringstream  mysstream;

    write_something(std::cout);
    write_something(myfile);
    write_something(mysstream);

    std::cout ≪ " mysstream is: " ≪ mysstream.str(); // 包含新行
}
```

也就是说，通用输入可以通过 istream 实现，读写 I/O 可以用 iostream 实现。

1.7.5 格式化

⇒ c++03/formatting.cpp

I/O 流是由所谓的 I/O 控制器进行格式化的，它可以在头文件 <iomanip> 中找到。默认情况下，C++ 只打印输出浮点数小数点后的几位小数。因此，我们需要提高精度：

```
double pi= M_PI;
cout ≪ "pi is " ≪ pi ≪ '\n';
cout ≪ "pi is " ≪ setprecision(16) ≪ pi ≪ '\n';
```

然后输出更精确的数字：

```
pi is 3.14159
pi is 3.141592653589793
```

在 4.3.1 节中，我们将展示如何将数字的精度调整到该类型可表示的位数。在 C++20 中，我们可以使用 <numbers> 中的双精度常数 std::number::pi 来代替宏 M_PI 或字面值。 C++20

当我们构造一个表格、向量或矩阵时，需要将其中的数值对齐以保证可读性。因此，接下来我们要设置输出的宽度：

```
cout ≪ "pi is " ≪ setw(30) ≪ pi ≪ '\n';
```

上述代码的执行结果如下所示：

```
pi is           3.141592653589793
```

setw 只会改变下一个输出值，而 setprecision 则会影响所有后续（数值）的输出，这和其他控制器类似。提供的宽度值可以被视为一个最小值，如果打印数值需要更多的空间，那么我们的表格将会变得非常难看。

我们可以要求这些数值向左对齐，并在空白处用我们指定的字符予以填充，比如 -：

```
cout ≪ "pi is " ≪ setfill('-') ≪ left
     ≪ setw(30)≪ pi ≪ '\n';
```

以上代码的输出结果为：

```
pi is 3.141592653589793-------------
```

另一种格式化的方法是直接设置标识。此外，我们还可以在标准化指数表示中强制使用“科学”符号：

```
cout.setf(ios_base::showpos);
cout ≪ "pi is " ≪ scientific ≪ pi ≪ '\n';
```

其结果为：

```
pi is +3.1415926535897931 e +00
```

整数可以用八进制和十六进制来表示：

```
cout ≪ " 63 octal is " ≪ oct ≪ 63 ≪ ".\ n";
cout ≪ " 63 hexadecimal is " ≪ hex ≪ 63 ≪ ".\n";
cout ≪ " 63 decimal is " ≪ dec ≪ 63 ≪ ".\n";
```

可以得到预期的输出结果：

```
63 octal is 77.
63 hexadecimal is 3 f.63
decimal is 63.
```

布尔值默认会被打印输出为 0 或者 1 的整数。我们还可以将其表示为 true 或 false：

```
cout ≪ "pi < 3 is " ≪(pi < 3) ≪ '\n';
cout ≪ "pi < 3 is " ≪ boolalpha ≪(pi < 3) ≪ '\n';
```

最后，我们可以重置所有改变过的格式化选项：

```
int old_precision = cout.precision();
cout ≪ setprecision(16)
...
cout.unsetf(ios_base::adjustfield | ios_base::basefield
        | ios_base::floatfield | ios_base::showpos | ios_base::boolalpha);
cout.precision(old_precision);
```

每个选项都由一个状态变量的二进制位来表示，为了启用多个选项，我们可以用二元位操作符 OR 来组合它们的位模式。

C++20 1.7.6 新型格式化

⇒ c++20/fmt_example.cpp

如前所述，传统的流格式化需要相当多的打字工作。另外我们还可以使用 C 语言的 printf

函数和格式化字符串输出结果，这允许我们用很少的符号来声明之前用多个 I/O 控制器实现的内容。

不过我们不建议使用 printf 函数，原因有两点：首先它不能用于用户自定义类型；其次它不是类型安全的。格式化字符串在程序运行时被解析，后续的参数会被一个晦涩的宏机制处理。如果参数与格式化字符串不匹配，其行为是未知的，并且可能导致程序崩溃。例如，一个字符串通过指针进行传递，并且从被指向的地址开始，字节位被当作 char 读取和打印，直到内存中发现一个二进制的 0 值为止。如果我们不小心尝试将一个 int 型作为字符进行打印输出，int 值就会被误认为是一个地址，从这个地址开始将打印输出一系列的 char 值。这将导致绝对无意义的输出结果，或者如果该地址是无效的，那么（很有可能）将会出现内存错误。不过当前的编译器会解析格式化字符串（编译期是已知的），并对参数不匹配的问题向用户发出警告。

C++20 中新的 <format> 库将格式化字符串的可表达性与 I/O 流的类型安全和用户自定义可扩展性相结合，并增加了在输出中重新排列参数的功能。不过在撰写本书时，即使是最新版的编译器（GCC12.0、Clang13 和 Visual Studio 16.9.6[①]）都不支持 <format> 库。因此，我们使用了原型库 <fmt>，继而避免了如何将其转换为最终的标准接口的问题。不过强烈建议读者在能够使用 <format> 库时，将这些示例移植到使用 <format> 库的版本。虽然它们语法稍有不同，但原理是相通的。

由于没有正式的规范，我们从 cppreference 网站移植了一些 printf 函数的示例到新的格式化字符串示例：

```
print("Decimal:\ t{}{}{:06}{}{:0}{:+}{: d}\ n",
       1, 2, 3, 0, 0, 4, - 1);
print("Hexadecimal:\ t{: x}{: x}{: X}{:# x}\ n", 5, 10, 10, 6);
print("Octal:\ t\ t{: o}{:# o}{:# o}\ n", 10, 10, 4);
print("Binary:\ t\ t{: b}{:# b}{:# b}\ n", 10, 10, 4);
```

上述代码片段打印的输出结果如下：

```
Decimal:        1 2 000003 0 0 +4 -1
Hexadecimal:    5 a A 0 x6 Octal:    12 012 04
Binary:         1010 0 b1010 0 b100
```

前两个数字只是被打印出来，没有给出任何格式化信息。当我们要求使用格式化声明符 "{:d}" 打印十进制数字时，也会产生同样的输出结果。第三个数字被打印输出时将占用（最少）6 个字符宽度，数字前面的空位将用 “0” 来填充。声明符 “+” 允许我们强制打印所有数字的符号。printf 允许声明数字的无符号输出结果。而当打印的数字为负数时，这将导致打印输出不正确的大型数字。<format> 库避免了用户对无符号输出的声明，因为这些信息已经包含在相应的参数类型中。如果希望将一个负值打印成一个很大的正数，那么必须对其进行显式转换。

第二行演示了我们可以用十六进制来打印数值——对于大于 9 的数值既可以用小写形式也可以用大写形式。声明符 "#" 生成了十六进制字面值中的前缀 "0x"。同时我们也可以将数值打

① 不过，我们已经看到 VS 16.10 即将支持完整程序库的公告。

印成八进制和二进制的形式，并选择相应的字面值前缀。

对于浮点数，我们有更多的格式化选项：

```
print("Default:\ t{}{: g}{: g}\ n", 1.5, 1.5, 1 e20);
print("Rounding:\ t{: f}{:.0 f}{:.22 f}\ n", 1.5, 1.5, 1.3);
print("Padding:\ t{:05.2 f}{:.2 f}{:5.2 f}\ n", 1.5, 1.5, 1.5);
print("Scientific:\ t{: E}{: e}\ n", 1.5, 1.5);
print("Hexadecimal:\ t{: a}{: A}\ n\ n", 1.5, 1.3);
```

然后我们得到以下结果：

```
Default:      1.5 1.5 1 e +20
Rounding:     1.500000 2 1.3000000000000000444089
Padding:      01.50 1.50   1.50
Scientific:   1.500000 E +00 1.500000 e +00
Hexadecimal:  0 x1 .8 p+0 0 X1 .4 CCCCCCCCCCCDP +0
```

如果格式化声明符只是空的大括号或者大括号中只包含一个冒号，那么将会得到默认的输出结果。对于格式声明符号 "{:g}"，其输出结果与没有控制器的输出流的结果相同。小数位数可以在小数点和格式声明符 "f" 之间指定。然后对应的数值将会四舍五入到该精度。如果要求的数字大于值的类型所表示的范围，那么最后得到数字也就没有任何意义了。小数点前面的数字可以用来指定输出结果的（最小）宽度。和整数类似，我们可以要求用 “0” 填充数字前面多余的空位。浮点数可以用科学记数法打印，用大写或者小写的 "e" 来指定指数部分。十六进制的输出结果可以用来初始化另一个程序中的变量，其字节位完全相同。

输出结果还可以被重定向到任何其他的 std::ostream：[①]

```
print(std::cerr, "System error code ={}\ n", 7);

ofstream error_file("error_file.txt");
print(error_file, "System error code ={}\ n", 7);
```

与 printf 函数相比，参数现在可以重新排序：

```
print("I'd rather be{1} than{0}.\ n", "right", "happy");
```

除了通过位置来引用参数外，我们还可以给它们命名：

```
print("Hello,{name}! The answer is{number}.Goodbye,{name}.\ n",
      arg("name", name), arg("number", number));
```

或者采用更简洁的形式：

```
print("Hello,{name}! The answer is{number}.Goodbye,{name}.\ n", "
      "name" _a=name, "number" _a= number);
```

这个例子还说明我们可以多次打印输出某个参数。

① 需要引用 <fmt> 库的头文件 ostream.h。

在多语言软件中，对参数进行重新排序是非常重要的，这可以提供一个自然的措辞。在 1.3.1 节中，我们有一个打印两个值的平均值的示例，现在我们想把这个示例扩展到支持 5 种语言：

```
void print_average(float v1, float v2, int language)
{
    using namespace fmt;
    string formats[]={
        "The average of{v1} and{v2} is{result}.\ n",
        "{result:.6 f} ist der Durchschnitt von{v1} und{v2}.\ n",
        "La moyenne de{v1} et{v2} est{result}.\ n",
        "El promedio de{v1} y{v2} es{result}.\ n",
        "{result} corrisponde alla media di{v1} e{v2}.\ n"};
    print (formats[language], "v1" _a= v1, "v2" _a= v2,
           "result" _a=(v1 +v2)/2.0f);
}
```

当然，德文版是比较刻板的一种，无论如何都要求保留 6 位小数：

```
The average of 3.5 and 7.3 is 5.4.
5.400000 ist der Durchschnitt von 3.5 und 7.3.
La moyenne de 3.5 et 7.3 est 5.4.
El promedio de 3.5 y 7.3 es 5.4.
5.4 corrisponde alla media di 3.5 e 7.3.
```

当然，这个示例如果不对参数进行重新排序也是可以的。但它很好地证明了将值的文本和格式化分开处理的重要性。为了将格式化的文本存储到一个字符串中，我们不再需要字符串流，而是直接可以用 `format` 函数来实现。

总的来说，新的格式化方式有如下优点：

- 格式紧凑；
- 适配多种输出顺序；
- 类型安全（当某个参数不匹配时，会抛出异常）；
- 可扩展，详情可以参考 3.5.6 节。

因此，它优于以前的技术，因此强烈建议读者，一旦获得大部分编译器的支持，那么就采用这种格式化方式。

1.7.7 处理 I/O 异常

首先说明一件事：在 C++ 中，I/O 操作并不是万无一失的。错误可能会通过不同的方式出现，因此我们的错误处理方式也必须适应它们。让我们看看下面的示例程序：

```
int main()
{
    std::ifstream infile("some_missing_file.xyz");
```

```
    int i;
    double d;
    infile ≫ i ≫ d;

    std::cout ≪ "i is " ≪ i ≪ ", d is " ≪ d ≪ '\n';
    infile.close();
}
```

虽然目标文件并不存在，但打开操作并没有失败，我们甚至可以从不存在的文件读取内容并且程序正常执行。毫无疑问，i 和 d 中的值是没有意义的：

```
i is 1, d is 2.3452 e -310
```

默认情况下，流不会抛出异常。这是历史遗留的问题：它甚至比异常的历史更古老，后来保留这个行为是为了不破坏以前编写的软件。另一个理由是，I/O 操作失败并没有什么特别之处，这很常见并且检查错误（每次操作之后）是很自然的事情。

为了确保一切顺利，原则上来说我们必须在每次 I/O 操作之后检查错误标记。下面的程序会要求用户提供新的文件名，直到文件真正被打开。读取内容后，我们将再次检查打开操作是否成功：

```
int main()
{
    std::ifstream infile;
    std::string filename{"some_missing_file.xyz"};
    bool opened = false;
    while(! opened){
        infile.open(filename);
        if (infile.good()){
            opened = true;
        } else{
            std::cout ≪ "The file'" ≪ filename
                      ≪ "'doesn' t exist(or can't be opened),"
                      ≪ "please give a new filename: ";
            std::cin ≫ filename;
        }
    }
    int i;
    double d;
    infile ≫ i ≫ d;
    if(infile.good())
        std::cout ≪ "i is " ≪ i ≪ ", d is " ≪ d ≪ '\n';
    else
        std::cout ≪  " Could not correctly read the content .\ n";
    infile.close();
}
```

从上面这个简单的示例可以看出，用文件 I/O 编写健壮的应用程序可能要花一番功夫。如果我们想要使用异常处理机制，那么必须在运行时为每个流启用它们：

```
cin.exceptions (ios_base :: badbit | ios_base :: failbit);
cout.exceptions(ios_base::badbit | ios_base::failbit);

std::ifstream infile("f.txt ");
infile.exceptions(ios_base::badbit | ios_base::failbit);
```

每次操作失败或者处于“bad”状态时，流就会抛出异常。异常也可以在文件末尾（意外）抛出。不过通过测试来检查文件的末尾更方便一些（例如 while(!f.eof())）。

在上述示例中，infile 的异常机制只有在打开文件（或尝试打开文件）是才会被启用。为了对打开操作进行检查，我们必须先创建流，然后再启用异常机制，最后再显式打开文件。启用异常后，至少可以保证在程序正常终止时所有 I/O 操作都顺利执行。我们可以通过捕获可能出现的异常让应用程序更加健壮。

在文件 I/O 中启用异常机制只能在一定程度上降低程序出错的概率。例如，下面的小程序显然是错误的（类型不匹配，数值没有分离）：

```
void with_io_exceptions(ios & io)
{    io.exceptions(ios_base::badbit | ios_base::failbit);}

int main()
{
    std::ofstream outfile;
    with_io_exceptions(outfile);
    outfile.open("f.txt ");

    double o1 = 5.2, o2 = 6.2;
    outfile << o1 << o2 << std::endl;     // 没有分隔符
    outfile.close();

    std::ifstream infile;
    with_io_exceptions(infile);
    infile.open("f.txt");

    int i1, i2; char c;
    infile >> i1 >> c >> i2;     // 类型不匹配
    std::cout << "i1 = " << i1 << ", i2 = " << i2 << "\n";
}
```

但是它并没有抛出异常，并产生了如下结果：

```
i1 = 5, i2 = 26
```

众所周知，测试并不能证明程序的正确性。当涉及 I/O 时，这一点就更明显了。输入流读取传入的字符，并将它们作为相应变量类型的值进行传递，比如设置 int 型的 i1 时。它会在第一个不能成为数值的一部分字符处停止，对于整数 i1 来说第一个字符就是小数点。如果我们之后再读取一个整数，那么就会失败。因为空字符不能被解析为 int 型。但我们并没有这么做，而是读取了一个 char 型字符，并在其旁边分配小数点。在解析 i2 的输入时，我们首先找到的是 o1 的小数部分，然后是 o2 的整数部分，最后得到一个不属于 int 型的字符。

不过并不是每个违反语法规则的行为在实践中都会引起异常，例如 .3 被解析为 int 型的结果是 0（而下一个输入可能会出错）；−5 被解析为无符号整数的结果是 4294967291（当无符号类型长度是 32 位时）。在 I/O 流中，我们显然没有发现窄化原则的身影（如果为了向后兼容而存在的话）。

无论如何，应用程序的 I/O 部分都需要密切关注。数值必须被正确地分开（比如用空格分开），并以写入时相同的类型进行读取。

浮点数的本地化表示也可能存在差异，当程序将在不同的系统上运行时，建议在不国际化的情况下（即使用中性的 C 语言环境）存储和读取它们。另外一个问题是输出中的分支，这会导致文件的格式存在差异。输入的代码要复杂得多，甚至可能是语义不明的。

还有两种需要注意的 I/O 形式：二进制的和 C 风格的。有兴趣的读者可以在附录 A.2.6 和 A.2.7 分别找到它们。也可以在后续有需要的时候了解这些内容。

C++17 1.7.8 文件系统

⇒ c++17/filesystem_example.cpp

在 C++ 中超期服役的一个库是 <filesystem>。现在我们可以列出某个目录下的所有文件并显示它们的类型，比如：[①]

```
namespace fs = std::filesystems;
for (auto & p: fs::directory_iterator("."))
    if (is_regular_file(p))
        cout ≪ p ≪ " is a regular file .\ n"; //在 Visual Studio 会报错
    else if(is_directory(p))
        cout ≪ p ≪ " is a directory .\ n";
    else
        cout ≪ p ≪ " is neither regular file nor directory .\ n";
```

打印结果是包含一个可执行文件和一个子目录的目录：

```
.\\ cpp17_vector_any.exe is a regular file .
.\\ sub is a directory .
```

filesystem 库还允许我们复制文件、创建符号和硬链接，并能够以可移植的方式在 C++ 程序中直接对文件重命名。如果你的编译器不能正确处理文件操作，或者你不得不坚持使用旧的编程规范，那么 Boost.Filesystem 是一个更合适的选择。

① 示例目前在 Visual Studio 中无法编译，因为没有找到 directory_entry 的输出操作符。

1.8 数组、指针和引用

1.8.1 数组

C++ 内置的数组在功能上存在一些局限和奇怪的行为。尽管如此，我们认为每个 C++ 程序员都应该了解它并意识到它的局限。数组的声明方式如下所示：

```
int x[10];
```

变量 x 是一个包含 10 个 int 型元素的数组。在 C++ 标准中，数组的大小必须是常量，并且在编译期就能够确定。某些编译器（比如 g++）支持在运行期确定数组的大小。数组通过方括号访问：x[i] 是对 x 的第 i 个元素的引用。第一个元素是 x[0]，最后一个元素是 x[9]。数组可以在定义时初始化：

```
float v[]={1.0,   2.0,   3.0}, w[]={7.0,   8.0,   9.0};
```

在这种情况下，数组的大小是推导出来的。

C++11 中的列表初始化禁止对其中的值进行窄化处理。这在实践中很少用到，比如下面的示例： C++11

```
int v[]={1.0,   2.0,   3.0};     // 在 C++11 是错误的：出现数据窄化
```

这在 C++03 中是合法的，但是在 C++11 中是不合法的，因为从浮点字面值转换成 int 型时可能会损失精度。因此我们应该竭力避免编写这样丑陋的代码。

对数组的操作通常是在循环中进行，例如，计算 $\boldsymbol{x}=\boldsymbol{v}-3\boldsymbol{w}$ 的向量操作是通过以下代码实现的：

```
float x[3];
for (int i= 0; i < 3; ++i)
    x[i]= v[i] - 3.0 * w[i];
```

我们还可以定义更高维度的数组：

```
float A[7][9];     // 7×9 的矩阵
int   q[3][2][3]; // 3×2×3 的数组
```

C++ 并没有提供对数组的线性代数操作。基于数组的实现是不优雅且容易出错的。例如，一个矢量加法的函数如下所示：

```
void vector_add(unsigned size, const double v1[], const double v2[],
                double s[])
{
    for (unsigned i= 0; i < size; ++i)
```

```
        s[i]= v1[i] + v2[i];
}
```

请注意，我们把数组的大小作为第一个函数参数，而数组自身的参数是不包含其长度信息的。[①] 在这种情况下，函数的调用方负责传递正确的数组长度信息：

```
int main()
{
    double x[]={2, 3, 4}, y[]={4, 2, 0}, sum[3];
    vector_add(3, x, y, sum);
    ...
}
```

由于数组的尺寸在编译过程中是已知的，我们可以通过数组的字节长度除以单个数组元素的长度来计算它（数组元素的总数目）：

```
vector_add(sizeof x / sizeof  x[0], x, y, sum);
```

通过这种老式的接口，我们也无法测试数组的大小是否匹配。然而，具有这种接口的 C 和 FORTRAN 库，其大小信息目前仍然是作为函数参数进行传递的。如果用户稍有不慎，它们就会崩溃，而要追溯崩溃的原因则需要付出巨大的努力。基于这个原因，将展示如何实现我们自己的数学软件，使其更简单易用并且更不容易出错。希望未来的 C++ 规范中引入更多的对高等数学的支持，特别是线性代数库。

数组有以下两个缺点。

1. 访问数组前不检查索引，当程序分段故障或违规而导致程序崩溃时，我们会发现数组已经访问越界了。这甚至还不是最糟糕的情况：至少我们发现程序出了问题。错误的访问也会让我们的数据变得一团糟；程序正常运行并产生完全错误的结果，以及其他难以预料的后果。我们甚至可以覆盖程序代码，然后我们的数据会被解析为机器指令，导致任何不可预料的后果。

2. 数组的大小必须在编译期就知道[②]。当我们用某个文件填充数组时，这会是一个严重的问题：

```
ifstream ifs("some_array.dat ");
ifs ≫ size;
float v[size];    // 错误：编译期无法获得数组大小
```

当文件中条目数量不确定时，这种做法就不可行了。

第一个问题可以用新的数组类型来解决，而第二个问题则需要动态分配空间来解决。对此我们引入了指针的概念。

---

① 当传递更高维度的数组时，只有第一个维度的内容可以访问，而其他维度的内容必须在编译期获知。因此这类程序很让人讨厌，我们在 C++ 中有更好的解决方案。

② 某些编译器支持将运行时的值作为数组的大小。由于其他编译期不能保证这一点，所以在可移植软件中应避免这样做。这个特性曾被考虑纳入 C++14 中，但由于不是所有的细节问题都能在每个平台上得到妥善的解决，所以它的加入被推迟了（也许是永远）。

1.8.2 指针

指针是一个包含内存地址的变量，这个地址可以是由取址操作符（比如 &x）提供的另一个变量的地址，也可以是动态分配的内存。以后者为例，因为我们正在寻找动态大小的数组：

```
int* y= new int[10];
```

上述代码创建了一个包含 10 个 int 型元素的数组。现在可以在运行时选择它的大小。我们也可以实现上一节中向量读取的示例：

```
ifstream ifs("some_array.dat");
int size;
ifs >> size;
float* v=  new  float[size];
for (int i= 0; i < size; ++i)
    ifs >> v[i];
```

指针承担着与数组同样的风险：访问超出范围的数据，这可能导致程序崩溃或者数据失效。当处理动态分配大小的数组时，存储数组大小就是程序员的责任。

此外，程序员有责任在不需要使用数组时释放相关的内存。这可以通过以下方式实现：

```
delete[] v;
```

由于作为函数参数的数组是和指针兼容的，所以 1.8.1 节中的 vector_add 函数也可以用指针实现：

```
int main(int argc, char * argv[])
{
    const int size = 3;
    double *x = new double[size], *y = new double[size],
           * sum = new double[3];
    for (unsigned i= 0; i < size; ++i)
        x[i]= i+2, y[i]= 4 -2*i;
    vector_add(size, x, y, sum);
    ...
}
```

对于指针，我们就不能使用 sizeof 方法了，因为它仅会给出指针本身的字节大小，当然这与数组元素的数目无关。此外，指针和数组在大多数情况下是可以功能互换的：指针可以作为数组参数传递（比如前面的列表），数组也可以作为指针参数传递。它们真正的差别在于定义：定义一个大小为 n 的数组需要为其 n 个条目保留空间，而定义一个指针只需保留容纳其地址的空间。

由于我们是从数组开始介绍的，所以我们在第一步之前就已经迈出了如何使用指针的第二步。指针的简单用法是分配一个单一的数据项：

```
int* ip= new int;
```

释放其内存是通过以下方式进行的：

```
delete ip;
```

注意释放和分配内存的双向性：分配单个对象需要单独释放该对象内存，分配数组时需要对该数组进行内存释放。否则，运行时系统可能会错误地处理内存释放操作，并在此时崩溃或损坏一些数据。指针也可以指向其他变量：

```
int  i= 3;
int* ip2 = &i;
```

操作符 & 会访问一个对象并返回其内存地址。相反的操作符是 *，它接收一个内存地址并返回一个对象：

```
int j= * ip2;
```

这就是所谓的间接引用（Dereferencing）。基于操作符的优先级和语法规则，* 符号作为间接引用和乘法的含义不会被混淆——至少编译器不会弄混。

C++11　未初始化的指针包含一个随机值（无论相应的内存中字节位是如何设置的），使用未初始化的指针会导致任意形式的错误。总之，如果指针未指向任何内容，那么我们应该对其进行如下设置：

```
int* ip3 = nullptr;    //>=
int* ip4{};            // 同上
```

或者在旧式的编译器中：

```
int* ip3 = 0;        // 最好不要在 C++11 以上的版本中使用
int* ip4 = NULL;     // 同上
```

C++11　将 0 作为地址能够确保指针永远不会用于应用程序，所以这种方式表示指针是空的（没有指向什么内容），是安全的。尽管如此，字面意义上的 0 并不能清楚地表达其意图，而且会在函数重载中引起歧义。宏 NULL 的效果并没有更好，它只是将计算结果指向 0。C++11 引入了 nullptr 作为指针字面量的关键字，它可以对所有指针类型执行赋值或者比较操作。由于 nullptr 不会与非指针类型相混淆，而且它是不言自明的，所以这是首选的符号。使用带大括号的空列表执行相关的初始化操作，等效于将被初始化对象的值设为 nullptr。

指针应用比较常见的错误是内存泄漏。例如，我们的数组 y 的容量太小，希望给它分配一个新的数组：

```
int* y= new int[10];
// some stuff
y= new int[15];
```

最初我们为 10 个 int 值分配了空间。后续我们需要更多空间，所以又为它分配了 15 个 int 型数据的地址。但是我们之前分配的内存去哪里了呢？它还在那里，但是我们已经无法访问它，因为这需要该内存块的地址。这一小块内存在我们程序后续执行过程中就丢失了。只有当程序结束时，操作系统才会释放它。在上述示例中，我们可能拥有若干 GB 的内存，但是只损失了

40 字节而已。但是如果这种情况发生在一个重复执行的过程中，未使用的内存就会不断增加，直到整个（虚拟）内存被耗尽。

即使浪费的内存对于当前的应用程序无关紧要，但是当我们编写高效的科学软件时，内存泄漏是不可接受的。当使用我们软件的人越来越多时，迟早会有人因此提出质疑和批评，并最终阻止人们使用它。不过有一些工具可以帮助我们发现内存泄漏问题，详情可以参考附录 B.3 节。

前面阐述指针的问题并不是要成为“兴趣杀手”，我们也不反对使用指针。很多东西只能用指针来实现：列表、队列、树、图等。但必须谨慎地使用指针，以避免出现上述严重的问题。有 3 种策略可以尽量减少与指针有关的错误。

1. 使用标准库或其他正规的程序库中的标准容器。标准库中的 `std::vector` 为我们提供了动态数组的所有功能，包括调整大小和范围校验，并且会自动释放内存。

2. 将动态内存管理封装到类中。然后我们只需要在每个类中处理一次即可[①]。当为一个对象分配的所有内存都在该对象被销毁时释放了，那么分配内存的频率就变得不重要。如果我们有 738 个使用动态内存的对象，那么内存释放操作将被执行 738 次。内存应该在对象创建时分配，在对象被销毁时释放，这个原则被称为资源获取即初始化（Resource Acquisition Is Initialization，RAII）。相反，如果我们调用了 738 次 `new`，部分操作是在循环和分支中执行的，那么我们能够确保正好调用了 738 次 `delete` 吗？我们知道有相关的工具可以做到这一点，而应对这些错误最好的办法是防患于未然[②]。当然，封装的理念并不是傻瓜式的，但比起在程序中到处使用（原始）指针，它的处理方式要简单得多。我们将在 2.4.2.1 节详细讨论 RAII 原则。

3. 智能指针的应用，我们将在 1.8.3 节予以详细介绍。

指针的作用主要包括以下两个方面：

1. 引用对象；
2. 管理动态内存。

所谓的原始指针问题是，当不需要相关的数据时，我们不知道指针只是引用数据还是负责释放内存。为了在类型层面上明确这种区别，我们可以使用智能指针。

1.8.3　智能指针　C++11

C++11 引入了 3 种新的智能指针：`unique_ptr`、`shared_ptr` 和 `weak_ptr`。从 C++03 就已经存在的智能指针 `auto_ptr` 被认为是通往 `unique_ptr` 道路上的一次失败尝试，因为当时的语言还没有为此准备好。因此，它在 C++17 中被移除了。所有智能指针都是在头文件 `<memory>` 中定义的。如果不能在相关的平台上（比如嵌入式编程环境）使用 C++11 的特性，那么 Boost 的智能指针是一个不错的替代品。

1.8.3.1　独占型指针　C++11

顾名思义，该指针的名称表明了被引用数据所有权的唯一性。它基本上可以像普通的指针

① 可以假定对象比类多很多，否则整个程序的设计就有问题了。
② 工具只能显示当前执行的程序没有错误，但是输入不同，结果就可能不同。

那样使用：

```
# include <memory>

int main()
{
    unique_ptr <double> dp{new double};
    *dp= 7;
    ...
    cout ≪ " The value of * dp is " ≪ *dp ≪ endl;
}
```

它与原生的指针差别在于，当指针过期时，内存会自动被释放。因此，分配一个非动态分配的地址给它是错误的：

```
double d= 7.2;
unique_ptr <double> dd{&d}; // 错误：会导致非法删除
```

指针的析构器 dd 会尝试删除 d。为了确保内存所有权的唯一性，unique_ptr 不支持复制：

```
unique_ptr <double> dp2{dp}; // 错误：禁止复制
dp2 = dp;                    // 同上
```

不过我们可以将内存地址转移到另一个 unique_ptr：

```
unique_ptr <double> dp2{move(dp)}, dp3;
dp3 = move(dp2);
```

这就是所谓的移动机制。移动语义的细节将在 2.3.5 节讨论。在我们的示例中，被引用数据的所有权先是从 dd 转移到 dp2，然后再转移到 dp3。之后 dp 和 dp2 的值是 nullptr，即空指针。dp3 的析构器释放内存。类似的，当一个 unique_ptr 从函数返回时，相关内存的所有权也会被转移。在下列示例中，dp3 获得了 f() 中分配的内存：

```
std::unique_ptr <double> f()
{    return std::unique_ptr <double>{new double}; }

int main()
{
    unique_ptr <double> dp3;
    dp3= f();
}
```

在这种情况下，不需要用到 move()。因为函数的结果被认为是会被转移的临时数据（详情可以参考 2.3.5 节）。

独占型指针对数组有一个特殊[①]的实现。这对于正确释放内存是必要的（用 delete[]）。此外，该特殊实现还提供对元素的类数组访问：

① 特例化将会在 3.5.1 节和 3.5.3 节中讨论。

```
unique_ptr <double[]> da{new double[3]};
for (unsigned i= 0; i < 3; ++i)
    da[i]= i +2;
```

不过付出的代价是，operator * 在上述数组中是无效的。

unique_ptr 的一个优点在于，它并没有比原始的指针占用更多的开销——无论是执行时间和内存占用方面。

延伸阅读

独占型指针的一个高级特性是它提供了自己的 Deleter，详情可以参考 [40, 5.2.5 节]，[62, 34.3.1 节] 以及 cppreference 网站。

1.8.3.2 共享指针

C++11

顾名思义，shared_ptr 用于管理多个成员之间共享的内存（每个成员都持有一个指针）。一旦没有 shared_ptr 在引用该数据，那么对应的内存就会自动被释放。这可以大大简化程序，尤其是复杂的数据结构。一个重要的应用场景就是并发访问：当所有线程都结束对内存的访问时，相关的内存就会被自动释放。与 unique_ptr 相反，shared_ptr 可以根据需要经常被复制，例如：

```
shared_ptr <double> f()
{
    shared_ptr <double> p1{new double};
    shared_ptr <double> p2{new double}, p3 = p1;
    cout << " p3.use_count() = " << p3.use_count() << endl;
    return p3;
}

int main()
{
    shared_ptr <double> p= f();
    cout << " p.use_count() = " << p.use_count() << endl;
}
```

在上述示例中，我们为两个双精度值分配了内存：即 p1 和 p2。指针 p1 被复制到了 p3。所以二者都指向同一内存，如图 1-1 所示。

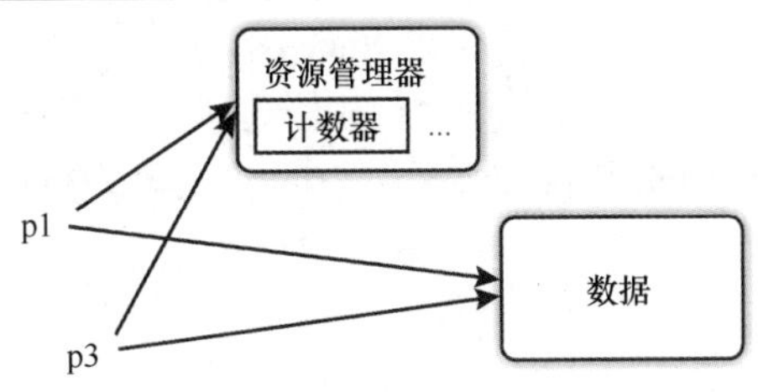

图 1-1 内存中的共享指针

我们可以从 use_count 的输出结果中看到这一点：

```
p3.use_count() = 2
p.use_count() = 1
```

当 f 返回时，指针被销毁，p2 所引用的内存也会被释放（没有被使用）。第二个分配的内存块仍然存在，因为 main 函数中的 p 仍然在引用它。如果可能的话，最好用 make_shared 创建一个 shared_ptr：

```
shared_ptr <double> p1= make_shared <double>();
```

然后，将内部数据和用户数据一起存储到内存中，如图 1-2 所示，这样一来，内存缓存的效率更高。make_shared 也提供了更好的异常安全机制，因为我们只有一个内存分配，make_shared 返回的是一个共享指针，我们可以使用自动类型检测（3.4.1 节）来简化代码：

```
auto p1= make_shared <double>();
```

不得不承认，共享指针在内存和运行时间上会产生一些额外的开销。另外，由于 shared_ptr 的存在，大多数情况下对程序的简化效果是值得产生一些额外开销的。

延伸阅读：关于删除器和 shared_ptr 的其他细节，请参考标准库相关的资料 [40, 5.2 节]，[62, 34.3.2 节] 或者在线参考文献。

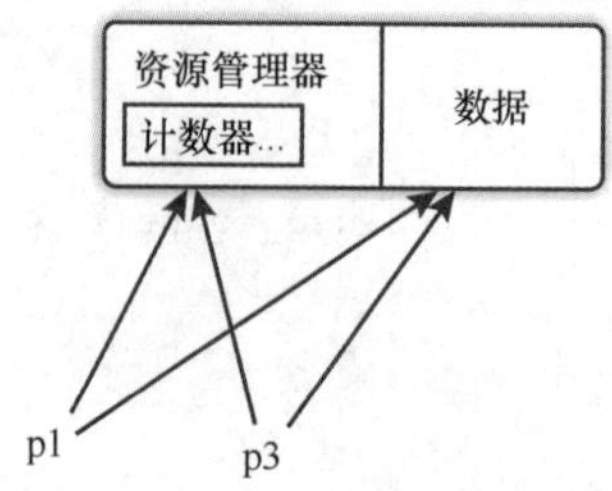

图 1-2　执行 make_shared 后内存中的共享指针

C++11

1.8.3.3　弱指针

一个可能发生在共享指针上的问题是循环引用（Cyclic References），它阻碍了内存的释放。这样的循环可以用弱指针（weak_ptr）来打破。它们不要求内存的所有权，甚至也不要求共享内存。在此提及它只是为了介绍的完整性，并建议你在确实需要用到它们时，参考与之有关的文献：[40, 5.2.2 节]，[62,34.3.3 节] 或者 cppreference 网站。

对于动态内存管理来说，除了指针之外没有其他选择。为了只引用其他对象，我们可以使用另一种叫作引用（Reference）的语言特性，下一节将会对其进行详细介绍。

1.8.4　引用

下面的代码使用了一个引用：

```
int i= 5;
int& j= i;
```

```
j= 4;
std::cout « "i = " « i « '\n';
```

变量j指向了变量i。在示例中改变j的值也会改变i的值，反之亦然。i和j的值总是一样的。我们可以把引用看作一个别名：它为现有的对象或子对象引入了一个新的名字。每当我们在定义一个引用时，必须直接声明它指向的内容（指针除外）。后续它就无法再引用另一个变量了。

引用对于函数参数（1.5节），引用其他对象的一部分（例如一个向量的第7个元素）和建立视图（5.2.3节）等方面更加有用。

作为指针和引用之间的折中方案，C++11中引入了一个名为reference_wrapper的类。它的行为类似引用，但避免了引用的一些不足。例如，它可以在容器中使用，详情可以参考4.4.8节。 C++11

1.8.5 指针和引用的区别

指针相较于引用的主要优势在于动态内存管理和地址计算能力。另外，引用被强制指向现有的某个地址[①]。因此它们不会产生内存泄漏的问题（除非你刻意为之），而且它们在使用上和被引用对象具有相同的符号。不过几乎不可能构建引用的容器（可以使用reference_wrapper代替）。

总之，引用并不是完美无缺的，但是比指针出错的概率要小得多。指针只应该在处理动态内存时使用，例如，当我们动态地创建列表（list）和树（tree）这样的数据结构时使用指针。即使如此，我们也应该尽可能使用经过严格测试的类型或将指针封装到类中来实现它们。

智能指针负责内存分配，在实际应用时，其优先级高于原生的指针，即使在类的内部也是如此。表1-10总结了指针和引用之间的区别。

表1–10 指针和引用的区别

特　性	指　针	引　用
引用预定义的地址		√
强制初始化		√
避免内存泄漏		√
类对象的符号		√
内存管理	√	
地址计算	√	
构建其中的容器	√	

1.8.6 不要引用过期数据

函数的局部变量只在函数的作用域中有效，比如：

① 引用也可以指向随机的地址，但你必须付出更大的代价才能实现这一目的。为了不让你徒增烦恼，我们将不向你展示如何将引用的行为表现得像指针那样糟糕。

```
double & square_ref(double d) // 错误：返回了过期引用
{
    double s = d * d;
    return s;                 // 错误：s 超出了作用域
}
```

在上述代码中，函数的结果引用了一个本地变量 s，而这个变量在函数结束后将不复存在。但存储它的内存还在那里，但我们不能因为它还没有被覆盖而心存侥幸。它是不可靠的，这种不确定的错误比永久性的错误更糟糕：一方面，它更难调试，另一方面，尽管进行了大量测试，它们仍然可能没有被发现，这会在以后的实际应用中造成更大的损害。

引用已经不存在的变量被称为陈旧引用（Stale Reference）。不容乐观的是，我们甚至在一些网络教程中还看到过这样的示例。

这也同样适用于指针：

```
double * square_ptr(double d) // 错误：返回了挂起的指针
{
    double s = d * d;
    return & s;               // 错误：s 将超出作用域
}
```

这个指针指向的是一个本地变量的地址，而该本地变量已经超出作用域，这种情况被称为"指针挂起"（Dangling Pointer）。

在成员函数中，引用成员数据（见 2.6 节）或静态变量时，返回引用或指针可能是正确的。

建议

仅返回包含引用语义的指针、引用和对象，它们指向动态分配的数据、函数被调用前就已存在的数据或静态数据。

所谓的"包含引用语义的对象"是指不包含其所有数据的对象，但引用了对象被复制时无法一起复制的外部数据。换句话说，这些对象至少包含一部分指针的行为，因此存在引用了过期数据的风险。在 4.1.2 节中，我们将介绍迭代器，它是来自标准库或具有类似指针行为的自定义的类，并且存在引用已销毁对象的问题。

不过目前的编译器在检测这类错误方面做得越来越好，当前所有的编译器都应该像上面的示例那样，对明显过期的引用或挂起的指针向用户提出警告信息。但有时也并不是特别明显，特别是当我们具有一个引用语义的自定义类时。

1.8.7　数组的容器

作为传统的 C 语义数组的替代品，我们将介绍两种容器类型，它们可以通过类似的方式使用并且出现问题的概率更小。

1.8.7.1　标准向量（Vector）

数组和指针是 C++ 语言的核心部分。而 `std::vector` 则属于 C++ 标准库，并且是作为一个类模板实现的。尽管如此，它的用法和数组非常相似。例如，1.8.1 节中的设置两个数组 v 和 w 的示例，其寻找向量的方法如下所示：

```
# include <vector>

int main()
{
    std::vector <float> v(3), w(3);
    v[0]= 1; v[1]= 2; v[2]= 3;
    w[0]= 7; w[1]= 8; w[2]= 9;
}
```

向量的大小不需要在编译期就知道。向量甚至可以在其存续期间调整大小，这将在 4.1.3.1 节详细阐述。向量在元素方面的设置并不是特别简洁。C++11 还允许通过初始化器列表进行初始化： C++11

```
std::vector <float> v={1, 2, 3}, w={7, 8, 9};
```

在这种情况下，向量的大小是由列表的长度来确定的。之前的向量加法示例可以通过更可靠的方式实现：

```
void vector_add(const vector <float>& v1, const vector <float>& v2,
                vector <float>& s)
{
    assert(v1.size() == v2.size());
    assert(v1.size()  ==  s.size());
    for (unsigned i= 0; i < v1.size(); ++i)
        s[i]= v1[i] + v2[i];
}
```

与 C 语言的数组和指针相比，向量参数知道其自身的大小，我们现在可以检查它们是否匹配。注意，数组的大小可以用模板推导出来，与之有关的详情可以参考 3.3.2.1 节。

向量是可复制的，并且可以通过函数返回，这使我们可以用更自然的符号来使用它们：

```
vector <float> add(const vector <float>& v1, const vector <float>& v2)
{
    assert(v1.size() == v2.size());
    vector <float> s(v1.size());
    for (unsigned i= 0; i <v1.size(); ++i)
        s[i]= v1[i] + v2[i];
    return s;
}

int main()
{
    std::vector <float> v={1, 2, 3}, w={7, 8, 9}, s= add(v, w);
}
```

上述代码可能比前面的将目标向量作为引用传入的示例所产生的内存开销更昂贵。稍后我们将讨论代码性能优化的问题：即从编译器和用户端两方面进行探讨。在我看来，开发软件的关键在于先从一个高效的接口入手，然后再考虑性能优化的问题。让一个正确的程序提高效率要比给一个高效的程序纠错容易得多。因此，一个好的程序设计是首要目标。在大部分情况下，优秀的接口设计都能够以高性能的方式实现。

容器 std::vector 不是数学意义上的向量，因为它没有算术运算。尽管如此，该容器在科学计算中也是非常有用的，它可以用于处理非标量的中间结果。

1.8.7.2　valarray

valarray 是一个支持元素操作的一维数组，甚至乘法也是按元素执行的。对标量值的操作是分别对 valarray 的每个元素进行的。因此，浮点型的 valarray 是一个向量空间。

下面的示例演示了一些操作：

```
# include <iostream>
# include <valarray>

int main()
{
    std::valarray <float> v={1, 2, 3}, w={7, 8, 9},
                          s= v + 2.0 f * w;
    v= sin(s);
    for(float x: v)
        std::cout ≪ x ≪ ' ';
    std::cout ≪ '\n';
}
```

注意，valarray<float> 只能与其本身或者浮点数进行操作。例如 2*w 会操作失败，因为它不支持 int 与 valarray<float> 的乘法操作。

valarray 的一个优点是我们能够访问它的切片，这使我们能够模拟矩阵和高阶张量，包括它们各自的操作。不过由于缺乏对大多数线性代数操作的直接支持，valarray 在科学计算领域并没有得到广泛使用。我们也建议使用已有的 C++ 库来处理线性代数问题，同时也希望未来在 C++ 标准库中能够引入一个处理线性代数的库。

为了完成动态内存管理的主题，我们还可以参考附录 A.2.8 节，其中简要描述了垃圾回收的机制。最基本的要求是 C++ 程序员不需要为垃圾回收方面的事情操心，但是目前还没有编译器支持这一点。

1.9　结构化的软件项目

命名冲突是大型软件项目中一个比较棘手的问题。基于这个原因，我们将讨论宏是如何加剧这一问题的。另外，我们将在 3.2.1 节中展示命名空间是如何帮助我们解决命名冲突问题的。

为了了解 C++ 软件项目中的文件之间是如何交互的，我们有必要了解一下软件的构建过程，即如何从源代码生成可执行文件。在本小节中，我们将介绍宏的机制以及其他语言特性。

首先，我们将简要地介绍一个有助于构建程序的特性：注释（comments）。

1.9.1 注释

注释的主要目的显然是用通俗易懂的语言来解释那些从源代码上无法表达的东西，比如下列代码：

```
// 在 O(n log n) 时间复杂度内进行 anti-binoxe 转换
while (cryptographic(trans_thingy) <end_of(whatever)){
    ....
```

通常，注释是用于解释容易发生歧义的代码实现的伪代码：

```
// A= B * C
for (...){
    int x78zy97 = yo6954fq, y89haf = q6843, ...
    for (...){
        y89haf += ab6899(fa69f) + omygosh(fdab); ...
        for (...){
            A(dyoa929, oa9978)+= ...
```

对于这种情况，我们应该扪心自问，是否可以对软件代码进行重构，以便让这种晦涩难懂的代码销声匿迹。而在其他地方，我们都应该构造出简洁清晰的语句，比如：

```
A= B * C;
```

让它们以程序代码而不是伪代码的形式出现。这也是本书的主要目标之一——告诉你如何写出简洁并且性能优异的代码。

注释的另一个常见用途是暂时移除代码片段，以试验其他的实现方式：

```
for (...){
    // int x= a + b + c
    int x = a + d + e;
    for (...){
        ...
```

和 C 语言类似，C++ 提供了一种块注释的形式，用 /* 和 */ 包围。它们可以用来将代码行的任意部分或者多行构造成一个注释。不过它不支持嵌套：无论用 /* 打开多少层注释，第一个 */ 都会结束所有的块注释。许多程序员有时会碰到这样的陷阱：它们想把已经包含块注释的一段较长的代码注释掉，但实际上这样注释的结束时间会比预期的时间更早，例如：

```
for (...){
    /* int x78zy97= yo6954fq;          // 新的注释起始处
    int x78zy98= yo6953fq;
```

```
/* int x78zy99= yo6952fq;          // 旧的注释起始处
int x78zy9a= yo6951fq;    */      // 旧的注释结尾处
int x78zy9b= yo6950fq;    */      // 新的注释结尾处（可能）
int x78zy9c= yo6949fq;
for( ... ){
```

在上述代码中，目的是将 x78zy9b 的那一行设置为无效的，但是前面的 */ 过早地终止了注释块。

嵌套注释可以通过预处理指令 #if 来（正确）实现，我们将在 1.9.2.4 节进行详细说明。另一种方便地注释多行代码的方法是使用支持语言识别的 IDE 或编辑器的相应功能。在程序开发过程中，当我们研究和考察各种功能特性时，注释代码片段应该只是一种临时性的解决方案。当我们确定了某一特性，那么就可以删除所有未使用的代码，并通过版本控制系统保留相关的功能特性，以备后用。

1.9.2　预处理器指令

在本节中，我们将介绍在预处理中可用的命令（指令）。由于它们大多是语言无关的，所以建议尽量避免使用它们（特别是宏）。

1.9.2.1　宏

"几乎每个宏都展示了编程语言、程序或者程序员的不足之处。"
——Bjarne Stroustrup

宏是一种古老的代码复用技术，这是通过将宏名称扩展到其文本定义来实现的，有时可能还会附带一些参数。宏可以为你的程序提供更多可能性，但使用不当的话，结果可能会更糟。宏会破坏命名空间，作用域或任何其他语言特性，因为它是不计后果的文本替换，不存在任何类型的概念。更糟的是，有些程序库会采用比较常见的名称来定义宏，比如 major。我们应该毫不犹豫地取消这些宏，例如 #undef major，同时也建议那些希望使用这类宏的人慎重行事。通过 Visual Studio①，今天我们甚至会发现有些人将 min 和 max 作为宏名来使用，强烈建议你使用 /DNOMINMAX 编译选项来禁用它们。

几乎所有宏都可以找到其他方法予以替代（常量、模板、内联函数等）。不过如果你真的确实无法找到其他的方法替代宏时，那么请接受如下建议。

宏名称

尽量使用冗长且晦涩的名称来为宏命名！

宏会通过你意想不到的方式产生一些奇怪的问题。为了让你有一个大致的了解，可以参考附录 A.2.9 中的几个示例，以及处理这些问题的建议。

① 从技术上来说，这些宏来自 Windows.h，而不是 Visual Studio 自身，一旦我们遇到问题，这种差异就会变得非常重要。而这种情况并不少见，因为这个头文件的使用率非常高。

宏的使用

尽可能使用其他语言特性来代替宏，只有在没有其他选择时才使用宏。

如你所见，C++ 提供了更好的替代方案，比如常量、内联函数、模板和 constexpr。

1.9.2.2 引用依赖项

为了保持 C 语言的简洁性，很多诸如 I/O 之类的语言特性都被放到了核心语言之外的地方，即以程序库的形式呈现。C++ 也遵循了这种理念，即尽可能通过标准库来引入新的特性。

因此，几乎每个 C++ 程序都会引用一个或多个头文件。最常见的是用于 I/O 的头文件，比如：

```
# include <iostream>
```

预处理器会在标准的引用目录中搜索该文件，比如 /usr/include，在类 UNIX 系统中会搜索 /usr/local/include。我们可以通过编译器标记选项（在 UNIX/Linux/Mac 系统中是 -I，在 Windows 系统中是 /I）向这个搜索路径中添加更多文件目录项。

当我们在双引号中构造文件名时：

```
# include "herberts_math_functions.hpp"
```

编译器通常会先搜索当前目录，然后再搜索标准路径[①]。这相当于用尖括号括起并将当前目录添加到搜索路径。有些人认为，尖括号只应该用于系统头文件，而用户自定义文件应该使用双引号，不过笔者不同意这一点。

为了避免命名冲突，通常会把引用目录的父目录也添加到搜索路径中，并在指令中使用相对路径：

```
# include "herberts_includes / math_functions.hpp"
# include <another_project / math_functions .h>
```

斜杠是可移植的，在 Windows 下也可以使用（在 Windows 环境下，普通的斜杠和反斜杠都可以用于子目录）。

引用防护：由于间接引用的原因，常用的头文件可能会在同一源文件中被多次引用。为了避免重复引用并限制文本的扩展，名为引用保护的机制能够确保只执行第一次引用。这种保护机制是通过普通的宏来实现的，即声明引用特定文件。一个典型的引用文件看起来像这样：

```
// Author: me
// License: Pay me $100 every time you read this

# ifndef HERBERTS_MATH_FUNCTIONS_INCLUDE
# define HERBERTS_MATH_FUNCTIONS_INCLUDE
```

① 但是，使用双引号文件名搜索哪些目录取决于系统实现，标准库中并没有声明。

```
# include <cmath>

double sine(double x);
...

# endif  // HERBERTS_MATH_FUNCTIONS_INCLUDE
```

因此，该文件的内容只有在防护措施未定义的情况下才会被引用。在这些内容中，我们定义了防护措施，以避免重复引用。和所有宏一样，我们必须密切关注宏名的唯一性，不仅在我们的项目中，而且还包括我们直接或间接引用的所有头文件。在理想情况下，该名称应该代表项目和文件名。它也可以保护与项目有关的路径或命名空间（参见 3.2.1 节）。常见的做法是用 _INCLUDE 或 _HEADER 作为其名称的结尾。

意外重复使用一个保护程序会产生许多不同的错误信息。根据我们的经验，要发现这个问题可能需要耗费很大的精力。高级开发人员会根据上述信息自动生成这些保护程序，或者使用随机生成器生成。

还有一种方法是 #pragma once，那么前面的示例可以简化为：

```
// Author: me
// License: Pay me $100 every time you read this

# pragma once

# include <cmath>

double sine(double x);
...
```

pragma 是特定于编译器的扩展，因此它是不可移植的。不过 #pragma once 得到了大多数主流编译器的支持，当然也是可移植性最高的。除了更短的符号之外，我们还可以将避免重复引用的责任委托给编译器。

在 C++20 中，引入一个高级特性叫模块，它主要用于在项目文件中组织代码，我们将在 7.3 节对其进行详细介绍。

1.9.2.3　条件编译

预处理器指令的一个主要用途是控制条件编译。预处理器提供了 #if、#else、#elif 和 #endif 等指令用于处理分支。这些条件可以是比较、定义检查或者逻辑表达式。指令 #ifdef 和 #ifndef 分别作为以下指令的快捷方式：

```
# if   defined(MACRO_NAME)

# if   ! defined(MACRO_NAME)
```

当定义检查和其他条件组合使用时，必须使用它的完整形式。与此类似，#elif 是 #else 和 #if 的快捷方式。

在理想的世界中，我们只需编写符合规范、可移植的 C++ 程序。在现实工作中，我们有时不得不使用不可移植的程序库。假如我们有一个程序库，它只能在 Windows 环境下使用，更准确地说，是只能在 Visual Studio 中使用（其中宏 _MSC_VER 是预先设定的）。对于所有其他的相关编译器，我们有一个替代的程序库。最简单的解决方案是提供不同的代码段，以兼容不同的平台：

```
# ifdef _MSC_VER
    ... Windows code
# else
    ... Linux / Unix code
# endif
```

同样的，当我们想使用一个在所有目标平台上都无法兼容的新语言特性时，就需要用到条件编译，比如模块（7.3 节）：

```
# ifdef MY_LIBRARY_WITH_MODULES
    ... well - structured library as modules
# else
    ... portable library in old- fashioned way
# endif
```

在这里，当系统环境支持时，我们可以使用这个特性；当系统环境不支持时，仍然可以对编译器保持可移植性。当然，我们还需要使用可靠的工具，以确保只有在该特性真的可用时才定义宏。

另外，我们也可以根据编译器给出的开发者建议来判断这个功能是否得到适当的支持。为此，C++20 为自 C++11 以来引入的每一个特性都定义了一个宏——例如，__cpp_modules 表示支持模块。因此我们的示例可以构造成如下形式： C++20

```
# ifdef __cpp_modules
    ... well - structured library as modules
# else
    ... portable library in old- fashioned way
# endif
```

这个宏的值是该特性被添加到 C++ 标准（草案）中的日期。对于不断发展的核心语言和程序库特性，这使我们能够找出实际支持该特性的版本。例如 <chrono> 库（参见 4.5 节）也在与时俱进地发展，为了检查它在 C++20 规范下是否兼容我们的系统，我们可以使用 __cpp_lib_chrono 的值：

```
#if __cpp_lib_chrono >= 201907 L
```

条件编译是相当强大的，但也需要付出一定的代价：源代码的维护和测试更加费力且容易出错。这些缺点可以通过精心设计的封装来弥补，从而让不同实现在通用接口上使用。

1.9.2.4 嵌套注释

#if 指令可以用于注释代码块：

```
#if 0
    ... Here we wrote pretty evil code ! One day we will fix it.Seriously .
# endif
```

这种方式胜过 /* */ 的地方在于，它支持嵌套注释：

```
#if 0
    ... Here the nonsense begins .
#if 0
    ... Here we have nonsense within nonsense .
# endif
    ... The finale of our nonsense.(Fortunately ignored .)
# endif
```

尽管如此，我们也应该谨慎使用这种技术：如果程序中四分之三的内容都是注释，那么就应该考虑对代码进行重构。

更多细节：在附录 A.3 中，我们展示了一个实际的示例，它涵盖了本章介绍的很多特性。我们并没有把它添加到正文中，主要的目的是让没有耐心的读者能够保持较快的节奏。对于那些不急于求成的人，建议花一点时间阅读它，看看优秀的软件是如何一步一步演变的。

1.10 练习

1.10.1 窄化

应用统一初始化，即使用大括号将大的数值分配给不同的整数类型，例如：

```
const unsigned c1{4000000000};
```

上述代码能够在你的机器上编译吗？尝试不同的值（包括负值）和不同的类型，看看能否在你的机器上编译。如果可能的话，通过改变机器或编译器上关于目标平台的标志来尝试其他平台。

1.10.2 字面量

使用字面值前缀 u 和 l 以及其他合法的组合，重构练习 1.10.1 中的示例。如果你愿意，可以将变量或常量的类型改为 auto 型。

1.10.3 操作符

用程序表达式计算不同立体图形的体积和表面积，要求尽量少使用小括号（在实际工作中，可以根据情况进行选择）。尝试在中间变量中存储结果，以复用常见的部分表达式。

1.10.4 分支

编写一个程序，将 3 个数字视为 double 型进行读取，然后比较它们的大小，打印输出中间的数字。

可选方案：尝试使用三目操作符（?:）来展示同样的内容。

1.10.5 循环

通过间距嵌套找到 f=sin(5x)+cos(x) 在 0 和 1 之间的零点。对于一个给定的间距，将其从中间分割开来，看看 f 的符号在哪一边发生变化，然后使用该间距继续执行上述步骤。当间距小于 10^{-12} 时，停止计算（所以我们需要 double 类型），并打印该间距中心点的 11 位精度数字作为近似结果。

提示：结果大约应该是 0.785。

C++11 中引入的函数 signbit，在这里会很有帮助。读者尝试多种循环方式，看看哪种循环比较适合本练习的情况。

1.10.6 I/O

重构练习 1.10.3，将计算中用到的所有输入参数和输出结果写入一个文件。如果是一组新的数值，就需要另起一行，注意在两个数字之间留一个空格。编写第二个程序，从上述文件中读取数值，并将其与原来的数值进行比较。

1.10.7 数组和指针

创建一个小型程序，先在栈上创建数组（固定大小的数组），然后在堆上创建数组（通过内存分配）。使用 valgrind（或者 Windows 下的 Visual Studio 之类的工具）来检查当你没有正确地删除它们或者使用错误的删除方式（数组和单个元素）时会发生什么。

1.10.8 函数

编写一个转换国际单位制的函数，比如 meter2km。或者在国际单位制和旧式英美单位制之间转换，比如 usgallon2liter。使用 assert 断言测试你的程序代码。使用 ε 环境来处理浮点数的四舍五入问题，即计算结果和预期值之间的误差小于某个预定义的 ε 。

第2章

类

“计算机科学与计算机的关系就像天文学与望远镜。”

——Edsger W. Dijkstra

计算机科学也不仅局限于编程语言的细节。本章不仅会提供关于声明类的信息，而且还会介绍如何很好地让它们为我们服务。更进一步的目标是让一个类能够在更宽泛的情况下被方便和高效地使用。我们认为类不仅仅是捆绑数据的方式，更主要的作用是在软件中构建抽象的工具。

2.1 为通用性编程而不局限于技术细节

编写技术先进的工程软件或科学软件时，仅仅专注于程序性能是非常痛苦的，并且很可能会失败。科学或工业编程中最主要的目标包括以下几点：

- 识别该领域中重要的数学抽象；
- 在软件中全面、准确地表达这些抽象。

或者遵循如下建议。

建议

使用正确的抽象概念！如果不存在，那么就实现它。

为特定领域的软件找到正确的表示方法非常重要，以至于这种方法演变成了一种编程范式，即领域驱动设计（Domain-Driven Design，DDD）。其核心思想是，软件开发人员定期与领域专家讨论如何定义其组件的名称和行为，以便所开发的软件尽可能直观（不仅对程序员如此，对用户来说也是如此）。本书中并没有深入讨论这种范式，我们可以参考其他资料，比如 [72]。

几乎所有科学应用中出现的常见抽象都是矢量空间和线性操作符，后者的作用是从一个矢量空间映射到另一个矢量空间。当把它们纳入软件时，我们首先应该确定如何更好地表达这些抽象概念。

v 是矢量空间的一个元素，L 是一个线性操作符。那么 C++ 允许我们将 L 在 v 上的运算表达为如下形式：

```
L(v)
```

或者是：

```
L * v
```

上述哪一种形式更具普适性并不太好评价。不过这两种符号都要比下列这些好得多：

```
apply_symm_blk2x2_rowmajor_dnsvec_multhr_athlon(L.data_addr,
   L.nrows, L.ncols, L.ldim, L.blksch, v.data_addr, v.size);
```

上述代码暴露了过多的技术细节，从而分散了人们对主要目标的注意力。这种风格的编程会让工作变得枯燥乏味，它浪费了程序员的大量精力。即使正常的函数调用也比简单明了的接口要费劲得多。因为对程序的轻微修改（比如对某些对象使用另一种数据结构）也会引起一连串的修改，所以必须非常谨慎地使用它们。而实际上实现线性投影的那些人更希望专注于科学研究。

科学软件的目标

科学家做研究，而工程师创造新技术。

优秀的科学和工程软件只针对数学或特定领域展示自己的特色，并且会隐藏所有技术细节。在抽象层面上，科学家只需专注于模型和算法，从而提高生产效率，推动科学进步。

科学软件出现上述示例那样底层接口的基本错误（不过我们还遇到过比这更糟的情况）的原因在于，程序用户界面暴露了太多的技术细节。其部分原因是使用了较简单的编程语言，比如 C 和 FORTRAN77，或者需要与用这些语言编写的软件进行互操作。如果你不得不编写与 C 或 FORTRAN 互操作的软件，请先使用 C++ 语言构造一个简洁美观的用户界面，并将 C 和 FORTRAN 程序库的接口封装起来，这样它们就不会暴露给开发人员。

当然，在 C++ 应用程序中调用一个 C 或 FORTRAN 函数会更容易一些。然而，用这些语言开发大型项目却如此低效，以至于从 C 或 FORTRAN 中调用 C++ 函数所付出的额外努力是绝对值得的。Stefanus Du Toit 在他的 *Hourglass API* 中展示了一个示例，即如何通过一个微型 C API 连接 C++ 和其他语言的程序 [12]。

编写科学软件比较优雅的方式是提供最好的抽象性。一个好的实现会让用户界面只保留最基本的行为，并隐藏所有不必要的技术细节。具有简洁直观界面的应用程序可以和那些界面粗陋并暴露过多技术细节的程序一样高效。

我们这里的抽象是线性操作符和向量空间。对于开发者来说，重点是如何使用这些抽象概念，对于我们的示例来说，就是如何将线性操作符应用到向量空间上。假定应用程序中的操作符用 `*` 表示，比如 `L*v` 或 `A*x`。显然，我们希望这类操作产生一个向量类型的对象（因此，语句 `w=L*v` 应该能够通过编译），并且线性运算的数学属性也成立。这就是开发人员在使用线性操作符时需要知道的。

线性操作符的内部存储方式与应用程序的正确性无关，只要该操作符遵守所有数学规则，并且实现过程中没有意外的副作用（比如覆盖其他对象的内存）即可。因此，提供必要接口和语义行为的两种不同实现是可以互换的。也就是说，程序仍然可以通过编译并产生相同的结果。当然，不同的实现在性能上存在很大差异。因此，关键的地方在于为目标平台或特定应用选择最佳的实现方式，从而达到在应用程序层面少修改（或者不修改）程序的目的。

这也是为什么 C++ 中的类对于我们来说最重要的优点不是继承机制（第 6 章），而是建立新的抽象并为其提供替代实现的能力。本章的内容将为此打下坚实的基础，后续章节将使用更高级的技术来阐述这种编程风格。

2.2 成员

在列举了类的诸多优点之后，现在介绍其定义。类定义了一种新的数据类型，包括以下内容。

- 数据：它被称为成员变量；在 C++ 规范中也称其为数据成员，另一种称谓是字段。
- 函数：被称为方法或成员函数。
- 类型定义。
- 内部类。

本章节将讨论数据成员和方法。

2.2.1 成员变量

一个简明的演示类的作用的示例是表示复数的类型。当然，C++ 中已经存在这样的一个类，当然为了说明类的作用，这里我们自己又构造了一个：

```
class complex
{
  public:
    double r, i;
};
```

这个类包含变量，它们用于存储复数的实部和虚部。一般来说，类的定义会被认为是一种蓝图。也就是说，我们还没有对任何一个复数进行定义。现在只是声明复数包含两个名为 r 和 i 的 double 型变量。现在，我们将创建类型的对象：

```
complex  z,  c;
z.r= 3.5; z.i= 2;
c.r= 2; c.i= - 3.5;
std::cout ≪ "z is(" ≪ z.r ≪ ", " ≪ z.i ≪ ")\ n";
```

上述代码通过变量声明的方式定义了对象 z 和 c。这种声明与内置类型没有区别，即类型名称后面是一个变量名或变量列表。如上所述，对象的成员可以通过点操作符（.）访问。在访问成员变量时，它们可以像普通变量那样被读写。

2.2.2 可访问性

类的每个成员都具有特定的访问级别，C++ 提供了三个层级。

- 公共的（public）：全局的，可以从任何地方访问。
- 私有的（private）：只能在类内部访问。
- 受保护的（protected）：在类自身和它的派生类中可以访问。

这让类的设计者可以很方便地控制类的用户如何使用类的每个成员。定义更多的公共成员，在使用上有更大的自由度，但控制力较弱。定义更多的私有成员可以建立一个控制力较强的用户接口。

类成员的可访问性是由类的访问修饰符控制的。假定我们想实现一个包含公共方法和私有数据的类 rational，可使用以下代码：

```
class rational
{
  public:
    ...
    rational operator +(...){...}
    rational operator -(...){...}
  private:
    int p;
    int q;
};
```

一个访问修饰符会作用于后续的所有成员，直到出现另一个修饰符。我们还可以根据需要，设置多个修饰符。请注意以下区别，声明符（specifier）用于声明单个元素的某个属性，修饰符（modifier）用于描述多个元素，即包括下一个修饰符之前的所有方法和数据成员。最好使用多个访问修饰符，因为这比次序混乱的类成员的效果更好。类内部第一个修饰符之前的类成员默认都是私有的。

2.2.2.1 隐藏实现细节

面向对象编程的纯粹主义者会将所有数据成员声明为私有的，这样就可以保护所有对象的属性。例如，当我们希望在前面提及的 rational 类中构造一个属性，以确保其分母总是正数。然后我们会声明其中的分子和分母是私有的，并实现所有方法，使其保持不变性（分母为正）。如果数据成员是公有的，那么就不能保证这个不变性，因为用户能够访问这些数据成员并修改其属性。

私有成员也增加了我们对代码修改的自由度。当我们改变私有成员的接口或私有变量的类型时，这个类的所有应用在重新编译后仍然正常运作。修改公共方法的接口可能会破坏用户端的代码。换句话说，公共变量和公共方法的接口一起组成了类的接口。只要我们不改变这个公共接口，那么就可以改变类内部的内容，同时所有的应用程序仍然可以通过编译。而当公共方法保持它们的行为不变时，与之有关的所有应用程序也将如此。如何设计内部的私有成员完全由程序员自己决定，只要它们对外的公共方法的行为不受影响即可（而且我们也不希望浪费所有内存或算力)。通过仅在其外部定义类的行为而不关心其内部实现的方式，我们就建立了一种抽象数据类型(Abstract Data Type，ADT)。

另外，对于包含一对数值的小型辅助类，只通过 getter 和 setter 函数来访问它们的数据可能是不必要的：

```
p.set_first(p.get_first()*2);
```

用上述实现替换下面的实现：

```
p.first *= 2;
```

包含公共成员的简单类和具有私有数据成员的综合类之间并没有明显的界限(因此开发团队中可能会出现争论)。Herb Sutter 和 Andrei Alexandrescu 对此给出了很好的建议：当你建立一个新的抽象时，让所有的内部细节都是私有的；当你只是聚合现有的抽象时，数据成员可以是公有的 [66, Item 11]。我们的想法更激进一些：当你的抽象数据类型的所有成员变量都具有可有可无的 getter 函数和 setter 函数时，这个类型根本就不是抽象的，你可以把这些变量变成公有的。除了一些笨拙的接口之外，你不会有任何损失。

受保护的(protected)成员只对派生类的类型有意义。6.3.2.2 节将给出一个示例，用于说明关键字 protected 的最佳使用场景。

C++ 中也包含来自 C 语言的关键字 struct，它可以声明一个类，并且具有类的所有功能。唯一不同的在于，所有的成员以及所有基类默认都是公有的。

```
struct xyz
{
    ...
};
```

上述代码和如下代码是等效的：

```
class xyz
{
  public:
    ...
};
```

因此我们有了如下经验法则。

建议

对于新的抽象来说，首选类(class)。而对于以数据为中心的类型和功能有限并且没有不变属性的辅助类型，则使用结构(struct)。

2.2.2.2　友元

尽管我们不想把内部数据提供给所有人，但我们可以为某个好朋友(friend)破例。在我们的类中，可以允许自由函数和类以特殊的权限来访问私有(private)和受保护的

(protected)成员，比如：

```
class complex
{
    ...
    friend std::ostream & operator≪(std::ostream &, const complex &);
    friend class complex_algebra;
};
```

在这个示例中，我们允许输出操作符和一个名为 complex_algebra 的类访问内部数据和功能。友元(friend)声明可以位于类的公有、私有和受保护的部分。当然，应该尽可能少地使用友元声明，因为我们必须确保每个友元都能够保持内部数据的完整性。这可以和现实生活进行类比：适合作为“友元”的人不是那种在一起喝啤酒的酒友，而是那种可以将自家钥匙交给他的人。

2.2.3 访问操作符

访问操作符有 4 种。第一种我们已经见过了——点操作符(.)，比如 x.m。其他操作符各自都有其处理指针的方式。首先，我们来看一下指向 complex 类的指针，以及如何通过该指针访问成员变量：

```
complex   c;
complex * p= & c;

*p .r= 3.5;       // 错误：其含义是*(p.r)
(*p) .r= 3.5;     // ok
```

通过指针访问类成员并不是特别优雅，因为点操作符(.)的优先级高于间接引用操作符(*)。只是为了自我鞭策，假定数据成员自身是一个指向另一个类的指针，我们如果要访问这个类的成员，那么就需要在第二个选择运算之前再加一对小括号：

```
(*(*p).pm).m2 = 11;     // 语义晦涩
```

一种通过指针访问数据成员更方便的方法是通过一个箭头(->)：

```
p->r= 3.5;              // 看上去效果更好一些；
```

甚至之前提及的间接访问也能很轻松地处理：

```
p->pm->m2 = 11;         // 表意更明显
```

在 C++ 中，我们可以定义指向数据成员的指针，这对于读者来说可能是无关紧要的(作者迄今为止还没有在本书之外使用过它，但有人告诉我，它们在测试中可能会很有用)。如果你希望了解与之有关的用例，可以参考附录 A.4.1。

2.2.4 类的静态声明

被声明为静态的成员变量在每个类中仅存在一次，这使我们可以在类的对象之间共享资源。

另一种用例是创建单件模式（Singleton）：一种确保某个类只存在一个实例的设计模式 [16]。

因为，一个静态的并且是常量的数据成员仅存在一次，并且不能被改变，所以它在编译期是可用的。我们将在第 5 章使用这个方法进行元编程。

方法也可以被声明为静态的，这意味着它只能访问静态数据和调用静态函数。当一个方法不需要访问对象数据时，还可以实现额外的性能优化。

我们的示例只使用了常量形式的静态数据成员，没有使用静态方法。不过后者将出现在第 4 章的标准库中。

2.2.5 成员函数

类中的函数被称为成员函数或成员方法。在面向对象的软件中，限定的成员函数是读取器（getter）和设置器（setter）。

函数方法和每个成员一样，默认都是私有的。也就是说，它们只能被类内部的函数调用。显然，代码示例 2-1 中的 getter 和 setter 看上去在类中的作用并不是特别明显。

代码示例 2–1 包含 getter 和 setter 的类

```
class complex
{
  public:
    double get_r(){ return r; }           // Causes clumsy
    void set_r(double newr){r = newr;}    // code
    double get_i(){ return i; }
    void set_i(double newi){ i = newi; }
  private:
    double r, i;
};
```

因此，我们赋予它们公共的访问权限。现在，我们可以通过“c.get_r();”形式访问 r，但“c.r”这样的调用形式是不合法的。上述代码中的类可以按以下方式（代码示例 2-2）进行调用。

代码示例 2–2 getter 和 setter 的应用

```
int main()
{
  complex c1, c2;
  // set c1
  c1.set_r(3.0);     // Clumsy init
  c1.set_i(2.0);

  // copy c1 to c2
  c2.set_r(c1.get_r());     // Clumsy copy
  c2.set_i(c1.get_i());
```

```
  return 0;
}
```

在 main 函数开头，我们创建了两个 complex 型对象。然后我们对其中一个对象进行赋值并将其复制到另一个对象。这样做是可行的，不过看上去似乎有一点笨拙。

我们的成员变量只能通过函数访问。这为类的设计者提供对其行为的最大控制权。比如，我们可以限制 setter 输入参数的取值范围，我们还可以计算程序运行期间每个复数被读取和写入的频率。函数还可以附带一些打印输出语句用于调试程序（不过调试器的功能比它更好）。我们甚至可以只允许程序在某个特定时间仅执行读取操作，或者让程序运行在具有特定 IP 地址的计算机上执行写入操作。我们可能不会选择后者，至少对复数不会这么做。如果变量是公有的，就可以直接访问，那么这类行为就不可能发生了。尽管如此，以这种方式处理复数的实部和虚部是很麻烦的，我们还会介绍更好的解决方案。

大多数 C++ 程序员不会选择上述方案，而是使用构造函数。

2.3 设置值：构造函数与赋值

构造函数和赋值是两种设置对象值的机制，可以在对象创建时或创建后设置。因此，这两种机制有很多共同之处，在此一并介绍。

2.3.1 构造函数

构造函数是初始化类的对象并为其他成员函数创建工作环境的方法。有时，这些环境包括文件、内存或锁这样的资源，它们在使用完毕后必须释放。我们稍后会讨论这个问题。

我们的第一个构造函数将用于设置复数（complex）的实部和虚部：

```
class complex
{
  public:
    complex(double rnew, double inew)
    {
        r= rnew; i= inew;
    }
  // ...
};
```

构造函数是一个与类自身同名的成员函数，它没有返回类型，可以拥有任意数目的参数。上面的构造函数允许我们在定义中直接设置 c1 的值：

```
complex c1(2.0, 3.0); // 常见的构造函数
```

为了验证上述代码不会丢失精确度，我们可以使用统一的初始化形式： C++11

```
complex c1{2.0, 3.0}; // 当前流行的方式
```

构造函数有一种特殊的语法用于设置成员变量和常量，它被称为成员初始化列表（Member Initialization List）或简称初始化列表（Initialization List）：

```
class complex
{
  public:
    complex(double rnew, double inew)
      : r(rnew),     //旧的调用方式
        i{inew}      //新的调用方式
    {}
  // ...
};
```

初始化列表以构造函数头后面的冒号作为起点，它原则上是一个非空的成员变量（和基类）的构造函数调用列表或其子集。构造函数语法也适用于非类的类型，比如 double 类型。我们还可以在传统的小括号和大括号（自 C++11 起）的语法之间选择。大括号能够阻止构造函数参数（或其他表达式）到成员变量的数据精度窄化转换。大多数情况下，它们的类型都是一样的，但是大括号比小括号更好地传递了初始化操作的特征，而小括号与函数调用关系密切。

初始化数据成员的顺序应该与其声明时的顺序匹配，从而正确处理成员之间可能存在的引用。编译器会检查这一点，并在我们没有按照成员的顺序进行初始化时发出警告。

对于没有出现在初始化列表中的成员，无参数的构造函数调用会被隐式插入到相应的位置。这样一个没有参数的构造函数被称为默认构造函数（Default Constructor）（我们将在 2.3.1.1 节介绍它）。因此我们的第一个构造函数示例等效于如下代码：

```
class complex
{
  public:
    complex(double rnew, double inew)
      : r{}, i{} // 由编译器生成
    {
        r= rnew; i= inew;
    }
};
```

对于像 int 和 double 这样的简单算术类型，我们是在初始化列表中还是在构造函数主体中设置它们的值并不重要。没有出现在初始化列表中的内置类型的数据成员仍然保持未初始化的状态。当一个类的数据成员未包含在初始化列表中时，它会隐式执行默认的构造函数调用。当数据成员自身就是类时，如何对它初始化就变得很重要了。假定我们编写了一个用给定矩阵计算线性系统的类，并且将它存放在我们的类中：

```
class solver
{
```

```
  public:
    solver(int nrows, int ncols)
    // : A{}   #1    错误：调用了不存在的默认构造函数
    {
        A(nrows, ncols); // #2 错误：禁止 ctor 调用
    }
  // ...
  private:
    matrix_type A;
};
```

假定我们的矩阵类只有一个构造函数，需要用两个参数来设置大小，这个构造函数不能在构造函数的函数体中调用（#2）。#2 中的表达式不会被解析为构造函数，而是被当作一个函数调用，即“A.operator()(nrows, ncols);”，参考 3.7 节。

因为所有成员变量都是到达构造函数体之前被构造的，我们的矩阵 A 将在 #1 处被默认构造。不过 matrix_type 不是默认构造的，将会出现如下错误提示信息：

```
Operator ≫matrix_type::matrix_type()≪ not found .
```

因此，我们需要编写如下代码：

```
class solver
{
  public:
    solver(int nrows, int ncols): A{nrows, ncols}{}
  // ...
};
```

从而调用矩阵的正确构造函数。在上述示例中，矩阵是解析器类（solver）的一部分。更有可能的情况是，矩阵已经存在。那我们就不希望在复制操作上浪费内存，而是直接引用矩阵。现在我们的类中包含一个指向引用的数据成员，并且又不得不在初始化列表中设置这个引用（因为引用不是默认可构造的）：

```
class solver
{
  public:
    solver(const matrix_type & A): A{A}{}
  // ...
  private:
    const matrix_type & A;
};
```

上述代码还表明，我们可以给构造函数的参数取与成员变量相同的名字。这就出现了一个问题：这些名称具体指向了哪些对象，在我们的示例中，不同场景下，A 的具体含义是什么？其规则是，初始化列表中的名称在其括号外部时，总是指向数据成员。在括号内部，名字遵循成员函数的作用域规则。成员函数的局部变量名包含参数名称，这会隐藏来自类的名称。这同

样也适用于构造函数的主体：参数和局部变量的名称会隐藏类中的名称。这可能会让初学者感到困惑，但你很快就能够得心应手地使用它。到目前为止，我们编写了一个构造函数，它可以用来设置复数的实部和虚部。通常只有实部会被设置，而虚部默认是0。

```
class complex
{
  public:
    complex(double r, double i): r{r}, i{i}{}
    complex(double r): r{r}, i{0}{}
  // ...
};
```

换句话说，当没有给定值时，那么复数就是0+0i，即复数是默认构造的：

```
complex(): r{0}, i{0}{}
```

我们将在下一小节更多地关注默认构造函数的问题。

上述3种不同的构造函数可以通过默认参数组合成一个：

```
class complex
{
  public:
    complex(double r = 0, double i = 0): r{r}, i{i}{}
  // ...
};
```

现在这个构造函数支持多种初始化方式：

```
complex z1,       // 默认构造的
        z2(),     // 是默认构造的么?
        z3{4},    // z3{4.0, 0.0}的简写形式
        z4= 4,    // z4(4.0, 0.0)的简写形式
        z5{0, 1};
```

z2的定义是一个巧妙的陷阱，它看上去似乎就是对默认构造函数的调用，但事实并非如此。它会被解析成是z2的函数声明，该函数不需要任何参数，并返回一个复数值。Scott Meyers称这是一种令人费解的解析。一个参数的构造函数调用可以用类似赋值的等号进行操作，比如z4。在以前的书中，你可能会发现这样做会造成一些额外的开销，因为临时性的东西需要先建立然后再复制。现在的情况并非如此：在C++的早期版本中可能是这样，但现在的编译器并不会这么做。

C++能够识别3种特殊的构造函数：

- 前面提及的默认构造函数；
- 复制构造函数；
- 移动构造函数（在C++11或更高版本中，参见2.3.5.1节）。

在接下来的章节中，我们将深入讨论它们。

2.3.1.1 默认构造函数

默认构造函数只不过是一个没有参数的构造函数，或者是为每个参数都提供了默认值的构造函数。一个类应包含一个默认构造函数，但这并不是强制性的。

很多类看上去似乎并不需要默认构造函数。不过在实际生活中，有一个默认构造函数会让事情变得更简单。对于 complex 类，我们似乎可以不使用默认构造函数，因为可以把它的声明推迟到知道对象的值之后。没有默认构造函数会产生（至少）两个问题，如下所示：

- 在内部作用域初始化但在外部作用域由于算法原因而存在的变量必须已经构造，并且不包含有意义的值。在这种情况下，使用默认构造函数声明变量更合适。
- 最重要的原因是，在没有默认构造函数的情况下，实现类的容器（比如列表、映射、向量和矩阵）会变得非常麻烦。

总之，没有默认构造函数也是可以的，不过它为我们带来的便利也是不容忽视的。

建议

尽可能地定义一个默认构造函数。

对于某些类来说，定义一个默认构造函数是非常困难的，比如当某些成员是引用或者包含引用时。在这种情况下，最好是接受前面提到的缺点，而不是构造糟糕的默认构造函数。

2.3.1.2 复制构造函数

在介绍 getter-setter 示例的 main 函数中（代码示例 2-2），我们定义了两个对象，其中一个是另一个的副本。复制操作是通过读写应用程序中的每个变量来实现的。对于复制对象来说，更好的方法是使用复制构造函数。

```
class complex
{
  public:
    complex(const complex & c): r{c.r}, i{c.i}{}
  // ...
};

int main()
{
    complex z1(3.0, 2.0),
            z2(z1),     // 复制
            z3{z1};     // C ++11: 分窄化操作
}
```

如果用户没有编写复制构造函数，编译器通常会以标准方式生成一个[①]：按照定义的顺序调用所有成员（和基类）的复制构造函数，就像我们在示例中所做的那样。

在这种情况下，复制所有成员正是我们想要的复制构造函数，我们应该使用默认值，原因如下：

---

① 隐式生成的详细规则将在附录 A.5.3 中给出。

- 它不那么冗长；
- 不易出错；
- 其他人无须阅读我们的代码就知道发生了什么；
- 编译器可能会发现更多性能优化的细节。

如果我们不确定编译器是否会生成一个复制构造函数，那么可以使用以下声明以默认方式请求一个：

```
complex(const complex & c) = default; // 自 C ++11 开始支持
```

大部分情况下，参数都作为常量引用传递给复制构造函数。原则上，它们也可以作为非常量引用传递，但这很少见。

```
complex(complex c) // 错误 !
```

相比之下，“隐式生成”并未奏效。请花一点时间思考原因。我们将在本节的末尾揭晓答案。

在有些情况下，默认的复制构造函数并不能像预期的那样正常工作，特别是当类中包含指针时。假设我们有一个简单的 vector 类，其数据存储在一个指针中：

```
class vector
{
  public:
    vector(int size): my_size{size}, data{new double[size]}{}
    // .. more methods
  private:
    int    my_size;
    double * data;
};
```

如果我们不定义复制构造函数，那么编译器会以如下方式为我们代劳：

```
vector(const vector & that)
  : my_size{that.my_size}, data{that.data}{}
```

如你所见，所有成员都是按照其声明时的顺序进行复制的。这对数值型参数是合理的，但是对 data 指针来说是有问题的。通过复制指针，所有被复制的向量会共享内存中的数据，如图 2-1 所示，修改其中一个向量也会改变其他所有向量：

```
vector v1(4);
v1[0] = v1[1] = 1.0; v1[2] = 2.0; v1[3] = - 3.0;

const vector v2{v1};
std::cout << " v2[3] is " << v2[3] << '\n';

v1[3]= 3.14;
std::cout << " v2[3] is " << v2[3] << '\n';
```

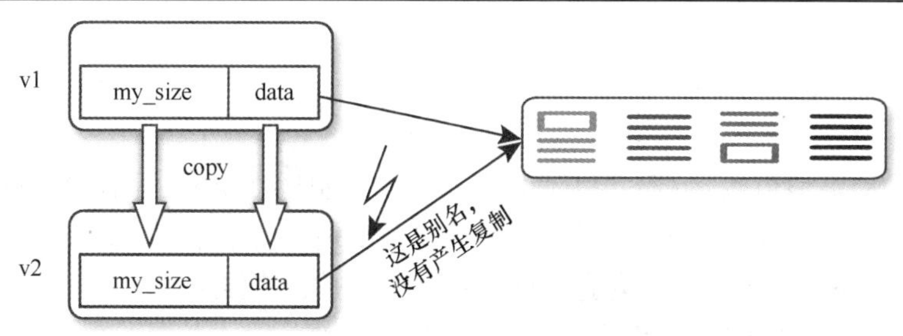

图 2-1　生成的向量复制

这里我们甚至可以改变常量向量 v2 的一个条目，因为它与非常量向量 v1 共享数据。

我们能够观察到的另一个问题是，运行时库（run-time library）将尝试两次释放相同的内存[①]。为了说明这个问题，我们预先使用了将在2.4.2节介绍的析构函数：它用于删除数据寻址的内存。由于两个指针指向了相同的内存地址，第二个析构函数将调用失败。

现在我们实现了一个自定义的构造函数，它实际上用于复制数据。为了证明我们没有重复释放内存，还添加了析构函数：

```
class vector
{
  public:
    vector(const vector& v)
      : my_size{v.my_size}, data{new double[my_size]}
    {
        for (unsigned i= 0; i <my_size; ++i)
            data[i]= v.data[i];
    }
    // 析构函数，预计从 2.4.2 开始介绍
    ~vector(){delete[] data;}
  // ...
  private:
    unsigned my_size;
    double * data;
};
```

⇒ c++11/vector_unique_ptr.cpp

由于我们的向量是其数据的唯一所有者，独占型指针（unique_ptr）看上去是比原生指针更好的选择： C++11

① 这可能是每个程序员一生中至少都会经历一次的错误信息。我希望这不会发生。我们的朋友兼校对员 Fabio Fracassi 乐观地认为，未来使用现代 C++ 的程序员不会遇到这种情况。让我一起期待那一天早点到来吧！

```
class vector
{
    // ...
    std::unique_ptr <double[]>    data;
};
```

不仅内存会被自动释放，编译器也不能自动生成复制构造函数，因为复制构造函数会在 unique_ptr 中被删除。这迫使我们提供一个自定义的实现（使用原生指针版本的代码）。

回到我们的问题，为什么复制构造函数的参数不能通过值传递？你可能已经猜到答案了。要通过值传递参数，我们需要用到即将定义的复制构造函数。

因此，这就创建了一种自我依赖，从而可能导致编译器进入死循环。幸运的是，编译器并不会陷入死循环，甚至在这种情况下还会给我们一些有意义的错误警告信息。请注意，基于演示的目的，除非另有说明，下面的向量方法的实现都假定数据是一个原生指针。

2.3.1.3 转换和隐式构造函数

在 C++ 中，我们需要对隐式和显式构造函数进行区分。隐式构造函数会启用隐式转换和类似赋值的构造符号。从而代替如下形式的代码：

```
complex c1{3.0};     // C ++11 以及更高版本
complex c1(3.0);     // 所有标准都支持
```

我们还可以写成如下形式：

```
complex c1 = 3.0;
```

或者

```
complex  c1 =   pi * pi / 6.0;
```

这种符号对于很多受过科学教育的人来说更易读，并且当前的编译器会为这两种符号生成相同的代码。

当需要一种类型但给出的是另一种类型的数据时，隐式转换也会启动。比如 double 类型替代了 complex 类型。假定我们有如下函数：[①]

```
double inline complex_abs(complex c)
{
    return std::sqrt(real(c) * real(c) + imag(c) * imag(c));
}
```

使用一个 double 型数值来调用该函数：

```
cout ≪ " |7| = " ≪ complex_abs(7.0) ≪ '\n';
```

数值 7.0 是 double 类型的，但 complex_abs 没有接受 double 型参数的函数重载。不过我们有一个 complex 参数的重载，并且 complex 有一个接受 double 型参数的构造函数。因此，

① 实部和虚部的定义稍后将会给出。

复数值是通过 double 型数值隐式构建的。可以通过显式声明构造函数的方式禁用隐式转换：

```
class complex{
  public:
    explicit  complex(double nr= 0.0, double i= 0.0): r{nr}, i{i}{}
};
```

函数 complex_abs 将不会通过 double 型参数进行调用。为了使用 double 型参数调用此函数，我们可以为 double 型参数编写一个重载函数，或者在函数调用中显式地构造 complex

```
cout << " |7| = " << complex_abs(complex{7.0}) << '\n';
```

explicit 属性对于某些类来说非常重要，比如 vector。通常构造函数会将 vector 的大小作为参数：

```
class vector
{
  public:
    vector(int n): my_size{n}, data{new double[n]}{}
};
```

计算标量积的函数需要两个向量作为参数：

```
double dot(const vector & v, const vector & w){ ... }
```

该函数可以使用 int 型参数进行调用：

```
double d= dot(8, 8);
```

上述代码表明，隐式构造函数创建了大小为 8 的临时向量并传递给函数 dot。通过显式声明构造函数可以很容易地避免这类废话。哪个构造函数应该是显式声明的最终是由类的设计者决定的。在向量示例中可以明确的一点是：思维正常的程序员不会希望编译器将整数自动转换成向量，并且事实上，这类似于赋值符号：

```
vector v= 8;
```

上述代码看上去比较难懂，这也是隐式构造函数不合适的另一佐证。

complex 类的构造函数是否应该是显式的取决于其用途。由于具有零虚部的复数在数学上与实数相同，因此隐式转换不会产生语义不一致。隐式构造函数更方便，因为可以在任何需要复数值的地方使用双精度值或字面值。性能不敏感的函数可以仅为 complex 实现一次，但是应用时可接收 double 型参数。与之相反，vector 构造函数的大小参数不是特殊的 vector 对象，而是其规范对象。因此，隐式转换对于这种类型毫无意义。

在 C++03 中，explicit 属性只对单参数构造函数来说很重要。从 C++11 开始，由于引入了统一初始化机制，explicit 属性也开始与具有多个参数的构造函数相关，参见 2.3.4 节。

2.3.1.4 委托

C++11

在前面的示例中，我们展示了一个包含多个构造函数的类。通常这样的构造函数并非完全不同，并且包含一些相同的代码，即存在很多冗余代码。在 C++03 中，通用代码片段只有被封装到一个方法中才能被复用，即被多个构造函数调用。

C++11 引入了委托构造函数，它们是调用其他构造函数的构造函数。

我们的 complex 类可以使用这一特性来替代默认值：

```
class complex
{
  public:
    complex(double r, double i): r{r}, i{i}{}
    complex(double r) : complex{r, 0.0}{}
    complex() : complex{0.0}{}
    ...
};
```

显然，该特性在这个小型示例中并没有体现出其优点。委托构造函数对于初始化更复杂（比 complex 类更复杂）的类会更有用。

C++11

2.3.1.5　成员的默认值

C++11 的另外一个新特性是成员变量的默认值。然后我们只需要在默认构造函数中设置不同于默认值的值：

```
class complex
{
  public:
    complex(double r, double i): r{r}, i{i}{}
    complex(double r): r{r}{}
    complex(){}
    ...
  private:
    double r= 0.0, i= 0.0;
};
```

此外，对于更复杂的类来说，其好处肯定更加明显。

2.3.2　赋值

在 2.3.1.2 节中，我们介绍了可以在没有 getter 和 setter 的情况下复制用户类的对象——至少在构造过程中是这样。接下来，我们想通过写入操作将数据复制到现有对象中：

```
x= y;
u= v= w= x;
```

为此，该类必须提供一个赋值操作符（从而避免编译器生成一个操作符）。和往常一样，我们首先考虑 complex 类。将一个复数值分配给 complex 变量需要下列操作符：

```
complex & operator=(const complex & src)
{
```

```
    r= src.r; i= src.i;
    return * this;
}
```

显然，我们复制了成员变量 r 和 i。操作符返回一个对象的引用以启用多个赋值。this 是指向对象自身的指针，并且我们需要一个引用，所以我们间接引用 this 指针。分配对象类型值的操作符被称为复制赋值，并且可以通过编译器合成。在我们的示例中，编译器生成的代码与我们代码的相同，此处可以省略自己的代码实现。如果将 double 型数值分配给一个复数会怎样呢？

```
c = 7.5;
```

它会在没有为 double 类型定义赋值操作符的情况下进行编译。此外，我们有一个隐式转换：隐式构造函数动态创建一个 complex 类型并为其赋值。如果这对程序性能有影响，那么可以为 double 类型添加一个赋值操作符：

```
complex& operator=(double nr)
{
    r= nr; i= 0;
    return * this;
}
```

对于使用原生指针的向量实现，合成的复制并不能令人满意，因为只复制了数据的地址，而非数据本身。使用 unique_ptr，编译器无法生成复制操作，因为 unique_ptr 没有副本。在这两种情况下，我们需要实现复制赋值：

```
1  vector & operator =(const vector & src)
2  {
3      if (this == & src)
4          return * this;
5      assert(my_size == src.my_size);
6      for (int i= 0; i <my_size; ++i)
7          data[i]= src.data[i];
8      return * this;
9  }
```

可以跳过对象对其自身的赋值（源和目标包含相同的地址）（第 3 行和第 4 行）。在第 5 行中，我们通过检查向量大小的相等性来测试赋值是否为合法操作。如果二者大小不同，则可以调整目标的大小。从技术上来说，这是一个合理的操作。但是从科学的角度来说就存在问题，假定在数学或物理学的环境中，向量空间突然改变了维度，建议复制赋值和构造函数保持一致，以避免用户产生歧义 [66]。

2.3.3 初始化器列表 C++11

C++11 中初始化器列表是作为一个新特性引入的——不要与“成员初始化列表”相混淆（2.3.1 节）。为了使用它，我们必须引用头文件 <initializer_list>。向量的构造函数和赋值操作符是极好的用例，这使其成为引入初始化器列表的合适位置。它允许我们同时设置向量的所有条目。普通的C数组完全可以在其定义时进行初始化：

```
float v[]={1.0, 2.0, 3.0};
```

此功能在C++11中得到了推广，因此任何类都可以使用（相同类型）值列表进行初始化。通过适当的构造函数，我们可以编写如下代码：

```
vector v={1.0, 2.0, 3.0};
```

或者

```
vector v{1.0, 2.0, 3.0};
```

我们还可以在赋值中设置所有的向量条目：

```
v={1.0, 2.0, 3.0};
```

现在可以使用动态创建的向量来调用将向量作为参数的函数：

```
vector x= lu_solve(A, vector{1.0, 2.0, 3.0});
```

上述代码表示向量 $(1, 2, 3)^T$ 的线性方程组，其目的是对A进行LU分解。

要在我们的 vector 类中使用此功能，需要一个构造函数和一个接收 initializer_list<double> 作为参数的赋值。懒惰的人只想着实现构造函数，并结合复制赋值使用。出于演示和性能方面的考虑，我们将同时实现两者，该函数还允许我们在赋值过程中验证向量的大小是否匹配：

```
# include <initializer_list>
# include <algorithm>

class vector
{
    // ...
    vector(std::initializer_list <double>   values)
      : my_size{values.size()}, data{new double[my_size]}
    {
        copy(begin(values), end(values), data);
    }

    vector &   operator =(std::initializer_list <double>   values)
    {
        assert(my_size == values.size());
        copy(begin(values), end(values), data);
        return * this;
    }
};
```

要将列表中的值复制到我们的数据中，需要使用标准库函数 std::copy。该函数接收 3 个迭代器[①]作为参数。这 3 个参数代表输入的起点（begin）和终点（end）以及输出的起点（begin）。begin 和 end 在 C++11 中作为自由函数引入，它位于相应的成员函数之前，比如 values.begin()。当对数据使用 unique_ptr 时，我们需要稍微做一些修改，因为 unique_ptr 没有迭代器接口。使用 get 方法访问内部的原生指针将允许我们使用复制功能，但在直接使用地址时可能会损害 unique_ptr。

2.3.4 统一初始化

C++11

大括号 {} 在 C++11 中用作所有变量初始化的通用表示法，涉及以下场景：

- 初始化器列表；
- 其他构造函数；
- 直接数据成员设置。

最后一种仅适用于所有（非静态）变量都是公共的并且类中没有用户自定义的构造函数的数组和类[②]。这种类型被称为聚合类型，并且使用大括号列表进行相应的聚合初始化。

假定我们要定义了一个没有构造函数的 complex 类，那么可以按如下方式对其进行初始化：

```
struct sloppy_complex
{
    double r, i;
};

sloppy_complex z1{3.66, 2.33},
               z2= {0, 1};
```

C++20 引入了指定初始化机制，它允许我们通过声明为某个成员分配特定值：

C++20

```
sloppy_complex z1{.r= 3.66,.i= 2.33},
               z2= {.i= 1};             // r 的值将是 0.0
sloppy_complex z3{.i= 4.4,.r= 0.9};     // 错误 : 顺序错误
```

我们可以忽略某些成员，但不允许更改其顺序。毋庸讳言，我们更喜欢使用构造函数而不是聚合或者指定初始化。但是，当我们不得不处理历史遗留的代码时，它们会派上用场。

本节中包含构造函数的 complex 类可以使用相同的符号进行初始化：

```
complex c{7.0, 8}, c2 = {0, 1}, c3 = {9.3}, c4 = {c};
const complex cc ={c3};
```

当相关的构造函数是显式声明时，不允许使用 = 这样的赋值方法。

在上一节中介绍的初始化器列表仍然有效。使用列表作为统一初始化的参数实际上需要双括号：

① 广义指针的概念可以参考 4.1.2 节。

② 更进一步的条件是该类没有基类和虚函数（6.1 节）。

```
vector  v1= {{1.0, 2.0, 3.0}},
        v2{{3, 4, 5}};
```

为了简化编程工作，C++11 在统一初始化器中提供了 Brace Elision 机制，即可以省略大括号，让列表条目按给定顺序传递给构造函数参数或数据成员。因此，我们可以将声明简写为：

```
vector  v1= {1.0, 2.0, 3.0},
        v2{3, 4, 5};
```

大括号省略机制利弊参半。假定我们将 complex 类集成到向量中从而实现 vector_complex，这样我就可以方便地配置它：

```
vector_complex v={{1.5, - 2}, {3.4}, {2.6, 5.13}};
```

不过，我们可以先看看下面的示例：

```
vector_complex v1d= {{2}};
vector_complex v2d= {{2, 3}};
vector_complex v3d= {{2, 3, 4}};

std::cout ≪ " v1d is " ≪ v1d ≪ std::endl; ...
```

下面的例子可能会有点出人意料：

```
v1d is [(2,0)]
v2d is [(2,3)]
v3d is [(2,0),(3,0),(4,0)]
```

在第一行代码中，我们有一个参数，因此向量中包含一个复数，它由单参数的构造函数初始化（虚部为 0）。接下来的语句创建了一个带有一个元素的向量，其构造函数接收两个参数。这个方法显然不能继续下去：complex 没有带 3 个参数的构造函数。因此，这里我们切换到多个向量条目，其中每个条目都由一个参数构成。想进一步了解更多信息的读者，可以参考附录 A.4.2。

大括号的另一个应用是成员变量的初始化：

```
class vector
{
  public:
    vector(int n)
      : my_size{n}, data{new double[my_size]}{}
    ...
  private:
    unsigned my_size;
    double   * data;
};
```

这可以避免我们偶尔的粗心大意：在上面的示例中，我们使用 int 型参数初始化了一个无符号成员。编译器会向用户警告这种类型窄化行为，我们可以替换相应的类型：

```
vector(unsigned n): my_size{n}, data{new double[my_size]}{}
```

如前所述，初始化器列表允许我们动态创建非基元类型的函数参数，比如：

```
double d= dot(vector{3, 4, 5}, vector{7, 8, 9});
```

当参数类型明确时（比如只有一种重载可用时），列表可以通过无类型的方式传递给函数：

```
double d= dot({3, 4, 5},{7, 8, 9});
```

注意，函数结果也可以通过统一表示法进行设置：

```
complex subtract(const complex & c1, const complex & c2)
{
    return{c1.r - c2.r, c1.i - c2.i};
}
```

返回类型是复数类型，我们用包含两个参数的大括号列表对其进行初始化。

在本节中，我们展示了统一初始化的优点和不足。同时它也是一项非常有用的功能，但在某些比较棘手的极端情况下应谨慎使用。

2.3.5 移动语义

C++11

复制大量数据的成本很高，人们想了很多办法来避免不必要的复制操作。一些软件会使用浅复制。对于我们的向量示例来说，这意味着只复制数据的地址，而不是数据本身。因此，经过如下赋值操作之后：

```
v= w;
```

这两个变量包含的指针在内存中指向的数据是相同的。如果修改 v[7]，那么 w[7] 也会随之修改，反之亦然。因此，支持浅复制的软件通常会提供显式调用深复制的功能：

```
copy(v, w);
```

每次分配变量时，都必须使用此函数。对于临时变量（例如作为函数返回结果的向量），浅复制并不重要，因为临时数据是不可访问的，而且不存在别名的问题。避免复制的代价是程序员必须时刻注意，在存在别名的情况下，内存不会被释放两次，也就是说需要引用计数。

另外，当大型对象作为函数结果返回时，深复制的内存开销很昂贵。稍后，我们将介绍一种非常高效的技术来避免复制（参见 5.3 节）。现在，我们介绍另一个 C++ 特性——移动语义（Move Semantic），其想法是变量（所有具名的元素）被深度复制，而临时变量（不能通过名称引用的对象）用于传输它们的数据。

这就引出了一个问题：我们如何区分临时数据和持久数据？好消息是编译器会为我们做这件事。在 C++ 术语中，临时数据被称为右值（rvalue），因为它们只能出现在赋值操作符的右边。C++11 引入了由 && 表示的右值引用，包含名称的值（即所谓的左值），不能传递给右值引用。

C++11

2.3.5.1　移动构造函数

通过提供移动构造函数和移动赋值，我们可以确保避免执行开销昂贵的右值复制操作：

```
class vector
{
    // ...
    vector(vector && v) noexcept
      : my_size{v.my_size}, data{v.data}
    {
        v.data = nullptr;
        v.my_size = 0;
    }
};
```

移动构造函数从源对象中“窃取”数据并将其保留为空的状态。因为我们不分配新的内存，所以不会出现 bad_alloc 这样的异常，并且可以声明这个构造函数是无异常的（noexcept）。通常，很多 C++ 专业人士会要求所有移动操作都是 noexcept。

作为右值传递给函数的对象在函数返回后会被认为是过期的，这意味着我们不能再依赖数据的完整性。唯一的要求是对象销毁（参见 2.4 节）不能失败。同时也需要像往常一样特别留意原生指针，它们不能指向随机内存，以免删除操作失败或者释放其他的用户数据。如果我们保持指针 v.data 不变，当 v 超出作用域时，对应的内存将被释放，目标向量的数据将失效。通常，原生指针在移动操作之后应该是 nullptr。

注意，像 vector && v 这样的右值引用本身并不是右值，而是左值，因为它们拥有一个名称。如果想要将 v 传递给另一个帮助移动构造函数进行数据“窃取”的方法，那么必须使用标准库函数 std::move 再次将其转换为右值（参见 2.3.5.4 节）。

C++11

2.3.5.2　移动赋值

移动赋值可以通过交换指向数据的指针这种简单的方式予以实现：

```
class vector
{
    // ...
    vector & operator =(vector && src) noexcept
    {
        assert(my_size == 0 || my_size == src.my_size);
        std::swap(data, src.data);
        std::swap(my_size, src.my_size);
        return * this;
    }
};
```

这可以避免我们释放自己的数据（如果存在的话），因为这是在源数据被销毁的同时完成的。

假定我们有一个空的向量 v1，一个在函数 f() 中临时创建的向量 v2，如图 2-2 的上半部分所示。当我们将 f() 的执行结果分配给 v1 时：

```
v1 = f();    // f 会返回 v2
```

移动赋值将会交换数据指针，从而让 v1 包含 v2 的值，然后 v2 值变成为空的，如图 2-2 的下半部分所示。

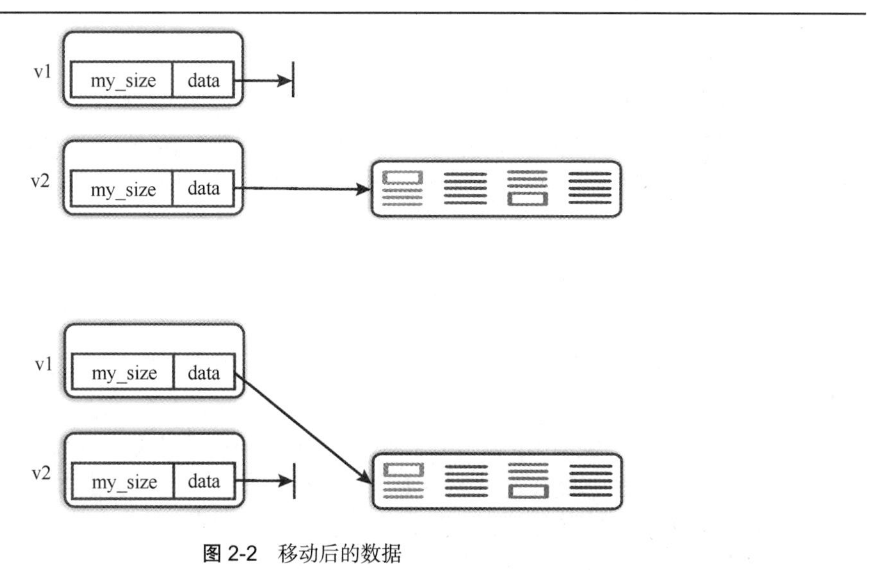

图 2-2 移动后的数据

2.3.5.3 复制省略

C++17

如果我们在这两个函数中添加日志，那么可能会意识到其中的移动构造函数并没有按照我们预期的那样被调用。原因是现代编译器提供了比“窃取”数据更好的优化机制。它被称为复制省略，其中编译器会省略数据的副本并修改数据的生成，使其立即存储到复制操作的目标地址。

它最重要的使用场景是返回值优化（Return Value Optimization，RVO），尤其是当使用函数结果初始化新的变量时：

```
inline vector ones(int n)
{
    vector v(n);
    for (unsigned i= 0; i <n; ++i)
        v[i]= 1.0;
    return v;
}
...
vector w(ones(7));
```

编译器可以立即创建 w 并直接对其执行所有操作，而不是在函数末尾构造 v 并将其复制（移动）到 w。复制（移动）构造函数永远不会被调用。我们只需使用日志输出或使用调试器进行检查即可验证。

C++17　在移动语义出现之前，很多编译器已经支持复制省略这一特性。从 C++17 开始，所有编译器都必须强制执行该标准。在 Visual Studio 中，它仅在发布模式下可用。不过复制省略并不能替代移动构造函数，因为有些情况下是不能应用返回值优化（RVO）的。

C++11

2.3.5.4　移动语义的应用场景

在创建新对象并且需要将左值转换为右值时，肯定会用到移动构造函数，因此引入了 std::move 函数，它将每个对象转换为（临时）右值引用。该函数本身不会移动任何数据，而只是将一个对象声明为临时对象，以便其他函数可以移动其数据。以下代码调用了右值的构造函数和赋值：

```
vector x(std::move(w));
v= std::move(u);
```

在第一行代码中，x“窃取”了 w 的数据并将其保留为空向量。第二行代码将交换 v 和 u 的值。

当与 std::move 一起使用时，移动构造函数和赋值并不是完全一致的。只要我们处理的都是真正的临时性数据，那么我们就不会看到其中的差异。不过，为了获得更强的一致性，我们也可以将移动赋值的源保持为空的状态：

```
class vector
{
    // ...
    vector & operator =(vector && src) noexcept
    {
        assert(my_size == src.my_size);
        delete[] data;
        data = src.data;
        src.data = nullptr;
        src.my_siz e= 0;
        return * this;
    }
};
```

还有一种看法是对象在 std::move 之后就过期了。换句话说，它们还没有“死”，而是“退休”了。只要处于合法状态（即析构函数不崩溃），那么它们具体包含什么值并不重要。

移动语义的另外一个很好的用例是 C++11 以及更高版本的默认实现 std::swap，详情可以参见 3.2.3 节。

C++11

2.3.5.5　移动语义（move）的影响

Bjarne Stroustrup 曾经说过，在 C++ 中比在 C 中更难伤到自己的“脚”。但是有了 std::move，我们又多了一只可以伤到的“脚”[1]。可以很自豪地说，我们比 C 更有机会伤到自己。

移动语义最初的想法是从临时对象中“窃取”数据，这些临时对象无论如何都会在执行相关操作不久之后被销毁。Nicolai Josuttis 将其喻为“器官捐赠”。

当然，每个程序员都应该谨慎地使用 move，因为他们不能再访问被移出的对象。在此之前我们需要扪心自问，真的可以在任何情况下都依赖它吗？更进一步，我们真的想要依赖它吗？我们真的希望将移动对象后的事情交给类的用户来负责处理吗？

回到 Nicolai 的类比：使用 move 从左值移动数据就像器官捐赠，捐赠者执行捐赠的同时也意味着死亡，但这些器官可以存续一段时间。

实际上，这些“器官”可以是函数或类中的全局变量或静态变量，然后它们甚至能够一直存续，直到程序结束运行。并且没有任何语言特性能够阻止程序员在函数之间传递过期的对象。这意味着我们必须将对象的有效性追溯到其创建，并坚持是否在所有可能的执行路径中都没有应用过显式移动操作。

移动语义的一个更好的类比是收发电子邮件，邮箱可以被清空并且可以再次填充它。通常情况下，除了詹姆斯 • 邦德的电影，媒体在传递信息之后不会被销毁。对于对象来说，这仅仅意味着再次被使用的可能性——无论这个概率是多么小，都需要我们保持它的有效性。

综上所述，我们更希望将移动对象的管理责任交到类的设计者手中，或者更准确地说，是接收右值引用函数的实现者。这是我们需要特别关注的地方，其好处也是显而易见的，它可以将我们从跟踪整个应用程序中所有可能和不可能的 move 调用的烦琐且容易出错的工作中解放出来。

有趣的是，标准库中的类通常已经提供了我们这里谈及的某些行为。

右值可以通过不同的方式处理，我们可以在标准库中找到它们的用例。

完全移交：只有动态管理资源的类可以将这些资源从一个对象移交给另一个对象。具体的用例是 unique_ptr，它将引用的内存地址从一个对象转移到另一个对象。

复制：没有任何动态资源的类只能复制其内容，通常既不提供移动构造函数也不支持赋值。具体的用例是向量迭代器，它本质上是一个指针。

部分移交：一个类的成员可能支持不同的移动语义。比如一个包含 int 和 unique_ptr 类型的组合对象将对前者执行复制，而对后者将会移交其内存地址。

可选移交：某些类可以在特定条件下移交它们的资源，这可以在运行时或者编译期根据模板参数做出决定。比如 string 类的短对象优化，即将特定长度的字符串直接存储到对象中，较长的字符串在堆中动态处理。因此，较短的字符串会被复制，较长的字符串会被移交，甚至像 vector 这样可以调整大小的容器也属于这一类。它们通常会移交完整的数据。但是，对于某些分配器类型和状态，这是不允许的，然后会按条目进行移交（通过复制或者移交）[2]。

前两种处理方式是比较极端的：在我们看来，完全移交是最纯粹的移动形式，而复制则代

① 他的原话是：“C 让你更容易伤到自己的脚；C++ 让它变得更难，但当你肆意妄为时，它会把你的整条腿都炸飞。”

② 笔者必须承认，在了解这种特殊的行为时，也会感到惊讶。感谢移动语义的主要创建者 Howard Hinnant 指出这一点。

表它们完全缺席。另外3种方案可以被认为是它们的混合版本。除了纯粹的复制对象以外，我们将移动操作的源称为已清空对象（Emptied Object）。

为了研究移动对象操作后的影响，我们需要区分以下3种情况：

（1）显式删除的移动操作；

（2）不存在或者隐式删除的移动操作；

（3）现存的移动操作。

隐式和显式删除的移动操作之间的区别可以参考附录A.5.4.3节。

情况1：显式删除的操作不允许调用。因此，把右值传递给此类操作将导致编译期错误，我们无须为过期对象担心。

情况2：当移动操作（例如构造）不存在或被隐式删除时，编译器将在隐式转换右值参数后寻找可调用的替代重载。例如，如果移动构造函数被隐式删除并且存在复制构造函数，那么对象将被静默复制，因为右值引用可以隐式转换为常量左值引用。如果复制构造函数也不可用，那么就无法通过右值创建新的对象[①]。这同样也适用于传递右值的任何其他函数。一般来说，右值要么被视为一个常量左值，因此它无法被合法地修改，又或者程序无法编译。在这两种情况下，我们都不必担心以前有效的对象变得无效。

情况3：当提供我们自己的移动操作时，根据C++规范，移动操作的源将在之后过期，因为对象只需正确地被销毁和赋值。这些对象在规范中被称为`xValue`[38]。但是，我们可以将其设置为有意义的值，而不是让右值处于无效状态。因此，我们强烈建议你遵循以下建议。

清空右值

当你从右值接管数据时，请将此对象保持在有效状态。为了提供一致的类行为，已清空的对象应该等效于默认构造的对象。和其他形式相比，更倾向于完整的移交。

完整的移交始终是处理动态资源的最有效形式，它的行为也是最容易理解的。其他形式的移交也有其适用场景，标准库中就有相应的用例。

当我们将动态资源完整移交后，自然会出现已清空的状态。即使在混合情况下，已清空的状态通常也是最佳选择。在我们的`dmc::vector`示例中，存在一个部分移交：`unique_ptr`包含真正的移动语义，但没有`size`参数。而这两个成员在类的设计中是相关联的，因为指针会假定指向的条目数量与`size`的值相等。当指针被清空时，`size`值也必须与之适应。

通过可选的移交，移除的对象有时会是空的，否则它仍然包含移交操作之前的值。当数据大到可以存储到堆上时，字符串对象将被清空。较短的内容将保留在对象中。为了保持一致，我们也可以在复制之后清除字符串中的内容，它只需将`size`的值置为0。标准库中的实现通常不会这么做，因为这会被认为是假定不再使用该对象的冗余操作。在我们自己的项目中，可以优先考虑保持对象行为的一致性，而不是微不足道的性能提升。

类似`vector`这样的容器是不能完整地移交其内容的，而是移交其所有元素的条目。然后

---

① 实际上，也可以从左值创建。

被移动的容器保留条目的数量，但它们都是空的。在这种情况下将容器的大小调整为 0 不是更有意义吗？同样，如前所述，标准库的实现通常不会这么做，但我们可以在自己的项目中根据需要灵活地进行配置。

对于用户自定义类，这些可能未清空但已移动对象的结果是，我们应该在移动操作之后清空相应的成员（或基类）。在这一点上，我们不应该太担心性能问题。一旦我们的项目正常运行并且对其进行了仔细的性能基准测试和分析，如果它们被证明存在严重的性能瓶颈，那么仍然可以考虑忽略这些清理操作。

如前所述，经过合理的规划，尽量让你的移动对象处于定义明确的清空状态，这就等效于默认构造的对象。对该策略的担忧可能存在以下几点。

- 如果类没有默认的构造函数并且不提供任何其他有意义的已清空状态怎么办？那么这个类可能不适合移动操作。或者相反，我们应该定义一个空状态，而且可能还需要添加一个默认构造函数来准确地建立这个状态。目前为止，我们还没有见过包含真正的移动操作但没有默认构造函数的类。不过存在如下情况，例如数组没有移动语义，但仍提供默认构造函数。
- 当设置一个空对象时，移动赋值不能用 `swap` 实现，这通常是更简单的方法。虽然这对于类的实现来说更容易一些，但是对于类的用户来说，让赋值和构造函数具有相同的行为会更好一些，并且在构造函数中我们没有其他对象可以交换。
- 如果设置已清空状态的成本太高怎么办？移动操作中涉及开销昂贵的部分是资源转移的目标必须释放其先前的资源。大多数情况下，这将是内存的释放，但也会影响其他资源，比如文件句柄。如果我们通过交换资源来实现移动操作，那么这并不能省去资源释放的环节，只是推迟到销毁移动对象（除非资源泄漏或进一步转移）时再执行释放操作。简而言之，无论如何都会执行开销昂贵的资源释放操作，因此将某些值设置为 `0` 或 `nullptr` 可以忽略不计。当某些对象明显会在随后被直接销毁时，编译器甚至可以优化归零的操作。建立空对象的昂贵开销也可能表明其实现效率低下，例如为空容器分配内存而不是使用 `nullptr`。
- 难道我们不能改变语言规范，让移出的对象不再有效吗？也许可以，但这个目标短期内是无法达成的。此外，当在运行时决定移动对象时，此更改将产生新的开销。

关于成本的另一个争论是：计算中最昂贵的资源不是处理器周期或内存，而是开发人员。通过更一致和更易于理解的行为，我们可以节省开发工时，这比缩短的计算周期更有价值。

我们还应该考虑何时可以依赖自动生成的移动操作，以及何时需要我们自己的实现。编写用户自定义的移动操作主要原因有两个。

场景 1：成员或基类的移动行为与我们的类的行为不匹配。包含原生指针的类通常需要用户自定义的移动操作以避免双重内存释放，使用 `unique_ptr` 或 `shared_ptr` 可以避免这个问题。但是即使使用智能指针，也不能总是依赖系统自动生成的代码。Herb Sutter 给出了一个包含 `shared_ptr<int>` 类的示例 [65]，其中该类包含指针不能为空的不变量。这个不变量当然不是 `shared_ptr` 强加的，因此要么省略移动操作，要么以符合这种不变量的方式实现它。

场景 2：即使单个成员的移动行为不与类设计冲突，但成员之间的关系也可能会出现问题。我们已经在 dmc::vector 类中看到了这一点，其中 unique_ptr 被正确移动并复制了 size 属性。这两种操作都没问题：单独考虑它们时，unique_ptr 为空，size 属性仍包含旧值，它们并没有违反类的不变量规则。当将它们相互关联时，我们就会发现如下问题：移交数据后，size 的值应该为 0。这种移动前后的不一致设置可能取决于细微的实现细节（包括那些来自标准类型的细节）。假定我们有一个 department 类，其中包含一个 employee 向量和一些有 map 实现的多索引访问。map 的值对应的是员工职位（employees）：

```
class department
{
    vector <employee>    employees;
    map <int, int>       phone_access;
    map <string, int>    name_access;
    ...
};
```

这些成员常规的移动行为是 3 个容器都完全从一个对象移交到另一个对象。在这种情况下，移动对象仅包含空的容器并且是完全正确的。但是，并不能保证这种常规的行为付诸实际，因为语言规范中只要求容器处于有效状态，但并没有说明是哪一种状态。当使用非默认分配器时，情况会变得更加棘手。在某些特定条件下，执行移动操作之后，容器可能并不是空的。当所有容器保持不变时，department 对象仍然是有效的。关键是当 employees 容器被清空而访问映射没有被清空，因为我们得到的所有职位将不再存在于员工（employees）中。对于 name_access，这种情况更让人困惑，因为对值的移动操作会将键作为字符串传递，而不是作为 int 传递职位名称。这实际上是一种优势，我们不会在映射中找到该名称，因为不会访问已清空的 employee 容器。不过这仅适用于较长的名称，因为较短的名称只是被复制并保留在映射条目的键中。好的一方面在于，我们可以通过在移动所有容器后调用 clear 方法来避免上述窘境。对于那些认为在已知容器为空的情况下调用 clear 方法是画蛇添足的人，欢迎你实现一套依赖于类型和编译器的代码，它只在需要的时候调用 clear 方法（警告：你的代码将是元编程和 #ifdef 的邪恶组合）。

⇒ c++17/move_sanity_test.cpp[①]

为了研究标准类在实际应用中的行为方式，我们分析了 25 个[②]具有右值（T b(move(a));）的对象构造，结果如下所示。

案例 1：这些类都没有已删除的移动构造函数。

案例 2：8 个类没有移动构造函数。其中只有一个（atomic）没有复制构造函数，并且表达

① 对于 Visual Studio 中的某些特定编译标记，std::movable 可能存在歧义以及其他一些问题。

② vector、valarray、deque、array、list、forward_list、map、multimap、set、multiset、unordered_map、unordered_multimap、unordered_set、unordered_multiset、unique_ptr、shared_ptr、bitset、atomic、reference_wrapper、function、duration、time_point、complex、tuple 和 string。类模板主要用 int 型实例化，容器采用默认的分配器。

式不能编译。其他 7 个类——array、bitset、tuple、duration、time_point、complex 和 reference_wrapper，只是复制了对象。这些类没有动态处理的资源，因此不能移交完整的数据。但是，对于其他值类型，我们可以进行内部移交。

案例 3：剩下的 17 个类——比如 vector、unique_ptr 和 function，完整地移交了它们的资源（使用测试中的模板参数进行测试）并且已清空的对象等效于默认构造函数创建的对象。短字符串和非传播分配器没有考虑在内。

因此，g++ 和 clang++ 中的标准类通常已经按照我们推荐的方式运行，尽管语言规范只要求它们处于有效状态，但没有说明是哪种状态[①]。这与对这些类执行赋值操作时观察到的行为相同。我们希望通过以下内容进一步超越语言规范。

定义 2-1（移动安全性，Move-Safe）：让移动的右值处于有效清空状态的操作被称为移动安全性（Move-Safe）。当类的所有操作都是移动安全的时，这个类也是移动安全的。

因此，当对象的类型是移动安全的时，我们不需要担心对象的有效性。那么一个对象是否是 xvalue 就不再重要了，我们可以从烦琐的软件代码分析中解脱出来。

一个类的移动安全性应该有良好的文档记录予以说明，从而让其用户免于担心对象会被移动操作破坏有效性。显然，我们不仅想知道一个对象是否有效，还想知道它有什么价值。我们希望包含移动安全性的类库在未来更具竞争优势，并且将来移动安全性也会像释放获取的资源那样普及。

我们可以从不同角度来看待移动语义：

- 作为允许我们更改数据源的更快版本的复制操作。
- 作为深复制和浅复制之间的明智选择（后者应该给予适当的善后处理）。
- 从过期对象中“窃取”资源。

上述 3 个观点都没有涵盖本节提到的所有实现。其本质在于，从对象 a 移动到对象 b 之后，b 的值必须是 a 的原始值。a 的值可能会更改，但它应该是有效的，即使大多数对象在移动操作之后会被销毁而无法进一步访问，它也应该是有效的。a 的值可以改变并不意味着它的值是任意的，a 的值最好是空的，但实际上并非总能满足。我们不想重复前面的讨论，而是希望使用下面近似有效的 C++ 伪代码来阐述我们对 a 的看法：

```
T a= something, b{a}, c{move(a)}, d;
if (a != T{} && a != b)
   cout ≪ " Peter doesn ' t like T.\ n";
// internal handover(one level)
if (a == T(size(b), value_type <T>{}))
   cout ≪ " Well, if really necessary ... okay .\ n";
d= move(b);
if (a != b)
   cout ≪ " Please make your operations consistent .\ n";
```

① C++ 标准库中定义的类型对象可能来自移动操作。移动操作可能是显式声明的或者隐式生成的。除非另有规定，此类移动的对象应置于有效但未指定的状态 [38, 20.5.5.15 节]。

总结：我们需要一个关于移动语义的新视角，而不应该将其视为不关心数据源的加速版复制操作。在合适的场景下，应该将其视为一种不同类型的操作，即将所有动态管理的资源从一个对象移交到另一个对象。很多类已经是这样做的。对于标准库中的类，被操作的源对象应该保持有效状态。强烈建议用户自定义类也遵循此要求。此外，还应该声明移出对象应保持哪种状态，并且该状态不依赖于上下文。通过合理的规划，被移动的对象应该处于明确定义的已清空状态，理想情况下等效于默认构造的对象。从这个角度来看，我们摆脱了 xvalue、prvalue 和 glvalue 的限制。更重要的是，当类的设计完全消除无效对象时，类的使用会更加安全。当我们知道被移出的对象处于何种状态时，软件也会更容易理解和开发。

C++11 2.3.6　通过字面量构造对象

⇒ c++11/udl_examples.cpp

字面量的类型可以通过后缀改变，如 1.2.5 节所示，123 是 int 型，而 123ul 是 unsigned long int 型。C++11 引入了用户自定义字面量，允许我们用自定义后缀来构造自定义类型的对象。

假定我们需要处理不同单位的长度：千米、米、厘米，以及英里和海里[①]。在内部，所有的值都是用米表示的，以便我们可以安全地用它们进行计算：

```
class length
{
  public:
    explicit length(double l): l{l}{}

    friend length operator +(length len1, length len2)
    {
      return length{len1.l + len2.l};
    }
    // ...
  private:
    double l;
};
```

所有单位都会先转换成米。当然，每个聪明的 C++ 程序员都能够将其他度量单位正确地转换成米。不过，与其因为一些个别的数学问题而感到尴尬[②]，倒不如专注于编程本身并充分利用语言提供的特性。

为了简洁起见，把每个操作符都实现为内联友元函数，形成一个将自由函数（类外部）和友元声明（类内部）相结合的简写标记。它被放置在类内部，但实现的方式看上去是外部，即不能直接访问成员，并且必须将类类型的对象作为函数参数传递。回到我们的单位示例：为了定义不同的单位，我们采用了 operator""：

① 请注意，我们的标准合规性不仅限于 C++。英里和海里的度量参考国际单位制定义。

② 这样的事情绝对不会发生在我的朋友 Herbert 身上。

```
length operator "" _m(long double l)
{
    return length(l);
}

length operator "" _km(long double l)
{
    return length(1000.0 * l);
}

length operator "" _nm(long double l)
{
    return length(1852.0 * l);
}
```

除了传统的表示方法：

```
length len1{13.5};
```

我们还可以使用自定义形式的字面量：

```
length len2{14.2_km},
       len3= 14.2_km;
```

使用包含这类文字的自动变量或常量不会让程序代码变得混乱，因为从后缀可以清楚地看出其类型：

```
auto l1= 13.5_m,
     l2= 14.2_km,
     l3= 3 * l2,
     l4= 7.2_nm;
```

我们还可以直接在表达式中使用它们：

```
cout << "2km + 30m = " << 2._km + 30.0_m << endl;
cout << "2.5miles + 3.2nm = " << 2.5_miles + 3.2_nm << endl;
```

其输出结果如下：

```
2km + 30m = 2.03km
2.5miles + 3.2nm = 9.94976km
```

为了避免命名和标准库中的类库名冲突，你必须遵循如下规则。

规则

所有后缀都以下画线开头。

为了减少非标准软件包之间的冲突，我们可以有选择地从其他命名空间导入后缀操作符，例如：

```
using tst::operator "" _nm;
```

这里，我们仅使用了命名空间 tst 下的英制单位海里的后缀（_nm）。

用户自定义字面量的值必须是 long double（如前所述）、long long unsigned，或者某种字符或字符串字面量（char、char16_t、const char* 和 const char16_t* 等）。

2.4 析构函数

析构函数是对象被销毁时调用的函数，例如：

```
~complex()
{
    std::cout « " So long and thanks for all the fish .\ n";
}
```

由于析构函数和构造函数是互补的操作，因此它采用了补码符号（~）。与构造函数相反，它只有一个重载并且不允许使用参数。

2.4.1 实现规则

有两条非常重要的规则。

第一，永远不要从析构函数中抛出异常！如果在析构函数或被调用函数中抛出异常，则必须在析构函数中捕获它。否则我们的程序很可能面临崩溃。在 C++11 以及更高版本中，来自析构函数的异常总是被视为终止执行的运行时错误（析构函数被隐式声明为 noexcept，参见 1.6.2.6 节）。在 C++03 中，其行为是未定义的，但程序终止是最有可能发生的结果。

第二，如果一个类中包含虚函数，那么析构函数也应该是虚函数。我们将在 6.1.3 节详细了解这一点。

2.4.2 妥善处理资源

在析构函数中执行哪些操作可以根据用户的需要自由选择，在语言方面并没有对用户进行限制。实际上，析构函数的主要任务是释放对象的资源（内存、文件句柄、套接字、锁等）并清理程序中对象不再使用的所有内容。因为析构函数不能抛出异常，所以很多程序员相信释放资源应该是析构函数的唯一任务。

⇒ c++03/vector_test.cpp

在我们的示例中，当一个复数被销毁时，析构函数没什么可以做的，所以可以省略它。当对象获取内存等资源时，就需要用到析构函数了。在这种情况下，必须在析构函数中释放内存或其他资源：

```
class vector
{
```

```
  public:
  // ...
    ~vector()
    {
      delete[] data;
    }
  // ...
  private:
    unsigned my_size;
    double   * data;
};
```

请注意，delete 已经测试了指针是否为 nullptr（在 C++03 中是 0）。

类似地，使用旧式 C 风格编程处理打开的文件时需要显式关闭它（这只是不使用它们的一个原因）。基于 unique_ptr 的向量不需要用到析构函数的实现，因为编译器会自动生成一个释放内存的函数。

2.4.2.1 资源获取即初始化

资源获取即初始化（Resource Acquisition Is Initialization，RAII）主要是由 Bjarne Stroustrup 和 Andrew Koenig 提出的开发范式。其想法是将资源绑定到对象，并使用对象的构造和销毁机制在程序中自动处理资源。我们每次想要获取资源时，可以创建一个拥有相关资源的对象来实现。当对象超出作用域时，资源（如内存、文件、套接字等）就会自动被释放，就像前面的向量示例那样。假定某个程序的 986 个地址分配了 37186 个内存块。我们能确保所有的内存块都被释放了吗？我们将花费多少时间来达成这一确定性或者至少达到可以接受的范围？即使用 valgrind（附录 B.3）这类的工具，我们也只能测试程序单次运行时是否存在内存泄漏，但通常不能保证内存总是被释放。另外，当所有内存块都在构造函数中分配并在析构函数中释放时，我们才能够确保不存在内存泄漏问题。

2.4.2.2 异常

当程序抛出异常时，释放所有资源更具挑战性。每当我们检测到问题时，必须释放目前已经获取的所有资源。不幸的是，这不仅仅局限于当前作用域的资源，而且会扩展到相邻作用域的资源，具体情况取决于捕获异常的位置。这意味着修改异常处理代码需要对手动管理资源机制进行烦琐的配置。好消息是这只适用于手动管理的资源；通过 RAII 绑定到本地对象的资源会在我们因异常而离开作用域时（实际上是我们离开作用域的任何时候）在各自的析构函数中自动释放。

2.4.2.3 资源管理

前面提及的所有问题都可以通过引入管理资源的类来解决，C++ 已经在标准库中提供了这样的管理器。文件流管理可以采用 C 的文件句柄。unique_ptr 和 shared_ptr 以无内存泄漏、异常安全的方式处理内存[①]。同样在我们的向量示例中，也可以通过 unique_ptr 获益，因为不需要实现析构函数。

---

① 只有循环引用需要特别处理。

2.4.2.4　自我管理

智能指针可以根据资源类型进行不同的处理。不过，当现有的类都不能满足我们处理资源的需求时，这是一个展示大家编程技巧的好机会，可以实现一个符合自身需求的资源管理器。

当我们这样做时，不应该在一个类中管理多个资源。该策略的目的是允许在构造函数中抛出异常，并且要求该构造函数能保证将目前已获得资源都释放，这是相当单调乏味的。因此，当我们编写一个处理两种资源（即使是相同的类型）的类时，应该引入一个管理其中某个资源的类。更好的解决方案是，我们应该为这两种资源编写管理器，并将资源管理和科学计算的内容完全分开。即使在构造函数抛出异常的情况下，我们也没有资源泄漏的问题，因为管理器的析构函数会被自动调用并处理相关资源。

RAII 在语言上更加重视初始化。不过，让理论最终付诸实践更重要。在构造函数中获取资源并不是强制性的。这可能发生在对象生命周期的末期。关键在于一个单一对象负责管理资源并在生命周期结束时释放它。因此 Jon Kalb 将 RAII 称为单一职责（Single Responsibility Principle，SRP）的应用。

C++11　2.4.2.5　资源管理

在本节中，我们将介绍一种技术，它能够让即使包含手动资源管理功能的软件也能够自动释放资源。为此我们将通过在 C++ 程序中调用 Oracle C++ Call Interface（OCCI）[51] 访问 Oracle 数据库来演示此技术，该示例向我们展示了一个真实的应用程序。现实中很多科学家和工程技术人员会经常和数据库打交道，尽管 Oracle 数据库是商业产品，但我们的示例可以采用免费的 Express 版本进行测试。此外，该技术还可以应用于其他旧式的软件库。

OCCI 是 C 程序库 OCI 的 C++ 扩展，仅添加了非常薄的适配层，其中包含一个 C++ 的功能，同时保持整个架构仍然是 C 风格的。这一点适用于 C 程序库的很多跨语言接口。由于 C 不支持析构函数，因此无法建立 RAII，必须手动释放资源。

在 OCCI 中，我们首先必须创建一个环境，该环境可用于建立与数据库之间的连接。这反过来允许我们编写返回结果集（`ResultSet`）的语句（`Statement`）。所有这些资源都由原生指针表示，并且必须以相反的顺序释放。

如表 2-1 所述，我们的朋友 Herbert 记录了他对未解决的数学问题的解决方案。第二列的说明表示他是否会因为其工作而获得奖励。由于篇幅的原因，我们无法在此处打印他的巨大发现的完整列表。

表 2–1　Herbert 的解决方案

问　　题	是否有奖励
高斯圆问题	√
同余数问题	?
亲和数问题	√

⇒ c++03/occi_old_style.cpp

有时，Herbert会使用以下C++程序查找他的科学研究发现：

```
# include <iostream>
# include <string>
# include <occi .h>

using namespace std;     // import names(§3.2.1)
using namespace oracle::occi;

int main()
{
    string dbConn = "172.17.42.1", user = "herbert",
           password = "NSA_go_away";
    Environment * env = Environment::createEnvironment();
    Connection * conn = env -> createConnection(user, password,
                                                dbConn);
    string query = "select problem from my_solutions"
                   "  where award_worthy != 0";
    Statement * stmt = conn -> createStatement(query);
    ResultSet * rs = stmt -> executeQuery();

    while (rs->next())
        cout << rs->getString(1) << endl;

    stmt -> closeResultSet(rs);
    conn -> terminateStatement(stmt);
    env-> terminateConnection(conn);
    Environment::terminateEnvironment(env);
}
```

我们不能责怪Herbert的编程风格过时，这是由程序库强制要求的。让我们看一下这些代码，即使对于不熟悉OCCI的人来说，其含义也是显而易见的。首先获取资源，然后迭代访问Herbert的科学研究成果，最后以相反的顺序释放资源。我们非常重视资源释放操作，因为后续将不得不更加关注它们。

当我们的程序是一个如上所述的整体时，释放技术会相当有效。当尝试使用查询构建函数时，情况会有所改变：

```
ResultSet * rs = makes_me_famous();
while (rs->next())
    cout << rs->getString(1) << endl;

ResultSet * rs2 = needs_more_work();
while (rs2 ->next())
    cout << rs2 ->getString(1) << endl;
```

现在我们有了结果集，但没有相应的语句关闭数据库连接，因为它们是在查询函数中声明的，现在超出了作用域。对于每个对象，我们还必须保留生成它的对象。这种情况产生的依赖关系迟早会变成噩梦，并且存在产生大量错误的可能性。

⇒ c++11/occi_resource_rescue.cpp

问题在于：我们如何管理依赖于其他资源的资源？解决方案是使用来自 shared_ptr 的删除器。每当释放托管内存时都会调用它们。删除器的一个有趣的地方在于，它们没有义务实际释放内存。我们将利用这种自由度来管理相关的资源：

```
struct environment_deleter{
    void operator()(Environment * env)
    { Environment::terminateEnvironment(env); }
};

shared_ptr <Environment> environment(
    Environment::createEnvironment(), environment_deleter{});
```

现在，我们可以创建任意数量的环境副本，并保证在最后一个副本超出作用域时让删除器调用 terminateEnvironment(env) 来执行相关操作。

一个连接（Connection）需要一个环境（Environment）来打开和关闭。因此，我们需要在 connection_deleter 中保留一份副本：

```
struct connection_deleter
{
    connection_deleter(shared_ptr <Environment> env)
      : env{env}{}
    void operator()(Connection * conn)
    { env -> terminateConnection(conn); }
    shared_ptr <Environment> env;
};

shared_ptr <Connection> connection(environment -> createConnection(...),
                                   connection_deleter{environment});
```

现在，我们可以保证连接（Connection）在使用完毕后能被关闭。在 connection_deleter 中拥有一个环境（Environment）副本能够确保只要 Connection 存在就不会关闭它。当我们为它创建一个管理器类时，就可以更方便地访问数据库：

```
class db_manager
{
  public:
    using ResultSetSharedPtr = std::shared_ptr <ResultSet>;

    db_manager(string const & dbConnection, string const & dbUser,
               string const & dbPw)
```

```
      : environment{Environment::createEnvironment(),
                    environment_deleter{}},
        connection{environment -> createConnection(dbUser, dbPw,
                                                   dbConnection),
                   connection_deleter{environment}}
    {}
    // some getters ...
  private:
    shared_ptr <Environment> environment;
    shared_ptr <Connection>    connection;
};
```

请注意，该类没有析构函数，因为该成员现在是托管资源。对于这个类，我们可以添加一个返回托管 ResultSet 的 query 方法：

```
struct result_set_deleter
{
    result_set_deleter(shared_ptr <Connection> conn,
                       Statement * stmt)
      : conn{conn}, stmt{stmt}{}
    void operator()(ResultSet * rs)    // 调用 op，和 3.7 节类似
    {
        stmt -> closeResultSet(rs);
        conn -> terminateStatement(stmt);
    }
    shared_ptr <Connection> conn;
    Statement *             stmt;
};

class db_manager
{
  public:
    // ...
    ResultSetSharedPtr query(const std::string &  q) const
    {
        Statement * stmt = connection -> createStatement(q);
        ResultSet * rs = stmt -> executeQuery();
        auto deleter =   result_set_deleter{connection, stmt};
        return ResultSetSharedPtr{rs, deleter};
    }
};
```

多亏了这种新方法和我们的删除器，应用程序的编写变得如此简单：

```
int main()
{
    db_manager db("172.17.42.1", "herbert", "NSA_go_away");
```

```
    auto rs= db.query("select problem from my_solutions"
                      "  where award_worthy != 0");
    while (rs->next())
        cout ≪ rs->getString(1) ≪ endl;
}
```

我的查询越多，获得的回报也就越多，最终所有资源都会被隐式释放。

细心的读者可能已经意识到我们违反了单一职责理念。为了向你表达对这一发现的感谢，衷心邀请你在练习 2.8.5 中改进我们的设计。

2.5 方法生成总结

C++ 编译器能够隐式生成的方法包括以下 6 种（C++03 支持 4 种）：

- 默认构造函数；
- 复制构造函数；
- 移动构造函数（C++11 或更高版本）；
- 复制赋值；
- 移动赋值（C++11 或更高版本）；
- 析构函数。

这使我们省去了不少枯燥的工作，从而防止了疏忽的发生。

C++11 从 C++11 开始，我们可以使用声明符 default 和 delete 来控制（记录）生成的结果：

```
class complex
{
  public:
    complex(const complex&) = delete;
    complex & operator =(const complex&) = default;
};
```

在本示例中，我们删除了复制构造函数，并请求编译器以默认方式生成复制赋值（调用所有基类和成员的复制赋值）。根据附录 A.5 节中的规则，隐式生成可以隐式省略我们列表中的 6 个方法中的一个或多个，而要求默认生成某个方法则会导致编译器在这个方法无法生成时出现错误[①]。声明符 delete 不限于隐式生成的方法，而是可以应用于任何函数（例如 2.6.4 节中的说明）。在 C++03 中，我们不能删除函数，但至少可以通过 private 声明来禁用它们。delete 是一种更好的表达我们意图的方式，它表达的令人困惑的错误信息更少。与 private 声明相比，我们可以对自由函数使用 delete 声明。

要确定这 6 种方法中的哪一种是隐式生成的，涉及相当多的细节。这些细节将在附录 A.5 节中讲述。这里我们只向你提供 C++11 以及更高版本中的最终结论：

---

① 有极个别异常包含模板，但是大多数情况下，我们会看到异常信息。

---

6 种方法的规则

对于上述 6 种操作，应该遵循“少实现、多声明”的原则。任何未实现的操作都应声明为 default 或 delete（如果适用的话）。至少应该在注释中解释缺省操作的行为。

刻意省略方法的一个常见用例是用户自定义复制构造函数中的移动构造函数。这种情况下，编译器不会生成它，当我们通过右值构造一个新对象时，将右值隐式转换为常量左值引用之后会调用复制构造函数。`default` 和 `delete` 声明符对此都不起作用：前者会尝试生成非预期的移动构造函数，而后者会阻止从右值构造（详情可以参考附录 A.5 节）。

2.6 访问成员变量

C++ 提供了多种访问类成员的方法。在本节中，我们将介绍这些方法并比较它们的优缺点。希望读者通过了解这些内容，在将来的工作中设计出符合自身实际需求的类。

2.6.1 访问函数

在 2.2.5 节，我们已经引入了 getter 和 setter 来访问 `complex` 类的变量。`setter` 的优点是我们可以更好地控制正在设置的值，但上述类不需要用到它。换句话说，这种访问方式可能会相当麻烦，比如，当我们希望改变实部的值时：

```
c.set_r(c.get_r() + 5.);
```

上述代码看起来并不像数学运算，也不是很好理解。实现此操作的更好方案是编写返回引用的成员函数：

```
class complex{
  public:
    double& real() { return r; }
};
```

有了这个函数，我们可以构造如下代码：

```
c.real() += 5.;
```

上述代码看上去效果会好很多，但仍然有一些奇怪。为什么不能像下面这样增加值：

```
real(c) += 5.;
```

为此，我们编写了一个自由函数：

```
inline double & real(complex& c){ return c.r; }
```

不过这个函数访问了私有成员 `r`。我们可以修改调用成员函数的自由函数：

```
inline  double & real(complex & c){ return c.real(); }
```

或者将自由函数声明为 complex 类的友元，以便访问其私有数据：

```
class complex {
    friend double & real(complex & c);
};
```

当复数是常数时，访问实部也应该能够正常工作。因此，我们还需要构造这个函数的常量版本：

```
inline const double & real(const complex & c){ return c. r; }
```

这个函数也需要一个友元声明。在最后两个函数中，我们返回了引用，但不能保证它们不会过期。这些函数（无论是自由形式还是成员形式）显然只能在所引用的对象已创建时才能被调用。我们在语句中使用了复数实部的引用：

```
real(c) += 5.;
```

其引用的存续期只能持续到该语句结束，而引用变量 c 的生存周期会更长：直到定义它的作用域结束为止。我们可以创建一个引用变量：

```
double &rr= real(c);
```

其有效期会持续到当前作用域的末尾。即使在同一作用域内声明 c 的情况下，C++ 中以相反顺序销毁对象的机制也能保证 c 的存续期比 rr 要长。临时对象的成员引用可以安全地在同一表达式中使用：

```
double r2 = real(complex(3,  7))  * 2.0;    // ok !
```

临时的复数仅存在于语句中，但至少存续期要比其实部的引用要长，因此该语句是正确的。

我们强烈建议不使用指向临时表达式的引用。在 C++ 中，绑定到常量引用的对象的存续期会被延长，但这不能通过多个函数调用间接起作用，并且仅适用于局部变量而不适用于类的成员。其微妙之处使我们难以证明此类程序的正确性，因此我们建议遵循以下规则。

规则

不要使用指向临时表达式的引用！

2.6.2　下标操作符

为了遍历访问向量，我们可以编写如下函数：

```
class vector
{
  public:
    double at(int i)
```

```
    {
        assert(i>= 0 && i <my_size);
        return data[i];
    }
};
```

对向量 v 中所有条目进行求和：

```
double sum= 0.0;
for (int i= 0; i <v.size(); ++i)
    sum += v .at(i);
```

C++ 和 C 可以通过下标操作符访问（固定大小的）数组的条目。因此，对于（动态大小的）向量做类似的事情是很自然的。然后我们可以将前面的示例改写为如下形式：

```
double sum= 0.0;
for (int i= 0; i <v.size(); ++i)
    sum += v[i];
```

这种形式更简洁，能够更清晰地表达我们的意图。操作符重载的语法和赋值操作符以及函数 at 的实现类似：

```
class vector
{
  public:
    double& operator[](int i)
    {
        assert(i>= 0 && i <my_size);
        return data[i];
    }
};
```

通过此操作符，我们可以访问带方括号的向量元素，但这仅限于当向量是可以改变的情况。

2.6.3 常量成员函数

这就引出了一个更普遍的问题：我们如何编写接收常量对象的操作符和成员函数？实际上，操作符是一种特殊形式的成员函数，它可以像成员函数一样调用：

```
v[i];           // 等效于下列代码（语法糖）
v.operator[](i);
```

当然，长格式的代码几乎从未使用过，但这说明操作符是常规方法，只是提供了额外的调用语法。

自由函数允许限定每个参数为常量。成员函数甚至没有在其签名中提及经过处理的对象。那么我们如何声明当前对象必须是 const 类型呢？有一个特殊的符号可以用于在函数头之后用作限定符：

```
class vector
{
  public:
    const double& operator[](int i) const
    {
        assert(i>= 0 && i <my_size);
        return data[i];
    }
};
```

const 属性并不仅仅是一个偶然性的声明，从而来表明程序员不介意用一个常量对象来调用相关的成员函数。C++ 编译器非常重视这种常量性，并将验证该函数没有修改对象（即它的一些成员），该对象仅作为 const 实参或复制传递给其他函数。因此，当调用其他方法时，它们也必须是 const。

这种常量性保证也应该扩展到方法的返回值。编译器不会强制我们在 const 函数中返回 const 引用，因为引用指向的对象可能还包含外部数据。当一个方法在 const 函数中返回对成员数据的可变引用时，虽然对象的值可能随之改变[①]，但是大多数编译器并不会向我们发出警告，所以类的用户还需要承担管理引用（和指针）的责任。返回值不一定必须是常量，因为它可以是当前对象、其他成员变量（或常量）以及临时变量的复制中的某一种，这些复制都不需要承担修改当前对象的风险。

我们可以使用非常量对象作为参数调用常量成员函数（因为 C++ 在必要时会隐式将非常量引用转换为常量引用），因此，通常只提供常量成员函数就足够了。比如，这是一个返回向量大小的函数：

```
class vector
{
  public:
    int size() const { return my_size; }
    // int size() { return my_size; }  // 无效的
};
```

非常量 size 函数的作用与常量版本的一样，因此是多余的。对于下标操作符，我们需要常量和可修改的两种版本。如果只有常量型成员函数，那么只能用它来读取常量型和可变型向量的元素，但是无法对后者的元素执行修改操作。

数据成员可以声明为可变的（mutable），它们甚至可以在 const 方法中被修改。这适用于不影响外部可观察行为的内部状态（比如缓存）。本书很少会用到此功能，并建议你仅在真正需要时才使用它，因为它可能会严重地破坏语言的数据保护机制。

C++11 2.6.4 引用限定的成员

⇒ c++11/vector_features.cpp

除了对象的恒定性（比如 *this）之外，我们还可以在 C++11 中指定某个对象是左值还是

① 作者已经在 Visual Studio 中看到过这样的警告，可惜当前的版本中并没有。

右值。假定我们有一个向量加法程序（参见 2.7.3 节），它的结果是一个不恒定的临时对象，因此我们可以给它或它的条目赋值：

```
(v + w)= x;       // nonsense
(v + w)[i]= 7.3; // more nonsense
```

当然，这些都是我们刻意为之的示例，它还有进一步改进的空间。赋值操作只应该接收等号右边的可变左值，这种硬性规则也适用于内置类型。对于用户自定义类型，我们必须使用引用限定符强制执行此操作：

```
vector & operator =(const vector & src) & { ... }
```

现在等号左侧只允许可变左值出现。

同样，我们可以处理元素访问的行为。向量的括号操作符支持两种重载，即可变对象和常量对象。因为 v+w 不是恒定的，因此可变向量的重载是首选项。所以我们能够访问指向可变对象合法成员的可变引用。问题在于 (v+w)[i] 是左值，而 v+w 不是。我们这里的不足是括号操作符只能处理左值：

```
class vector
{
  public:
    double&       operator[](int i) &      { ... }    // #1
    const double& operator[](int i) const& { ... }    // #2
};
```

当我们通过引用来限定某个方法的重载时，同时也必须将其他重载也限定为引用。在这个实现中，重载 #1 不能用于临时向量，重载 #2 返回一个不能赋值的常量引用。因此，当出现不合法赋值时，我们将看到编译器提示如下错误：

```
vector_features.cpp:167:15: error: read - only variable is not assignable
    (v + w)[i]= 3;
    ~~~~~~~~~~ ^
```

引用限定机制能够保护我们不去执行不合法的写入访问但不能阻止读取访问，因为常量左值引用也接收右值。为了避免这种隐式转换，我们也可以实现右值重载：

```
class vector
{
  public:
    double    operator[](int i) &&   {...}    // #3
};
```

注意，右值通常表示将要被销毁的临时值，因为在这里我们可以返回一个值而不是引用。同时我们还可以完全禁止对临时对象的元素访问，并删除右值的操作符：

```
class vector
{
```

```
    double operator[](int i) && = delete;
};
```

访问矩阵这样的多维数据结构的方式有多种。首先，我们可以使用函数调用操作符（3.7节），它允许我们将多个索引作为参数传递。不过，括号操作符只接收一个参数，我们在附录A.4.3中介绍了一些解决这个问题的方法，其中没有一个是令人满意的。后续将在6.6.1.2节中介绍通过串联括号操作符调用应用程序操作符的高级方法。

2.7 操作符重载的设计

除了极个别情况之外（1.3.10节中已经列出），C++中的大多数操作符都支持重载。但是，某些操作符仅基于特殊目的而重载，比如间接引用的成员选择 `p->m`，这仅在实现新的智能指针时有用。在科学计算或工程领域，其作用就非常有限了。同样，用户自定义的地址操作符 `&o` 也需要合适的应用场景。

2.7.1 保持一致性

如前所述，该语言为用户自定义类操作符的设计和实现提供了很高的自由度。我们可以自由地指定其中每个操作符的语义。不过，我们的自定义行为越接近规范类型，其他用户（共同开发者、开源用户等）就越容易理解我们的工作并信任我们的软件。

重载当然还可以用来简洁地表示某个应用程序域的操作，即建立一种领域专用的嵌入式语言（Domain-Specific Embedded Language，DSEL）。在这种情况下，偏离操作符的典型含义可能也是有效的。尽管如此，DSEL本身应该是一致的。比如，如果操作符 =、+ 和 += 是用户自定义的，那么表达式 `a=a+b` 和 `a+=b` 应该具有相同的作用。

重载一致性

相互一致地定义你的操作符，并在适当的时候提供类似标准类型的语义。

我们还可以根据需要选择每个操作符的返回类型。例如，`x==y` 可以返回一个字符串或文件句柄。同样，我们越接近C++中的典型返回类型，那么用户（包含我们自己）就越容易使用我们的自定义操作符。操作符唯一能够预定义的是其元数：参数的数量和操作符的相对优先级。大多数情况下，这是所表示的操作中固有的，例如乘法总是带两个参数。对于某些操作符，可以假定其接收的参数是可变的。例如，如果下标操作符除了接收预定的对象之外还接收两个参数，那么我们就可以像这样访问矩阵元素——`A[i, j]`。唯一支持任意数目的参数（包括可变参数实现，3.11节）的操作符是应用程序调用操作符——`operator()`。

C++为我们提供的另一个自由是参数类型的选择。例如，我们可以为无符号类型（返回单个元素）、区间类型（返回子向量）和集合类型（返回一组向量元素）实现订阅操作符。这在MTL4中确实实现了。与MATLAB相比，C++提供的操作符更少，不过我们有更多的机会来重载它们，从而构建符合我们需求的各种功能。

2.7.2 优先级

当实现自定义操作符时，我们需要确保 C++ 中的优先级与应用程序域中的优先级相匹配。例如，我们希望使用 LATEX 符号实现对矩阵求幂：

```
A= B^2;
```

A 的结果是 ***B*** 的平方。到目前为止，一切都能正常运作。^ 的原始含义是按位异或，我们并不需要为此担心，因为从来没人会在矩阵上实现按位运算。现在我们将 ***C*** 和 $\boldsymbol{B}^2$ 相加：

```
A= B^2 + C;
```

上述表达式看上去没什么问题。但是它并不能正常执行（或者做一些奇怪的事情）。这是为什么？因为 + 在 C++ 中比 ^ 具有更高的优先级。因此，编译器将我们的表达式解析为：

```
A= B ^ (2 + C);
```

尽管操作符的符号提供了简洁直观的形式，但有些表达式并不符合我们的预期。所以要注意操作符的优先级。

保证优先级

请注意，用户自定义重载操作符的语义的优先级需要与 C++ 操作符的优先级相匹配。

2.7.3 成员函数和自由函数

大部分操作符都可以定义为成员函数或自由函数。简单赋值（=）、operator[]、operator-> 和 operator() 必须是方法，因为它们与对象的绑定非常紧密。我们已经在 2.6 节展示了 operator[] 和 operator() 有关的示例。相反，如果第一个参数是基本类型或来自第三方软件的二元操作符，那就只能实现为自由函数。

不同代码实现的影响可以通过我们的 complex 类的加法运算示例来展示：

```
class complex
{
  public:
    explicit complex(double rn = 0.0, double in = 0.0)
      : r{rn}, i{in}{}
    complex operator +(const complex & c2) const
    {
        return complex(r + c2 .r, i + c2.i);
    }
    ...
  private:
    double r, i;
```

```
};

int main()
{
    complex cc{7.0, 8.0}, c4{cc};
    std::cout << " cc + c4 is " << cc + c4  << std::endl;
}
```

复数可以和 double 型数据相加么?

```
std::cout << " cc + 4.2 is " << cc + 4.2 << std::endl;
```

和上述实现不同，我们可以添加一个接收第二个参数是 double 型的操作符重载:

```
class complex
{
    ...
    complex operator +(double r2) const
    {
        return complex(r + r2, i);
    }
    ...
};
```

此外，我们还可以从构造函数中删除显式调用，也可以把 double 型数字转换成复数。然后将两个复数值相加。

这两种方法各有优劣：隐式构造函数通常更灵活，我们只需一个重载来执行加法操作。编写上述 3 个实现可以为程序提供更好的性能。我们还可以同时提供隐式转换和完整重载，那么就能够在提升性能的同时也具备其他操作的灵活性。现在我们将参数调整一下位置:

```
std::cout << " 4.2 + c4 is " << 4.2 + c4 << std::endl;
```

上述代码将无法通过编译。事实上，表达式 4.2+c4 是以下代码的简写形式:

```
4.2.operator +(c4)
```

换句话说，我们正在寻找一个甚至都不是类的双精度操作符。为了给操作符指定内置类型并将其作为第一个参数，我们必须编写一个自由函数:

```
inline complex operator+(double d, const complex & c2)
{
    return complex(d + real(c2), imag(c2));
}
```

将两个复数值相加的操作可以用自由函数更自然地表示:

```
inline complex operator +(const complex & c1, const complex & c2)
{
   return complex(real(c1) + real(c2), imag(c1) + imag(c2));
}
```

为了避免歧义，我们必须删除具有 complex 型参数的成员函数。

即使我们保留所有 3 个重载，将它们全部实现为自由函数，这样也更对称一些。对于很多应用程序来说，将某个二元操作符实现为自由函数还是方法实现，其实并没有太大的区别。不过也可能存在一些细微的差异，具体如下所示。

二元操作符

我更喜欢将二元操作符实现为自由函数。

同样，我们可以将大多数一元操作实现为一元自由函数：

```
complex operator -(const complex & c1)
{ return complex(- real(c1), - imag(c1)); }
```

或者作为空方法（没有参数的方法）：

```
class complex
{
  public:
    complex operator -() const { return complex(-r, - i); }
};
```

由于一元运算不与其他类型组合在一起执行相关操作，并且每种类型只有一个重载，因此方法和自由函数之间的区别与二元运算所产生的影响不同。

最后，我们希望为 steam 实现一个输出操作符，此操作符会接收一个指向 std::ostream 的可变引用和指向用户自定义类型的常量引用。为了简单起见，我们将会继续以 complex 类做示范：

```
std::ostream& operator≪(std::ostream& os, const complex& c)
{
    return os '(' ≪ real(c) ≪ ',' ≪ imag(c) ≪ ")";
}
```

由于第一个参数是 ostream& 类型的，我们不能在 complex 类中编写成员函数，并且向 std::ostream 中添加成员并不是一个明智的选择。通过这个单一实现，我们可以在所有标准化输出流上提供输出功能，比如派生自 std::ostream 的类。

2.7.4 重载等式 C++20

⇒ c++20/equality_rational.cpp

当然，从 C++ 第一版规范开始，等式操作符就可以被重载。C++20 中的新特性也默认支持它。让我们用 2.2.2 节中的 rational 类的加强版本代码来演示它的应用：

```
struct zero_denominator{};

class rational
```

```
{
  public:
    rational(int p, unsigned q): p{p}, q{q}{
        if(q == 0)
            throw zero_denominator{};
    }

    bool operator ==(const rational & r2) const = default;
  private:
    int      p;
    unsigned q;
};
```

只要有相等运算符，不管它是生成的还是实现的，自C++20开始不相等运算符也会自动生成。这使得我们可以比较两个有理数：

```
rational half{1, 2},
         third{1, 3};

cout ≪ " half == third: " ≪ boolalpha ≪ (half == third) ≪ endl;
cout ≪ " half != third: " ≪ boolalpha ≪ (half != third) ≪ endl;
```

生成的相等操作符会比较所有非静态成员，并且如果存在基类，还会对它们进行比较。它们按照声明时的顺序进行比较，这对于相等性无关紧要——至少在语义上无关紧要。

生成的相等操作符是否正确取决于我们的实现。当数值作为不可约分数存储在内部时，分子和分母是互质的。这种规范形式总是可以通过将两个分量除以它们的最大公约数来建立。

如果我们不想这么做，比如出于性能的原因——还有多种表示相同值的方法，例如用 `rational{1, 2}` 和 `rational{2, 4}` 表示1/2。你可以预见下列代码的输出结果：

```
rational half2{2, 4};
cout ≪ " half == half2: " ≪ boolalpha ≪ (half == half2) ≪ endl;
```

这可以通过实现相等操作符来解决：

```
class rational
{
  public:
    bool operator ==(const rational & r2) const{
        return p * ll(r2.q) == r2.p * ll(q);
    }
  private:
    static_assert(sizeof(long long)> sizeof(unsigned),
                  "Correct comparison not guaranteed.");
    static long long ll(unsigned x){
        return static_cast <long long>(x);}
};
```

为了避免数据溢出，我们将分母转换为 `long long` 型，以便分子也被隐式转换。为了可移植性，我们没有采用 `long` 类型，其大小与 Visual Studio 中的 `int` 相同。即使 `long long` 类型包含相同的大小，我们也会丢失精度并使用 `static_assert` 终止程序的编译。

2.7.5 重载“飞船”运算符

C++20

新的三路比较操作符（俗称“飞船”（Spaceship）操作符）[①] 用于比较两个值的如下关系：

- 小于；
- 大于；
- 相等。

我们稍后还会介绍另外两种可能的结果。

⇒ c++20/spaceship_example.cpp

在大部分情况下，我们可以把相关实现交给编译器来生成：

```
class value
{
  public:
    explicit value(double x): x{x}{}
    auto operator <=>(const value & v2) const = default;
  private:
    double x;
};
```

生成的“飞船”操作符的行为和 `double` 类型相同。对于具有多个成员或基类的类型，它们会按声明的顺序和字典顺序进行比较。静态成员会被排除在外。

不过我们不能总是依赖系统生成的操作符，有时也需要构造用户自定义的比较行为。当我们这样做时，可以区分以下排序。

强排序：这可能是最直观的比较。对于每对值 a 和 b，a 要么更小，要么更大，要么等于 b，并且相同的关系适用于它们的任何函数的结果。例如 $a < b \rightarrow f(a) < f(b)\ \forall f$。

弱排序：这类似于强排序，只是在将值应用于函数之后，比较的结果可能会有所不同。

偏序比较：它允许某对值是不可比较的。比如 a 既不小于 b，也不大于 b，更不等于 b。

当编译器通过成员变量生成“飞船”操作符时，它会采用相关的类型进行比较。当比较多个成员时，比较规则会选择其中限制最少的成员比较规则。例如，如果所有比较都是强排序或弱排序，并且没有一个是偏序排序时，那么生成的“飞船”操作符会选择弱排序。

⇒ c++20/spaceship_partial.cpp

偏序比较（partial_ordering）的一个例子是假定有一对整数，当 a 的两个值都小于或大于 b 的相应值时，那么 a 小于或大于 b。当两个成员相等时，值相等并且如果这 3 种比较方式都不

① 这个命名启发了许多提出标准化建议的作者，他们提出的命名相当有未来感，常常让委员会不知道他们实际提名的是什么。

适用，那么它就是不可比较的（仅在 partial_ordering 中定义）：

```
class partial
{
  public:
    partial(int x, int y): x{x}, y{y}{}

    bool operator ==(const partial &) const = default;

    std::partial_ordering operator <=>(const partial & p2) const{
        using po= std::partial_ordering;
        if (x <p2.x && y <p2.y)
            return po::less;
        if (x> p2.x && y> p2.y)
            return po::greater;
        if (x == p2.x && y == p2.y) return po::equivalent;
            return po::unordered;
    }
  private:
    int    x, y;
};
```

我们实现自己的“飞船”操作符时，编译器不会为我们自动生成相等（==）和不相等（!=）操作符，所以我们必须手动添加它们。更常见的类型示例是浮点数，它通常包含一个称为 NaN（非数字）的值，用于表示 0/0 等未定义的运算结果。将 NaN 与任何值（包括其自身）比较结果总是会返回 false。

有理数的自定义比较取决于我们的实现方式：如果我们将分子和分母简化为它们的规范形式，那么就是强序比较。如果我们不这样做，那么就只有一个弱序比较。之所以是一个弱序比较，是因为我们定义了一个不保留比较规则的函数。例如 1/2 的不同表示是等价的，但返回有理数分母的函数打破了这种等价性，比如下列代码：

```
rational half1{1, 2}, half2{2, 4};
cout ≪ " half1    == half2: " ≪ boolalpha ≪ (half1 == half2) ≪ endl;
cout ≪ " half1.denominator()    == half2.denominator(): "
     ≪  (half1.denominator() == half2.denominator()) ≪ endl;
```

此外，有理数的非规范表示更容易出现数据溢出的问题。不过，强序比较和弱序比较在实践中并不是需要重点关注的，只要正确进行比较即可。strong_ordering 类定义的附加值 equal（当前）等价于 equivalent。在第 3 章中，我们将介绍为处理这两种情况的类模板，在 5.2.4 节中，我们将展示如何根据实际情况定义比较类型。现在，我们将通过重载直接构造不减少成员的程序代码（非规范版本）：

```
class rational
{
  public:
```

```
    std::weak_ordering operator <=>(const rational & r2) const{
        using wo= std::weak_ordering;
        int cmp= p * ll(r2.q) - r2.p * ll(q);
        if(cmp == 0)
            return wo::equivalent;
        else if(cmp <0)
            return wo::less;
        else
            return wo::greater;
    }
}
```

和之前的相等操作符一样，我们首先将分母转换为 `long long` 型，这种情况下它显得比之前更重要了。当我们将 `p` 和 `r2.q` 相乘时，编译器首先将两个值强制转换为一种通用类型，而这种类型并不是一个明智的选择。相同大小的有符号整数和无符号整数的强制转换会产生上述尺寸的无符号整数。每个为有符号整数（负整数）都会转换为非常大的无符号整数（正整数），与这些值相乘会导致完全无意义的结果。

此外，我必须承认，所有应用场景的实现都不是特别优雅。我们预期的实现如下所示：

```
std::weak_ordering operator <=>(const rational & r2) const{
    return p * ll(r2.q) - r2.p * ll(q); // Error: no conversion
}
```

上述代码并不能奏效，因为 `weak_ordering` 没有整数值的构造函数。我们当然可以实现一个接收整数作为参数的辅助函数，从而和其他情况进行区分，并返回相应的比较结果（包含在示例代码中），但还有更好的解决方案。Jens Maurer 是“飞船”操作符提案的作者之一，他建议将“飞船”操作符和我们的计算结果搭配使用：

```
std::weak_ordering operator <=>(const rational & r2) const{
    return p * ll(r2.q) - r2.p * ll(q) <=> 0 ll;
}
```

更优雅的方式是两个乘法计算结果的比较：①

```
std::weak_ordering operator <=>(const rational & r2) const{
    return p * ll(r2.q) <=> r2.p * ll(q);
}
```

所以，其技巧在于：无论我们如何执行比较计算，都应该以某种方式使用底层类型的“飞船”操作符来实现它。

2.7.6 重载中的类型系统

C++ 中的操作符数量是有限的，并且比 MATLAB 等数学编程环境中的要少。另外，我们有可能定义任意数目的类型，并且还可以重载它们的操作符，从而为用户提供强大的表达能力。

① 当然也是 Jens 的想法。

让我们再次使用线性代数的示例来说明这一点。MTL4 矩阵可以通过方括号来访问其中的元素，并且有一个创建子矩阵的函数：

```
auto x= A[1][3];                         // 条目的值
auto B= sub_matrix(A, 11, 22, 33, 44); // 子矩阵
```

函数 sub_matrix 的问题在于它还不够直观。如果不阅读文档，我们不知道给定的数字是开始行和结束行，还是开始行和行数，以及结束行是在开始列之前还是之后等。

C++ 中表示一组值或对象的成熟抽象是范围（range）（得益于完备的标准库，和范围有关的详细信息，可以参考 4.1 节）。范围由一对实体来表示，其中 begin 提供对集合的第一个值或条目的访问，end 表示集合之外的第一个值或条目。

换句话说，我们可以引入一个 irange[①] 类型来表示一系列 int 值。例如，irange{11, 22} 表示值 11，12, ..., 21。22 并不包含在集合内。我们可以为索引的范围重载括号操作符：

```
auto B= A[irange{11,   22}][irange{33,   44}]; // 子矩阵
```

这是表示子矩阵的另一种方式。不过在这种表示方法中，即使没有文档，也能很明显地识别出子矩阵。我们将在附录 A.3 中进一步讨论这个符号。本节的主要内容如下所示。

扩展操作符的功能

因为我们不能向 C++ 中引入新的操作符，所以定义了新的类型，并在应用这些类型时为操作符提供了所需的行为。这种技术使我们能够通过用户自定义操作符实现很多强大的功能。

2.8 练习

2.8.1 多项式

为多项式编写一个类，它至少应该包含以下内容：

- 一个给出多项式次数的构造函数；
- 一个用于存储系数的 double 型动态数组 / 向量 / 列表。
- 一个析构函数；
- 一个 ostream 的输出操作符。

诸如算术操作符之类的其他成员是可选的。

2.8.2 有理数

实现一个包含以下功能的有理数类：

① C++20 中引入了类似 views::iota 的内容，详情参考 4.1.5.3 节。

- 分子和分母的类型为 int（后续的章节将会继续对它优化）;
- 一个有理数应该可以通过两个 int 型数值进行构造;
- int 型可以隐式转换为有理数;
- 值始终以标准化方式存储:
  - 分母始终为正;
  - 分子分母互质;
- 实现以下基本操作:
  - 加法;
  - 减法;
  - 乘法;
  - 除法;

每个操作的结果都是标准化的:

- 为每个级别操作提供复合操作（比如 +=）;
- 实现 ostream 的输出操作符。

其他的功能是可选的。

2.8.3 移动赋值

为练习 2.8.1 中的多项式编写一个移动赋值操作符。将复制构造函数定义为默认的。为了测试赋值功能是否被调用，请编写一个函数 polynomial f(double c2, double c1, double c0)，它会接收 3 个系数并返回一个多项式。在你的移动赋值操作中打印输出一条消息或者使用调试器来确保你的移动赋值操作被调用执行。

2.8.4 初始化器列表

扩展练习 2.8.1 中的程序，为初始化列表添加一个构造函数和一个赋值操作符。多项式的次数应该是初始化器列表的长度减去 1。

2.8.5 资源管理

重构 2.4.2.5 节中的代码。为 Statement 实现一个删除器，并在管理 ResultSet 时使用它。

第 3 章

泛型编程

“人们必须一直尝试透过现象探究本质。”

——V. S. Naipaul

模板是 C++ 的一项特性，用于创建对（通用）参数类型进行操作的函数和类。因此，这样的函数或类可以处理多种数据类型，而无须为每种数据类型手动重写代码。

泛型编程有时被认为是模板编程的同义词，但这是不准确的。泛型编程是一种编程范式，目的是在保证正确性的同时实现最大的适配性，它的主要工具是模板。

从数学的角度来看，它是建立在形式概念分析的基础之上的 [17]。在泛型编程中，模板程序具备正确使用上述范式的所有条件——这些以前只在文档中说明，现在可以用新的语言特性来表达。换句话说，泛型编程是一种可靠的模板编程。

3.1 函数模板

函数模板（也称泛型函数）是用于生成任意函数重载的蓝图。通常，模板函数（Template Function）这个术语比函数模板更常见，而后者是 C++ 规范的正确术语。在本书中，这两个具有相同含义的术语都会出现。

假定我们要编写一个函数 `max(x, y)`，其中 x 和 y 是某种类型的变量或表达式。通过函数重载，我们可以很容易地做到这一点：

```
int max(int a, int b)
{
    if(a > b)
       return a;
    else
       return b;
}
```

```
double max(double a, double b)
{
    if(a > b)
       return a;
    else
       return b;
}
```

请注意，int 和 double 的函数体几乎一样。通过模板机制，我们可以编写一个通用实现：

```
template <typename T>
T max(T a, T b)
{
    if (a > b)
        return a;
    else
        return b;
}
```

此函数模板能够替代非模板重载，同时还保留函数名max。它能够以与重载函数相同的方式使用：

```
std::cout ≪ " The maximum of 3 and 5 is " ≪ max(3, 5) ≪ '\n';
std::cout ≪ " The maximum of 3 l and 5 l is " ≪ max(3l, 5l) ≪ '\n';
std::cout ≪ " The  maximum  of 3.0 and 5.0 is " ≪ max(3.0, 5.0) ≪ '\n';
```

在第一种情况下，3 和 5 是 int 型的字面值，并且 max 函数被实例化为如下形式：

```
int   max <int>(int, int);
```

同样，max 实例化的第二个和第三个调用如下所示：

```
long max <long>(long, long);
double max <double>(double, double);
```

因为字面值被解析为 long 和 double。同理，模板函数可以通过变量和表达式调用：

```
unsigned u1 = 2, u2 = 8;
std::cout ≪ " The maximum of u1 and u2 is " ≪ max(u1, u2) ≪ '\n';
std::cout ≪ " The maximum of u1 * u2 and u1 +u2 is "
          ≪ max(u1 *u2, u1 +u2) ≪ '\n';
```

这里的函数参数被实例化为 unsigned 型。

除了 typename 之外，在这种情况下我们还可以构造类，但并不建议这么做，因为 typename 能够更好地表达泛型函数的意图。

3.1.1 实例化

实例化的含义是什么？对于非泛型函数，编译器读取其定义，检查错误并生成可执行代码。当编译器处理泛型函数的定义时，它只检测解析异常这类与模板参数无关的错误，请看如下代码：

```
template <typename T>
inline T max(T a, T b)
{
    if a > b    // 错误 ! return a;
        else
    return b;
}
```

上述代码不会编译，因为不带括号的 if 语句在 C++ 语法中不是合法的表达式。

不过，我们遇到的大多数错误都和替换的类型有关。例如，以下代码将通过编译：

```
template <typename T> inline T max(T x, T y)
{
    return x > y ? x.value  : y.value;
}
```

我们不能使用任何内置类型来调用它，比如 int 或 double，但函数模板可能并不打算兼容内置类型，并可能只适配实际的参数类型。

函数模板自身的编译并不会在二进制文件中生成任何代码。这种情况只有在我们调用它时才会发生。在这种情况下，我们实例化该函数模板。只有这样，编译器才会完整检查泛型函数接收给定的参数类型是否正确。在之前的示例中，我们可以看到 max 函数可以用 int 和 double 型进行实例化。

到目前为止，我已经看到了最隐性的形式：模板在调用存在时被实例化，类型参数是从实参推导出来的。更准确地说，我们可以声明替换模板参数的类型，例如：

```
std::cout << max <float>(8.1, 9.3) << '\n';
```

在这里，模板是用给定的类型显式实例化的。在最明确的形式中，我们可以在没有函数调用的情况下强制进行实例化：

```
template short max <short>(short, short);
```

当我们在生成对象文件（7.2.1.3 节）并且必须保证某些实例存在时，这可能会非常有用，并且不需要担心实际编译中的函数调用是怎样的。

定义 3-1 为了简单起见，我们将带有类型推导的实例化称为隐式实例化，将带有显式类型声明的实例化称为显式实例化。

一般来说，隐式实例化在大多数情况下都能按照预期正常工作。实例化类型的显式命名主要用于消除歧义和特殊用法，例如 std::forward（3.1.2.4 节）。为了更深入地了解模板，学习编译器如何替换类型的机制会非常有帮助。

3.1.2 参数类型推导

⇒ c++11/template_type_deduction.cpp

在本节中，我们将详细了解根据参数是如何通过值、左值或者右值引用等形式来传递模板参数的。当变量通过 auto 关键字声明为自动类型（参见 3.4.1 节）时，这一点显得尤为重要。不过函数参数的替换规则比自动变量更直观，因此我们将在这里讨论它们。

3.1.2.1 值参数

在前面的示例中，我们直接将类型参数 T 用作 max 中的函数参数：

```
template <typename T>
T max(T a, T b);
```

与任何其他函数参数类似：函数模板的参数也可以是常量和引用类型的：

```
template <typename T>
T max(const T& a, const T& b);
```

让我们为一元 void 函数 f 应用这一特性（同时不失普适性）：

```
template <typename TPara>
void f(FPara p);
```

其中 FPara 包含 TPara。当我们调用 f(arg) 时，编译器必须推导出 TPara，以便参数 p 可以用 arg 初始化，这就是该特性的基本原理。接下来让我们看一些具体的用例。最简单的应用场景是和 TPara 和 FPara 相同的：

```
template <typename TPara>
void f1(TPara p);
```

这意味着函数形参是实际参数的局部复制。我们分别使用 int 字面值、int 变量和 int 可变常量引用来调用 f1 函数：

```
template <typename TPara>
void f1(TPara p){}

int main()
{
    int        i= 0;
    int&       j= i;
    const int& k= i;

    f1(3);
    f1(i);
    f1(j);
    f1(k);
    ...
}
```

在上述 4 个实例中，TPara 都被 int 型数据替换，因此函数参数 p 的类型也是 int。如果函数形参是不带限定标识符的类型参数，那么 TPara 对应于删除其限定标识符的实参类型，例如类型为 const int& 会推导出其函数形参为 int 型。这个模板函数接收所有类型的形参，只要它们的类型可以在作为右值的情况下被复制或移动。

与此相反，已删除复制构造函数的 unique_ptr 只能作为临时对象传递：

```
unique_ptr <int> up;
// f1(up);         // 错误：没有复制构造函数
f1(move(up));     // 正确：使用了移动构造函数
```

3.1.2.2　左值引用参数

要想真正接收每个参数，我们可以使用常量引用作为形参：

```
template <typename TPara>
void f2(const TPara& p){}
```

TPara 还是去掉了所有限定符的参数类型。因为，p 是非限定参数类型的常量引用，所以我们不能修改 p。

一个更有趣的用例是将可变引用作为参数：

```
template <typename TPara>
void f3(TPara& p){}
```

该函数拒绝将所有字面值和临时变量作为参数，因为它们是不可引用的[①]。我们也可以用类型替换来表达这一点：不使用临时变量是因为 TPara 不支持这种类型，从而让 TPara& 变成 int&&（我们将在 3.1.2.3 中详细阐述该话题）。

当我们传入 i 这样的 int 型变量时，TPara 会被 int 替换，因此 P 具有 int& 类型并引用 i。当传入 j 这样的可变引用变量时，可以看到类似的替换操作。当我们传入 k 这样的 const int 或 const int& 型变量时会发生什么？它还可以搭配 TPrar& 吗？答案是肯定的，TPara 可以被 const int 类型替换。因此，p 的类型是 const int&。类型模式 TPara& 不会将参数限制为可变引用。该模式可以匹配常量引用，但是如果函数修改了 p 的值，那么后续的实例化将会失败。

C++11　3.1.2.3　前向引用

在 2.3.5.1 节中，我们介绍了只接收右值做参数的右值引用。具有 T&& 形式的类型参数的引用也接收左值。为此，Scott Meyers 提出了通用引用（Universal Reference）这一概念。在这里，我们坚持使用标准术语前向引用。接下来将解释它们为何能够同时接收右值和左值。让我们来看一个一元函数类型替换的示例：

```
template <typename TPara>
void f4(TPara&& p){}
```

当我们向函数传入一个右值时：

```
f4(3);
f4(move(i));
f4(move(up));
```

TPara 被非限定参数类型（此处为 int 和 unique_ptr<int>）替代，而 p 的类型是相应的右值引用。

当我们使用 i 和 j 这样的左值调用 f4 时，编译器会将这些参数视为模板右值引用参数。类型参数 TPara 被 int& 代替，这也是 p 的类型。其中的原因可以参考表 3-1，它解释了引用的引用是如何被折叠的。

---

① 从形式上来说，基于同样的原因，字面量值和临时变量都不能作为常量引用参数，但为了方便程序员使用，C++ 语言在这里做了一个特例。

表 3–1 引用折叠

	·&	·&&
T&	T&	T&
T&&	T&	T&&

表 3-1 的结果是，当其中至少有一个是左值引用时，引用被折叠为左值引用（简单来说，就是我们可以采用最少数量的符号 &）。这解释了函数 f4 中的左值调用。TPara 被 int& 替代，并且其右值引用也是 int&。

缺少类型替换是非模板右值引用不接收左值的原因。函数参数可以是左值的唯一可能是通过替换引入左值引用。如果没有此替换，则不涉及左值引用，并且引用也不会折叠。

在 [46，第 9 ～ 35 页和第 157 ～ 214 页] 中，我们可以找到对整个类型演化过程更详细和更有戏剧性的描述。

3.1.2.4 完美传递 C++11

我们已经了解过左值可以通过移动（move）转换为右值（2.3.5.4 节），这次我们希望在一定条件下对其进行转换。前向引用参数能够接收分别由右值和左值引用持有的右值和左值参数。将这样的引用参数传递给另一个函数时，我们希望将左值引用作为左值传递，将右值引用作为右值传递。但是在这两种情况下，引用本身就是左值（因为它们包含名称并且引用是可寻址的）。我们可以通过移动语义（move）将引用转换为右值引用，并且这也适用于左值引用。在这里，我们需要一个条件转换，它是通过 std::forward 实现的，它将右值引用转换为右值[①]，并保留原来的左值引用。这种转换必须使用非限制类型的参数予以实例化，例如：

```
template <typename TPara>
void f5(TPara&& p)
{
    f4(forward <TPara>(p));
}
```

f5 的参数以相同的值类型传递给 f4。作为左值传递给 f5 的任何内容都会作为左值传递给 f4，对于右值也是如此。与 move 一样，forward 是纯强制转换，不会生成单个机器操作。

3.1.2.5 泛型右值函数

在 2.3.5 节，我们已经介绍过用两个 & 符号表示一个右值引用——当没有函数参数被全部替换时，这是正确的。这就提出了一个问题：我们如何为右值编写泛型函数？一种方法是使用相应的左值引用重载函数并删除该重载：

```
template <typename T>
void rvalue_only1(T&& arg)
{
    // ...
}
```

① 更准确地说，是将作为左值的具名右值引用被强制转换为作为右值的匿名右值引用。

```
template <typename T>
void rvalue_only1(T&) = delete;
```

当我们用右值调用这个函数时，只有第一个重载匹配并且函数按照预期运行。对于任何左值参数（包括常量左值），第二个重载是更好的匹配项，编译器会产生错误提示信息。

此外，我们可以避免重载并添加一个 static_assert 断言，从而表明我们的参数确实是一个右值引用：

```
template <typename T>
void rvalue_only2(T&& arg)
{
    static_assert(is_rvalue_reference <decltype(arg)>:: value,
                  "This function is only allowed for rvalues !");
    // ...
}
```

is_rvalue_reference 被称为类型特征，我们将在 5.2.1 节更详细地介绍它。C++ 语言当前版本的一个优点在于，我可以选择显示哪些错误信息。此外，当我们有多个右值参数时，可以在随后的静态断言中测试它们，其中第一个方法需要重载每个右值参数以及它们的组合。

3.1.3　处理模板中的异常

回到适用于所有数字类型的 max 函数示例。对于那些诸如 std::complex<T> 这样没有提供 operator> 的类型又会发生什么？让我们尝试编译下列代码：[①]

```
std::complex <float>    z(3, 2), c(4, 8);
std::cout ≪ " The maximum of c and z is " ≪ ::max(c,  z) ≪ '\n';
```

我们的编译器将尝试运行并以下列错误结束：

```
Error: no match for ≫operator > ≪ in ≫a > b ≪
```

当我们的模板函数调用一个模板函数后又调用另一个模板函数后会发生什么？同样，这些函数只是被解析，完整的校验会被推迟到实例化时。让我们看看下面的程序：

```
int main()
{
    vector <complex <float> >   v;
    sort(v.begin(), v.end());
}
```

总之，问题和前面类似：我们无法比较复数，因此也无法对它们的数组进行排序。这次在间接调用的函数中发现缺少比较操作，编译器为我们提供了整个调用和引用堆栈，以便我们可

① 前面的双冒号避免与标准库的 max 函数混淆，某些编译器可能会隐式引用它（例如 g++）。

以追溯错误的源头。请尝试在不同编译器上编译上述示例，看看能否从错误提示中找到一些蛛丝马迹。如果你遇到一些烦琐冗长的错误提示信息[①]，也不必为此烦恼。首先，查看错误本身并找出对你有用的内容，例如，缺少 operator>，或者无法赋值，又或者不应该是常量等。然后调用堆栈中程序的最内层代码，即从标准库或第三方库调用模板函数的位置。仔细查看这段代码及其前面的若干代码行，因为这是最有可能产生错误的地方。然后问问自己：根据错误信息，函数的模板参数类型是否缺少操作符或函数？

读者也不必为此担忧。在大多数情况下，问题比我们看到的大量错误提示信息要简单得多。一般来说，通过一些训练，模板函数中的大多数错误都可以比运行时错误更快地被找到。

使用 C++20 中的某些概念（将在 3.10 节介绍）来表达函数的目的可能会产生一些更易于理解的错误提示信息。

3.1.4 混合类型

到目前为止，我们还没有回答另一个问题：在 max 函数中，我们使用两种不同类型的参数作为参数时会发生什么？

```
unsigned u1 = 2;
int      i= 3;
std::cout ≪ " The maximum of u1 and i is " ≪ max(u1, i) ≪ '\n';
```

这一次编译器给我们的提示信息非常短，其信息如下所示：

```
Error: no match for function call ≫max(unsigned int&, int)≪
```

事实上，我们会假定这两种类型是等效的。但是如果存在不完全匹配时，C++ 不是会隐式转换参数吗？的确如此，但这不适用于通过推断获得类型的模板参数。模板机制应该在类型层面上提供提供足够的灵活性。此外，将模板实例化与隐式转换相结合很容易产生歧义。

在这种情况下，我们可以构造一个带有两个模板参数的函数模板吗？答案当然是肯定的。但这又产生了一个新问题：这个模板的返回类型应该是什么？这存在不同的选择。首先我们可以添加一个非模板函数重载，例如：

```
inline int max(int a, int b){return a > b ? a: b;}
```

这也适用于混合类型调用，无符号整型参数将被隐式转化成 int。如果我们为无符号整型添加另一个函数重载会发生什么？

```
inline int max(unsigned a, unsigned b){ return a > b ? a: b; }
```

它是否能将 int 转换为无符号整型，或者反之亦然？编译器不知道该怎么办并且会向用户提示这种歧义性。

---

① 我听说最长的信息有 18MB，相当于大约 9000 页的文本。

总之，将包含相同代码的非模板重载添加到模板实现中是不明智的。因此，我们删除所有非模板重载，并先来看看可以在函数调用中做些什么。可以将一种参数类型显式转换为另一参数的类型：

```
unsigned u1 = 2;
int      i= 3;
std::cout << " max of u1 and i is " << max(int(u1), i) << '\n';
```

现在 max 函数被调用时会接收两个 int 参数。还有一种方法是在函数调用中显式指定模板类型，从而避免有问题的类型推断：

```
std::cout << " max of u1 and i is " << max <int>(u1, i) << '\n';
```

然后两个参数都是 int 类型，并且当两个参数都是 int 或者隐式转换为 int 时，才可以调用函数模板的实例。在了解了模板上的这些比较枯燥的细节之后，我们还有一些好消息：模板函数的执行效率与非模板函数一样。原因是 C++ 为每个实例化函数的类型或类型组合生成了新的代码。相比之下，Java 只编译一次模板，然后将它们转换为相应的类型来兼容不同的类型并执行它们。这样做的好处是编译时间更短，生成的可执行文件也更小一些，但是需要更多的运行时间。

我们必须为快速模板付出的另一个代价是，拥有更大的可执行文件，因为每种类型（组合）都包含多个实例。在极端情况下（即极个别情况下），较大的二进制文件可能会导致程序执行速度变慢，因为速度较快的内存充满了汇编指令①，而较慢的内存用于处理数据的读取和写入。不过在实践中，函数实例的数目不会那么大，它只对没有内联的大型函数有影响。对于内联函数，二进制代码无论如何都会直接插入函数调用位置的可执行文件中，因此对模板和非模板函数的可执行文件长度的影响都是相同的。

C++11 3.1.5　统一初始化

统一初始化（参见 2.3.4 节）也适用于模板。但是，在极少数情况下，省略大括号会产生一些出人意料的行为。如果你对此感到好奇或者已经遇到过一些问题，那么可以参考附录 A.6.1。

3.1.6　自动返回的类型

C++14　从 C++14 开始，我们可以让编译器推导出函数的返回类型：

```
template <typename T, typename U>
auto max(T a, U b)
{
    return a > b ? a: b;
}
```

返回类型是根据 return 语句中的表达式推导出来的，就像函数模板的参数是从实际参数

① L2 和 L3 缓存通常在数据和指令之间共享。

推导出来的一样。如果函数包含多个 return 语句，那么它们的推导类型必须全部相等。在模板库中，有些简单的函数具有相当长的返回类型声明——甚至可能比函数体还要长，这为程序员提供了很大的便利，因为不必将它们拼写出来。

3.1.7 模板参数简化

C++20

⇒ c++20/auto_parameters.cpp

C++20 引入了一种简洁的函数表示法：将关键字 auto 用于函数参数。这允许我们在没有上一节示例中第一行代码的情况下实现 max 函数：

```
auto max(auto a, auto b)
{
    return a > b ? a: b;
}
```

上述代码会为函数的每个 auto 型参数隐式引入一个新的类型参数。

3.2 命名空间和函数查找

命名空间不是泛型编程的子主题（实际上它们完全无关）。不过，函数模板的存在使它们变得更加重要。

3.2.1 命名空间

命名空间的用途是可以在不同的上下文中定义像 min、max 或 abs 这样的常用名称，所以这些名称可能存在歧义。

即使在实现函数或类时，用的是唯一的名称，也可能在以后引入更多程序库或引用的程序库发生演变时产生命名冲突。例如，在 GUI 实现中，通常存在一个名为 window 的类，而在 statistics 库中可能也存在一个同名的类。我们可以通过命名空间来区分它们：

```
namespace GUI {
   class window;
}

namespace statistics {
   class window;
}
```

处理命名冲突的一种方法是使用不同的名称，例如 abs、my_abs 或 library_name_abs。这实际上就是 C 语言中的做法。广泛使用的程序库通常会采用短函数名，用户自定义程序库会采用更长的名称，而与操作系统底层相关的函数名通常会以下画线（_）开头。这降低了命名冲突的概率，但这还远远不够。命名空间在编写自定义类时非常重要，特别是在函数模板中的应用更是如此。它允许用户对软件中的名称进行分层构建，这避免了命名冲突，并提供了对函数和类名称的复杂访问控制。

命名空间类似于作用域，因为我们只有在封闭的命名空间中看到指定的名称：

```
struct global {};
namespace c1 {
    struct c1c {};
    namespace c2 {
        struct c2c {};
        struct cc {
            global  x;
            c1c     y;
            c2c     z;
        };
    } // namespace c2
} // namespace c1
```

在命名空间内部重新定义的名称屏蔽了命名空间外部的名称。和代码块相比，外部名称并不会丢失，但仍然可以通过命名空间限定（Namespace Qualification）机制进行调用：

```
struct same {};
namespace c1 {
    struct same {};
    namespace c2 {
        struct same {};
        struct csame {
            :: same   x;
            c1::same  y;
            same      z;
        };
    } // namespace c2
} // namespace c1
```

你可能已经猜到了，`::same` 会引用全局命名空间中的类型，而 `c1::same` 指得是 `c1` 中的名称。成员变量 `z` 具有 `c1::c2::same` 的类型，因为内部名称屏蔽了外部名称。命名空间是由内而外进行查找的。如果我们在 `c2` 中添加一个命名空间 `c1`，这将屏蔽同名的外部命名空间。在以下代码中，`y` 的类型会出现错误：

```
struct same {};
namespace c1 {
    struct same {};
    namespace c2 {
        struct same {};
        namespace c1 {}     // 隐藏 ::c1
        struct csame{
            :: same     x;
```

```
            c1::same     y; // 错误 : c1::c2::c1::same 未定义
            same         z;
        };
    } // namespace c2
} // namespace c1
```

在这里，c1::same 已经在全局命名空间中存在，但是因为 c1 被 c1::c2::c1 屏蔽，所以无法访问它。如果我们在命名空间 c2 中定义一个名为 c1 的类，那么可以看到类似的屏蔽现象。我们可以通过在命名空间前面放置冒号来避免屏蔽，也可以更明确地知道 y 的类型：

```
struct csame{
    :: c1::same    y; // 这是唯一的
};
```

这样的意图更明确，它声明的是全局命名空间中的名称 c1，而不是其他命名空间下的 c1。经常使用的函数或类的名称可以通过声明语句 using 导入：

```
void fun(...)
{
    using c1::c2::cc;
    cc x;
    ...
    cc y;
}
```

上述代码适用于函数和命名空间，但不适用于类（会与其他 using 声明冲突）。“名称隐藏（屏蔽）”这个术语就是字面意思，比如下列代码：

```
void f(string s){...}      // # 1
namespace inner{
    void f(int i){...}     // # 2
    f("from global"s);     // 错误 : #2 屏蔽了 #1
}
```

如果我们在命名空间 inner 内声明或定义了一个函数，它不仅会屏蔽具有相同签名的函数重载，而且会屏蔽作用域外部的所有重载。实际上，任何名为 f 的实体（类、变量……）都会屏蔽全局函数 f。为了使其可用于函数调用，我们可以使用 using 语句来使其可用：

```
void f(string s){...}      // # 1
namespace inner{
    void f(int i){...}     // # 2
    using::f;
    f("from global"s); // 现在调用 #1
}
```

将某个名称导入头文件中的命名空间会大大增加命名冲突的风险，因为该名称在编译单元的所有后续文件中仍然可见。

在函数（甚至在头文件）中使用 using 语句并不是主要的，因为导入的名称仅在函数结束之前有效。同样，我们可以使用 using 指令导入整个命名空间：

```
void fun( )
{
    using namespace c1::c2;
    cc x;
    ...
    cc y;
}
```

如前所述，它可以在函数或另一个命名空间中使用，但无法在类内部使用。其声明如下所示：

```
using namespace std;
```

上述代码通常位于 main 函数的第一行，或者紧挨着 include 语句。在全局命名空间中导入 std 很有可能导致命名冲突，例如，当我们还定义了一个名为 vector 的类时（在全局命名空间中）。

建议

不要在头文件中导入名称或命名空间（外部函数）。

当命名空间的名字太长，尤其是嵌套的命名空间，我们可以使用命名空间别名对其进行重命名：

```
namespace lname =   long_namespace_name;
namespace dvector = algebra::vector::dense;
```

如前所述，这也应该在适当的作用域中使用。

⇒ c++17/nested_namespaces.cpp

C++17 使用相同的冒号分隔符，我们可以在 C++17 中打开嵌套的命名空间：

```
namespace algebra::vector::dense{
    class vector3{/* */};
}
```

从而代替编写单个命名空间的嵌套声明。

3.2.2 参数依赖查找

参数依赖查找（Argument-Dependent Lookup, ADL）是将函数名称的搜索扩展到其参数的命名空间，而不是其各自的父命名空间。这使我们能够避免对函数进行冗长的命名空间限定。假定我们要在长度适当的命名空间 rocketscience 下构造高级工程计算程序库：

```
namespace rocketscience {
    struct matrix{};
    template <typename LinOp>
    void initialize(LinOp & A){/* ... */}

    matrix operator +(const matrix & A, const matrix & B)
    {
        matrix C;
        initialize(C); // not qualified, same namespace add(A, B, C);
        return C;
    }
}
```

每当我们使用函数 initialize 时（假定只在 rocketscience 中存在其定义），都可以在命名空间 rocketscience 中对所有类省略其前缀限定：

```
int main()
{
    rocketscience::matrix A, B, C, D;
    rocketscience::initialize(B); // 命名空间限定
    initialize(C);                // 遵循 ADL 规则

    chez_herbert::matrix E, F, G;
    rocketscience::initialize(E); // 需要指定命名空间前缀
    initialize(F);                // 错误：无法找到 initialize
}
```

操作符也受 ADL 约束：

```
A= B + C + D;
```

假定上述表达式中不支持 ADL：

```
A= rocketscience::operator +(rocketscience::operator +(B, C), D);
```

当必须限定命名空间时，I/O 流的代码也同样丑陋甚至更麻烦。由于用户自定义代码不应该出现在命名空间 std 中，因此类的操作符 operator ≪ 最好在该类的命名空间中定义。这允许 ADL 为每种类找到正确的重载，例如：

```
std::cout << A << E << B << F << std::endl;
```

如果没有 ADL，我们就需要用冗长的符号来限定每个操作符的命名空间，这会将之前的表达式转换为如下形式：

```
std::operator <<(chez_herbert::operator <<(
    rocketscience::operator <<(chez_herbert::operator <<(
        rocketscience::operator <<(std::cout, A), E), B),
    F), std::endl);
```

当类分布在多个命名空间时，ADL 机制也可用于选择正确的函数模板重载。线性代数中的 L1 范数（也称曼哈顿范数）是为矩阵和向量定义的，我们希望为两者提供一个模板实现：

```
template <typename Matrix>
double one_norm(const Matrix& A){...}

template <typename Vector>
double one_norm(const Vector& x){...}
```

编译器如何确保能够为每种类型适配合适的重载呢？一种解决方案是为矩阵和向量引入一个命名空间，以便 ADL 可以选择正确的重载：

```
namespace rocketscience{
    namespace mat{
        struct sparse_matrix{};
        struct dense_matrix{};
        struct über_matrix①{};

        template <typename Matrix>
        double one_norm(const Matrix & A){...}
    }
    namespace vec{
        struct sparse_vector{};
        struct dense_vector{};
        struct über_vector {};

        template <typename Vector>
        double one_norm(const Vector & x){...}
    }
}
```

ADL 机制仅在参数类型声明的命名空间中搜索函数，而不会在它们各自的父命名空间中搜索函数：

```
namespace rocketscience{
    ...
    namespace vec{
        struct sparse_vector{};
        struct dense_vector{};
        struct über_vector {};
    }
    template <typename Vector>
    double one_norm(const Vector& x){...}
}
```

---

① 当然，我们使用的是 uber 的原生德语拼写——有时它甚至还出现美国的报纸上。请注意，某些编译器（例如 g++-9）能处理非 ASCII 字符。

```
int main()
{
    rocketscience::vec::über_vector x;
    double norm_x = one_norm(x);    // 错误：无法通过 ADL 查找目标
}
```

此外，当我们将名称导入另一个命名空间时，ADL 也不会考虑该命名空间中的函数：

```
namespace rocketscience{
    ...
    using vec::über_vector;

    template <typename Vector>
    double one_norm(const Vector& x){...}
}

int main()
{
    rocketscience::über_vector x;
    double norm_x = one_norm(x);    // 错误：无法通过 ADL 找到目标
}
```

仅依赖 ADL 来选择正确的重载存在一定的局限性。当我们使用第三方库时，会发现其中的某些函数和操作符在我们的命名空间中存在重复的实现。通过使用 `using` 语句而不是将整个命名空间导入单个函数，可以减少（但不能完全避免）这种歧义。

多参数函数产生歧义的概率会进一步上升，尤其是当参数类型来自不同的命名空间时，例如：

```
namespace rocketscience{
    namespace mat{
        ...
        template <typename Scalar, typename Matrix>
        Matrix operator *(const Scalar& a, const Matrix& A){...}
    }
    namespace vec{
        ...
        template <typename Scalar, typename Vector>
        Vector operator *(const Scalar& a, const Vector& x){...}

        template <typename Matrix, typename Vector>
        Vector operator *(const Matrix& A, const Vector& x){...}
    }
}
int main(int argc, char * argv[])
{
```

```
    rocketscience::mat::über_matrix A;
    rocketscience::vec::über_vector x, y;
    y= A * x;     // 选择了哪个重载 ?
}
```

对于读者来说，上述代码的意图很明显。但是对于编译器来说，情况就不是那么理想了。A 的类型是在 rocketscience::mat 中定义的，x 的类型是在 rocketscience::vec 中定义的，在上述两个命名空间里都能找到 operator*。因此，其中的 3 个模板重载都是可用的，并且没有一个模板比其他模板更匹配（尽管可能只有一个可以编译）。

不过只要显式给出模板参数，ADL 就会被禁用。要解决这个问题[①]，必须通过命名空间限定或通过 using 语句导入使得函数可见。

调用哪个函数重载取决于以下规则：

- 命名空间嵌套和限定；
- 名称屏蔽；
- ADL；
- 重载解析。

对于比较复杂的重载函数，必须了解这种重要的相互作用，以确保不会发生歧义并选择正确的重载。因此，我们在附录 A.6.2 给出了示例。请不要先入为主地讨论该问题，读者将来在构造更大的代码库时遇到非预期的重载解决方案或问题时，可以再回顾一下上述主题。

3.2.3　命名空间限定和 ADL

很多程序员不想了解编译器如何选择重载或者处理歧义的复杂规则。他们会限定被调用函数的命名空间，从而确切地知道选择了哪个函数重载（假定该命名空间中的函数重载不存在歧义）。这也不能怪他们，因为名称查找是非常重要的。

当我们打算构造支持多种类型实例化的函数和类模板的通用型软件时，应该考虑使用 ADL。我们将通过一些比较常见的性能问题（尤其是 C++03 中的）来证明这一点。标准库中有一个名为 swap 的函数模板，它的作用是交换两个相同类型的对象中的内容。原有的默认实现采用了复制和临时对象：

```
template <typename T>
inline void swap(T& x, T& y)
{
    T tmp(x); x = y; y = tmp;
}
```

它适用于具有复制构造函数和赋值操作的所有类型。到目前为止，一起都很正常。假定我们有两个向量，每个向量包含 1GB 的数据。当我们使用默认实现时，复制操作需要 3GB 内存，同时还需要 1GB 的备用内存。或者我们可以做一些更有用的事情，即交换引用数据和尺寸信息的指针：

① 问题是 ADL 在编译过程中执行得太晚了，左尖括号已经被误认为是小于符号。

```
class vector
{
    ...
    friend inline void swap(vector&  x, vector& y)
    { std::swap(x.my_size, y.my_size); std::swap(x.data, y.data);}
  private:
    unsigned my_size;
    double    * data;
};
```

假定我们必须在某些泛型函数中交换参数类型的数据：

```
template <typename T, typename U>
inline void some_function(T& x, T& y, const U& z, int i)
{
    ...
    std::swap(x, y); // 其内存开销会非常昂贵
    ...
}
```

我们可以安全地执行它，并且使用了适用于所有可复制类型的标准库函数 swap。但我们复制了 3GB 的数据，采用只交换指针的实现执行速度更快，内存效率也更高。这可以通过在泛型的方式中做一些细微的改变来实现：

```
template <typename T, typename U>
inline void some_function(T& x, T& y, const U& z, int i)
{
    using std::swap;
    ...
    swap(x, y); // 引入 ADL
    ...
}
```

在这个实现中，两个 swap 函数重载都是候选项，但是我们的类中一个重载被优先选择，因为它的参数类型比标准库的实现更具体。通常，用户自定义类型的任何实现都比 std::swap 更具体。事实上，基于同样的原因，标准库容器的 std::swap 已经被重载了，这是一种通用的模式。

使用 using

不要限制可能存在用户自定义类型重载的函数模板的命名空间，继而公开名称并调用这些不受限的函数。

后续默认 swap 实现做了以下改进——自 C++11 开始，默认是在两个参数和临时变量（如果可能的话）之间移动值。 C++11

```
template <typename T>
inline void swap(T& x, T& y)
{
    T tmp(move(x));
    x= move(y);
    y= move(tmp);
}
```

总之，对于不包含用户自定义类型的 swap 函数，当它们提供快速移动的构造函数和赋值时，能够高效地执行交换操作。只有不包含用户自定义实现和移动语义的类型最后会被复制。

3.3 类模板

在介绍命名空间之前，我们了解了使用模板来创建泛型函数。模板也可以用于创建泛型类和泛型函数类型。类模板是标准库中的规范术语，而模板类（模板化类）在日常生活中更常用。在这些类中，我们可以将数据成员的类型参数化。

这对于向量、矩阵和列表等通用容器类来说特别有用，我们可以使用参数值类型来扩展 complex 类。不过因为我们在这个类上已经花费了太多的时间，所以了解一些新的东西可能更有益处。

3.3.1 容器示例

⇒ c++11/vector_template.cpp

例如，我们希望构造一个通用的向量类，这是线性代数中的向量而非 STL 中的向量。首先，我们通过最基本的操作符实现一个类，如代码示例 3-1 所示。

代码示例 3–1　模板向量类

```
template <typename T>
class vector
{
  public:
    explicit vector(int size)
      : my_size{size}, data{new T[my_size]}
    {}

    vector(const vector & that)
      : my_size{that.my_size}, data{new T[my_size]}
    {
        std::copy(& that.data[0], & that.data[that.my_size], & data[0]);
    }

    int size() const{ return my_size; }
```

```
    const T & operator[](int i) const
    {
        check_index(i);
        return data[i];
    }
    // ...

  private:
    int                    my_size;
    std::unique_ptr <T[]>  data;
};
```

模板类和非模板类并没有本质的区别。模板只是额外添加了参数 T 作为其元素类型的占位符。我们有类似 my_size 这样的成员变量和 size() 这样的成员函数，它们不会受到模板参数的影响。括号操作符或复制构造函数等其他函数是参数化的，仍然和它们的非模板等价物类似：只要前面存在 double 类型，我们都将类型参数 T 作为返回类型进行分配。同样，成员变量 data 只是由 T 进行参数化。

模板参数可以是默认的。假定我们的向量类不仅参数化了值类型，还参数化了方向和位置：

```
struct row_major{}; // 仅用于标记
struct col_major{}; // 同上
struct heap{}; struct stack{};

template <typename T = double, typename Orientation = col_major,
          typename Where = heap>
class vector;
```

向量的参数可以完整声明：

```
vector <float, row_major, heap>     v;
```

如果最后一个参数是默认值，则可以省略：

```
vector <float, row_major>     v;
```

对于函数来说，只有最后的参数是可以省略的。例如，如果第二个参数是默认值，而最后一个参数不是默认的，那么我们必须把它们都写出来：

```
vector <float, col_major, stack>     w;
```

当所有模板参数都采用默认值时，当然可以全都省略它们。但是，由于之前并没讨论过相关语法，尖括号仍然要写成如下形式：

```
vector       x; // 在 C++17（3.4.4 节）中具有特殊的含义，并且之前这样写是错误的。
vector <>    y; // 看上去有点奇怪，不过是正确的。
```

模板默认值甚至可以引用之前的参数：

```
template <typename T, typename U = T>
class pair;
```

这个类可能包含两种不同类型的值。否则我们只需声明一次类型即可：

```
pair <int, float>    p1;    // 包含 int 和 float 型数值的对象
pair <int>           p2;    // 包含两个 int 值的对象
```

默认值甚至可以是前面参数的表达式，我们将在第 5 章了解这些内容。

3.3.2　设计统一的类和函数接口

⇒ c++03/accumulate_example.cpp

当我们编写泛型类和函数时，首先要问自己一个“先有鸡还是先有蛋”的问题，即首先要做什么？我们可以选择先编写函数模板，然后通过实现相应的方法来适配我们的类。或者可以先开发类的接口，然后针对该接口实现泛型函数。

当我们的泛型函数能够处理标准库中的内置类型或类时，情况会发生一些变化。这些类不能更改，应该让我们的函数适配它们的接口。后续还会介绍一些其他方案——特例化和元编程，它们支持依赖类型的行为。

作为案例研究，我们采用了 4.1 节介绍的标准模板库（Standard Template Library，STL）函数 accumulate。它是以往程序员在频繁使用指针和普通数组时开发的。因此，STL 创建者 Alex Stepanov 和 David Musser 构建了一个非常通用的接口，该接口适用于指针和数组以及模板库中的所有容器。

3.3.2.1　数组求和

为了实现常见的数组条目求和，首先想到的是获取数组地址和大小的函数：

```
template <typename T>
T sum(const T * array, int n)
{
    T sum(0);
    for(int i= 0; i <n; ++i)
        sum += array[i];
    return sum;
}
```

可以正常调用此函数：

```
int    ai[] ={2, 4, 7};
double ad[] ={2., 4.5, 7.};

cout << " sum ai is " << sum(ai, 3) << '\n';
cout << " sum ad is " << sum(ad, 3) << '\n';
```

不过，我们可能会想知道为何需要传递数组的大小。难道编译器不可以为我们推导出来吗？毕竟在编译器期间就已经知道数组的大小。为了使用编译器推导，我们为数组的大小（size）引入了一个模板参数，并通过引用传递数组：

```
template <typename T, unsigned N>
T sum(const T(& array)[N])
{
    T sum(0);
    for (int i= 0; i <N; ++i)
        sum += array[i];
    return sum;
}
```

上述语法看上去有点奇怪：我们需要尖括号来声明数组的引用，而不是引用数组。非类型模板参数将在 3.6 节讨论。现在可以使用单个参数调用上面的函数：

```
cout ≪ " sum ai is " ≪ sum(ai) ≪ '\n';
cout ≪ " sum ad is " ≪ sum(ad) ≪ '\n';
```

这里的类型和大小是系统推导出来的。这意味着如果我们对两个类型相同但大小不同的数组求和时，该函数将被实例化两次。尽管如此，它不应该影响可执行文件的大小，因为这些小型函数通常都是内联的。

3.3.2.2 列表条目求和

列表是一种简单的数据结构，其元素包含一个值和对下一个条目的引用（有时也包含上一个条目的引用）。在 C++ 标准库中，类模板 std::list 是一个双向链表（4.1.3.3 节），并且在 C++11 中引入了一个没有反向引用的列表 std::forward_list。在这里，我们只考虑正向引用：

```
template <typename T>
struct list_entry
{
    list_entry(const T& value): value{value}, next{nullptr}{}

    T                value;
    list_entry <T>* next;
};

template <typename T> struct list
{
    list(): first{nullptr}, last{nullptr}{}
    ~list()
    {
        while(first){
            list_entry <T> * tmp= first ->next;
            delete first;
            first = tmp;
```

```
        }
    }
    void append(const T& x)
    {
        last =(first ? last ->next: first)= new list_entry <T>(x);
    }
    list_entry <T> * first, * last;
};
```

这个列表的实现非常优雅简洁。通过目前已有的接口，我们可以构造一个小型列表：

```
list <float>    l;
l.append(2.0 f); l.append(4.0 f); l.append(7.0 f);
```

请使用一些有用的方法来完善我们的代码，例如 initializer_list 构造函数。此列表的求和非常简单，并且它可以进行显式调用。此处我们强调了与数组实现不同的细节，如代码示例 3-2 所示。

代码示例 3–2 列表条目求和

```
template <typename T>
T sum(const list <T>& l)
{
    T sum = 0;
    for(auto entry = l.first; entry != nullptr; entry = entry ->next)
        sum += entry ->value;
    return sum;
}
```

3.3.2.3 求同存异

当我们想构建一个通用接口时，首先要问自己一个问题：这两个 sum 函数实现的相同点有哪些？乍一看，似乎并不是非常明显：

- 访问值的方式不同；
- 遍历条目的实现方式不同；
- 循环终止的条件不同。

然后，在更抽象的层面上，这两个函数的目标是一致的：

- 访问数据；
- 进入下一个条目；
- 检查是否要结束循环。

两种实现之间的区别在于，这些任务是如何用给定的类型接口实现的。因此，为了给这两种类型提供一个通用函数，我们必须建立一个统一接口。

3.3.2.4 替代数组求和

在 3.3.2.1 节中，我们介绍了根据索引访问数组的方式，这种方式不能应用在随机存储到内存中的列表（至少效率不高）。因此，我们在这里以更有序的逐个遍历的方式重新实现数组求和。我们可以通过递增指针直到抵达数组的末尾来实现这一点。数组之外的第一个地址是 `&a[n]`，或者更简洁的指针运算——`a+n`。图 3-1 演示了我们从地址 `a` 开始遍历访问，直到抵达 `a+n` 结束。因此，我们通过地址的右开区间来指定数组的区间。

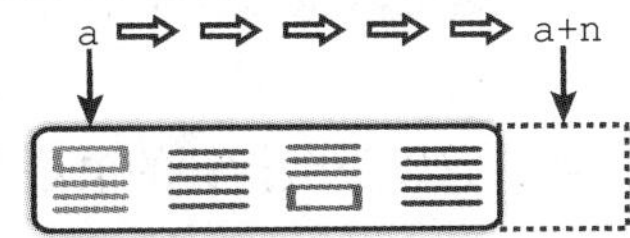

图 3-1 组长度为 n，以及开始和结束位置的指针

当我们为了让软件达到最大的实用性时，在编写代码时，右开区间比闭区间更通用，特别是对于位置不能与 < 进行有效比较的列表等类型。右开区间上的求和可以参考代码示例 3-3 的实现。

代码示例 3–3 数组条目求和

```
template <typename T>
inline T accumulate_array(T* a, T* a_end)
{
    T sum(0);
    for(; a != a_end; ++a)
       sum += *a;
    return sum;
}
```

然后通过如下方式调用：

```
int    ai[]={2, 4, 7};
double ad[]={2., 4.5, 7.};

cout ≪ " sum ai is " ≪ accumulate_array(ai, &ai[3]) ≪ '\n';
cout ≪ " sum ad is " ≪ accumulate_array(ad, ad +3) ≪ '\n';
```

上述代码中表示右开区间的一对指针是一个范围（Range），它在 C++ 中是一个非常重要的概念。标准库中的许多算法都是针对类指针对象的范围实现的，其风格与 `accumulate_array` 类似。要将这些功能应用于新容器，我们只需提供一个类似指针的接口即可。例如，我们将演示如何为列表适配它的接口。

3.3.2.5 泛型求和

代码示例 3-2 和代码示例 3-3 中的两个求和函数看起来差别非常大，因为它们是为不同的接口编写的。在功能上，它们并没有什么不同。在 3.3.2.3 节中，我们分别介绍了这些 `sum` 函数的实现：

- 它们都是从一个元素遍历到下一个元素；
- 它们都会访问当前元素的值并将其添加到 `sum` 中；
- 它们都会测试是否抵达数组序列的末尾。

这也适用于我们在3.3.2.4节中改良后的数组实现。不过，后者使用的接口包含更抽象的概念，即增量遍历序列。因此，当它提供此序列接口时，可以将其应用于另一个序列，比如 list。

在 STL 中，Alex Stepanov 和 David Musser 的构想是为所有容器类型和传统数组引入一个统一接口，该接口由称为迭代器（Iterator）的通用指针组成。然后为这些迭代器实现所有算法。我们将在 4.1.2 节更深入地讨论这一点，这里只做一些简单的介绍。

⇒ c++03/accumulate_example.cpp

我们现在需要的是 list 的迭代器，它以类似指针的语法提供一些必要的功能，例如：

- 用 ++it 遍历序列；
- 用 *it 访问值；
- 使用 == 或 != 对迭代器进行比较。

它的实现很简单：

```
template <typename T>
struct list_iterator
{
    using value_type = T;

    list_iterator(list_entry <T>* entry): entry{entry}{}

    T& operator *(){return entry ->value;}

    const T& operator *() const
    { return entry ->value; }

    list_iterator <T>& operator ++()
    { entry = entry ->next; return * this; }

    bool operator !=(const list_iterator <T>& other) const
    { return entry != other.entry; }

    list_entry <T>* entry;
};
```

为了方便起见，我们将方法 begin 和 end 也添加到了 list 中：

```
template <typename T>
struct list
{
  // previous contents ...
    list_iterator <T> begin(){ return list_iterator <T>(first); }
    list_iterator <T> end(){ return list_iterator <T>(0); }
}
```

list_iterator 允许我们将代码示例 3-2 和代码示例 3-3 中的函数功能整合为函数 accumulate：

代码示例 3–4 泛型求和

```
template <typename Iter, typename T>
inline T accumulate(Iter it, Iter end, T init)
{
    for(; it != end; ++ it)
       init += *it;
    return init;
}
```

这个通用的求和函数（代码示例 3-4）能够以如下形式处理数组和列表：

```
cout << " array  sum = " << accumulate(a, a +10, 0.0) << '\n';
cout << " list sum = " << accumulate(l.begin(), l.end(), 0) << '\n';
```

如前所述，其成功的关键在于找到正确的抽象——迭代器。

list_iterator 实现也是一个契机，能够最终回答为什么迭代器应该是前置增量而不是后置增量的问题。我们已经看到前置增量更新条目数量并返回对迭代器的引用。后置增量必须返回其当前条目数并在内部执行自增操作，以便下次使用迭代器引用后续的列表条目。不幸的是，这只能在后置增量操作在更改成员数据之前为整个迭代器赋值并返回其复制时才能实现：

```
template <typename T>
struct list_iterator
{
    list_iterator <T> operator ++(int)
    {
        list_iterator <T> tmp(* this);
        p= p->next;
        return tmp;
    }
};
```

通常我们执行增量操作只是为了移动到下一个条目，而不关心操作的返回值。那么创建一个从未使用过的迭代器副本只是浪费资源。一个好的编译器能够优化掉多余的操作，但冒险是没有意义的。后置增量定义的一个有趣的细节是构造了一个伪 int 参数，它仅用于将前置增量定义区分开来。

3.4 类型推导和定义

C++ 编译器自 C++03 规范开始就能够自动推导出函数模板参数的类型，比如：

```
f(g(x, y, z) + 3 * x)
```

然后编译器能够推导出传递给函数 f 的参数类型。

C++11 3.4.1 自动变量类型

当我们将上述表达式的结果赋值给一个变量时，现在需要知道在 C++03 规范下该表达式的类型。另外，如果我们将它分配给结果不可转换的类型，编译器将告知用户存在不兼容的类型。这表明编译器能够识别类型，并且在 C++11 中，这些信息是与程序员共享的。

使用上述示例中类型信息的最简便方法是自动变量类型：

```
auto a= f(g(x, y, z) + 3 * x);
```

不过这并不能改变 C++ 是一种强类型语言的事实。auto 类型不同于 Python 等语言中的动态类型。在 Python 中，对 a 的赋值可以改变 a 的类型，即改变赋值表达式的类型。在 C++11 中，变量 a 包含表达式初始化后的结果类型，并且该类后续永远不会改变。由于类型是从表达式推导出来的，我们不能声明未初始化的 auto 变量：

```
auto a;                          // 错误：a 的类型是未知的
a= f(g(x, y, z) + 3 * x); // 太迟了
```

因此，auto 类型并不是兼容所有赋值变量的自动化类型，而是仅对赋值类型推导一次。我们可以在一条语句中声明多个 auto 型变量，只要它们都是用相同类型的表达式进行初始化：

```
auto i= 2 * 7.5, j= std::sqrt(3.7);  // ok: 都是 double
auto i= 2 * 4, j= std::sqrt(3.7);    // 错误：i 是 int, j 是 double
auto  i= 2 * 4, j;                   // 错误：j 未初始化
auto  v= g(x, y, z);                 // 结果是 g 的返回类型
```

我们可以使用 const 和引用限定符来修饰 auto：

```
auto&     ri= i;            // i 上的引用
const auto& cri= i;         // i 上的常量引用
auto&&     fr= g(x, y, z);  // 函数 g 执行结果的前向引用
```

如 3.1.2 节所述，auto 型变量的类型推导与函数参数的类型推导完全相同。比如，即使函数 g 返回引用，前面代码段中的变量 v 也不是引用。同样，通用引用 fr 既不是右值（当 g 返回某个值或者右值引用时），也不是左值（当 g 返回左值引用时）。

C++11 3.4.2 表达式的类型

C++11 中类型推导的另一个新特性是 decltype，它看上去像一个函数调用然后返回表达式的类型。比如在第一个 auto 示例中，f 返回一个值，我们也可以用 decltype 表示它：

```
decltype(f(g(x, y, z) + 3 * x)) a= f(g(x, y, z) + 3 * x);
```

很明显，上述代码太冗长了，因此这种应用场景下并不是特别有用。

该特性在需要用到显式类型的地方会非常重要：首先它可以用作类模板的类型参数。例如，我们可以声明一个向量，其中的元素可以包含两个其他向量元素之和，比如 v1[0] + v2[0] 的类型。这允许我们为不同类型的两个向量之和表达适当的返回类型：

```
template <typename Vector1, typename Vector2>
auto operator +(const Vector1 & v1, const Vector2 & v2)
  -> vector < decltype(v1[0] + v2[0])>;
```

此代码段还引入另一个新的特性：尾置返回类型（Trailing Return Type）。在 C++11 中，我们仍然有义务声明每个函数的返回类型。不过，我们可以对带函数参数的表达式使用 decltype 来做到这一点。为此，我们需要被授予相应的权限，将返回类型声明移动到参数后面。

这两个向量可能包含不同的类型，而结果向量可能又是另一种类型。使用表达式 decltype (v1[0] + v2[0]) 可以推导出两个向量相加后的结果是什么类型。该类型将是我们合成向量的元素类型。

decltype 的一个有趣之处是它只能在类型层面运行，而不会评估作为参数给出的表达式。因此，上一个示例中的表达式不会导致空向量表错，因为没有对 v1[0] 执行计算并且仅推断了它的类型。

auto 和 decltype 这两个特性不仅在应用上有所不同，而且类型推导也存在差异。auto 遵循函数模板参数的规则并且经常会丢弃引用和 const 限定符，但 decltype 会接收原来的表达式类型。例如，如果我们上面的示例中的函数 f 返回的是一个引用，那么本节开头的变量 a 将会是一个引用。相应的 auto 变量将会是一个值。

如果我们经常使用的是内置类型，那么就不会用到自动类型检测。但是对于比较高阶的泛型和元编程，我们可以从这些非常强大的特性中受益匪浅。decltype 的伴生物 declval 也非常有用，这是一个创建任意类型对象的工具，然后可以用来推断其表达式的类型。我将在 3.5.5 节和接下来的章节中对它进行演示。

3.4.3 decltype(auto) C++14

这个新特性缩小了 auto 和 decltype 之间的差异。使用 decltype(auto)，我们可以声明与 decltype 相同类型的 auto 变量。以下两种声明的作用是相同的：

```
decltype(expr) v= expr;     // 当 expr 的文字很长时，这种声明形式会显得冗长
decltype(auto) v= expr;     // 效果更好。
```

当 expr 中的文字很长并且其中的文字需要在该语句中出现两次时，第一条语句会显得非常冗长。并且对第一条语句的每一次修改，我都需要注意其中的两个 expr 是否能够保持一致。

⇒ c++14/value_range_vector.cpp

保留限定符在自动返回类型中仍然很重要。例如，我们引入了一个向量的视图，用于测试某些值是否在给定的范围。

视图将会使用 operator[] 访问向量的元素，并在范围测试后使用完全相同的限定符返回它。很显然，这就是 decltype(auto) 的应用场景之一。以下视图示例的实现只包含一个构造函数和访问操作符：

```
template <typename Vector>
class value_range_vector
{
    using value_type = typename Vector::value_type;
    using size_type =  typename Vector::size_type;
  public:
    value_range_vector(Vector& vref, value_type minv, value_type maxv)
      : vref{vref}, minv{minv}, maxv{maxv}
    {}

    decltype(auto) operator[](size_type i)
    {
        decltype(auto) value= vref[i];
        if(value <minv) throw too_small{};
        if(value> maxv) throw too_large{};
        return value;
    }
  private:
    Vector&    vref;
    value_type minv, maxv;
};
```

我们的访问操作符在返回之前会缓存来自 vref 的元素以进行范围检查。临时类型和返回类型都是用 decl(type) 推导出来的。要查看向量元素是否以正确的类型返回，我们可以将目标存储在 decltype(auto) 变量中并检查其类型：

```
int main()
{
    using Vec= vector <double>;
    Vec v= {2.3, 8.1, 9.2};

    value_range_vector <Vec> w{v, 1.0, 10.0};
    decltype(auto) val= w[1];
}
```

val 的类型是我们预期的 double&。该示例会调用 decltype(auto) 3 次：两次是在视图实现中，一次是在测试中。如果我们仅将其一个替换为 auto，那么 val 的类型会变为 double。

3.4.4　类模板参数推导

C++17　虽然 C++ 从早期就支持函数模板参数的推导，但是在 C++14 之前类总是需要完全实例化，比如：

```
tuple <int, float, string> t1(3, 3.2 f, "text"s);
```

在这里，我们使用一个 int、一个 float 和一个字符串字面量（如果没有后缀，它将是

const char*）实例化了一个元组。我们必须使用这些类型来实例化元组——说明这是显而易见的。现在我们可以把它留给编译器来推导类型：

```
tuple t2(3, 3.2 f, "text"s);
```

t2 的类型也是 tuple<int, float, string>，我们的类模板参数也可以从构造函数中推导出来：

```
template <typename Value> struct vec
{
    vec(std::initializer_list <Value> values)
      : s(values.size()), d(new Value[s])
    {
        std::copy(begin(values), end(values), d);
    }
    // ...
};

vec v={2.3, 3.4, 4.5, 5.6};
```

上述构造函数参数会被实例化为 initializer_list<double>，因此类模板参数类型就明确了。有时类和构造函数参数之间的关系并不是那么明显：

```
template <typename Value>
struct vec
{
    template <typename Iter>
    vec(Iter beg, Iter end)
      : s(distance(beg, end)), d(new Value[s])
    {
        copy(beg, end, d);
    }
};

int array[] ={3, 4, 5, 6};
vec w(begin(array), end(array));
```

这里我们迭代访问了一个 int 数组，但构造数组的参数不是 int 而是迭代器类型。在这种情况下，我们必须提供推导指南来辅助编译器：

```
template <class Iter>
vec(Iter beg, Iter end)
  -> vec <typename std::iterator_traits <Iter>::value_type>;
```

推导指南是从构造函数特征到所需实例化类型的映射。后者可以是一个类型表达式，就像我们的示例那样。类模板 iterator_traits 是一个类型特征[①]，它提供了关于常见迭代器类型的信息（和指针类似），这里我们对迭代器所引用的 value_type 感兴趣。因此，我们的推导

① 我们将在 5.2.1 节详细讨论类型特征。

指南表明，每当使用基于迭代器的构造函数时，都会使用迭代器的 value_type 实例化 vec 类。有时会遇到根本没有可用的类型信息的情况：

```
template <typename Value>
struct vec
{
    vec(unsigned s) : s(s), d(new Value[s]){}
};

vec x(3);
```

然后我们可以提供一个默认类型，作为类的参数：

```
template <typename Value= double>
struct vec;
```

或者作为推导指南：

```
vec(unsigned s) -> vec <double>;
```

C++17 3.4.5 推导多种类型

⇒ c++17/structured_bindings.cpp

有时，我们需要在函数中计算多个结果，并能够将它们作为组对（pair）、元组（tuple）或者用户自定义类一起返回。在 4.4.2 节的示例中，我们将说明几种能够访问单个元组组件的方式。我们乐于预演这些示例，并展示 C++17 中不先使用已有绑定结果而进行类型推导的示例。它被称为结构化绑定（Structured Binding），允许我们将应用程序或用户自定义类的成员绑定到新变量，同时推断它们的类型。在我们的示例中有一个用于 LU 分解的函数，它返回一个矩阵和一个向量：

```
auto lu(const matrix & A)
{
    // ... 执行某些计算
    return tuple <matrix, vector>(LU, p);
}
```

现在我们可以马上在应用程序中将返回的对象拆分为（分解）矩阵和（排列）向量：

```
auto  [LU, p]= lu(A);
```

LU 和 p 的类型是推导得到的。

当我们迭代访问 value_type 后发现它是一对键及其关联值的映射时，结构化绑定将会派上用场。我们可以将其命名为 key 和 value，而不是使用 first 和 second 访问其组对成员：

```
map <string, int> numbers ={{"Zero", 0},{"One", 1},{"Two", 2}};

for (const auto &[key, value]: numbers)
    cout << key << "->" << value << endl;
```

在这里，我们将 key 和 value 作为常量引用访问。请注意，下面的代码并不包含 const 关键字：

```
for (auto& [key, value]: numbers)
    cout << key << "->" << value << endl;
```

我们无法修改 key。因为前面已经拆分了一个 pair<const string, int>类型的对象（映射条目的内部储存结构），并且第一个引用的类型被推导为 const string&，这与 3.1.2.2 节中介绍的常量参数的形式相同。

⇒ c++17/structured_bindings_user.cpp

幸运的是，这个新特性不仅支持标准类型，还可以应用于用户自定义类型。它最容易应用在仅包含公共成员的聚合类型上。我们的 lu_result 函数可以在仅绑定两个对象的用户自定义类中返回：

```
struct lu_result
{
    matrix LU;
    vector p;
};

auto lu(const matrix & A)
{
    // ...
    return lu_result{LU, p};
}

matrix A; // set A ...
auto [LU, p]= lu(A);
```

我们在这里采用了聚合初始化，从而避免为此辅助类定义构造函数。返回结果类型的推导与之前的相同。

为了提供与私有成员的结构化绑定，我们必须建立一个与组对和元组等效的接口。这需要对某些模板特例化，因此我们将其推迟到 3.5.5 节介绍。尽管如此，我们还是希望为你提供如下建议。

建议

在适当的时候使用标准应用程序类的结构化绑定，并尽可能避免为用户自定义类实现 get 接口。

3.4.6 定义类型

C++11

有两种定义类型的方法：即使用 typedef 和使用 using。前者是从 C 中引入的，并且从

C++ 诞生就一直存在。向后兼容也是它唯一的优势。我们有时也会在本书中使用它来编写纯 C++03 的代码。对于无须使用 pre-11 编译器编译新型软件的用户，我们给出了如下建议：

建议

使用 using 代替 typedef。

它更容易理解并且功能也更强大。对于简单的定义，这只是顺序问题：

```
typedef double value_type;
```

对比 using ：

```
using value_type= double;
```

在 using 声明中，新的变量名位于等号的左侧，而在 typedef 的声明中变量名位于等号的右侧。为了声明一个数组，typedef 声明中的变量名并不是其等号最右边的部分，并且该类型被分为两部分：

```
typedef double da1[10];
```

与此相反，在 using 声明中，类型仍然是一体的：

```
using da2= double[10];
```

对于函数指针，这种差异会更加明显——你可能会希望在类型定义中永远不会用到它。4.4.7 节中的 std::function 是一个更灵活的选择。例如，声明一个带浮点数和 int 型参数并返回浮点数的函数如下所示：

```
typedef float (* float_fun1)(float, int);
```

和 using 对比：

```
using float_fun2= float(*)(float, int);
```

在所有示例中，using 声明能够清晰地将新类型名称和定义分开。

此外，using 声明允许我们定义模板别名（Template Alias），这些定义包含类型参数。假定我们有一个支持任意阶张量和可参数化值类型的模板类：

```
template <unsigned Order, typename Value>
class tensor{ ... };
```

现在我们希望分别引入一阶和二阶张量的 vector 和 matrix 类型。这是无法通过 typedef 来实现的，但可以通过 using 的模板别名轻松实现：

```
template <typename Value>
using vector= tensor <1, Value>;
```

```
template <typename Value>
using matrix= tensor <2, Value>;
```

当我们打印输出以下代码的结果时：

```
std::cout ≪ " The type of vector <float> is "
          ≪ typeid(vector <float>).name() ≪ ".\ n";
std::cout ≪ " The type of matrix <float> is "
          ≪ typeid(matrix <float>).name() ≪ ".\ n";
```

在名称还原工具中，我们看到如下内容：

```
The type of vector <float> is tensor <1 u, float>.
The type of matrix <float> is tensor <2 u, float>.
```

再次强调，如果你有使用 `typedef` 的经验，那么应该感谢 C++11 中引入的新特性，并且如果你只是刚接触类型定义的新手，那么应该尽快使用 `using`。

3.5 模板特例化

一方面，我们可以对许多参数类型使用相同的实现；另一方面，对于某些参数类型，我们可能需要了解更高效的实现，这在 C++ 中可以通过模板特例化（Template Specialization）来实现。从理论上来说，我们甚至可能存在某些类型实现完全不同的行为，而代价则是语义极度混乱。因此，特例化应该更有效并且行为一致。C++ 提供了很大的灵活性，作为程序员，我们必须负责任地使用这种灵活性并让自己的行为保持一致性。

3.5.1 为某种类型特例化一个类

⇒ c++11/vector_template.cpp

在接下来的内容中，我们希望将代码示例 3-1 中的向量特例化为 `bool` 类型。我们的目标是将 8 个 `bool` 值打包成一个字节来节省内存。让我们先从类的定义开始：

```
template <>
class vector <bool>
{
    // ..
};
```

虽然我们的特例化类不再是类型参数化的，但仍然需要 `template` 关键字和空的三角括号。名称 `vector` 被声明为类模板，我们需要这个看似多余的模板表示法来表明以下定义是主模板（Primary Template）的特例化。因此，在主模板之前声明或定义模板特例化是错误的。在特例化过程中，我们必须在尖括号中为每个模板参数提供一个类型，这些值可以是参数本身（或其表达式）。例如，如果我们希望特例化 3 个参数中某一个，其他两个仍然被声明为模板参数：

```
template <template T1, template T3>
class some_container <T1, int, T3>
{
    // ..
};
```

回到我们的布尔向量类：我们的主模板为一个空向量和一个包含 n 个元素的向量定义的一个构造函数。为了保持一致性，我们应该定义相同的构造函数。

对于非空向量，当字节位的数量不能被 8 整除时，我们必须对数据大小进行四舍五入处理：

```
template <>
class vector <bool>
{
  public:
    explicit vector(int size)
      : my_size{size}, data{new unsigned char[(my_size +7) / 8]}
    {}
    vector(): my_size(0){}
  private:
    int                              my_size;
    std::unique_ptr <unsigned char[]> data;
};
```

你可能已经注意到默认构造函数与主模板的构造函数相同。不过该方法并没有“传递”给特例化。每当我们在构造特例化代码时，必须从头开始定义所有内容或使用公共基类。① 我们可以根据需要省略主模板中的成员函数或变量，但为了保持一致性，我们这样做必须给出充分的理由。例如，可能会省略 operator+，因为我们的 bool 型数据没有加法操作。常量访问操作符可以通过移位和字节位掩码实现：

```
template <> class vector <bool>
{
    bool operator[](int i) const
    { return (data[i/8] >> i%8) & 1; }
};
```

可变访问可能会更麻烦一些，因为我们不能引用单个字节位。其技巧在于返回一个代理——一种为调用方提供接口的占位符设计模式。我们的 vector_bool_proxy 应该为向量中的单个字节位提供一个 bool 接口：

```
template <> class vector <bool>
{
    vector_bool_proxy operator[](int i)
    { return {data[i/8], i%8}; }
};
```

① 作者尝试简化这些冗长的代码 [20]。

return 语句使用大括号列表来调用双参数的构造函数。现在让我们实现一个管理 vector<bool> 中特定字节位的代理。显然，该类需要引用包含的字节和字节内部的位置。为了进一步简化操作，我们创建了一个掩码，在目标位上包含 1，而在其他位置上包含 0：

```
class vector_bool_proxy
{
  public:
    vector_bool_proxy(unsigned char& byte, int p)
      : byte{byte}, mask{static_cast <unsigned char >(1 << p)} {}
  private:
    unsigned char& byte;
    unsigned char   mask;
};
```

注意，1<<p 的结果是 int 型，并且将其存储为掩码将是没有强制类型转换的窄化转换。引用的数据经过简单的掩码处理后转换成 bool 型数据，从而实现读取访问：

```
class vector_bool_proxy
{
    operator bool() const{return byte & mask;}
};
```

仅当字节位中的值为 1 时，按位与（and）会产生一个非零值，该值在从 unsigned char 到 bool 的隐式转换中会被判定为 true。设置字节位的值是通过 bool 类型的赋值操作符实现的：

```
class vector_bool_proxy
{
    vector_bool_proxy& operator =(bool b)
    {
        if (b)
            byte |=  mask;
        else
            byte &= ~mask;
        return * this;
    }
};
```

当我们能够对所赋的值进行区分时，赋值操作更容易实现。当参数为 true 时，我们对掩码应用按位或（OR）操作，以便打开字节位的相应位置。所有其他位置保持不变，因为按位或（OR）与 0 的逻辑操作是无效的（0 是 OR 的单位元素）。相反，当参数是 false 时，我们首先翻转掩码并使用按位与（AND）将其应用于字节引用。然后将活动位置上掩码的“0”字节位翻转从而将其关闭，并打开所有其他位置，具有“1”字节位的按位与（AND）将保留这些字节位值。

通过这种针对 bool 型向量的特例化，我们大约只使用了原有内存用量的八分之一。尽管如此，我们的特例化结果（大部分）能够与主模板保持一致，即可以创建向量并以相同的方式读写它们。更准确地说，压缩向量与主模板并不是完全相同的，比如引用元素或设计类型推导时。但是，我们尽量确保特例化版本与泛型版本保持一致，并且在大多数情况下，我们不会意识到它们之间的差异，它们会以相同的方式工作。

3.5.2 函数特例化和重载

在本节中，我们将讨论和评估函数模板特例化的优缺点。

3.5.2.1 将函数特例化为具体类型

函数可以像类那样进行特例化。不幸的是，它们不参与重载解析，并且不太具体的重载会优先于更具体的模板特例化，参见 [64]。

为此，Sutter 和 Alexandrescu 给出了如下建议 [66，第 66 项]。

建议

不要使用函数模板特例化！

为了给上述某个特定类型或类型元组提供特例化实现，我们可以简单地采用重载。它的效果更好，甚至更简单，比如：

```
# include <cmath>

template <typename Base, typename Exponent>
Base inline power(const Base& x, const Exponent& y){  ...  }

double inline power(double x, double y)
{
    return std::pow(x, y);
}
```

包含多个特例化的函数最好通过类特例化来实现。它允许完全特例化和部分特例化，并且无须考虑重载和 ADL 规则。我们将在 3.5.4 节讨论这一点。

如果你曾经尝试采用汇编代码构造针对特定硬件的特例化，那么请务必不要这么做。如果非要如此，那么请先阅读附录 A.6.3 中的一些备注。

3.5.2.2 歧义

在前面的示例中，我们特例化了函数的所有参数，也可以在重载中将它们其中的一些参数特例化，并将其余的参数保留为模板：

```
template <typename Base, typename Exponent>
Base inline power(const Base& x, const Exponent & y);

template <typename Base>
Base inline power(const Base& x, int y);

template <typename Exponent>
double inline power(double x, const Exponent& y);
```

编译器将找到与参数组合匹配的所有重载并选择最合适的，即应该提供最有效的具体用例实现。例如，power(3.0, 2u) 将匹配第一个和第三个重载，后者更具体一些。用更抽象的数学术语来说[①]：类型特异性就是构造偏序集合（格），编译器从可用的重载中选择最有效。不过，你无须深入研究代数即可查看哪种类型组合更具体。

如果我们用前面的重载调用 power(3.0, 2)，这 3 个重载都能够匹配。但是，这一次我们无法确定最具体的重载。编译器会告诉我们调用存在歧义，并提示将重载 2 和重载 3 作为候选项。当我们一如既往地以最佳性能实现重载，可能对这 3 个重载都会感到满意，但编译器不会为我们做出选择。为了消除歧义，我们必须添加第 4 个重载：

```
double inline power(double x, int y);
```

数学专家会说："当然，我们会失去在特定偏序集合中的连接关系"。不过即使没有这种专业知识，我们大多数人也能理解为什么调用在前 3 个重载中存在歧义，以及为什么第 4 个重载为我们解决了问题。事实上，大多数 C++ 程序员即使没有学习过点阵也能从容应对。

3.5.3 类的偏特化

当我们实现模板类时，迟早会遇到需要为一个模板类特例化另一个模板类的情况。假定我们有模板 complex 和 vector，然后希望为所有 complex 实例特例化后者。那么，逐个为它实现起来会很烦琐：

```
template <>
class vector <complex <float> >;

template <>
class vector <complex <double> >;     //  再来一次 ???:-/

template <>
class vector <complex <long double> >; // 会有多少 ???:- P
```

这样不仅不优雅，而且还会破坏我们普适性的设计理念，因为 complex 支持所有实数（Real）类型，而我们前面的特例化只考虑了其中有限的部分数值。

同时，基于某些显而易见的原因，complex 实例不能用于处理将来的某些用户自定义类型。

避免实现冗余和无法兼容新类型的解决方案是偏特化（Partial Specialization）。我们将为所有 complex 实例特例化 vector 类：

```
template <typename Real>
class vector <complex <Real> >
{  ...   };
```

如果你的编译器不支持 C++11，那么请在关闭符号 ">" 之间添加一个空格；否则你的编译器可能会将随后的两个 ">" 解析为移位运算符，从而导致相当混乱的错误。尽管本书主要介绍

① 在数学中，格（Lattice）是一种偏序集。

的是 C++11 规范下的编程，但为了便于阅读，我们仍然保留了空格分隔符。偏特化也适用于包含多个参数的类，例如：

```
template <typename Value, typename Parameters>
class vector <sparse_matrix <Value, Parameters> >
{   ...   };
```

我们还可以特例化所有指针：

```
template <typename T>
class vector <T*>
{   ...   };
```

只要类型集合能够通过类型模式（Type Pattern）表达，我们就可以对其应用偏特化。模板偏特化可以和 3.5.1 节介绍的常规的模板特例化相结合，为了便于区分，我们称之为完全特例化（Full Specialization）。在这种情况下，完全特例化的优先级要高于偏特化。在不同偏特化之间，会选择最具体的那一个。在以下示例中：

```
template <typename Value, typename Parameters>
class vector <sparse_matrix <Value, Parameters> >
{   ...   };

template <typename Parameters>
class vector <sparse_matrix <float, Parameters> >{   ...   };
```

第二个特例化比第一个更具体，因此在匹配时会被采用。根据相同的特例化概念，完全特例化总是比任何偏特化更具体。

3.5.4　偏特化函数

函数模板实际上是不能被偏特化的。不过，对于完全特例化（3.5.2.1 节），我们可以通过重载来提供特殊的实现。为此，我们编写了更具体的函数模板，当它们匹配时会被优先考虑。例如，我们重载了泛型函数 abs 并为所有 complex 实例提供了一个实现：

```
template <typename T>
inline T abs(const T& x)
{
    return x <T(0) ? - x: x;
}

template <typename T>
inline T abs(const std::complex <T>& x)
{
    return sqrt(real(x)* real(x) + imag(x)* imag(x));
}
```

函数模板的重载很容易实现并且能够良好地运行。但是，对于大量重载的函数或者分布在大型项目多个文件的重载，有时这些重载不能按照预期被调用。原因是已经具有挑战性的命名空间解析与混合模板和非模板函数的重载解析之间会非常明显地相互作用。

⇒ c++14/abs_functor.cpp

为了确认可预测的特例化行为，最安全的做法是根据类模板特例化在内部实现它，并且只提供单个函数模板作为用户接口。问题在于，有时特例化的返回类型和单一函数的返回类型存在差异。比如我们的 abs 示例：泛型代码返回的是参数类型，而更具体的 complex 版本返回的是底层值类型。这可以通过一种可移植的方式进行处理，它甚至可以与 C++03 的代码兼容。不过，在较新的语言规范中使用类型推导可以极大地简化这些偏特化。

我们先从 C++14 中的最简单实现开始： C++14

```
template <typename T> struct abs_functor;

template <typename T>
decltype(auto) abs(const T& x)
{
    return abs_functor <T>{}(x);
}
```

我们的泛型函数 abs 创建了一个匿名对象 abs_functor<T>{}，并使用参数 x 调用它的 operator()。因此 abs_functor 相应的特例化需要一个默认构造函数（通常是隐式生成的）和一个 operator() 用于接收 T 型参数的一元函数。operator() 的返回类型是自动推导的。对于 abs，我们可以使用 auto 来推导其返回类型，因为所有不同的特例化都应该返回一个值。只是对于极个别情况下，某些特例化可能是 const 或引用类型，我们需要使用 decltype(auto) 来传递限定符。

当我们在 C++11 规范下编程时，必须显式声明返回类型。至少这个声明支持类型推导： C++11

```
template <typename T>
auto abs(const T& x) -> decltype(abs_functor <T>{}(x))
{
    return abs_functor <T>{}(x);
}
```

重复的 abs_functor<T>{}(x) 无疑是冗余的，任何冗余都是代码不一致的潜在来源，但 C++11 中也没有更好的替代方案。

而在 C++03 中，我们根本无法对返回类型使用类型推导。因此，这个 functor 必须通过 result_type 这样的类型别名（typedef）来提供： C++03

```
template <typename T>
typename abs_functor <T>:: result_type
abs(const T& x)
{
    return abs_functor <T>{}(x);
}
```

这里我们必须依赖 abs_functor 的实现者，即 result_type 和 operator() 的返回类型是一致的。最后，我们通过对 complex<T> 进行偏特化来实现函子（functor）：

```
template <typename T>
struct abs_functor
{
    typedef T result_type;

    T operator()(const T& x)
    {
        return x <T(0) ? - x: x;
    }
};

template <typename T>
struct abs_functor <std::complex <T> >
{
    typedef T result_type;

    T operator()(const std::complex <T>& x)
    {
        return sqrt(real(x)* real(x) + imag(x)* imag(x));
    }
};
```

这个可移植实现能够兼容 abs 的 3 种实现。当我们放弃对 C++03 的支持时，可以省略模板中的 typedef，而使用类型推导。这个 abs_functor 还可以进一步特例化为任何合理的类型模式，并且不会遇到我们在大量重载函数时遇到的问题。

还可以为 operator() 实现一个静态函数（操作符必须是非静态的），而不是在其中执行计算。这样能够让我们避免创建对象，以及不用编译器处理 this 指针。因此，我们邀请你在练习 3.12.11 中来实现这一点。

C++17 3.5.5　用户自定义类型的结构化绑定

⇒ c++17/structured_bindings_user.cpp

在不同上下文中修改模板特例化的一个好机会是提供元组的 get 接口，以便为存在私有成员的类启用 3.4.5 节中介绍的结构化绑定。如前所述，在这样做之前我们需要三思而后行，因为接口实现可能会比我们通过类型推导节省的工作量更多。为了验证这一点，我们至少应该尝试一次。

可以将 get 实现为成员函数或自由函数。为了证明更通用的实现是正确的，我们允许虚部具有不同于实部的类型：

```
template <typename T, typename U= T> class complex
{
```

```
  public:
    explicit complex(T rn = 0.0, U in = 0.0): r{rn}, i{in}{}

    T const & real() const{ return r; }
    U const & imag() const{ return i; }
  private:
    T  r;
    U  i;
};
```

为该类提供 get 方法：

```
template <typename T, typename U= T>
class complex
{
    template <std::size_t N>
    decltype(auto) get() const
    {
        if constexpr (N == 0)
            return r;
        else
            return i;
    }
};
```

由于 r 和 i 的类型不同，这里我们不能显式声明 get 方法的返回类型并使用类型推导。我们需要另一种新的特性：编译期的 if，即 constexpr-if。它在编译期进行条件判断，然后只有符合条件的分支会被编译（实例化），因此返回结果的类型是唯一的。对于普通的 if 语句，两个分支中的 return 语句都会在编译期间进行解析编译，因此返回类型会存在歧义。函数内部的编译期分支结构也是有必要的，因为我不能在类内部为了 0 和 1 而特例化 get，模板特例化只允许在命名空间范围内进行。

为了完成类元组接口，我们仍然有需要特例化类型特征 std::tuple_size 和 std::tuple_element：

```
namespace std{

    template <typename T, typename U>
    struct tuple_size <dmc::complex <T, U> >
      : public std::integral_constant <std::size_t, 2>{};

    template <std::size_t N, typename T, typename U>
    struct tuple_element <N, dmc::complex <T, U> >
    {
        using type = decltype(std::declval <dmc::complex <T, U> >().
```

```
                template get <N>() );
    };
}
```

前者声明了我们的类有两个值可以通过 get 进行访问。tuple_element 声明了为 0 和 1 声明的 get 的返回类型。在我们的简单示例中，可以通过使用 using type= T;，将 N 偏特化为 0 来显式声明这一点，相应的对于 1 也是如此。

C++11 此类型声明采用了 declval，这是一种生成任意类型对象的工具。这听起来似乎平淡无奇，但它在高度通用的软件中非常有用。对于用户自定义类型，我们知道如果创建一个对象，但是对于作为模板参数给出的任意类型，我们不能保证相关的构造函数存在。大多数类型都提供默认构造函数，但并非全部都提供。事实上，没有能够兼容所有类型的构造函数。尽管如此，declval<X>() 为我们提供了任意类型 X 的对象。实际上它构造了一个指向不存在对象的右值引用。一旦使用了该对象，我们的程序将不能通过编译。不过我们最终没有在代码片段中使用该对象，只是在讨论如果用这个对象调用给定 N 的 get 方法后返回类型是什么。这就是 declval 的使用方式——用 declval 构建一个包含该对象的表达式，并用 decltype 推断表达式的类型。最后，我们可以在 complex 类中使用结构化绑定：

```
complex <int, short> z{3, 7};
auto[re, im]= z;
```

如前所述，这种情况下可能并不值得我们付出过多精力。不过，在已经花费了这么多时间之后，我们还研究了 get 作为自由函数的不同实现。最简单的方法是使用 constexpr-if：

```
template <std::size_t N, typename T>
decltype(auto) get(const complex <T>& z)
{
    if constexpr(N == 0)
        return z.real();
    else
        return z.imag();
}
```

此外，我们还可以尝试特例化，因为这次我们是在命名空间中使用：

```
template <std::size_t N, typename T>
decltype(auto) get(const complex <T>& z);

template <typename T>
decltype(auto) get <0, T>(const complex <T>& z)
{return z.real();}

template <typename T>
decltype(auto) get <1, T>(const complex <T>& z)
{return z.imag();}
```

因为我们只特例化了 N 但不包含 T，所以这是一种偏特化，并且它们被禁止用于函数。对于类，这是允许的，我们可以实现非特例化函数 get 并调用偏特化类的方法。相比之下，完全特例化可以作用于函数：

```
template <>
decltype(auto) get <0, int>(const complex <int>& z)
{ return z.real(); }
template <>
decltype(auto) get <1, int>(const complex <int>& z)
{ return z.imag(); }
```

但是这几乎不是通用的，也不是一个真正合适的选项。在任何情况下，我们都需要让类型特征 tuple_element 兼容自由函数。

言归正传，我们在这里已经了解到模板特例化存在的不足。在这种情况下，constexpr-if 让问题简单了很多。我们还分析了将结构化绑定应用于用户自定义类型所需要投入的成本和产出是否是值得的。

在此之前，我们需要考虑这样一个问题：直接访问某些私有成员是否是一种明智的类设计决策，因为我们显然比以前暴露了更多的实现细节并且更危险，例如我们存在降低对象有效性的风险。不过这类访问或许能方便程序调试或测试。

为此，我们可以引入一个私有的或受保护的方法，比如 uncover_members，并专门用于调试或测试代码。当 uncover_members 返回一个元组时，可以轻松地避免本节中烦琐的代码声明工作：

```
template <typename T, typename U= T>
class complex
{
  private:
    auto uncover_members() const{ return std::tuple{r, i}; }
    friend complex_fixture;
};
```

在调试或测试环境下，我们现在可以应用结构化绑定：

```
auto[re, im]= z.uncover_members();
```

而其成员在其他地方仍然是无法访问的。

3.5.6 用户自定义格式化

C++20

⇒ c++20/vector_fmt_output.cpp

我们最后一个模板特例化示例是对 1.7.6 节中新的 <format> 库的定制，从而让其支持用户自定义类型。和之前一样，我们使用原型库 <fmt> 实现了它，如果可能的话，建议读者使用新的 <format> 库替代它。作为一个示例，我们再次选择了 vector 类，这次希望用它来声明和处理单个值的格式化。此外，当格式化字符串中包含字母 'c' 时，我们的系统用大括号替换右括号。

为此，我们需要对 std::formatter（相应的类也就是 fmt::formatter）类进行特例化。我们的特例化应包含方法解析和格式化。让我们先从方法解析开始：

```
template <typename Value>
struct formatter <dmc::vector <Value> >
{
    constexpr auto parse(format_parse_context & ctx)
    {
        value_format = "{:";
        for (auto it= begin(ctx); it != end(ctx); ++ it){
            char c= * it;
            if (c == 'c')
                curly = true;
            else
                value_format += c;
            if (c == '}')
                return it;
        }
        return end(ctx);
    }
    // ...
    bool        curly{false};
    std::string value_format;
};
```

对于参数来说，给定解析上下文的 begin 迭代器会指向格式规范的第一个字符，即冒号后的第一个字符。如果没有，则指向左大括号后的第一个字符。复制格式规范和本地的 value_format 几乎相同，只是我们需要跳过特殊字符 'c'。为了简单起见，我们假定格式不包含任何左大括号和右大括号，以便下一个右大括号终止我们的字符串。最后，我们返回指向右大括号或者 end 迭代器的迭代器。有了这些信息，我们可以在 format 方法中输出 vector：

```
template <typename Value>
struct formatter <dmc::vector <Value> >
{
    template <typename FormatContext>
    auto format(const dmc::vector <Value>& v, FormatContext & ctx)
    {
        auto&& out = ctx.out();
        format_to(out, curly ? "{{": "[");
        if (v.size()> 0)
           format_to(out, value_format, v[0]);
        for (int i= 1; i <v.size(); ++i)
            format_to(out, ", " + value_format, v[i]);
        return format_to(out, curly ? "}}": "]");
```

```
    }
    // ...
};
```

首先，我们引入了一个指向输出缓冲区的引用。然后我们将左大括号或括号写入缓冲区。由于大括号在 <format> 库中具有特殊含义，因此我们需要用双大括号作为专一序列。剩下的输出内容等价于 ostream 的输出。最后，我们返回输出缓冲区。现在，我们可以尝试格式化多种类型：

```
dmc::vector <double> v{1.394, 1 e9, 1.0/3.0, 1 e- 20};

print("v with empty format ={}.\ n", v);
print("v with f ={: f}.\ n", v);
print("v curly with f ={: fc}.\ n", v);
print("v width 9, 4 digits ={:9.4 f}.\ n", v);
print("v scient.={: ec}.\ n", v);
```

查看相应的输出结果：

```
v with empty format =[1.394, 1000000000.0, 0.3333333333333333, 1e -20].
v with f =[1.394000, 1000000000.000000, 0.333333, 0.000000].
v curly with f ={1.394000, 1000000000.000000, 0.333333, 0.000000}.
v width 9, 4 digits =[   1.3940, 1000000000.0000,    0.3333,    0.0000].
v scient.={1.394000 e+00, 1.000000 e+09, 3.333333 e -01, 1.000000 e -20}.
```

3.6 模板的非类型参数

目前为止，我们只对类型使用了模板参数，字面量也可以作为模板参数使用。在 C++20 之前，这仅限于整数类型（即整数和布尔值）和指针。从 C++20 开始，也允许使用浮点数和类。在本节中，我们将重点介绍整数。

3.6.1 固定大小的容器

⇒ c++11/fsize_vector.cpp

比较常用的是定义短向量和小矩阵，并将其大小（size）作为模板参数：

```
template <typename T, int Size>
class fsize_vector
{
    using self = fsize_vector;
  public:
    using value_type = T;
    static  constexpr int    my_size = Size;

    fsize_vector(int s= Size){assert(s == Size);}
```

```
        self& operator =(const self & that)
        {
            std::copy(that.data, that.data + Size, data);
            return * this;
        }

        self operator +(const self & that) const
        {
            self sum;
            for (int i= 0; i <my_size; ++i)
                sum[i]= data[i] + that[i];
            return sum;
        }
        // ...

      private:
        T    data[my_size];
    };
```

由于 size 已经作为模板的参数提供，所以我们不需要将它传递给构造函数。不过为了给向量构造一个统一的接口，我们仍然在构造时接收一个 size 参数，并检查它是否与模板参数匹配。

将此实现与 3.3.1 节中介绍的动态大小的向量进行比较，我们会发现它们存在很多差异。其本质的差异在于 size 现在是类型的一部分，并且可以在编译期访问。因此，编译器可以执行额外的优化。例如，当我们将两个大小为 3 的向量相加时，编译器可以将循环转化为以下加粗显示的 3 条语句：

```
self operator +(const self & that) const
{
    self sum;
    sum[0]= data[0] + that[0];
    sum[1]= data[1] + that[1];
    sum[2]= data[2] + that[2];
    return sum;
}
```

这能够节省计数器增量和循环结束测试的代码，这些操作在可以在 SSE/AVX 上并行执行。我们将在 5.4 节详细讨论循环展开方面的知识。

由额外的编译期信息引起的性能优化当然取决于编译器。只有通过阅读生成的汇编程序代码，或者通过观察性能并将其与其他实现进行比较，才能发现实际完成了哪种转换。阅读汇编程序是很困难的，特别是在高优化级别的情况下。如果优化不是那么明显，那么我们可能看不到编译期 size 参数带来的好处。一款能够很好地处理上述问题的工具是 godbolt 网站上的 Compiler Explorer，它能够根据源代码行对汇编程序进行颜色区分，以更易读的方式呈现汇编程序代码。

在上述示例中，对于 3 这样的小尺寸，编译器可能会展开循环，并为像 100 这样的大尺寸保持循环。因此，这些编译期 size 参数对于小型矩阵和向量特别有用，比如三维坐标或旋转。

在编译期知道 size 参数的另一个好处是我们可以将值存储到一个数组中，以便 fsize_vector 使用单个内存块。和管理成本高昂的动态内存分配相比，用这种方式创建和销毁内存更容易。如前所述，size 成为类型的一部分。因此，我们不需要对相同类型的向量大小进行校验，参见如下代码片段：

```
fsize_vector <float, 3> v;
fsize_vector <float, 4> w;
vector <float>           x(3), y(4);

v= w;    // 编译期报错
x= y;    // 运行时报错
```

最后两行代码是不兼容的向量赋值。其区别在于，第二个赋值操作（x=y;）不兼容，这类问题会在断言的运行时被发现。而赋值操作（v=w;），甚至都无法通过编译。因为维度为 3 的固定尺寸向量只能接收相同维度作为的向量参数。

如有必要，我们可以为非类型模板参数声明默认值。在实际的三维世界里，假定很多向量是三维的是很有意义的：

```
template <typename T, int Size = 3> class
fsize_vector
{ /* ... */ };

fsize_vector <float>        v, w, x, y;

fsize_vector <float, 4>     space_time;
fsize_vector <float, 11>     string;
```

对于相对论和弦理论，我们需要额外声明向量维度。

3.6.2 推导非类型参数 C++17

⇒ c++17/auto_template_argument.cpp

C++11 为整数值引入了编译期常量的概念：

```
template <typename T, T Value>
struct integral_constant;
```

这允许我们在编译期定义一个表示 false 的类型：

```
using false_type = integral_constant <bool, false>;
```

对于 integral_constant，我们首先必须声明常量的类型，然后声明它的值。这显然是多余的，因为可以从值中推导出类型。为此，C++17 为模板参数启用了 auto。例如，我们可以为整型常量定义一个类，但是无须显式声明其类型：

```
template <auto Value>
struct integral_constant_c
  : std::integral_constant <decltype(Value), Value>
{};

using f_type = integral_constant_c <false>;
```

现在我只声明了值并推导出其类型。大多数情况下，f_type 类型可以替换 false_type。但也有例外情况，例如 false_type 实例模板的显式特例化。使用模板别名比从整型常数派生的效果更好：

```
template <auto Value>
using integral_constant_t =
    std::integral_constant <decltype(Value), Value>;

using t_type = integral_constant_t <true>;
```

这不仅更好地表达了我们的意图，而且 t_type 和 true_type 是完全等价的，我们可以在任何地方替换它。

3.7　函子

在本节中，我们将介绍一种非常强大的特性——函子（Functor）。看上去它们似乎只是提供可以像函数那样调用操作符的类。与普通函数的关键区别在于，函子可以更灵活地应用于彼此或其自身，从而允许我们创建新的类函数对象。理解这类应用程序需要花费一些时间，阅读本节可能比之前的章节更具挑战性。然而，因为这些内容可以让我们的编程水平更上一层楼，所以在这些内容上投入的每一分钟都是值得的。本节还为引入 lambda 表达式（3.8 节）铺平了道路，同时也打开了元编程（第 5 章）的大门。

作为一个学习案例，我们开发了一种数学算符来计算可微函数 f 的有限差分。有限差分是一阶导数的近似值：

$$f'(x) \approx \frac{f(x+h)-f(x)}{h}$$

其中 h 是一个很小的值，它也被称为间距。

代码示例 3-5 给出了计算有限差分的通用函数。我们在函数 fin_diff 中实现了这一点，它接收任意函数做参数（即函数参数和返回类型都是 double 类型）：

代码示例 3–5　使用函数指针实现有限差分功能

```
double fin_diff(double f(double), double x, double h)
{
    return(f(x+h) - f(x)) / h;
```

```
}

double sin_plus_cos(double x)
{
    return sin(x) + cos(x);
}

int main(){
    cout << fin_diff(sin_plus_cos, 1., 0.001) << '\n';
    cout << fin_diff(sin_plus_cos, 0., 0.001) << '\n';
}
```

在这里，我们将计算当 h=0.001、x=1 和 x=0 时，sin_plus_cos 的导数。sin_plus_cos 会作为函数指针进行传递（如有必要，函数可以隐式转换为函数指针）。

现在我们希望计算二阶导数。fin_diff 将自身作为参数进行函数调用是有意义的。不过这是不可能的，因为 fin_diff 包含 3 个参数，并且与一元函数的函数指针参数不匹配。我们可以通过以下方式解决这个问题。

定义 3-2 函子是提供应用 operator() 的类，以便能够像函数一样调用其对象。

有些书中还会使用"函数对象"来代替函子，不过在他们的描述中，函数对象指代的是类还是对象并不是特别明确。这在某些情况下可能并没有什么问题，不过我们在这里需要对类和对象进行明确区分。尽管函子在范畴论中有其他含义，但我们在这里更喜欢使用这个词。

在本书中，函子总是指类，因此其对象被称为函子对象。我们使用函数对象（Function Object）来表示所有可以像函数一样被调用的对象。这可以是常规函数、函子对象、lambda 表达式或函数指针。

以下示例将之前的函数 sin_plus_cos 实现为一个函子（代码示例 3-6）：

代码示例 3–6 函子

```
struct sc_f
{
    double operator()(double x) const
    {
        return sin(x) + cos(x);
    }
};
```

函子的一大优点在于能够将参数保存为内部的状态。我们可以在 sin 函数中用 α 对 x 进行缩放（代码示例 3-7），即 $\sin \alpha x + \cos x$：

代码示例 3–7 包含状态的函子

```
class psc_f
{
  public:
```

```
    psc_f(double alpha): alpha{alpha}{}

    double operator()(double x) const
    {
        return sin(alpha * x) + cos(x);
    }
  private:
    double alpha;
};
```

注意：在本节中，我们引入了不少类型和对象。为了更好地区分它们，我们使用以下命名约定：函子类型以后缀 _f 进行命名（比如 psc_f），而其对象以后缀 _o 进行命名。近似的一阶导数以前缀 d_ 命名，二阶导数以前缀 dd_ 命名，高阶导数以 d 为前缀，然后跟它的阶，比如 7 阶导数是 d7_。为了简洁起见，我们不会声明每个导数是近似的（例如，20 阶左右的导数实际上是不正确的，以至于近似值是错误的）。

3.7.1　类函数参数

⇒ c++11/derivative.cpp

在定义了函子类型之后，我们必须想办法将其对象传递给函数。之前在定义 fin_diff 函数时有一个函数指针作为参数，我们不能使用它处理函子对象。此外，当我们想要支持不同的函子时，不能使用特定的参数类型，比如 sc_f 和 psc_f。通常有两种技术可以接收不同类型的参数——继承和模板。继承这一技术将在 6.1.4 节详细讨论。现在，我们不得不承认，泛型方法在适用性和性能上更胜一筹。因此，我们为函子和函数使用类型参数：

```
template <typename F, typename T>
T inline fin_diff(F f, const T& x, const T& h)
{
    return(f(x+h) - f(x)) / h;
}

int main()
{
    psc_f psc_o{1.0};
    cout << fin_diff(psc_o, 1., 0.001) << endl;
    cout << fin_diff(psc_f{2.0}, 1., 0.001) << endl;
    cout << fin_diff(sin_plus_cos, 0., 0.001) << endl;
}
```

在以上示例中，我们创建了函子对象 psc_o 并将其作为模板参数传递给 fin_diff。接下来的调用是将动态创建的对象 psc_f(2.0) 传递给差分函数。在最后一次调用 fin_diff 函数时，我们演示了该函数仍然可以接收一个诸如 sin_plus_cos 这样的普通函数做参数。

这 3 个例子表明参数 f 是非常通用的。接下来就引出了如何实现通用性这样一个问题。从我们如何使用 f 来看，它必须是一个接收一个参数的函数。STL（4.1 节）为了满足这些需求引入了一元函数（UnaryFunction）的概念：

- 让 f 为 F 类型；
- 让 x 为 T 类型，其中 T 是 F 的参数类型；
- f(x) 使用一个参数调用 f 并返回结果类型的对象。

因为我们执行所有计算都使用的是 T 类型的值，因此 f 的返回类型应该也是 T。

3.7.2 组合函子

到目前为止，我们已经研究了用于计算的多种函数参数。不过距离通过将 fin_diff 作为参数传递给自身来优雅地计算更高阶导数的目标还有一些遥远。问题在于 fin_diff 需要一个一元函数作为参数，而它自身是一个三元函数。我们可以通过定义一个一元函子[①]来克服这种差异，该函子会将要差分的函数和间距作为内部状态：

```
template <typename F, typename T>
class derivative
{
  public:
    derivative(const F& f, const T& h): f{f}, h{h}{}

    T operator()(const T& x) const
    {
        return(f(x+h) - f(x)) / h;
    }
  private:
    const F& f;
    T    h;
};
```

最后只有 x 仍然作为常规函数参数传递给微分函数。这个函子（derivative <psc_f, double>）可以用表示 f(x) 的函子来实例化[②]，结果是近似 $f'(x)$ 的函子：

```
using d_psc_f = derivative <psc_f, double>;
```

$f(x) = \sin(\alpha \cdot x) + \cos x$ 的导数是由函子 d_psc_f 表示的。我们现在可以为 $\alpha = 1$ 的导数创建一个函数对象：

```
psc_f      psc_o{1.0};
d_psc_f    d_psc_o{psc_o, 0.001};
```

这样我们就可以计算 x=0 时的导数：

```
cout << "der.of sin(x) + cos(x) at 0 is " << d_psc_o(0.0) << '\n';
```

① 为了简洁起见，我们将对象行为类似于一元函数的函子称为一元函子。

② 当用函子 ft 表示 $f(x)$ 时，我们的意思是用 ft 的对象计算函数 $f(x)$ 的结果。

当然，我们之前就可以这么做。它与前面的解决方案的本质区别在于，原始函数及其导数的相似性，即它们都是从函子创建的一元函数对象。

因此，我们最终达成了目标，可以像对待 $f(x)$ 一样对待 $f'(x)$ 并从中构建 $f''(x)$。更专业地说法是：我们可以使用导函数的函子 d_psc_f 来实例化导数：

```
using dd_psc_f = derivative <d_psc_f, double>;
```

现在我们有了一个计算二阶导数的一元函子，接下来可以通过创建它的函数对象和近似 $f''(0)$ 来证明这一点：

```
dd_psc_f              dd_psc_o{d_psc_o, 0.001};
cout ≪ " 2 nd der.of sin(x) + cos(x) at 0 is " ≪ dd_psc_o(0.0) ≪ '\n';
```

由于 dd_psc_f 还是一个一元函子，所以我们可以依次类推计算三阶或者更高阶的导数。如果我们需要来自多个函数的二阶导数，那么可以投入更多精力在直接创建二阶导数上，而不需要从一阶导数开始构造。下面的函子通过在构造函数中为一阶导数创建函数对象来计算近似 $f''(x)$：

```
template <typename F, typename T> class second_derivative
{
  public:
    second_derivative(const F& f, const T& h)
      : h{h}, fp{f, h}{}

    T operator()(const T& x) const
    {
        return(fp(x+h)  -  fp(x) )  /  h;
    }
  private:
    T                  h;
    derivative <F, T> fp;
};
```

现在我们可以从 f 中为 f'' 构造一个函数对象：

```
second_derivative <psc_f, double> dd_psc_2_o{psc_f(1.0), 0.001};
```

同样，我们可以为每个高阶导数构造一个生成器。更好的选择是，我们将实现一个用于计算近似任意阶导数的函子。

3.7.3　递归

当我们考虑如何实现第三阶、第四阶或者更一般的第 n 阶导数时，就会发现它和计算二阶导数类似：计算 x+h 和 x 的 $n-1$ 阶导数。我们可以通过递归实现来构造这种重复模式：

```
template <unsigned N, typename F, typename T>
class nth_derivative
```

```
{
    using   prev_derivative =   nth_derivative <N-1,  F,  T>;
  public:
    nth_derivative(const F& f, const T& h)
      : h{h}, fp{f, h}{}

    T operator()(const T& x) const
    {
        return(fp(x+h) - fp(x)) / h;
    }
  private:
    T                h;
    prev_derivative  fp;
};
```

为了避免编译器陷入无限递归，我们必须在程序到达一阶导数时停止这种互相引用。请注意，我们不能使用 `if` 语句或 `?:` 来停止递归，因为它们各自的分支都会立即执行计算，其中一个仍然包含无限递归。不过在 C++17 中，我们可以使用 `constexpr-if`。一般来说，递归模板定义将以如下特例化终止：

```
template <typename F, typename T>
class nth_derivative <1, F, T>
{
  public:
    nth_derivative(const F& f, const T& h): f{f}, h{h}{}

    T operator()(const T& x) const
    {
        return(f(x+h) - f(x)) / h;
    }
  private:
    const F& f;
    T        h;
};
```

这种特例化与我们现在可以丢弃的类导数相同，或者我们可以保留它并通过继承它来复用其功能（和继承有关的内容可以参考第 6 章）。

```
template <typename F, typename T>
class nth_derivative <1, F, T>
  : public derivative <F, T>
{
    using derivative <F, T>::derivative;
};
```

现在我们可以计算任意阶的导数，比如 22 阶：

```
nth_derivative <22, psc_f, double> d22_psc_o{psc_f(1.0), 0.00001};
```

新对象 d22_psc_o 又是一元函数对象。不过它的近似值结果非常糟糕，以至于我们都不好意思在这里展示结果。根据泰勒级数可知，当前向差分应用于后向差分时，f'' 的近似误差会从 $O(h)$ 减小到 $O(h^2)$。也就是说，当取前向差分和后向差分两者之间的值时，也许可以改进我们的近似值：

```
template <unsigned N, typename F, typename T> class nth_derivative
{
    using prev_derivative = nth_derivative <N-1, F, T>;
  public:
    nth_derivative(const F& f, const T& h): h{h}, fp{f, h}{}

    T operator()(const T& x) const
    {
        return N & 1 ?(fp(x+h) - fp(x)) / h
                     : (fp(x) - fp(x-h)) / h;
    }
  private:
    T       h;
    prev_derivative fp;
};
```

不过我们的 22 阶导数结果误差仍然很大。当我们发现对 f 执行了超过 400 万次计算时，尤其令人沮丧[①]。减少 h 看上去也无济于事：切线能够更好地接近导数，但是 $f(x)$ 和 $f(x \pm h)$ 彼此接近，因此它们间距中只剩下很少的有意义的值。正如泰勒级数所述，我们的交替差分方案至少改进了二阶导数的结果。另一个事实是，我们可能没有为改造付出代价。条件 N&1 的结果在编译期间是已知的，当前的编译器应该只计算相应的子表达式。此外，我们除了学习了一些 C++ 方面的知识，还能够获得以下心得。

心得

即使编程技巧再怎么酷炫，也无法替代扎实的数学知识。

最后，本书主要是介绍编程的。函子对于生成新的函数对象具有极强的表现力。尽管如此，如果读者对于如何计算高阶导数有自己独到的见解，那么可以随时与笔者联系。

只是还有一个细节仍然困扰着我们：函子参数和构造参数之间的冗余。假定我们要计算 psc_o 的 7 阶导数：

```
nth_derivative <7, psc_f, double> d7_psc_o{psc_o, 0.00001};
```

nth_derivative 的最后两个参数正好是构造函数参数的类型，auto 和 decltype 在这里并不能提供太大帮助：

---

① 通过在每个位置只计算一次 f 并用适当的二项式系数对其进行缩放，可以将计算工作量从指数级别下降到线性级别。

```
auto d7_psc_o = nth_derivative <7, psc_f, double>{psc_o, 0.00001};
nth_derivative <decltype(psc_o),
                decltype(0.00001), 7>    d7_psc_o{psc_o, 0.00001};
```

更好的方案是使用一个函数模板，它接收构造函数的参数并推导出它们的类型，如下所示：

```
template <unsigned N, typename F, typename T>
nth_derivative <N, F, T>
derive(const F& f, const T& h)
{
    return nth_derivative <N, F, T>{f, h};
}
```

这应该能够推导出 F 和 T，我们只需显式声明 N。如果我们将 N 设置为最后一个参数，那么这将无法按照预期工作。当声明某个模板参数时，我们有义务声明之前的所有参数：

```
auto d7_psc_o = derive <psc_f, double, 7>(psc_o, 0.00001);
```

因此，将 N 作为第一个参数（幸运的是，我们一直是这样做的），我们可以显式声明 N，并且可以推导出 F 和 T。因此，我们把 N 放在前面：

```
template <unsigned N, typename F, typename T>
nth_derivative <N, F, T>
derive(const F& f, const T& h)
{
    return nth_derivative <N, F, T>{f, h};
}
```

现在编译器可以推导出函子和 7 阶导数的值类型：

```
auto d7_psc_o = derive <7>(psc_o, 0.00001);
```

我们已经看到模板参数的顺序对函数很重要。在需要编译器推导所有参数的函数模板中，它们的顺序无关紧要。只有当显式声明全部参数或者其中部分参数时，我们才需要注意参数顺序。未推导出的参数必须位于参数列表的最前面。为了记住这一点，我们可以假定一个带有部分推导参数的模板函数调用：显式声明的参数首先出现，靠近左括号“(”的左侧，其余的参数靠近右括号“(”的右侧。

3.7.4 泛型规约

⇒ c++11/accumulate_functor_example.cpp

回想一下 3.3.2.5 节中我们用于说明泛型编程的 accumulate 函数示例。在本节中，我们将把这个函数推广到一个泛型规约。我们引入一个 BinaryFunction 作为函数或可调用的类对象来实现对两个参数的操作，然后可以对序列中的所有元素应用 BinaryFunction 执行任何规约：

```
template <typename Iter, typename T, typename BinaryFunction>
T accumulate(Iter it, Iter end, T init, BinaryFunction op)
{
    for(; it != end; ++ it)
       init = op(init, * it);
    return init;
}
```

为了实现加法操作，我们可以实现一个由值类型参数化的函子：

```
template <typename T> struct add
{
    T operator()(const T& x, const T& y) const{return x + y; }
};
```

除了类，我们还可以参数化 operator()：

```
struct times
{
    template <typename T>
    T operator()(const T& x, const T& y) const{ return x * y; }
};
```

这样做的好处在于编译器可以推导出值类型：

```
vector v={7.0, 8.0, 11.0};
double s= accumulate(v.begin(), v.end(), 0.0,  add <double>{});
double p= accumulate(v.begin(), v.end(), 1.0, times{});
```

在这里我们计算了向量条目的总和及乘积。add 函子需要使用向量的值类型进行实例化，而 times 函子不是模板类，并且是在应用程序中推导出其参数类型的。

3.8　lambda 表达式

⇒ c++11/lambda.cpp

C++11 引入了 lambda 表达式。一个 lambda 表达式只是函子的一种快捷方式。不过，它让程序变得更紧凑，通常也更易于理解，特别是对于简单的计算。学习过之前经典的函子代码之后，可以很容易地理解什么是 lambda 表达式。

在代码示例 3-6 中，我们实现了 sin x+cos x 的函子，相应的 lambda 表达式如代码示例 3-8 所示。

代码示例 3–8　简单的 lambda 表达式

```
[](double  x){return sin(x) + cos(x);}
```

lambda 表达式不仅定义了一个函子，而且还建立了一个对象。因此我们可以立即将其作为参数传递给函数：

```
fin_diff([](double  x){return sin(x) + cos(x);}, 1., 0.001)
```

作为字面量的参数可以直接集成到 lambda 表达式中。因此，我们可以像函子 psc_f（代码示例 3-7）中所做的那样缩放 sin 参数，即插入乘法并得到一个一元函数对象：

```
fin_diff([](double x){return sin(2.5 *x) + cos(x);}, 1., 0.001)
```

还可以将其存储到变量中以供复用：

```
auto sc_l =[](double x){return sin(x) + cos(x);};
```

类型的变量必须是 auto，因为 lambda 的类型是由编译器生成的。前面示例中的 lambda 表达式没有声明它们的返回类型。在这种情况下，它们的类型由编译器推导出来。如果它不能被推导出来或者我们更喜欢显式声明它，可以提供返回类型作为尾随参数：

```
[](double x) ->double{return sin(x) + cos(x);};
```

⇒ c++11/derivative.cpp

现在我们可以动态创建函数对象，并且不需要特意关心它们的类型，因为我们很乐意看到导数生成器能够推导出其类型。这允许我们在单个表达式中为 $\sin 2.5x + \cos x$ 的近似 7 阶导数创建一个函数：

```
auto d7_psc_l = derive <7>(
  [](double x){return sin(2.5* x) + cos(x);}, 0.0001);
```

不过该语句似乎有点长，但实际的程序并非如此。lambda 一出现，许多程序员都对此感到很兴奋，以至于他们用 lambda 实现了每个函数参数。对于有经验的程序员来说，这可能是一个有趣的挑战，我们相信将过多的代码嵌套分解成可读的片段能帮助大家使用和维护软件代码。

3.8.1 捕获 C++11

在上一节中，我们通过简单地插入一个操作来参数化一个 lambda 表达式。然而，这对于大量参数的情况并不是很有效率：

```
a= fin_diff([](double x){ return sin(2.5 * x); }, 1., 0.001);
b= fin_diff([](double x){ return sin(3.0 * x); }, 1., 0.001);
c= fin_diff([](double x){ return sin(3.5 * x); }, 1., 0.001);
```

不过我们不能像这样从 lambda 表达式的作用域中访问变量或常量：

```
double phi = 2.5;
auto sin_phi =[](double x){return sin(phi * x);}; // Error
```

lambda 表达式只能使用自己的参数或者之前捕获的参数。

C++11

3.8.1.1　通过值进行捕获

为了使用 phi 的值，我们首先必须捕获它：

```
double phi = 2.5;
auto sin_phi =[phi](double x){return sin(phi * x);};
```

捕获某些东西的 lambda 表达式通常被称为闭包，可以在逗号分隔的列表中捕获多个值：

```
double phi = 2.5, xi = 0.2;
auto  sin2 =[phi, xi](double x){return  sin(phi * x) + cos(x)* xi;};
```

这些参数是复制的，但与按值传递的函数参数相反，系统禁止修改它们。对于函子类，前面的 lambda 表达式对应于：

```
struct lambda_f
{
    lambda_f(double phi, double xi): phi{phi}, xi{xi}{}
    double operator()(double x) const
    {
        return sin(phi * x) + cos(x) * xi;
    }
    double   phi, xi;
};
```

因此，后续修改捕获的变量对 lambda 表达式没有影响：

```
double phi = 2.5, xi = 0.2;
auto px=[phi, xi](double x){return  sin(phi   * x) + cos(x) * xi;};
phi = 3.5; xi = 1.2;
a= fin_diff(px, 1., 0.001); // 仍然可以使用 phi = 2.5 和 xi= 0.2
```

这些变量是在定义 lambda 表达式时被捕获的，因此在调用 lambda 表达式时使用当时的值。

此外，尽管是复制，但我们不能修改 lambda 表达式函数内部的值。因为 lambda 表达式的函数体对应于上面 lambda_f 中的 const 限定的 operator()。比如，在下面的 lambda 表达式中，对捕获的 phi 执行加法操作是不合理的：

```
auto l_inc =[phi](double x){phi += 0.6; return phi;}; // Error
```

为了允许修改捕获的值，lambda 表达式必须声明为可变的（mutable）：

```
auto l_mut =[phi](double x) mutable{phi += 0.6; return phi;};
```

然后它的行为表现得就像该值被复制到一个可变的变量中，并且可以在 const 限定的方法中支持修改。尽管如此，我们应该尽量避免修改，比如返回 phi+0.6。如果 lambda 表达式只被调用一次（大多数 lambda 表达式都是如此）那么我们对变量执行加法操作或者是在 return 语句中执行加法操作的区别并不大。

C++11

3.8.1.2　通过引用捕获

变量也可以通过引用捕获：

```
double phi = 2.5, xi= 0.2;
auto  pxr=[&phi,&xi](double x){return  sin(phi * x) + cos(x) * xi;};
phi= 3.5; xi= 1.2;
a= fin_diff(pxr, 1., 0.001); // now uses phi= 3.5 and xi= 1.2
```

在以上示例中，使用的是函数调用 lambda 表达式时 phi 和 xi 的值，而不是创建 lambda 表达式时的值。对应的函子如下所示：

```
struct lambda_ref_type
{
    lambda_ref_type(double& phi, double & xi): phi{phi}, xi{xi}{}
    double operator ()( double x) const
    {
        return sin(phi * x) + cos(x) * xi;
    }
    double & phi;
    double & xi;
};
```

引用语义的另一个重要特性是修改引用值的能力，这不仅是副作用的潜在来源，也可以被充分地利用。假定我们有若干密集和稀疏矩阵类。对于这些类，我们提供了通用的遍历函数 on_each_nonzero，其中矩阵作为第一个参数，函数对象作为第二个参数（按值传递）。这允许我们计算一般的弗罗贝尼乌斯范数（Frobenius norm）：

$$|||A||F = \sqrt{\sum_{i,j} |a_{ij}|^2}$$

通过上述公式可知，我们可以忽略所有零项，只处理非零项，并且不需要关心它们在矩阵中的位置：

```
template <typename Matrix>
typename Matrix::value_type
frobenius_norm(const Matrix& A)
{
    using std::abs; using std::sqrt;
    using value_type = typename Matrix::value_type;
    value_type ss = 0;
    on_each_nonzero(A,[&ss](value_type x){ ss += abs(x) * abs(x);});
    return sqrt(ss);
}
```

为了简单起见，这里我们假定 A(0, 0) 和 abs(A(0, 0)) 的类型是相同的。请注意，lambda 表达式不返回值，因为它们的目的是对引用变量 ss 中的平方矩阵求和。这里缺少 return 语句说明其返回类型是 void。以下是一些捕获变量的快捷方式：

- [=]：捕获所有复制。
- [&]：通过引用捕获所有内容。

- [=,&a,&b,&c]：通过复制捕获所有内容，但通过引用捕获 a、b 和 c。
- [&,a,b,c]：通过引用捕获所有内容，但通过复制获取 a、b 和 c。

Scott Meyers 建议不要使用全部捕获功能，因为它会增加出现过期引用和忽略静态变量或成员变量的风险，详情参见 [46，第 31 条]。

方法中的 lambda 表达式在访问类成员时必须捕获 this 指针：

```
struct s
{
    int f(int x) const{return 2 * x;}
    int g(int y) const
    {
        auto l=[this](int z){ return f(z + i); };
        return l(y);
    }
    int i= 3;
};
```

如果我们没有捕获 this，那么 f 和 i 在 lambda 表达式中会被当作未知的数据。

C++14

3.8.1.3　通用捕获

Init Capture 将通用捕获引入了 C++14，它允许我们为现有变量引入新的名称，然后计算表达式并将名称与结果相关联，例如：

```
int x= 4;
auto l=[&r= x, i= x + 1](){r+= 2; return i + 1;};
```

空参数列表可以省略（在 C++ 11 中也是如此）：

```
auto l=[&r= x, i= x + 1]{r+= 2; return i + 1;};
```

这种通用捕获最重要的好处（对我们来说）是能够将变量移动到闭包中。假定我们有一个函数，它以 unique_ptr 的形式返回一个 Hilbert 矩阵：

```
auto F= make_unique <Mat>(Mat{{1.,  0.5},{0.5,1./3.}});
```

现在允许我们将 F 作为引用捕获，不过当闭包离开指针的作用域时，它会失效。另外，unique_ptr 不支持复制。为了确保矩阵和闭包的存续期一样长，我们必须将数据移动到闭包的 unique_ptr 中：

```
auto apply_f =[F= move(F)](const Vec & x){return Vec(* F * x);};
```

我们需要这种移动能力，比如当函数返回一个 lambda 表达式来捕获不可复制类型的局部变量时。

C++14

3.8.2　泛型 lambda

C++11 中的 lambda 表达式能够确定返回类型，但需要显示声明参数类型。这个限制在 C++14

中被取消了。与函数模板相比，参数不是用比较冗长的模板—类型声明表示法声明的。而是用关键字 auto 声明的。比如，按降序对（随机访问的）容器的元素进行排序的函数实现非常简单：

```
template <typename C>
void reverse_sort(C& c)
{
    sort(begin(c), end(c),[](auto x, auto y){ return x> y; });
}
```

同样，我们可以简化 3.8.2.1 节中的 frobenius_norm 函数。对平方大小求和的 lambda 表达式可以简单地实例化参数类型：

```
template <typename Matrix>
inline auto frobenius_norm(const Matrix & A)
{
    using std::abs; using std::sqrt;
    decltype(abs(A[0][0])) ss= 0;
    on_each_nonzero(A,[&ss](auto x){ss += abs(x) * abs(x);});
    return sqrt(ss);
}
```

在这个小型函数中，我们使用了更多的类型推导机制，从而完全从声明 value_type 中解放出来。现在我们还可以处理 abs 返回类型与 value_type 不同的情况。

C++17 允许我们定义在编译期执行的 lambda 表达式。我们在 5.1.5 节介绍编译期计算的相关内容时，将会详细介绍与之有关的细节。 C++17

C++20 也将模板参数称为常规函数模板。例如，它允许我们编写泛型 lambda，并要求将多个参数实例化为同一类型。一些支持类型推导的 lambda 可能会构造得更简洁。对于这种不断增强的表现力，我们给出如下建议。 C++20

建议

使用 lambda 要适度。并非所有可以用 lambda 表达式完成的事情都需要用它来完成。lambda 表达式应该让你的程序更具表现力而不是更加晦涩难懂。

不能滥用和构造过度复杂的 lambda 表达式。即使在当前的 C++ 版本中，使用传统的函数和类构造清晰简洁的代码仍然是更好的选择。作者的建议如下：

- 在函数调用中创建一个 lambda 表达式，只要调用，仍然适合在一行代码中完成并且 lambda 表达式仅调用一次即可；
- 拆分嵌套的 lambda 表达式并至少保留内部的 lambda；
- 如果 lambda 代码不超过 5 行，那么最好将其存储到变量中；
- 除此之外，最好都采用其他方式的代码实现。

曾经有这样一种情况，成员函数中需要一个简单的功能，将其实现为 3 行的 lambda 表达式会很方便，然后函数功能被扩展，lambda 表达式被扩展成 5 行。后来又需要功能扩展，这时

lambda 表达式似乎不再是合适的解决方案，而是选择传统的成员函数。

3.9 变量模板

C++14

数学常量过去会被定义为最大的可用类型（通常是 `long double`），并在用于表达式时转换为所需的类型。相反，当常量未转换时，其他参数可能会被强制转换为更大的常量，并且表达式的执行效率较低。

因此，C++14 引入了变量模板：使用模板参数来参数化相关的变量。例如，常数 `pi` 可以用类型参数定义：

```
template <typename Value>
constexpr Value pi{3.141 ' 592 ' 653 ' 589 ' 793 ' 238 ' 462 ' 643 ' 383 ' 279 l};
```

当我们需要在泛型表达式中使用 pi 时，可以使用适当的类型实例化它：

```
template <class T>
T circular_area(const T& r)
{
    return pi <T> * r * r;
}
```

Alex Shabalin① 给出了一个更有趣的 lambda 表达式示例，它和我们前面给出的通过 lambda 表达式实现导数近似的示例类似，即对象可以存放在之前介绍的支持类型推导的变量中。这次我们添加了导数的阶数作为编译期参数：②

```
template <size_t N>
auto derive =[](auto f, auto x, auto h){
    auto prev =[&](auto x2){
        return derive <N- 1>(f, x2, h);
    };
    return(prev(x+h) - prev(x)) / h;
};

template <>
auto derive <0>=[](auto f, auto x, auto h){
    return f(x);
};
```

这里变量中存放了一个 lambda 表达式，通过在内部定义另一个计算 $(n-1)$ 阶导数的 lambda 表达式来计算函数 `f` 的 n 阶导数，比如：

① 他参加了作者组织的一次研讨会，在用传统的模板解释函子的过程中，他不由自主地产生了用现代语言特征更简洁地表达这一点的想法。

② 遗憾的是，目前为止这里的 lambda 表达式仍然无法在 VS 上编译。很感谢 Marc Gregoire 在校对期间提交了一份错误报告。

```
auto f=[](double x){return 2.0 * std::cos(x) + x* x;};

cout ≪ "f''(1) = " ≪ derive <2>(f, 1.0, 1 e- 3) ≪ endl;
cout ≪ "f(5)(1) = " ≪ derive <5>(f, 1.0, 1 e- 3) ≪ endl;
```

与此相反，具有函子的导数首先从一个一元函数生成另一个一元函数，该函数近似表示它们的 n 阶导数。因此，我们能够以与原始函数相同的方式使用此函数。为了使用 lambda 表达式和变量模板来实现这一点，我们不能立即执行计算，而是通过某种工厂模式来返回可以稍后执行计算的函数：

```
template <size_t N>
auto derive =[](auto f, auto h){
    auto prev = derive <N- 1>(f, h);
    return[prev,h](auto x){ return (prev(x+h) - prev(x)) / h; };
};

template <>
auto derive <0> =   [](auto f, auto h){
    return[f](auto  x) {return  f(x);};
};
```

在 lambda 表达式中返回 lambda 表达式，一开始会让人感觉比较奇怪，但是在试图充分展示现代 C++ 语言表现力的软件中并不少见。

使用来自 C++17 的编译期 `if` 可以让我们避免终止递归的特例化，只需一个定义即可（这略微超出了我们指导原则的限制）。另外，对于近似导数，我们得到了一个极具表现力的公式： C++17

```
template <size_t N>
auto derive =[](auto f, auto h){
    if constexpr(N == 0){
        return[f](auto x){return f(x);};
    } else{
        auto prev = derive <N- 1>(f, h);
        return[=](auto x){return(prev(x+h) - prev(x)) / h;};
    }
};
```

通过新的定义，我们可以像以前那样定义导数的函数：

```
auto f = [](double x){return 2.0 * std::cos(x) + x* x;};
auto d2f = derive <2>(f, 1 e- 3);
auto d5f = derive <5>(f, 1 e- 3);

cout ≪ "f''(1) = " ≪ d2f(1.0) ≪ endl;
cout ≪ "f(5)(1) = " ≪ d5f(1.0) ≪ endl;
```

变量模板的一个重要用例是元编程，我们将在 5.2.3.4 节详细介绍。

C++20 3.10 概念编程

"亲爱的朋友，理论是灰色的，生命之树长青。"①

——Johann Wolfgang von Goethe

在前面的章节中，读者可能已经知道模板参数可以被任何类型的参数替换。事实上，这并不完全正确。模板类和函数的程序员需要假定操作能够在模板参数上执行。

因此，了解哪些参数类型是可接收的非常重要。比如，我们已经知道代码示例 3-4 中的 `accumulate` 函数可以与向量、`int` 列表和 `double` 列表一起使用。但是，像文件流这样不支持加法的值类型却不能与 `accumulate` 一起使用。一组文件相加又会得到什么呢？

因此，我们必须找到潜在参数类型的一组约束，这样的一系列类型被称为概念（Concept）。概念 CR 包含概念 `C` 的所有约束和潜在的附加约束，这被称为 `C` 的扩展（Refinement）。在 C++ 规范中，这被称为包含（Subsumption），即 `CR` 包含 `C`。不过包含的定义更具通用性：概念 `C2` 包含 `C1`，并不意味着 `C2` 的定义包含 `C1` 潜在的更多约束，这更意味着 `C2` 中的约束集合是 `C1` 约束的超集（经过重命名和其他等价操作之后）。包含这个概念的正式规范可以在标准 [39, 13.5.4 节] 中找到。满足概念 `C` 的所有约束条件的类型 `t` 被称为 `C` 的模型（Model）。对于包含来说：如果 `C2` 包含 `C1`，则 `C1` 的模型是 `C2` 的模型的子集。

一个概念可以包含纯粹的语法要求，例如某个类型参数必须包含复制构造函数或操作符 +。语义要求指定强制属性，如加法的交换律 $x + y = y + x \ \forall x, y$。

在 C++20 之前，概念仅存在于文档中（如果有的话），泛型函数和类的用户要满足对模板参数的所有要求。如果违反了语法要求，用户就会看到它，比如编译器会报错向用户提示缺少函数。但是，在大型函数调用堆栈的内部，当实例化一些与程序员无关的技术细节的内部实现时，除了无法实例化的内部代码的作者外，错误提示信息对于其他任何人都没有特别的意义。编译器提供冗长的提示信息，总是让程序员感到压力。不过，编译器总能捕获语法错误（尽管不一定以有用的方式报告），但编译器却无法检测语义错误。

在 C++20 规范之下，我们可以将概念表现为程序的一部分。使用概念有以下几个优点：

- 能够检测调用的函数中未满足的要求。
  - 不需要深入实现。
  - 这会让错误提示信息显著地缩短。
- 让错误提示信息更有意义。
- 可以检测语义错误。
- 可以在类型属性上分发函数。

① 笔者翻译成德语的版本是"Grau, teurer Freund, ist alle Theorie und gru ¨ n des Lebens goldner Baum."。

目前为止，只有句法要求可以直接表达，不过我们可以模拟语义概念，后续章节会详细介绍它（5.5 节）。在此之前，我们使用元编程技巧就可以对类型属性进行分发，不过通过概念达到上述目的更简单易懂。

3.10.1 定义概念

⇒ c++20/concept_accumulate_syntactic.cpp

在代码示例 3-4 中，我们实现了一个适用于数组和可加值类型列表的通用求和函数。此外，它可以用于任意一对迭代器，其值是可读的，并且可以添加到任何类型的初始值中。这些类型要求应该在概念 Summable 中实现，因为这是我们的函数所要求的：

```
template <typename Iter,  typename Value>
Value accumulate(Iter first, Iter last, Value init)
    requires Summable <Iter, Value>
{
    for (; first != last; ++ first)
        init += * first;
    return init;
}
```

requires 语句可以像我们所做的那样插入函数头或模板参数列表的后面：

```
template <typename Iter, typename Value>
    requires Summable <Iter, Value>
Value accumulate(Iter first, Iter last, Value init);
```

现在我们的函数被限定为最终应该实现 Summable 概念的模型，并且应该包含如下元素：

- 类型 Iter 应该是：
  - 可比较的；
  - 可增加的；
  - 间接可读，即 operator* 应该是可读的。
- 类型值是可复制的，从而能够返回结果。
- Iter 上的 operator* 的结果应该可以添加到 Value。

这些要求在以下概念中实现：

```
template <typename Iter, typename Value>
concept Summable =
    requires(Iter it, Value init)
{
    requires std::input_iterator <Iter>;
    requires std::is_copy_constructible_v <Value>;
    Value{init};                // Attempt a copy
    init += * it;
};
```

我们的概念始于众所周知的模板参数及其名称。接下来的 requires 语句是可选的，在这里用于引入要在概念中使用的变量名称。我们还可以使用 declval 动态地创建它们，其代码明显更长且可读性更低。

对 Iter 的约束已经由概念声明的第一行代码中请求的标准概念 input_iterator 实现，可以使用类型特征 is_copy_constructible 或者更简洁的变量 is_copy_constructible_v 来测试复制 Value 的能力。在编译期已知的 bool 型模板变量（即声明的 constexpr）可以像概念那样直接在 requires 语句中使用。反之，一个概念可以像依赖类型的 bool 常量那样使用。

最后两个约束是包含占位符对象的表达式。当表达式通过编译时，这样的约束就满足了。倒数第二个约束是通过请求从 init 函数创建副本的可编译性来表达复制构造函数约束的另一种形式。最后一行的约束是要求 operator+= 可以应用于 init 函数并对 it 解引用。我们的约束函数会接收一个只能移动但不能复制的 Value 类型吗？

```
struct uncopyable
{
    uncopyable(int v): v{v}{}
    uncopyable(const uncopyable &) = delete;
    uncopyable (uncopyable&&) = default;

    uncopyable & operator +=(const uncopyable& rhs) &
    {
        v+= rhs.v;
        return * this;
    }
    operator int() const{ return v; }
    int v;
};
```

事实并非如此，与不受限的模板函数相比，也许我们不应该请求复制构造函数，而应该请求移动构造函数：

```
template <typename Iter, typename Value>
concept Summable =
    requires(Iter it, Value init)
{
    requires std::input_iterator <Iter>;
    requires std::is_move_constructible_v <Value>; Value
    {std::move(init)};
    init += * it;
};
```

此外，第二个和第三个约束是等效的，旨在演示实现选项。现在我们可以累加不可复制值的范围。对不可移动但可以复制的类型是这样处理的：

```
struct unmovable
{
```

```
    unmovable(const unmovable&) = default;
    unmovable(unmovable&&) = delete;
    // ... remainder like uncopyable
};
```

它适用于我们的第一个概念版本，但不适用于第二个。我们的目标是构造可复制类型或可移动类型的概念。为了简洁起见，我们称之为 Returnable：

```
template <typename T>
concept Returnable =
    std::is_move_constructible_v <T>
    || std::is_copy_constructible_v <T>;

template <typename Iter, typename Value>
concept Summable =
    requires(Iter it, Value init)
{
    requires std::input_iterator <Iter>;
    requires Returnable <Value>;
    init += * it;
};
```

在我们最后一个版本的 Summable 中，受限的 accumulate 函数与不受限版本的对应函数一样通用。不过存在以下差异：

- 类型要求是在函数头中显式声明，而不是隐含在函数体内部的代码实现中。
- 当函数被错误地调用时，系统会给出更易于理解的错误提示信息。当代码实现非常复杂时，这一点变得非常重要。

必须承认，在简单的 accumulate 函数代码中，无约束版本对于不支持加法的简单类型给出的错误提示信息会更短。这与大型代码库完全不同。在大型代码库中，模板函数中的问题会导致冗长且难以理解的错误提示信息。相反，受约束函数的错误提示信息与实现复杂性无关，报告的问题涉及调用参数，而不涉及一些未知的内部细节。

我们可以通过兼容任意二元运算来使我们的 accumulate 函数（就像标准库中那样）更通用。为此，我们还需要引入相应的概念 Accumulatable：

```
template <typename Iter, typename Value, typename Op>
concept Accumulatable =
    requires(Iter it, Value init, Op op)
{
    requires std::input_iterator <Iter>;
    requires Returnable <Value>;
    init = op(init, * it);
};

template <typename Iter, typename Value, typename Op>
```

```
Value accumulate(Iter first, Iter last, Value init, Op op)
    requires Accumulatable <Iter, Value, Op>
{
    for(; first != last; ++ first)
       init = op(init, * first);
    return init;
}
```

当前版本的 C++ 允许我们通过简单地将概念替换成定义来直接在目标位置实现概念约束，这通常会导致出现奇怪的双重 requires 语句：

```
template <typename Iter, typename Value, typename Op>
Value accumulate(Iter first, Iter last, Value init, Op op) requires
    requires(Iter it, Value init, Op op)
    {
        requires std::input_iterator <Iter>;
        requires Returnable <Value>;
        init = op(init, * it);
    }
{
    for(; first != last; ++ first)
       init = op(init, * first);
    return init;
}
```

我想这个示例说明了将概念的定义和使用分离在大多数情况下是更好的选择。

3.10.2 通过概念分发

如前所述，在调用重载函数时，编译器会选择参数类型最佳的匹配。同样，C++20 编译器会对受限制函数根据受限程度进行排序，并对给定的函数调用，选择约束条件最严格的重载。

从概念排序受益的一个简单的标准库函数就是 advance。在其最通用的版本中，它接收任意迭代器 it 和一个整数 n，并将 it 递增 n 次：

```
template <typename Iter>
void advance(Iter& it, unsigned n)
    requires input_or_output_iterator <Iter>
{
    while(n--> 0)
        ++ it;
}
```

当迭代器是 bidirectional_iterator 时，n 可以是负数并让 it 执行相应的递减操作：

```
template <typename Iter>
void advance(Iter & it, int n)
    requires bidirectional_iterator <Iter>
{
```

```
    if(n>= 0){
        while(n--> 0)
            ++ it;
    } else{
        while(n++ <0)
            -- it;
    }
}
```

使用 random_access_iterator，我们可以避免使用循环，只需将 n 添加到 it 中：

```
template <typename Iter>
void advance(Iter& it, int n)
    requires random_access_iterator <Iter>
{
    it += n;
}
```

这样能够很好地将函数的复杂性从 $O(n)$ 降低到 $O(1)$。标准的 advance 函数总是在 3 个实现之间进行分发，但是在概念出现之前，实现更复杂：它引入了人工类型来模拟概念排序。我们将在 4.1.2.3 节详细介绍它。

在上述示例中，我们首先介绍了类型参数 Iter，然后对其施加了约束。我们也可以直接在声明中约束类型参数：

```
template <random_access_iterator Iter> void
advance(Iter& it, int n)
{  ...  }
```

或者可以使用 3.1.7 节中简洁的 auto 表示法，并约束 auto 参数：

```
void advance(random_access_iterator auto& it, int n)
{  ...  }
```

如前所述，编译期 bool 常量可以用在 requires 语句中，但是它们不能在简写符号中使用。因此，如果 random_access_iterator 是一个 bool 型常量，那么第一个带有 requires 语句的重载将编译，但不会编译两个简写符号的实现。此外，这里演示的分发示例是需要一些前提条件的，并且需要概念才能正常工作。因此，笔者给出如下建议。

建议

概念要优于 bool 常量。

3.10.3 类中的概念

⇒ c++20/vector_constraint_initialization.cpp

概念是以类和函数相同的方式进行运作的。但是我们情不自禁地希望概念能够发挥它的威力，为我们的 vector 建立一个泛型构造函数。第一个构造函数将采用两个迭代器并将引用的内容复制到具有足够空间的新向量中：

```
template <typename Value> class
vector
{
    // ...
    explicit vector(int size) // ...


    template <std::forward_iterator Iter>
    vector(Iter first, Iter last): vector(distance(first, last))
    {
        using std::copy;
    copy(first, last, & data[0]);
    }
};
```

Iter 的类型必须对概念 std::forward_iterator 建模，这个概念是支持复制的迭代器，每个复制在递增后会引用相同的数据。相反，输入流不是前向迭代器，因为增量操作会使用流中的数据，以便复制迭代器在执行增量操作后获取其他数据。在我们的实现中，采用 distance 函数统计 first 的复制需要递增多少次才能抵达 last。但这不应该影响我们之后复制的数据。为了确保这一点，我们需要一个 forward_iterator。现在我们可以用列表的数据初始化一个向量：

```
std::list l={17, 4, 3, 9, 2};
dmc::vector <int> v{begin(l), end(l)};
```

如果我们忽略了向量的值类型，那么将得到一个迭代器向量。除非我们提供适当的推导指南：

```
template <std::forward_iterator Iter>
vector(Iter first, Iter last) -> vector <std::iter_value_t <Iter> >;
```

如果可以直接用列表初始化向量，那就更好了：

```
dmc::vector x= l;
```

新的构造函数将需要一个 forward_range 作为约束，并且可以复用之前的代码（旧的构造函数）：

```
template <typename Value> class
vector
{
    // ...
    template <std::ranges::forward_range Range>
    vector (Range&& r)
      : vector(begin(forward <Range>(r)), end
                (forward <Range>(r))){}
};
```

forward_range 是一个范围（Range），其 begin 函数返回一个 forward_iterator。我们将在 4.1.5 节详细介绍范围。现在，我们可以将范围视为具有适当开头（begin）和结尾（end）的类型，兼容所有标准容器，但又不限于此。

与我们前面的讨论相比，它的实现非常简单：范围作为前向引用传递，实际初始化则委托给迭代器对（iterator-pair）的构造函数。如果要推导向量的值类型，我们需要相应的指南：

```
template <std::ranges::forward_range Range>
vector(Range&& r)
  -> vector <std::iter_value_t <decltype(begin(r))> >;
```

为了说明范围的应用不限于容器，我们使用 iota 视图创建一个值从 1 到 100 的向量：

```
dmc::vector w= ranges::views::iota{1, 101};
```

iota 视图不会创建可能移动或复制数据量比较大的容器，而只是返回迭代器，增量读取会为其生成所有值。Python 中的 xrang（Python 2）和 rang（Python 3）提供了类似的功能（Python 2 中的 range 实际上在内部创建了一个包含所有值的容器）[①]。

3.10.4 概念设计

如前所述，概念中的要求有时只是简单地重复模板函数主体中的表达式。这似乎是多余的，有时实际情况的确如此。与 C++ 中其他特性一样，当项目规模越来越大时，概念的好处也会随之扩大，我们必须认真考虑采用哪种泛型实现。

即使该概念约束的是一个非常复杂的函数，一个概念中也不应该包含无数个要求列表。此外，我们将通过简单的概念构建更复杂的概念。标准库就是一个很好的例子：迭代器概念相互抽象，范围概念使用迭代器概念。用户自定义库应该大力使用它们并据此构建自己的层次结构。这可以从一些基本的技术概念开始，然后衍生出节点（Node）和单元（Cell）这样的中级概念，并最终形成解析器（Solver）或网格（Mesh）等高级概念。

3.11 可变参数模板 C++11

当参数数目可以变化时，函数、类和变量模板以及模板别名被称为可变参数（Variadic），即它们适用于任意数目的参数。更准确地说，可能有最小数目的参数，但没有最大数目的参数。此外，模板参数还支持不同的类型。

3.11.1 递归函数 C++11

我们将使用能够处理混合类型的 sum 函数来演示该特性：

---

① 注：Python 2 包含 range 和 xrange。Python 3 取消了 xrange，只保留了 range。

```
template <typename T>
inline T sum(T t){ return t; }

template <typename T, typename  ...P>
inline   T   sum(T t, P ... p)
{
    return t + sum(p...);
}
```

可变参数模板通常用递归处理。我们分解所有的参数包（Parameter Pack）并处理其子集。通常，一个元素被拆分出来并与剩下的结果进行组合。

可变模板参数引入了一个由 3 个点（...）表示的新省略符号操作符。初次接触，它们看上去似乎有点奇怪，许多程序员很难记住将点放在哪里。经过一段时间的探索，我们找到了一个有用的约定：将打包的参数放在省略号的右侧，要解包的参数放在省略号的左侧。在以下示例中，你可以看到此约定是如何应用到 `sum` 函数的类型和对象中的。

- `typename...P`：将多个类型参数打包到类型包 `P` 中。
- `<P...>`：在实例化类或函数模板时拆分 `P` 中的内容。
- `P ...p`：将多个函数参数打包到变量包 `p` 中。
- `sum(p...)`：拆分变量包 `p` 并使用多个参数调用 `sum`。

对于我们的约定，第三条是最难构造的。从技术角度来看，它在编译时没有空格，类型后面直接使用省略号是有意义的。不过，我们发现上述的空格是最容易解释表达式的。

回到我们的 `sum` 函数，它是计算第一个条目与其他条目之和的加法。该求和运算依次以相同的方式递归计算。为了终止递归，我们为单个参数编写了一个重载，还可以为一个返回 0（int 型返回值）的空函数（不带参数）构造重载。

我们的实现有一个明显的缺点：返回值类型是第一个参数的类型——这里是 `int`。在某些情况下，这可能会奏效：

```
auto s= sum(-7, 3.7 f, 9u, - 2.6);
std::cout << "s is " << s
          << " and its type is " << typeid(s).name() << ".\n";
```

其输出结果为：

```
s is 2 and its type is int .
```

`sum` 函数的结果 3.1 不能存储为 `int` 型[①]。这并不能真正满足要求，而且可能会更糟。比如下面的计算方式：

```
auto s2 = sum(-7, 3.7 f, 9u, - 42.6);
```

它也会返回 `int`：

```
s2 is -2147483648 and its type is int.
```

① typeid 的输出必须在 Linux 上使用 C++filt 之类的工具。Visual Studio 中非常友好地提供了真正的类型名称。

第一个中间结果是 9−42.6=−33.6，它在转换为无符号整型时会产生一个非常大的数字，然后再变成一个非常小的 int 值。此外，有如下计算：

```
auto s= - 7 + 3.7 f + 9 u + - 42.6;
```

上述代码能够计算出正确的结果并将其存储为 double 型。但是在抱怨可变参数模板之前，我们必须承认，我们为中间值和最终结果选择了不合适的类型。我们将在 5.2.7 节中使用更合适的返回类型来改正这个问题，或者使用 auto 推导出返回类型也可以解决此问题。

为了在编译期统计参数包中的参数数目，我们可以使用类似函数的表达式 sizeof... ：

```
template <typename ... P>
void count(P ... p)
{
    cout « " You have " « sizeof ...(P) « " parameters .\ n";
...
}
```

附录 A.2.6 中的二进制 I/O 在附录 A.6.4 中进行了优化，以允许在写入和读取操作中使用任意数目的参数。

如 sum 函数示例那样，可变参数模板的全部功能只能与元编程（第 5 章）搭配使用，而返回类型的问题通常是通过类型推导（C++14）来解决。

3.11.2 直接展开

C++11

在上一节中，我们仅在对象包上使用了解包 / 展开。当前版本的 C++ 允许我们展开整个表达式。我们将采用一个函数来演示这一点，该函数可以打印所有参数，并使用逗号作为分隔符：

```
template <typename ... Args>
void print1(ostream & os, const Args & ... args)
{
    (os « args « ", ")...; // Error: Can ' t expand here
    os « '\n';
}
```

不过参数包只能在函数调用和初始化列表中展开。因此，我们将它们传递给 dummy 函数：

```
template <typename ... Args>
void dummy(Args ...){}

template <typename ... Args>
void print2(ostream & os, const Args & ... args)
{
    dummy((os « args « ", ")...);
    os « '\n';
}
```

现在我们还有一个小问题：表达式结果是一个 ostream 并且不能复制。我们可以通过将 dummy 函数的参数转换为引用来解决这个问题。另外，我们只对表达式的打印效果感兴趣，并不关心传递给 dummy 函数的内容。一个适用于所有表达式且具有最低优先级的操作符是逗号：

```
template <typename     Args>
void print3(ostream & os, const Args &     args)
{
    dummy((os << args << ", ", 0)...);
    os << '\n';
    }
```

在这里，无论逗号前面是什么表达式，我们都将 0 传递给 dummy[①]。但是仍然有一个问题——函数参数执行的顺序在标准中没有明确规定，每个编译器可以自由选择其执行顺序。比如以下调用：

```
print3(cout, 3, 17.2, "Thingy");
```

我们在 clang++ 上的输出结果如下所示：

```
3, 17.2, Thingy,
```

而在 g++ 上的输出结果则是：

```
Thingy, 17.2, 3,
```

只要操作的顺序无关紧要，我们就可以使用这种方法，对于打印输出来说，最好在所有编译器上使用相同的顺序（最好与函数调用中的顺序相同）。为了保证顺序不变，我们可以在初始化时使用它：

```
template <typename ... Args>
void print4(ostream& os, const Args & ... args)
{
    auto dummy ={(os << args << ", ",  0)...};
    os << '\n';
}
```

C++17 为了避免编译器警告用户 dummy 对象从未使用过，可以在变量名之后插入属性 [[maybe_unused]]，至少在 C++17 中是这样处理的。

3.11.3 索引序列

C++14 在 C++14 中，我们有一个可变参数类型 index_sequence[②]，其模板参数是索引：

---

① 为了 100% 保证这一点，我们可以将第一个表达式转换为 void，因为表达式类型中包含逗号操作符重载的情况不太可能出现。

② 它实际上不是类型，而是 integer_sequence 的模板别名，但它可以像类型一样使用。

```
using seq1 = index_sequence <3, 9, 4, 11>;
using seq2 = index_sequence <0, 1, 2, 3>;
```

类似seq2这样从0到n−1的序列很常见，可以很方便地使用make_index_sequence创建：

```
using seq2 = make_index_sequence <4>;
```

通过index_sequence，我们可以创建索引从0到n−1的表达式，例如同时访问元组或数组的所有成员。作为一个用例，我们希望创建存储任意对象的类调用程序，以便后续用这些对象作为参数调用可变参数函数：

```
template <typename ... Args>
struct caller
{
    caller(Args&& ... args): t(forward <Args>(args)...){}

    template <typename F> auto call(F f) const
    {   f(/* t  unpacked */);}

    std::tuple <Args ...> t;
};
```

因此，可以将可变参数列表存储到带有可变参数构造函数的元组中。我们还需要相反的方法：将元组转换成其组件的（可变）列表。在3.11.2节中，我们遇到了只能在函数调用或初始化列表中展开可变参数表达式的问题。这次我们有一个函数调用，但方法调用不是可变参数模板。这就是index_sequence发挥作用的地方，我们向类中添加另一个带有可变索引的方法，然后用index_sequence对象调用它：

```
template <typename F> auto call(F f) const
{   call_help(f, make_index_sequence <sizeof ...(Args)>{});}

template <typename F, size_t ... I>
auto call_help(F f, index_sequence <I...>) const
{   return f(get <I>(t)...);}
```

假定我们有3个参数，然后使用要调用的函数和index_sequence<0, 1, 2>类型的（未使用）对象调用call_help，这将使用0、1、2实例化参数包I，并且函数调用展开为f(get<0>(t), get<1>(t), get<2>(t))，这种方法优于递归的地方是实例化函数的数量是固定的。

上面的类在C++17中会变得更简单，已经有一个可变参数函数可供我们的调用函数使用： C++17

```
template <typename F>
auto call(F f) const
{   std::apply(f, t);}
```

在4.6.7节中，我们将演示如何使用这种技术同时锁定任意大小的互斥体数组。

C++17 3.11.4　折叠表达式

除了之前演示的递归方法之外，我们在 C++17 中可以折叠大多数二进制操作。之前的示例是以右结合性的方式计算总和，但不支持空的操作数列表。我们也可以用折叠表达式来表示：

```
template <typename     P>
auto sum(const P&     p)
{
    return(p + ...);
}
```

请注意，折叠表达式需要放在括号中。为了简单起见，我们推导了返回类型。不过，对于常见类型，加法是遵循左结合性的。此外，如果缺少操作数，我们可以将计算结果视为 int 型的 0：

```
template <typename ... P>
auto sum(const P& ... p)
{
    return(0 + ... + p);
}
```

总而言之，我们有带标识元素和不带标识元素以及左结合性和右结合性的 4 种折叠表达式：

- 左结合性：
  - “... + x”对应“$(((x_1+x_2)+x_3)+\cdot\cdot$”
  - “0+ ...+ x”对应“$(((0+x_1)+x_2)+\cdot\cdot$”
- 右结合性：
  - “x + ...”对应“$x_1+(x_2+(\cdot\cdot+x_n))$”
  - “x+ ...+ 0”对应“$x_1+(\cdot\cdot+(x_n+0))$”

支持折叠表达式的运算如下所示：

+	-	*	/	%	^	&	|	≪	≫	
+=	-=	*=	/=	%=	^=	&=	|=	≪=	≫ =	=
==	!=	<	>	<=	>=	&&	||	,	.*	->*

3.11.5　类型生成器

实际应用中的模板类经常被大量参数化。为了减少打字工作，我们可以为这些参数定义默认值，这样我们就不必全部声明它们了。不过模板参数大多数和它们的默认值类型相同，只有在长参数列表的最后是一些非默认值，但是我们也必须声明前面的所有参数——即使它们有默认值。

要通过仅声明非默认值来定义类模板中的类型，我们可以创建一个类型生成器。甚至可以更进一步地让生成器从不同的类模板中进行选择。然后就可以获得一个高层次的抽象，我们只

声明相关的属性，并让类型生成器选择具有这些属性的适当类型。为了说明它，我们给出了一些来自 MTL5 的示例：[①]

```
using A = matrix <double>;
using B = matrix <double, sparse>;
using B2 = matrix <double, compressed>;
using B3 = matrix <double, sparse, compressed>;
using C = matrix <float, column_major>;
using E = matrix <int, as_size_type <int> >;
using F = matrix <long double, dim <3, 5> >;
using H = matrix <double, referring>;
```

其中 A 是默认格式的双精度矩阵（比如按行密集），B 是以默认稀疏格式存储的矩阵。这个定义有趣的地方在于，我们可以根据平台选择实际的格式：在普通的 CPU 上，我们可能更喜欢 CRS 格式，而为 GPU 编译相同的语句时，B 可能有更适合 GPU 的稀疏格式。对于 B2，我们将其设置为压缩格式（即 CRS 或 CCS）。B3 生成的是相同类型，因为压缩格式（compressed）也意味着稀疏矩阵（sparse）。对于 C，我们声明为列主序的矩阵。E 被声明为 int 型矩阵。F 有一个编译期给定的维度，而 H 没有数值数据，而是引用现有数据。不得不承认，类型生成器可以在没有可变参数模板的情况下构造，不过这非常难以实现和使用（尤其是当我们遇到代码错误时）。

3.11.6 增长测试 C++11

⇒ c++11/growing_test.cpp

从可变参数模板中获益不明显的一个应用场景是测试。在 C++03 下，我们实现了一种新的数据结构（例如矩阵）并测试了它的行为。后来我们添加了一个新的泛型函数并用所有合适的类型对其进行测试。因此，我们不断实现类型和功能，并使用编写测试时可用的实体对其进行测试。

我们未完成的内容是用后续开发的类型扩展泛型函数的测试。每个新类（模板）都需要修改所有现存的通用函数测试。尽管看到了重写测试的必要性，但由于种种原因而放弃了重写测试。

使用可变参数函数和元组，我们现在可以构造随着程序库一起逐步演变的测试。我们先从定义测试集开始：

```
using small_set = tuple <int, float>;

using compact_set = tuple_cat_type <small_set,
                                    tuple <short, double> >;
```

在 C++11 开始，元组支持连接，但是我们不连接元组对象，只连接它们的类型：

① 可以参考 4.7.3 节。

```
template <typename ... Tuples>
using tuple_cat_type = decltype(tuple_cat(declval <Tuples>()...));
```

注意，这是一个以可变参数类型作为参数的可变参数模板别名。

现在我们构造一个实用函数，用于递归调用元组中每种类型的测试（或其他任何函子）:

```
template <typename Fun>
void foreach_type(tuple <>, Fun){}

template <typename First, typename ... Others, typename Fun>
void foreach_type(tuple <First, Others ...>, Fun f)
{
    Fun::template eval <First>();
    foreach_type(tuple <Others ...>{}, f);
}
```

在第二个重载的第一条语句中，我们调用了一个名为 eval 的静态方法，它用于将元组中的 First 类型显式实例化。不过我们在这里需要用关键字 template 来防止编译器将“<”符号与小于符号混淆。通过一个明显更复杂的代码实现，我们可以规避一些硬性约束条件，例如必须创建测试集（及其子集）对象，以及所有类型必须是默认可构造的，等等。

假定我们想检查测试集中的类型，即用 0 和 1 分别代表加法和减法来标识元素:

```
struct identity_test
{
    template <typename T>
    static void eval()
    {
        T zero{0}, one{1}, nine{9};
        if (zero + nine != nine)
            throw logic_error{"Addition wrong"};
        if (one * nine != nine)
            throw logic_error{"Multiplication wrong"};
        cout ≪ " Test passed for " ≪ typeid(T).name() ≪ endl;
    }
};
```

我们现在可以通过单次函数调用在 compact_set 上执行这个测试:

```
foreach_type(compact_set{}, identity_test{});
```

并且会发现它们都通过了测试:

```
Test passed for int
Test passed for float
Test passed for short
Test passed for double
```

诚然，这对于简单类型上的简单操作并没有什么特别的，但是对于一个包含大量测试的大型泛型库那就另当别论。当测试像以前一样以泛型方式实现时，我们只需要通过添加新类型来测试和维护我们的测试集即可。

3.12 练习

3.12.1 字符串表达

构造一个泛型函数 `to_string`，它接收一个任意类型的参数（比如 `const&`），函数通过将其传递到 `std::stringstream` 并返回结果字符串来生成一个字符串。

3.12.2 元组的字符串表达

构造一个可变参数模板函数，将任意数量的参数表示为字符串的元组。也就是说，函数调用 `to_tuple_string(x, y, z)`，然后通过将每个元素打印到字符串流来返回 `(x, y, z)` 形式的字符串。

提示：有多种方法可以实现这一点。对于大多数程序员来说，可能最简单的方法是为括号提供一个外部函数和一个递归输出参数的辅助函数 `to_tuple_string_aux`。更具挑战性的是，使用伪初始化列表的非递归方法。使用折叠表达式相对简单一些，只要省略逗号分隔符即可。

3.12.3 泛型堆栈

为泛型值类型编写一个堆栈实现。堆栈的最大尺寸在类型中定义（硬编码），并提供以下功能：

- 构造函数；
- 必要时使用析构函数；
- `top` 用于显示最后一个元素
- `pop` 用于删除最后一个元素（不返回）
- `push` 用于插入一个新元素
- `clear` 用于删除所有条目
- `size` 可以反馈元素的数目
- `full` 可以反馈堆栈是否已满
- `empty` 可以反馈堆栈是否为空

堆栈溢出必须抛出异常。

3.12.4 带类型参数的有理数

用模板实现练习 2.8.2 中的有理数。

3.12.5　向量的迭代器

为 vector 类添加 begin() 和 end() 方法，用于返回其开始（begin）和结束（end）的迭代器。同时还要在类中定义类型 iterator 和 const_iterator。请注意，原始指针可以用作迭代器，这为你提供了两种选择：

- 使用指针实现一个快速但比较丑陋的实现；
- 定义良好的迭代器类甚至可以检查迭代器是否超出范围，或者两个比较迭代器是否与同一向量有关。

使用 STL 函数 sort 对向量条目进行排序，以证明你的迭代器能够正常工作。

3.12.6　奇数迭代器

构造一个处理奇数的迭代器类，并将其命名为 odd_iterator。该类必须实现 ForwardIterator 概念，这意味着它必须提供以下成员：

- 默认构造函数和复制构造函数；
- 将 operator++ 作为前置增量或后置增量，移动到下一个元素；
- 将 operator* 作为解引用返回一个 int（奇数）；
- 操作符 = = 和 != ；
- operator=。

上述功能都具有明显的语义。此外，该类应该包含一个接收 int 值的构造函数。该值将在解引用操作符中返回（只要迭代器不递增）。如果值是偶数，则此构造函数应抛出异常。同样，默认构造函数应该用 1 初始化内部值以提供合法状态。

3.12.7　奇数范围

为一系列奇数编写一个类。成员函数 begin 和 end 应该返回一个奇数迭代器，就像练习 3.12.6 中定义的那样。以下代码应打印奇数 {7, 9,⋯, 25}：

```
for(int i: odd_range(7, 27))
    std::cout i "\n";
```

3.12.8　bool 堆栈

将练习 3.12.3 中的实现转换针对 bool 型的特例化实现。像 3.5.1 节中那样，为 8 个 bool 值使用 unsigned char 类型。

3.12.9　自定义大小的堆栈

使用自定义尺寸修改练习 3.12.3（以及可选的练习 3.12.8）中的堆栈实现，将该尺寸作为第二个模板参数传递，默认值应为 4096。

3.12.10 梯形法则

计算函数积分的一个简单方法是梯形法则。假定我们希望在区间 $[a, b]$ 上对函数 f 进行积分。我们将区间分成 n 个长度相同的小区间 $[x_i, x_{i+1}]$，区间长度 $h=(b-a)/n$，并通过分段线性函数逼近 f。然后通过该函数的积分之和来计算近似积分。这就有了如下公式：

$$I = \frac{h}{2}f(a) + \frac{h}{2}f(b) + h\sum_{j=1}^{n-1} f(a+jh) \tag{3.1}$$

在本练习中，我们为梯形法则开发了一个函数，该函数使用函子和极限作为参数。为了便于比较，可以使用继承和泛型编程实现此函数。

首先测试一个用例，计算下列函数的积分。

- $f = \exp(3x)$，其中 $x \in [0, 4]$. 用下面的代码尝试梯形法则：

```
double exp3f(double x){
  return std::exp(3.0 * x);
}

struct exp3t{
  double operator()(double x) const{
    return std::exp(3.0 * x);
  }
};
```

- $f = \sin(x)$ if $x < 1$ and $f = \cos(x)$ if $x \geqslant 1$ for $x \in [0, 4]$。
- 我们能否调用 `trapezoid( std::sin, 0.0, 2.0 );`?

通过第二个练习，开发一个计算有限差分的函子。然后计算该有限差分的积分，从而验证得到的函数值是否正确。

3.12.11 带静态函数的部分特例化

使用静态函数 `eval` 实现 3.5.4 节中函数 `abs` 的特例化，并在不创建对象的情况下调用此函数。

3.12.12 Functor 函子

为 $2\cos x+x^2$ 编写一个函子，并使用 3.7.1 节中的函子计算其一阶导数和二阶导数。

3.12.13 Lambda

计算与 3.12.12 中相同的导数，不过这次使用 lambda 表达式。

3.12.14 实现 make_unique

实现用户自定义的 `make_unique`。使用 `std::forward` 将参数包传递给 new 操作符。

第4章

程序库

> “愿自己保持平静，能接纳无法改变的事；愿自己有勇气，能改变可以改变的事；愿自己拥有智慧，能分辨这两者的不同。”
>
> ——Reinhold Niebuhr

作为程序员，我们在软件开发之初，肯定对其抱有非常美好的愿景。尽管如此，一天只有24小时，即使是优秀的极客也需要花时间吃饭和睡觉。因此，我们没有时间也没有足够的金钱来构建梦想中的软件。然而我们不得不使用现有的软件，即使它们还没有达到理想的状态。我们必须非常理智地选择希望软件具备的功能以及我们能够利用现有软件的功能。

实际上，在没有多年从业经验的情况下，引用软件甚至需要一些预知能力。某些软件包在引入初期能够正常工作，但是当在它之上构建一个更大的项目之后，我们可能会遇到一些无法轻易解决的严重问题。然后我们会痛苦地意识到选择另一个软件包或者从零开始构建软件包可能是更好的选择。

C++标准库可能并不完美，但是它的设计和实现都非常严谨，所以我们可以避免出现上述意外情况。标准库的组件都通过了与核心语言特性相同的评估过程，并保证其质量达到了最佳。库标准化还能够保证其类和函数在每个兼容的编译器上都是可用的。之前我们已经介绍了一些库组件，例如2.3.3节中的初始化器列表和1.7节中的I/O流。在本章中，我们将介绍更多对科研人员和工程师都非常有用的库组件。

The C++ Standard Library : A Tutorial and Reference, Second Edition 提供了C++11下标准库的综合教程和参考资料。*The C++ Programming Language, Fourth Edition* 也涵盖了所有库组件，不过内容比较简略。

此外，还有许多可用于科研领域的科学软件库，这些领域包括线性代数和图形算法。我们将在本章最后一节简要地介绍一些相关的科学软件库。

4.1 标准模板库

标准模板库（Standard Template Library，STL）是容器和算法的基础通用库。每个程序员都应该了解它并在适当的时候使用它，而不是“重复造轮子”。

由 Alex Stepanov 和 David Musser 创建的 STL 的大部分内容最终成为了 C++ 标准库的一部分。另外，标准库的其他组件也是用模板实现的。为了避免混淆，C++ 规范将一个库名称与每个与库相关的章节关联起来。在 2011 和 2014 版的规范中，STL 包含在如下 3 个章节中：第 23 章“容器库”；第 24 章“迭代器库”和第 25 章“算法库”（后者还包含部分 C 库）。

标准模板库不仅提供了很多有用的功能，还为编程哲学奠定了基础，它在可用性和性能的结合方面有着无与伦比的优势。STL 定义了泛型容器类、泛型算法和迭代器。通常 C++ 参考资料都提供了在线文档。关于 STL 的使用也有丰富的参考资料，我们直接参考相关资料即可。例如，STL 的核心实现者就写了这样一本书——*Generic Programming and the STL*。Josuttis 的库教程仅用了大约 500 页的篇幅介绍 STL。

4.1.1 入门示例

容器是包含对象（包括容器和容器的容器等）的类，这些类模板中的每一个都由元素类型参数化。例如，以下语句创建了一个 `double` 型和一个 `int` 型向量：

```
std::vector <double>   vec_d;
std::vector <int>      vec_i;
```

请注意，STL 向量并不是数学意义上的向量，因为它不支持算术运算。因此，我们需要在特定的实现上创建用户自定义的向量类。

STL 还包含大量算法，可用于计算和更改容器的数据。例如，前面提到的 `accumulate` 算法可用于计算列表或向量上的任何归约，例如求和、求乘积或求最小值：

```
std::vector <double> vec; // 填充 vector ...
std::list <double>    lst; // 填充 list ...

double vec_sum = std::accumulate(begin(vec), end(vec), 0.0);
double lst_sum = std::accumulate(begin(lst), end(lst), 0.0);
```

如前所述，函数 `begin()` 和 `end()` 用于返回右开区间的迭代器。C++11 为它们引入了自由函数符号，而我们在 C++03 中必须使用相应的成员函数。

4.1.2 迭代器

STL 的核心抽象是迭代器。简而言之，迭代器是广义指针：可以解引用和进行比较并更改引用的位置，比如我们在 3.3.2.5 节中演示的用户自定义 `list_iterator`。不过，考虑到迭代器的重要性，这种简化对迭代器来说并不公平。迭代器是解耦数据结构和算法实现的基本方法。

在 STL 中，每种数据结构都提供了对应的迭代器来遍历访问它，所有算法都是根据迭代器来实现的，如图 4-1 所示。

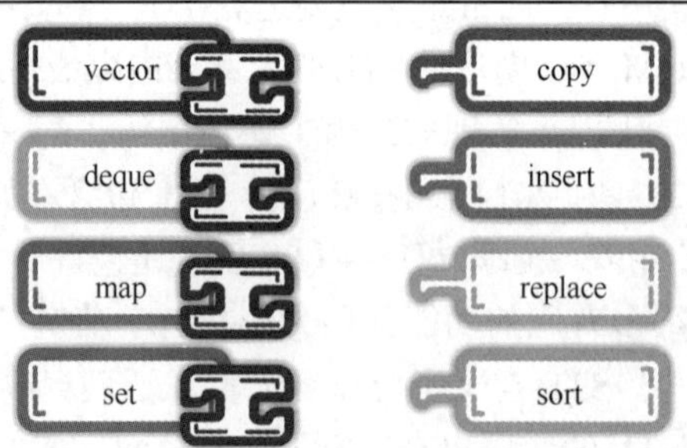

图 4-1　STL 容器和算法之间的互操作性

要在 n 个数据结构上编写 m 个算法，我们需要使用经典的 C 和 FORTRAN 编程：

$$m \cdot n \text{ 种实现}$$

对于迭代器，我们首先需要为所有容器提供接口，然后每个算法只需要一个实现，这将总的编程工作量减少到：

$$m + n \text{ 种实现}$$

4.1.2.1　类别

并非所有算法都能够兼容每一种数据。哪种算法能够兼容给定的数据结构（比如线性查找或二分查找）取决于容器提供的迭代器类型。迭代器可以通过访问形式来区分。

- **InputIterator**：用于读取引用条目（仅一次）的迭代器。
- **OutputIterator**：用于写入引用条目（仅一次）的迭代器。

请注意，写入能力并不意味着可读性；`ostream_iterator` 是一个 STL 接口，用于写入输出流，例如 `cout` 或输出文件。

迭代器的另一个区别是遍历访问的形式。

- **ForwardIterator**：可从一个元素传递到下一个元素的迭代器，即提供 `operator++` 的类型。它是 `InputIterator` 和 `OutputIterator` 的改进版本[①]。与前面的迭代器相比，`ForwardIterator` 允许读取两次值并多次遍历。
- **BidirectionalIterator**：具有逐步向前或向后遍历访问的迭代器，即具有 `operator++` 和 `operator--` 的类型，它是 `ForwardIterator` 的改进版本。
- **RandomAccessIterator**：可以添加任意正偏移量或负偏移量的迭代器，即额外提供 `operator[]` 的类型，它是 `BidirectionalIterator` 的改进版本。

仅使用简单迭代器接口（如 `InputIterator`）的算法实现能够兼容更多数据结构。相反，提供更丰富的迭代器接口的数据结构（比如建模 `RandomAccessIterator`）可用于更多算法。

对于所有迭代器接口来说，一个明智的设计决策是它们的操作也由指针提供。每个指针都对 `RandomAccessIterator` 建模，以便所有的 STL 算法都可以通过指针应用于旧式的数组。

---

① 可以参考 3.10 节。

4.1.2.2 迭代器的应用

C++11

所有的标准容器模板都提供了一组丰富且一致的迭代器类型。以下非常简单的示例演示了迭代器的常见用法：

```
using namespace std;
std::list <int> l={3, 5, 9, 7};     // C ++11
for (list <int>::iterator it = l.begin(); it != l.end(); ++ it){
    int i= *it;
    cout ≪ i ≪ endl;
}
```

在第一个示例中，我们将自己限制在 C++03 规范之下（除了列表初始化之外），从而证明使用迭代器对 C++11 来说不是什么新鲜事。在本节的其余部分，我们将使用更多 C++11 规范下的功能，但原理保持不变。

如代码片段所示，迭代器通常是成对使用的，其中第一个迭代器处理实际的迭代，第二个迭代器标记容器的末尾。迭代器由相应的容器类使用标准方法 begin() 和 end() 创建。begin() 返回迭代器指向的第一个元素，而 end() 产生一个指向元素模板的迭代器。末尾迭代器仅用于比较，大多数情况下访问其值的尝试都会失败。STL 中的所有算法都是右开区间 [*b*, *e*) 对 b 引用的值进行操作来实现的，然后该值会递增直到 *b*=*e*。因此，[*x*, *x*] 代表一个空区间。begin() 和 end() 方法用于保持容器的不变性。

- 如果容器对象是可变的，那么这些方法返回引用可变容器条目的迭代器类型。
- 对于常量容器，方法返回 const_iterator，它通过常量引用访问容器条目。

通常，iterator 能够隐式转换为 const_iterator，但你不应该对此抱有太大的期望。回到当前的 C++ 语言，我们首先为迭代器集成类型推导功能：

```
std::list <int> l={3, 5, 9, 7};
for (auto it= begin(l), e= end(l); it != e; ++ it){
    int i= *it;
    std::cout ≪ i ≪ std::endl;
}
```

我们还是改用 begin() 和 end() 自由函数的常见表示法，这种方式是 C++11 中引入的。由于它们是内联函数，因此这种改变不会影响性能。说到性能，我们引入了一个新的临时对象来保存 end() 迭代器，因为我们不能 100% 确定编译器可以优化对 end() 函数的重复调用。

虽然我们可以在这种只读数据上下文中使用 const_iterator，但是推导的迭代器允许我们修改引用的条目。这里我们有多种方法确保列表在循环中不被修改。一种不起作用的方式是使用 const auto：

```
for (const auto it= begin(l), e= end(l); ...)     // 错误
```

这种方法无法推导出一个 const_iterator（常量迭代器），而是得到一个 const iterator（名为 iterator 的常量）。它们之间存在一个细微但非常关键的差异：前者是一个引用常量数据

的（可变）迭代器，而后者本身就是一个常量，因此不能自增。如前所述，因为 begin() 和 end() 返回常量列表的 const_iterator，所以我们可以将列表声明为常量，但缺点是它只能在构造函数中设置。或者我们可以定义相关列表的常量引用：

```
const std::list <int>& lr = l;
for (auto it= begin(lr), e= end(lr); it != e; ++ it) ...
```

或者将列表转换为常量引用：

```
for(auto it= begin(const_cast <const std::list <int>&>(l)),
         e= end(const_cast <const std::list <int>&>(l));
it != e; ++ it) ...
```

C++17　通过 C++17 中的函数 as_const 可以更轻松地创建常量引用：

```
for(auto it= begin(as_const(l)), e= end(as_const(l));
    it != e; ++ it) ...
```

C++14　此外，C++11 引入了成员函数 cbegin 和 cend，为常量和可变容器返回 const_iterator。C++14 中引如了相应的自由函数：

```
for(auto it= cbegin(l); it != cend(l); ++ it) ...
```

这种基于始末的遍历模式非常普遍，因此也是引入范围特性（1.4.4.3 节）的主要原因。目前为止，我们只是将它与不合时宜的 C 数组一起搭配使用，现在将会把它应用到真正的容器上：

```
std::list <int> l={3, 5, 9, 7};
for(auto i :  l)
    std::cout   i    std::endl;
```

C++17　循环变量 i 是遍历整个容器内部迭代器的解引用值。因此，i 会引用容器中的每个条目。由于所有 STL 容器都提供了 begin 和 end 函数，我们可以通过这种简洁的 for 循环遍历访问它们。

为了确认内部使用了 const_iterator，我们可以将 as_const 应用于列表：

```
for(auto i : as_const(l))
    std::cout ≪ i ≪ std::endl;
```

细心的读者可能会发现，在这种情况下，其差异是无关紧要的，因为我们复制了该循环中的每个条目，但是在其他情况下，我们可能希望强制内部使用 const_iterator。

通常，我们可以将此 for 循环应用于所有具有 begin 和 end 的函数并返回迭代器的类型，例如表示子容器的类或返回迭代器用于进行反向遍历的辅助类。这种兼容所有容器并且更宽泛的概念被称为范围（Range），因此“基于范围的 for 循环”这类名称就不足为奇了。尽管本书主要将它应用在容器上，但值得一提的是，“范围”在 C++ 的发展中变得越来越重要，并最终成为 C++20 规范的一部分。

为了避免将容器条目复制到 i 中而产生内存开销，我们可以创建一个类型并通过推导得到引用：

```
for (auto& i : l)
    std::cout << i << std::endl;
```

引用 i 和 l 具有相同的恒定性：如果 l 是可变的 / 常量容器（范围），则引用也对应是可变的 / 常量。

为了确保条目无法被更改，我们可以声明一个 const 引用：

```
for (const auto& i : l)
    std::cout << i << std::endl;
```

SLT 包含简单和复杂的算法，它们都包含等效于上述示例的循环。

4.1.2.3 操作

<iterator> 库提供了两种基本操作：advance 和 distance。操作 advance(it, n) 会对迭代器 it 执行 n 次递增操作。而 it+n 这种方式看上去会比较笨拙，但它们之间存在两个重要的差异：第二种表示方法不会更改迭代器 it（这并不一定是缺点），并且它仅适用于 RandomAccessIterator。advance 可以与任何类型的迭代器搭配使用，从某种意义上来讲，advance 的实现就像 += 操作符，它也兼容只能单步执行的迭代器。

为了提高效率，该函数会在内部分派给不同的迭代器类别。我们已经在 3.10.2 节中看到如何通过概念来实现这一点。现在我们将演示它的具体工作原理，如代码示例 4-1 所示。

代码示例 4–1 advance 中的函数分派

```
template <typename Iter, typename Distance>
inline void advance_aux(Iter& i, Distance n, input_iterator_tag)
{
    assert(n>=0);
    for (; n>0; --n)
        ++i;
}

template <typename Iter, typename Distance>
inline void advance_aux(Iter& i, Distance n,
                        bidirectional_iterator_tag)
{
    if(n>=0)
        for (; n>0; --n) ++i;
    else
        for (; n<0; ++n) --i;
}

template <typename Iter, typename Distance>
inline void advance_aux(Iter& i, Distance n,
                        random_access_iterator_tag)
{
```

```
    i+= n;
}

template <typename Iter, typename Distance>
inline void advance(Iter& i, Distance n)
{
    using cat= typename iterator_traits <Iter>:: iterator_category;
    advance_aux(i, n, cat{});
}
```

当使用迭代器类型实例化 advance 函数时，该迭代器的类别由类型特征（5.2.1 节）确定。标记类型（Tag Type）的对象将决定辅助函数 advance_aux 的哪个重载被调用。因此，当 iterator 是随机访问迭代器时，advance 函数的运行时间是个常数，否则就是线性的。双向和随机访问迭代器允许距离（distance）是负的。这种基于标签的函数选择也被称为标签分派（Tag Dispatching）。

C++17 请注意，advance_aux 函数的最后一个参数只指定了类型，没有给出参数名称。否则编译器会在严格模式下发出警告，指示该参数未使用。为了避免类似的警告信息，我们可以在 C++17 中声明属性 [[maybe_unused]]，表明这是刻意为之的，例如：

```
template <typename Iter, typename Distance>
inline void advance_aux(Iter& i, Distance n,
                        input_iterator_tag tag[[maybe_unused]]);
```

当前的编译器足够聪明，可以发现 advance_aux 函数的每个重载中的第 3 个参数未使用，并且标签类型是空的类，因此优化了标签类型对象的参数传递和构造，额外的功能层和标签调度不会产生任何运行时开销。例如，在向量迭代器上调用 advance 会归结为仅生成 i+=n 的代码。

advance 函数的双向对应物是 distance：

```
int i= distance(it1, it2);
```

它会计算两个迭代器之间的距离，即第一个迭代器必须自增多少次才能抵达第二个迭代器引用的元素位置。当然，这里的实现也是按标签（概念）分派的，因此随机访问迭代器的工作量是恒定的，否则就是线性的。

4.1.3 容器

标准库中的容器涵盖了很多重要的数据结构，易于使用并且非常高效。在构造用户自定义容器之前，标准库中的容器绝对值得尝试一下。

4.1.3.1 vector

std::vector 是最简单的标准库容器，也是最有效的存储连续数据的容器，它类似于 C 数组。C 数组在达到一定长度之前会存放在堆栈上，而 vector 会始终驻留在内存堆上。vector

提供了括号操作符，我们可以像使用数组那样使用它：

```
std::vector <int> v={3, 4, 7, 9};
for (int i= 0; i <v.size(); ++i)
    v[i] *= 2;
```

或者我们可以使用迭代器，以直接或者间接的形式在基于范围的 for 循环中使用它：

```
for (auto& x : v)
    x*= 2;
```

不同形式的遍历应该同样有效。我们可以通过在末尾附加新的元素来对 vector 进行扩容：

```
std::vector <int> v;
for (int i= 0; i <100; ++i)
    v.push_back(my_random());
```

其中 my_random() 像 4.2.2 节中的生成器一样返回随机数。STL 中的 vector 通常会保留额外的空间，如图 4-2 所示，以提高 push_back 的执行效率。

图 4-2 vector 的内存布局

因此，附加条目可能会出现如下情况：

- 能够快速填充已经保留的空间；
- 当需要分配更多内存并复制所有数据（至少按元素移动）时，效率低下。

现有的可用空间是由成员函数 capacity 提供的。当 vector 的数据需要增加时，额外的空间数量通常与 vector 的大小成正比，因此，push_back 的执行时间是一个渐进对数。

当 vector 的大小成倍增加时，典型的实现会执行一次或两次内存分配操作（比如每次重新分配内存时 vector 的大小从 s 增加到 2s 或 $\sqrt{2}$ s）。图 4-3 对此进行了说明：第一张图是一个完全填充的 vector，第二张图说明添加新条目需要进行新的内存分配。此后，我们可以添加更多条目，直到额外的空间也被填满，如第三张图所示。此后必须分配新的内存，并且必须复制（或者按元素移动）所有条目，如第四张图所示，只有这样才能添加新的条目。因此，该 vector 的所有迭代器都可能无效。为了安全起见，用户不应该使用在插入或删除条目之前创建的 vector 迭代器。

resize(n) 方法会将 vector 的大小调整为 n。新条目是默认构造的（或者对于内置类型设置为 0）。使用 resize 调整 vector 的大小不会释放内存。在 C++11 中，我们可以通过 shrink_to_fit 将 vector 的容量调整为合适的大小。

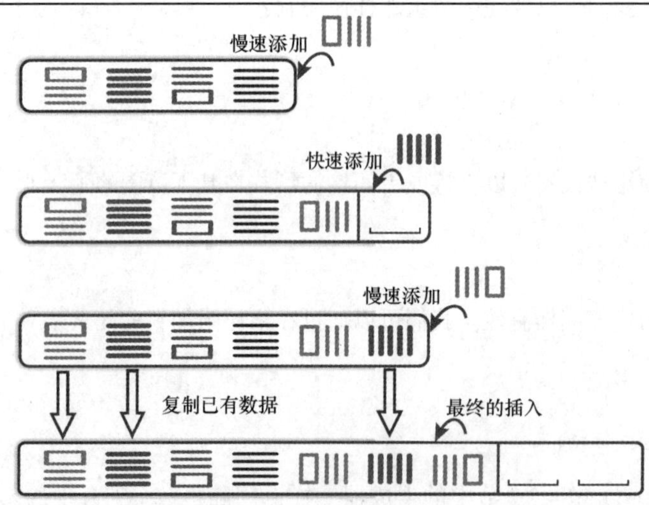

图 4-3 附加 vector 条目

⇒ c++11/vector_usage.cpp

C++11 以下简单程序说明了如何使用 C++11 的特性设置和修改 vector：

```
# include <iostream> # include <vector>
# include <algorithm>

int main()
{
    using namespace std;
    vector <int> v={3, 4, 7, 9};
    auto it= find(v.begin(), v.end(), 4);
    cout ≪ " After " ≪ *it ≪ " comes " ≪ *(it +1) ≪ '\n';
    auto it2 = v.insert(it +1, 5); // 在 pos .2 插入 5
    v.erase(v.begin());            // 删除 pos.1 中的条目
    cout ≪ " Size = " ≪ v.size() ≪ ", capacity = "
        ≪ v.capacity() ≪ '\n';
    v.shrink_to_fit();     // 丢弃额外的条目
    v.push_back(7);
    for(auto i : v)
        cout ≪ i ≪ ",";
    cout ≪ '\n';
}
```

附录 A.7.1 中提供了在 C++03 规范下实现类似目的的示例。

我们可以在任意位置添加和删除条目，但是这些操作的内存开销非常昂贵，因为必须移动后面的所有条目。不过，倒是不像我们很多人预想的那样昂贵。

vector 中包含的其他新方法是 emplace 和 emplace_back，比如： C++11

```
vector <matrix> v;
v.push_back(matrix(3, 7)); // 添加一个 3×7 的矩阵，从外部构造。
v.emplace_back(7, 9);      // 添加一个 7×9 的矩阵，在内部构造。
```

通过 push_back，我们必须首先构造一个对象（比如我们示例中的 3×7 的矩阵），然后将其复制或者移动到 vector 的新条目中。相比之下，emplace_back 直接在 vector 的新条目中构造一个新对象（这里是一个 7×9 的矩阵）。这样节省了复制或移动操作以及可能的一些内存分配 / 释放。类似的方法也被引入其他容器。

如果一个 vector 的大小在编译期已知并且后续没有改变，那么可以使用 C++11 中的容器 array 替代。它驻留在堆栈上，因此效率更高（移动和交换等浅复制操作除外）。 C++11

4.1.3.2 双端队列

双端队列（deque，它是 Double-Ended QUEue 几个字母的缩写）可以从以下几个角度来理解：

- 作为 FIFO（先进先出）队列；
- 作为 LIFO（后进先出）堆栈；
- 作为从开始处快速插入的 vector 的增强版本。

由于其内存布局，此容器具有一些非常有趣的属性。在内部，它由多个子容器组成，如图 4-4 所示。当附加一个新项目时，它被插入最后一个子容器的末尾，如果那个子容器已经满了，那么系统会分配一个新的子容器。以同样的方式，可以预先添加一个新条目。

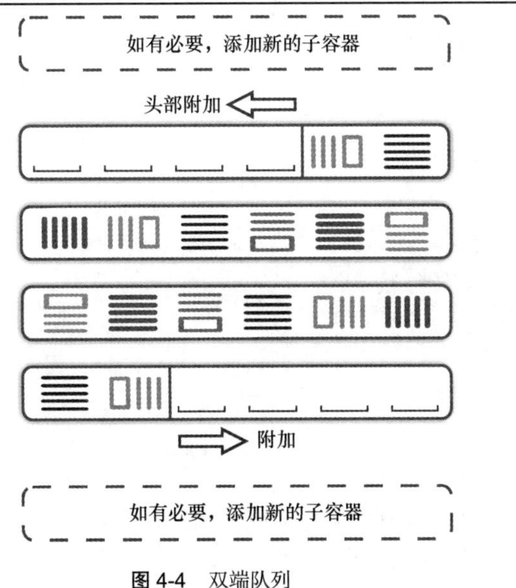

图 4-4 双端队列

这种设计的好处在于，数据在内存中大都是顺序排列的，访问速度几乎与 vector[60] 一样快。同时，双端对象的条目只有在中间插入或删除某些内容时才会重新定位。这不仅节省了复制和移动的成本，还允许我们存储既不可复制也不可移动的类型，正如我们接下来将要展示的那样。

⇒ c++11/deque_emplace.cpp

C++11 **实用技巧**：通过 emplace 方法，我们甚至可以创建不可复制、不可移动类的容器。假如我们有一个既不包含复制构造函数也不包含移动构造函数的 solver 类（例如原子成员，详情可以参考 4.6 节）：

```
struct parameters{};
struct solver
{
    solver(const mat& ref, const parameters& para)
      : ref(ref), para(para){}
    solver(const solver&) = delete;
    solver(solver&&) = delete;

    const mat&        ref;
    const parameters& para;
};
```

该类的几个对象存储在双端队列中。稍后，我们将迭代访问这些解析器（solver）：

```
void solve_x(const solver& s){...}

int main()
{
    parameters     p1, p2, p3;
    mat            A, B, C;
    deque <solver> solvers;

    // solvers.push_back(solver(A, p1)); // 将无法编译
     solvers.emplace_back(B, p1);
    solvers.emplace_back(C, p2);
    solvers.emplace_front(A, p1);

    for(auto& s : solvers)
        solve_x(s);
}
```

请注意，solver 类只能在没有数据移动或复制的容器方法中使用。例如，插入和擦除重定位数据就无法通过编译。对于其他容器——例如 vector，我们甚至不能使用 emplace_back 函数，因为在分配新内存时会发生数据移动。我们还必须为循环变量 s 使用一个引用，以避免执行复制操作。

4.1.3.3 列表（list）

list 容器（在 <list> 中）是一个双向链表，如图 4-5 所示，因此它可以向前和向后遍历访问（即它的迭代器模型是 BidirectionalIterator）。与前面的容器不同，我们不能直接访问第 *n* 个条目。与 vector 和 deque 相比，list 容器的一个优点是在中间进行插入操作和删除操作本身的成本更低。

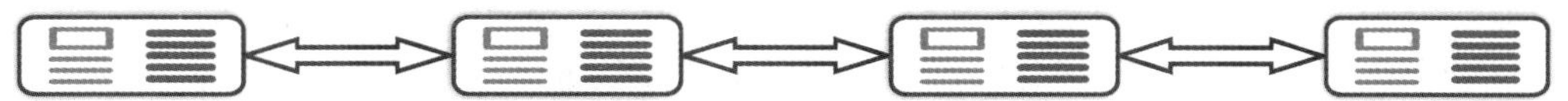

图 4-5 （理论上的）双向链表

当插入或删除其他条目时，list 条目永远不会移动。因此，只有已删除条目的引用和迭代器无效，而其他所有条目仍保持其有效性。

```
int main()
{
    list <int> l={3, 4, 7, 9};
    auto it=    find(begin(l), end(l), 4),
         it2 = find(begin(l), end(l), 7);
    l.erase(it);
    cout ≪ " it2 still points to " ≪ *it2 ≪ '\n';
}
```

如图 4-6 所示，每个单独条目的动态内存管理会将它们分散到内存中，因此糟糕的缓存行为将导致比 vector 和 deque 更差的性能。list 对某些操作更有效，但对许多其他操作可能效率更低，因此 list 的整体性能并不会更好 [30][74]。不过在常见的应用程序编程中，只需更改容器类型就可以克服此类性能瓶颈。

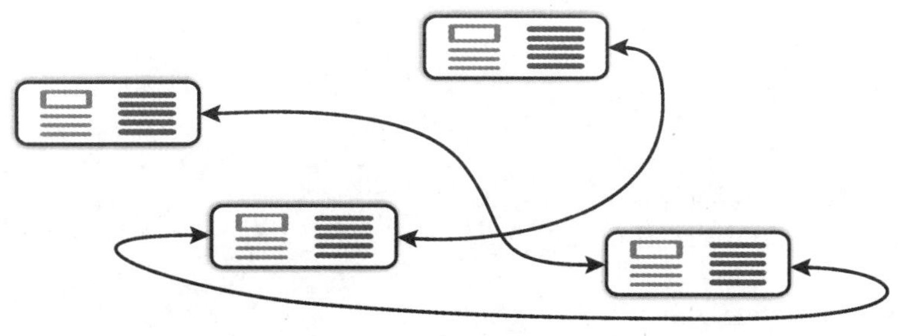

图 4-6 实际应用中的双向链表

list<int> 类型的条目在典型的 64 位平台上占用 20 字节：两倍于 64 位指针的 8 字节和 int 型的 4 字节。当不需要向后迭代时，我们可以节省一个指针的空间并使用一个 forward_list（在 <forward_list> 中），这样对应的列表条目只需要 12 字节。 C++11

4.1.3.4 集合和多重集合

集合（set）容器会存储一个和集合信息有关的值。set 中的条目会在内部排序，以便能够以对数复杂度来访问它们。操作符 operator< 用于执行比较操作，或者用户还可以提供自定义操作符。一个值是否存在于 set 中可以通过 find 和 count 方法来测试。find 返回引用该值的迭代器，如果未找到，则返回 end 迭代器。如果我们不需要迭代器，那么使用 count 方法会更方便：

```
set <int> s={1, 3, 4, 7, 9};
s.insert(5);
for (int i= 0; i <6; ++i)
    cout ≪ i ≪ " appears " ≪ s.count(i) ≪ " time(s).\ n";
```

产生预期的数据结果：

```
0    appears 0 time(s).
1    appears 1 time(s).
2    appears 0 time(s).
3    appears 1 time(s).
4    appears 1 time(s).
5    appears 1 time(s).
```

C++20 C++20 引入了 contains 方法来测试是否存在某个值：

```
for (int i= 0; i <6; ++i)
    cout ≪ i ≪ "is" ≪(s.contains(i) ? "" : "n't")
         ≪ " contained in s.\ n";
```

重复插入相同的值并没有什么影响，比如 count 总是会返回 0 或 1。多重容器（multiset）支持额外计算插入值出现的频率：

```
multiset <int> s={1, 3, 4, 7, 9, 1, 1, 4};
s.insert(4);
for (int i= 0; i <6; ++i)
    cout ≪ i ≪ " appears " ≪ s.count(i) ≪ " time(s).\ n";
```

输出结果为：

```
0 appears    0    time(s).
1 appears    3    time(s).
2 appears    0    time(s).
3 appears    1    time(s).
4 appears    3    time(s).
5 appears    0    time(s).
```

如果仅检查某个值是否存在于 multiset 中，那么 find 方法的效率更高，因为它不需要遍历访问重复的值。在 C++20 中，contains 方法甚至比 find 方法更高效，也更方便。请注意，不存在名为 multiset 的头文件，multiset 类也是在 <set> 中定义的。

4.1.3.5 Map 和 Multimap

⇒ c++11/map_test.cpp

map 是一个关联性容器；即值（value）与键（key）关联。键可以兼容任何类型的排序：由 operator<（通过函子 less）提供或由严格建立弱排序的函子提供。map 提供了一个括号操作符（[]），用于表示简洁的访问符号。下面的程序说明了它的用法：

```
map<string, double> constants =
   {{"e", 2.7},{"pi", 3.14},{"h", 6.6 e- 34}};
cout ≪ " The Planck constant is " ≪ constants["h"] ≪ ".\ n";
constants["c"] = 299792458;
cout ≪ " The Coulomb constant is "
     ≪ constants["k"] ≪ ".\n";    // Access missing entry !
cout ≪ " The circle ' s circumference pi is "
     ≪ constants.find(" pi")->second ≪ ".\ n";
auto  it_phi = constants.find(" phi");
if (it_phi != constants.end())
    cout ≪ " Golden ratio is " ≪ it_phi ->second ≪ ".\n";
cout ≪ " The Euler constant is "
     ≪ constants.at("e") ≪ ".\ n\n";
for (auto[name, value] : constants)
    cout ≪ " The value of " ≪ name ≪ " is " ≪ value ≪ ".\n;
```

输出结果为：

```
The Planck constant is 6.6 e -34.
The Coulomb constant is 0.
The circle ' s circumference pi is 3.14.
The Euler constant is 2.7.

The value of c is 2.99792 e +08.
The value of e is 2.7.
The value of h is 6.6 e -34.
The value of k is 0.
The value of pi is 3.14.
```

这里的 map 是由一个键值对构成的 list 初始化的。注意，map 的 value_type 不是 double，而是 pair<const string, double>。在接下来的两行代码中，我们使用方括号操作符查找包含键 h 的值并为 c 插入一个新的值。括号操作符会返回一个指向该键对应值的引用。如果相关的键未找到，则插入一个具有默认构造值的新条目，然后返回对该值的引用。对 c 来说，我们为该引用分配一个值并设置键值对，然后请求不存在的 Coulomb 常量，并意外地创建了一个值为零的条目。

为了避免 [] 的可变重载和常量重载之间的不一致，STL 的创建者完全省略了常量重载（我们对此感到遗憾）。要在常量 map 中搜索键，我们可以使用经典的 find 方法或者 C++11 中的 at

方法。find 方法不如 [] 符号优雅，但它可以避免我们意外插入条目。它会返回一个引用键值对的 const_iterator。如果相关的键未找到，则返回 end 迭代器，当不确定键是否存在时，我们应该将其与迭代器进行比较。

当我们确定某个键存在于 map 中时，可以使用 at 方法。它会返回对值的引用，这和 [] 符号类似。其主要区别在于，当找不到键时 at 方法会抛出 out_of_range 异常，即使 map 是可变的也是如此。因此，它不能用于插入新条目，而是提供一个紧凑的接口来查找它们。

当我们遍历容器时，将会得到键值对（因为单独的值是没有意义的）。

⇒ c++17/multimap_test.cpp

当一个键可以与多个值相关联时，我们需要一个 multimap（多重映射）。具有相同键的条目彼此相邻存放，因此我们可以遍历它们。迭代器的范围是由 lower_bound 和 upper_bound 方法提供的。在接下来的示例中，我们将遍历所有键等于 3 的条目并打印它们的值：

```
multimap <int, double> mm=
    {{3, 1.3},{2, 4.1},{3, 1.8},{4, 9.2},{3, 1.5}};
for (auto it= mm.lower_bound(3),
          end= mm.upper_bound(3); it != end; ++ it)
    cout ≪ " The value is " ≪ it->second ≪ '\n';
```

输出结果为：

```
The value is 1.3.
The value is 1.8.
The value is 1.5.
```

相同的输出结果可以通过 equal_range 方法更方便、更快捷地实现：

```
for (auto[it, end]= mm.equal_range(3); it != end; ++ it)
    cout ≪ " The value is " ≪ it->second ≪ ".\ n";
```

如果该方法实际返回了一个范围而不是一对迭代器，那么可能会更方便一些。然后我们可以使用基于范围的 for 循环替代显式调用迭代器，继而平滑地迭代访问它。

最后的 4 个容器——set、multiset、map 和 multimap，它们都被实现为某种树，并且访问具有对数复杂度。在下一节中，我们将介绍平均访问速度更快的容器。

C++11 4.1.3.6 散列表

⇒ c++11/unordered_map_test.cpp

散列表是具有高效搜索能力的容器。与前面的容器相比，散列表对于单词访问具有恒定的复杂度（当散列函数相当好时）。为了避免与现有的软件名称发生冲突，C++ 标准委员会尽量避免使用带有“hash”的名称，并在已排序容器的名称前加上“unordered”的前缀。无序（unordered）容器的使用方式与有序（ordered）容器相同：

```
unordered_map <string, double> constants =
    {{" e", 2.7},{" pi", 3.14},{" h", 6.6 e- 34}};
cout ≪ " The Planck constant is " ≪ constants["h"] ≪ '\n';
```

```
constants["c"] = 299792458;
cout ≪ " The Euler constant is " ≪ constants .at("e") ≪ "\n\n";
```

上述代码输出了与 map 相同的结果。如有必要，我们还可以使用用户自定义的散列函数。

进阶阅读：所有容器都提供了一个可定制的分配器，允许我们实现自己的内存管理或使用特定平台的内存管理机制。分配器接口已经给出了，参见 [40] 和 [62]。

4.1.4 算法

通用的 STL 算法是在头文件 <algorithm> 中定义的，而那些主要用于进行数学运算的算法是在头文件 <numeric> 中定义的。

4.1.4.1 非修改序列操作

find 方法会接收 3 个参数：两个迭代器用于定义搜索空间的右开区间，以及一个要在该范围内搜索的值。first 引用的每个条目都要与 value 进行比较，当查找到匹配的结果时，返回指向它的迭代器；否则迭代器执行递增操作。

如果该值不包含在序列中，则返回一个等于 last 的迭代器。因此，调用者可以通过将其结果与 last 进行比较来测试搜索是否成功。这实际上并不是一个困难的任务，我们可以自己实现：

```
template <typename InputIterator, typename T>
InputIterator find(InputIterator first, InputIterator last,
                   const T& value)
{
    while(first != last&& * first != value)
        ++ first;
    return first;
}
```

上述程序片段确实是实现 find 的标准方式，不过还可能存在针对特定迭代器的特例化重载。

⇒ c++11/find_test.cpp

作为演示示例，假定我们有一个包含两个数字 7 的整数值序列。我们还想构造一个从第一个 7 开始到第二个 7 结束的子序列。换句话说，我们必须找到序列中两个 7 出现的位置并输出一个闭区间。而 STL 总是在右开区间进行操作的，因此这需要一些额外的工作：

```
vector <int> seq={3, 4, 7, 9, 2, 5, 7, 8};
auto it= find(begin(seq), end(seq), 7);     // first 7
auto last = find(it +1, end(seq), 7);       // second 7
for (auto past = last +1; it != past; ++ it)
    cout ≪ *it ≪ ' ';
cout ≪ '\n';
```

找到第一个 7 之后，我们从后续位置重新开始搜索（以免找到前面相同的 7）。在 for 循环中，我们递增 last 迭代器，以便在打印结果中包含第二个 7。

在上面的示例中，我们依赖于 7 在序列中会出现两次这个事实。为了让程序更健壮，我们可以对搜索是否成功进行校验：

```
struct no_seven{};
if (it == end(seq))
    throw no_seven{};
    ...
if (last == end(seq))
    throw one_seven{};
```

⇒ c++11/find_test2.cpp

上面的实现不适用于 list，因为我们使用了表达式 it+1 和 last+1，这要求迭代器是随机访问迭代器。然而，我们可以通过使用标准函数 next 递增迭代器来解除这个限制：

```
std::list <int> seq ={3, 4, 7, 9, 2, 5, 7, 8};
auto it= find(begin(seq), end(seq), 7), it2 = it; // 第一个 7
auto  last = find(next(it2), end(seq), 7);        // 第二个 7
for (auto past = next(last); it != past; ++ it)
    std::cout << *it << ' ';
```

这种迭代器的使用与前面的实现并没有太大的区别，但它能够避免随机访问操作从而更加通用。比如，现在我们可以使用 list。更正式的说法是：在我们的第二个实现中，it 只需要 ForwardIterator 以及 past，而第一个实现需要 RandomAccessIterator。

⇒ c++11/find_test3.cpp

如代码示例 4-2 所示，我们可以以同样的方式编写一个通用函数来打印兼容所有 STL 容器的区间。让我们更进一步：我们还想支持经典数组。不过数组没有成员函数 begin 和 end。C++11 提供了它们以及所有 STL 容器中名为 begin 和 end 的自由函数，这使程序的通用性更强：

代码示例 4–2　打印闭区间的通用函数

```
struct value_not_found{};
struct value_not_found_twice{};

template <typename Range, typename Value>
void print_interval(const Range& r, const Value & v,
                    std::ostream& os= std::cout)
{
    using std::begin; using std::end; using std::next;
    auto it= std::find(begin(r), end(r), v);
    if (it == end(r))
        throw value_not_found();
    auto last = std::find(next(it), end(r), v);
    if (last == end(r))
        throw value_not_found_twice();
    for(auto past = next(last); it != past; ++ it)
        os << *it << ' ';
    os << '\n';
```

```
}

int main()
{
    std::list <int> seq ={3, 4, 7, 9, 2, 5, 7, 8};
    print_interval(seq, 7);

    int array[]={3, 4, 7, 9, 2, 5, 7, 8};
    std::stringstream ss;
    print_interval(array, 7, ss);
    std::cout ≪ ss.str();
}
```

我们还参数化了输出流，使其不受 std::cout 的限制。请注意函数参数中静态和动态多态性的综合应用：范围 r 和值 v 的类型在编译期实例化，而 os 的输出操作符 ≪ 在运行时可以根据 os 实际引用的类型进行选择。

在这一点上，希望读者留意我们处理命名空间的方式。当我们需要使用大量标准容器和算法时，可以进行如下声明：

```
using namespace std;
```

直接引用头文件之后，我们就不需要再使用 std:: 前缀了。不过这适用于小型程序，但是在大型项目中，我们迟早会遇到命名冲突的问题。修复这类问题可能既费力又烦人。因此，我们应该尽可能少地引用——尤其是在头文件中。我们的 print_interval 实现不依赖于前面的名称导入，可以安全地放在头文件中。即使在函数内部，我们也不会导入整个 std 命名空间，而是将其作用域限制在真正调用它们的地方。

注意，我们没有在某些函数中限定命名空间，例如 std::begin(r)。这在上面的示例中是可行的，但是这里不涉及类的命名空间下定义了 begin 函数的用户自定义类型。using std::begin 和 begin(r) 的组合使用可以确保 std::begin 被找到。另外，用户自定义类型中的 begin 函数会被 ADL 找到（3.2.2 节），并且比 std::begin 更匹配。这也同样适用于 end 函数。相反，对于 find 函数，我们不希望调用可能存在的用户自定义重载，要确保它是从 std 中获取的。

find_if 通过搜索符合通用条件的第一个条目来泛化 find。它不是与单个值进行比较，而是使用谓词——一种可以返回布尔值的函数。假定我们要搜索大于 4 并且小于 7 的第一个列表条目：

```
bool check(int i){return i> 4 && i <7;}

int main()
{
    list <int> seq={3, 4, 7, 9, 2, 5, 7, 8};
    auto it= find_if(begin(seq), end(seq), check);
    cout ≪ " The first value in range is " ≪ *it ≪ '\n';
}
```

C++11　或者直接创建谓词：

```
auto it= find_if(begin(seq), end(seq),
                 [](int i){return i> 4 && i <7;} );
```

搜索和计数算法的使用方式类似，网上的在线帮助手册提供一些可供参考的说明文档。

4.1.4.2　修改序列操作

copy 函数：必须谨慎地使用修改序列操作，因为修改后的序列通常仅用起始迭代器参数化。我们有责任确保有足够的空间可用。例如，在我们复制容器之前，可以将目标的大小调整为源容器的大小：

```
vector <int> seq={3, 4, 7, 9, 2, 5, 7, 8}, v;
v.resize(seq.size());
copy(begin(seq), end(seq), begin(v));
```

迭代器灵活性的一个极佳用例是通过复制打印一个序列：

```
copy(begin(seq), end(seq), ostream_iterator <int>{cout, ", "});
```

ostream_iterator 为输出流构建了一个简洁的迭代器接口：++ 和 * 操作是无效的。这里不需要比较操作，一个值的赋值将与分隔符一起发送到引用的输出流。

unique 是一个在数值软件中非常有用的函数，它会删除序列中重复的条目。先决条件是序列必须是有序的。然后 unique 可以重新排列条目，使唯一的值位于前面，重复的值位于末尾。返回第一个重复条目的迭代器，可以用于删除重复项：

```
std::vector <int> seq={3, 4, 7, 9, 2, 5, 7, 8, 3, 4, 3, 9}; sort
(begin(seq), end(seq));
auto it = unique(begin(seq), end(seq));
resize(distance(begin(seq), it));
```

如果这是一项频繁的任务，我们可以将前面的操作封装到一个用序列 / 范围参数化的泛型函数中：

```
template <typename Seq>
void make_unique_sequence(Seq& seq)
{
    using std::begin; using std::end; using std::distance; std::
    sort(begin(seq), end(seq));
    auto it= std::unique(begin(seq), end(seq)); seq.
    resize(distance(begin(seq), it));
}
```

还有很多遵循相同原则的改变序列的操作。

4.1.4.3　排序操作

标准库中的排序函数非常强大和灵活，几乎适用于所有场景。早期的实现是基于快速排序

（quick sort）的，平均时间复杂度为 $O(n\log n)$，但是最坏的情况下①，复杂度是原有复杂度的平方。最近的版本使用内省排序（intro-sort），其最坏情况下的复杂度也是 $O(n\log n)$。总之，不需要为我们自己的实现担心。默认情况下，排序使用 operator< 操作符，但我们也可以自定义比较操作，比如按降序对序列进行排序：

```
vector <int> seq={3, 4, 7, 9, 2, 5, 7, 8, 3, 4, 3, 9};
sort(begin(seq), end(seq),[](int x, int y){return x> y;});
```

lambda 表达式再次有了用武之地。由于复数序列无法排序，我们需要自定义比较操作，比如按复数模的大小进行排序：

```
using cf= complex <float >;
vector <cf> v= {{3, 4}, {7, 9}, {2, 5}, {7, 8}};
sort(begin (v), end (v), [](cf x, cf y){ return abs(x)<abs(y);});
```

虽然这里没有特别的意义，但是词典顺序也可以用 lambda 表达式快速定义：

```
auto lex =[](cf x, cf y){return real(x) <real(y)
                          || real(x)== real(y)&& imag(x)<imag(y);};
sort (begin(v), end(v), lex);
```

很多算法都需要一个有序序列作为前提条件，比如 unique。集合操作也可以在有序序列中执行，并且不一定需要集合类型。

4.1.4.4 数值计算

STL 中的数值计算操作可以在头文件 <numeric> 中找到。iota 生成一个序列，该序列以给定值开始，对于所有后续的条目依次递增 1。accumulate 默认会计算序列的总和，并在用户提供二元函数时执行任意规约。inner_product 会默认执行点积计算，一般形式允许指定二元函数对象分别替代加法和乘法。partial_sum 和 adjacent_difference 的功能和其名称对应，即部分求和与相邻差分。下面的小程序展示了一些基本的数值计算函数：

```
vector <float> v={3.1, 4.2, 7, 9.3, 2, 5, 7, 8, 3, 4},
               w(10), x(10), y(10);
iota(begin(w), end(w), 12.1);
partial_sum(begin(v), end(v), begin(x));
adjacent_difference(begin(v), end(v), begin(y));

float alpha = inner_product(begin(w), end(w), begin(v), 0.0 f);
float sum_w = accumulate(begin(w), end(w), 0.0 f),
      product_w = accumulate(begin(w), end(w), 1.0 f,
                             [](float x, float y){return x * y;});
```

函数 iota 不是 C++03 的一部分，而是从 C++11 开始引入的。

4.1.4.5 复杂度

Bjarne Stroustrup 在一张简洁的表格中总结了所有 STL 算法的复杂度，如表 4-1 所示。

① stable_sort 和 partial_sort 在当时已经提供了最差情况下的较低复杂度。

表 4–1　STL 算法的复杂度

算法复杂度	
$O(1)$	swap、iter_swap
$O(\log n)$	lower_bound、upper_bound、equal_range、binary_search、push_heap、pop_heap
$O(n \log n)$	inplace_merge、stable_partition、所有排序算法
$O(n^2)$	find_end、find_first_of、search、search_n
$O(n)$	所有其他算法

源自 [62，第 931 页]。

C++20 4.1.5　范围（Range）

4.1.5.1　迭代器的不足之处

迭代器无疑为 C++ 的现代化编程做出了重要贡献。尽管如此，它可能非常危险并会是一个对用户非常不友好的接口。让我们先从危险性开始，迭代器通常成对出现，只有程序员能够确保这两个迭代器真正相关。这为我们提供了一个可能出现问题的错误清单：

- 迭代器首先出现；
- 迭代器来自不同的容器；
- 迭代器执行了更大的步长（跨越多个条目）并且不会到达 end 迭代器所在的位置。

在上述情况下，迭代操作可能在内存的任意位置执行，并且可能仅在程序离开可访问地址空间时停止。程序崩溃可能仍然是我们最好的选择，因为我们可以看到程序执行失败的具体位置。在某个时间停止迭代的执行可能已经破坏了大量的数据，因此在崩溃或所谓的成功结束之前，程序就已经造成严重破坏。

类似的，多个容器上的大多数 STL 函数仅接收来自一个容器的一对迭代器[①]，而仅接收来自其他容器的起始迭代器，例如：

```
copy(begin(v), end(v), begin(w));
```

因此，无法测试复制的目标是否腾出了足够的空间以及是否可以覆盖随机内存。

最后，基于迭代器的函数接口并不总是优雅的。比如下列代码：

```
x= inner_product(begin(v), end(v), begin(w));
```

上述代码和下面的代码比较：

```
x= dot(v, w);
```

比较之后的结果不言自明。此外，第二个代码允许我们检查 v 和 w 的大小是否匹配。基于

① 一对迭代器不一定代表整个容器，它还可以引用容器的部分内容，或者是某些更通用的抽象。

上述原因，我们给出如下建议。

建议

如果你编写了一个基于迭代器的函数，那么请为它们提供一个对用户友好的接口。

那该如何做呢？这是我们接下来要讨论的问题。

4.1.5.2 新函数接口

⇒ c++20/ranges_copy.cpp

C++20 引入了范围（Range）这一特性。不过在编写本书时，编译器对它的支持并不令人满意。因此，我们会借鉴 Eric Niebler 的原型库中的部分内容来研究这个有趣的特性。在 GitHub 上，你可以找到大多数示例的标准版本和原型库版本。由于与 std 存在冲突，我们的源代码包含许多显式命名空间限定。对此我是比较乐观的，当范围完全集成到编译器的标准库时，这将减少我们的工作量。在使用标准范围尝试以下代码片段时，你应该添加代码 using namespace std::ranges; 到你的程序中。我们希望本节的内容能够帮助你开始使用这个非常有用的功能。

简要地说，范围使我们可以用 begin 和 end 函数迭代所有的类型，这允许我通过使用范围替代迭代器来减少大量函数中的参数数量。例如，我们可以减少前面提到的 copy 函数的参数数量：

```
vector <int> u{3, 2, 6, 7, 4}, v(5), w;

ranges::copy(u, begin(v));
```

把源对象作为第一个参数直接传递，我们从目标对象中获取 begin 迭代器。这种接口显然比之前要更简洁一些，也不太容易出现上一节中的错误。仅当源对象的起始迭代器和终止迭代器在相应的上下文中单独提供时，基于迭代器的接口才是比较理想的方案。但这种情况很少见，大多数情况下，它们是通过在同一容器（或者其他范围）上调用 begin 和 end 函数来提供的，因此新的接口可兼容绝大多数应用程序。

这个新接口仍然存在一个不足：写入操作越过了目标可用空间的末尾（访问越界）。更好的调用方式如下所示：

```
copy(u, w);
```

其中 w 被调整为 v 的大小。这个接口不是标准库提供的，我们需要实现它。

为了让目标的大小适配源的大小，我们必须添加两个额外的要求：源必须提供其大小信息，目标必须能够更改其大小。源的大小组成可以用迭代器函数 distance 来确定，但它的内存开销可能会很昂贵（达到线性复杂度），并且当类型不是 forward_iterator 时可能会让起始迭代器失效。

range 库为范围引入了概念 sized_range，以及具有常量复杂度的 size 函数。这个概念涵盖了我们对源的要求。目标的要求必须在一个新的概念中实现：

```
template <typename R>
concept ResizableRange =
    ranges::range <R> &&
    requires(R& r, size_t n)
    {
        r.resize(n);
};
```

现在我们可以编写一个可靠的 copy 函数：

```
template <sized_range Source, ResizableRange Target> auto
copy(const Source& src, Target & tgt)
{
    tgt.resize(size(src));
    return copy(src, begin(tgt));
}
```

当所有 copy 函数重载都受到适当的约束时，程序的实现就不会产生任何歧义。Sean Parent 指出了此实现的一个缺点：对象是在调整大小期间默认构造的，无论如何都会被覆盖。为了避免这种开销或类没有默认构造函数的编译错误，我们最好在使用 back_insert_iterator 复制之前调用 clear 函数和 reserve 函数：

```
template <typename R>
concept ExpandableRange =
    ranges::range <R> &&
    requires(R& r, size_t n)
    {
        r.reserve(n);
    };
template <sized_range Source, ExpandableRange Target> auto
copy(const Source& src, Target& tgt)
{
    tgt.clear();
    tgt.reserve(ranges::size(src));
    return ranges::copy(src, back_insert_iterator{tgt});
}
```

以类似的方式，我们可以使用迭代器对或单个迭代器的范围来实现许多标准函数。这同时构建了一个更方便、更可靠的接口。

4.1.5.3　标准视图

⇒ c++20/ranges_iota.cpp

所有标准容器都包含一个 begin 函数和 end 函数，它们返回迭代器，因此是范围。然而，范围并不局限于容器，它们的定义很广。范围不一定包含数据，例如遍历名为 iota 的视图（view）相当于从具有升序数据的容器中读取数据：

```
for (int i : views::iota(1, 10))
    cout ≪ i ≪ endl;
```

上述代码片段可以打印输出从 0 到 9 的值，就好象我们迭代访问包含这些值的容器一样。该视图类似于我们在 2.7.6 节中介绍的 irange 类。

⇒ c++20/ranges_examples.cpp

大多数视图会在给定容器或另一个范围上建立了一个新的视图，而不创建新的容器。要从给定范围中选择符合特定条件的条目，我们可以使用过滤器视图。不过大多数视图类需要另一个视图作为参数并且兼容任意范围。因此，不建议直接使用它们。

相反，我们应该使用相应的范围适配器。对于每个视图类，子命名空间视图中都存在相应的适配器。例如，views::filter 是 filter_view 类的适配器。假定我们要打印向量中大于 4 且小于 7 的值：

```
bool in_range(int i){return i> 4 && i <7;}

vector <int> seq={3, 4, 7, 6, 9, 2, 5, 7, 8};
for (int i : views::filter(seq, in_range))
    cout ≪ i ≪ " is in range .\ n";
```

在此循环中，仅打印了 in_range 中的数字，其他数字被忽略了。views::filter 不会创建新容器，而只是在 seq 上创建一个轻量级代理。filter 的迭代器只是底层范围（这里是 vector）迭代器的包装器。为了在 seq 中仅查看被过滤的值，filter 的增量迭代器会重复 vector 迭代器的增量，直到引用的值符合过滤条件。另一个有用的视图是 transform，它将对每个条目调用一元函数：

```
auto square =[](int n){return n * n;};
for (int i : views::transform(views::filter(seq, in_range),
                              square))
    cout ≪ i ≪ " is the squared value of an in- range entry .\ n";
```

在这里，我们对 seq 中大于 4 且小于 7 的所有值进行平方运算。我们可以在此示例中看到，嵌套视图不会产生特别可读的代码。为了提高可读性，视图提供了类似于 UNIX 中 shell 的管道操作符。在这种情况下，我们在适配器中省略了范围参数：

```
for (int i : seq | views::filter(in_range)
                 | views::transform(square))
    cout ≪ i ≪ " is the squared value of an in- range entry .\ n";
```

范围的另一种泛化是 begin 迭代器和 end 迭代器可能返回不同的类型，因为 end 迭代器仅用于比较。实际上，end 迭代器返回的对象不要求是迭代器，只要是所谓的标记（Sentinel）即可。这可以是任何类型，只要它能与相应的迭代器进行比较即可。

使用标记对算法有一些影响。基于范围的 for 循环已经在 C++17 中被泛化，以在 begin 迭代器和 end 迭代器之间启用不同的类型。经典的 STL 算法是为迭代器对设计的，要在任意范围中使用它们，我们可以使用 common 视图。例如，一个基于范围的排序函数可以实现为如下形式：

```
template <random_access_range Range> void
sort(Range& r)
{
    auto cr{views::common(r)};
   sort(begin(cr), end(cr));
}
```

乍一看视图似乎并不是很有用，但是事实证明它最方便的特性是 all：它只是表示相同内容的范围视图。不过，与某些容器类型相比[①]，范围视图支持输出操作符，因此我们可以将其用于打印输出：

```
cout << " seq = " << views::all(seq) << endl;
```

此外，其他视图在内部使用 views:all 会将任意范围转换为视图。在表 4-2 中，你将找到 C++20 中引入视图的简要介绍。

表 4–2　范围视图

适配器名称	语　义
views::all	获得范围内的所有条目
views::filter	获得包含给定属性的条目
views::transform	对每个条目应用某个函数 y
views::iota	遍历一个整数范围
views::take	从范围中获取 *n* 个条目
views::join	将一系列范围连接成一个新的范围
views::empty	创建一个不包含条目并给定值类型的范围
views::single	创建一个包含给定单个条目的范围
views::split	用给定分割符将一个范围分割成若干子范围
views::counted	创建以给定迭代器开始并包含 *n* 个条目的范围
views::common	创建一个范围，其中 beign 和 end 包含相同的类型
views::reverse	以逆序遍历给定范围

4.1.5.4　自定义视图

⇒ c++20/range_enumerate_example.cpp

在 Eric Niebler 的原型实现中，枚举没有被引入 C++ 规范。枚举这种视图能为我们提供范围中每个条目的位置和值。Eric 在 Python 程序中经常使用它，因此也希望在 C++ 中也能使用它。

为了简单起见，我们假定范围不是开区间右值且不需要存储。我们进一步假设 begin 和 end 迭代器会返回相同的类型。然后视图本身会变得非常简单：

① 至少在原型中是如此。

```
template <typename Range>
class enumerate_view
{
    using iter = enumerate_iterator <Range>;
public :
    enumerate_view(Range& r) : r{r}{}

    iter begin() const noexcept { return iter{0, std::begin(r)}; }
    iter end() const noexcept { return iter{- 1, std::end(r)}; }

private :
    Range& r; // requires lvalue !
};
```

该视图只是保存了一个指向范围的引用并提供 begin 和 end 迭代器。end 迭代器中位置将不会被使用并被设置为任意值。甚至迭代器也可以通过简单的方式实现：

```
template <typename Range>
class enumerate_iterator
{
    using riter = decltype(std::begin(std::declval <Range>()));
    using self = enumerate_iterator <Range>;
public :
    explicit enumerate_iterator(int index,  riter it) :  index{index}, it{it}{}

    auto operator *() const noexcept{ return make_pair(index, * it); }
    bool operator !=(self other) const noexcept{ return it != other.it; }
    self& operator ++() noexcept{ ++ index; ++ it; return * this; }
private :
    int    index;
    riter it;
};
```

如你所见，我们只比较底层迭代器并忽略了比较中的索引。解引用操作符会返回一对索引和范围的迭代器。我们现在可以使用视图来枚举基于范围的 for 循环中向量的条目：

```
vector <int> seq={3, 4, 7, 9, 2, 5, 7, 8, 3, 4, 3, 9};
for (auto[i, value] : enumerate_view{seq})
    cout ≪ " The " ≪ i ≪ " th value is " ≪ value ≪ endl;
```

为了与标准视图保持一致性，我们还提供了可以像函数一样调用的相应适配器：

```
namespace views{

    struct enumerate_t
    {
        template <typename Range>
```

```
        enumerate_view <Range> operator()(Range&& r) const noexcept
        {
            return enumerate_view <Range>{std::forward <Range>(r)};
        }
    };
    static constexpr enumerate_t enumerate;
}

for (auto[i, value] : views::enumerate(seq))
    cout ≪ " The " ≪ i ≪ " th value is " ≪ value   endl;
```

当然，也希望管道运算也能兼容我们的视图：

```
namespace views{
    template <typename Range>
    enumerate_view <Range> operator |(Range&& r, enumerate_t) noexcept
    {
        return enumerate_view <Range>{std::forward <Range>(r)};
    }
}

for (auto[i, value] : seq | views::enumerate)
    cout ≪ " The " ≪ i ≪ " th value is " ≪ value ≪ endl;
```

完整的代码将包含更多细节，比如丰富的迭代器接口和一些关于其行为的类型声明。在意识到上述代码是如此简单之后，作者后悔没有早点这样做。也就是说，如果有必要的话，建议读者实现用户自定义的范围。如前所述，迭代器是适用性最大化的绝佳方案，但它不应该是在应用程序层面使用的主要接口。

C++17 4.1.6　并行计算

⇒ c++20/parallel_sort.cpp

大多数STL算法在C++17下支持并行执行。相应的函数被新的实现重载，从执行策略开始，然后是我们熟知的函数参数。所有策略都驻留在命名空间 std::execution 中。要按顺序执行算法，我们可以使用策略 seq 或完全省略它。下面两个调用是等价的：

```
sort(seq, begin(v), end(v));
sort(begin(v), end(v));
```

par 策略：

```
sort(par, begin(v), end(v));
```

上述代码将触发多线程执行，在每个线程中计算是顺序进行的。

为了挖掘硬件的最大潜力，我们可以使用 par_unseq 策略：

```
sort(par_unseq, begin(v), end(v));
```

这允许每个线程并行（即不按顺序）执行操作。这意味着在实践中，数值运算通常是通过SSE/AVX 加速执行的。

在 C++20 中，引入了 unseq 策略以在单个线程上执行无序计算。为了测试并行排序，我们在 1.8GHz 的四核英特尔酷睿 i7-8550U 上使用 Visual Studio 2019 的 16.9.3 版本，对 1000 万个 int 值进行排序时，耗时情况如下： C++20

```
Sorting with seq       took 0.82638 s.
Sorting with par       took 0.216368 s.
Sorting with unseq     took 0.819744 s.
Sorting with par_unseq took 0.219476 s.
```

我们可以看到多线程版本的执行速度大约是原来的 4 倍，而线程内并行化并没有加速执行，因为 SSE/AVX 在对 int 值进行排序时并没有明显的增益效果。不过，本书的一位编辑在他的计算机上观察到使用 unseq 策略的最快结果。在其他编译器上，我们并没有看到并行策略的好处（并且系统没有指示使用多线程）。因此，绝对值得在自己喜欢的平台上尝试这一特性。

在并行化的背景下，新增了 7 种算法：

- for_each_n 将函子应用于前 *n* 个条目；
- reduce 执行类似 accumulate 的归约，不过允许更改顺序；
- transform_reduce 在归约之前应用函子（通常称之为 map-reduce）；
- inclusive_scan 像现有的顺序函数 partial_sum 一样对部分条目求和；
- exclusive_scan 也是计算部分条目之和，同时将第 *i* 个条目从第 *i* 个部分和中排除。
- transform_inclusive_scan 和 transform_exclusive_scan 在对每个条目应用函子之后计算相应的部分条目之和。

⇒ c++20/parallel_reduce.cpp

我们希望减少操作从而能够从 AVX 加速中受益。对于包含十亿双精度数据的大型数据集在之前提及的 i7 平台上的测试结果如下所示：

```
Reducing with seq       took 0.429475 s.
Reducing with par       took 0.2653 s.
Reducing with unseq     took 0.42294 s.
Reducing with par_unseq took 0.261549 s.
```

使用 seq 策略节省了 0.429475s，使用 par 策略节省了 0.2653s，使用 unseq 策略节省了 0.42294s，使用 par_unseq 策略节省了 0.261549s。

在这个计算中，限制因素显然是内存带宽，我们将这种加速归功于第二个内存通道，它可以通过多线程实现更快的加载。为了摆脱带宽限制，我们测量了较小的集合，其中由于线程管理的开销，顺序版本甚至比并行版本的速度更快。而且我们仍然看不到 par_unseq 策略比 par 策略的优势在哪里。

结语：本节仅是 STL 的冰山一角，只是希望为读者提供一些感性认识。

4.2 数值计算

在本节中，我们将介绍如何在 C++ 中使用复数和随机数生成器。头文件 <cmath> 中包含大量的数学函数，它们的用法都很简单，不需要进一步说明。

4.2.1 复数

我们已经在第 2 章中演示了如何实现一个非模板化的 complex 类，并在第 3 章使用了 complex 类模板。为了不再重复那些显而易见的内容，我们将用一个图形示例来说明其用法。

4.2.1.1 芒德布罗集合

芒德布罗集合——其名称是根据 Benoit B. Mandelbrot 的名字命名的，它是一组通过连续平方和添加原始值逼近极限的复数集合：

$$M = \{c \in \mathbb{C}: \lim_{n\to\infty} z_n(c) \neq \infty\}$$

其中：

$$z_0(c) = c$$
$$z_{n+1}(c) = z_n^2 + c$$

可以证明，当 $z_n(c)>2$ 时，一个点在芒德布罗集合之外。计算开销最昂贵的部分是求平方根。C++ 提供了一个 norm 函数，可以处理 abs 函数的平方，即避免了求平方根带来的内存损耗。因此，我们将条件 abs(z)<=2 替换为 norm(z)<=4。

⇒ c++11/mandelbrot.cpp

芒德布罗集合的可视化是达到该极限所需迭代次数的颜色编码。为了绘制分形图形，我们使用了跨平台库 Simple DirectMedia Layer(SDL 1.2)。数字部分由 mandel_pixel 类实现，它会计算每个像素需要多少次迭代能使 norm(z)>4，它也会给出迭代次数用哪种颜色表示：

```
class mandel_pixel
{
  public :
    mandel_pixel(SDL_Surface * screen, int x, int y,
                 int xdim, int ydim, int max_iter)
      : screen{screen}, max_iter{max_iter}, iter{0}, c{x, y}
    {
        // 将 y 缩放到 [- 1.2,1.2]，然后将 - 0.5+0 i 转换到中心
        c*= 2.4 f / static_cast <float>(ydim);
        c- = complex <float>(1.2 * xdim / ydim + 0.5, 1.2);
        iterate ();
    }
    int iterations() const{return iter;}
```

```
        uint32_t color() const{...}

    private :
        void iterate()
        {
            complex <float> z= c;
            for(; iter <max_iter && norm(z) <= 4.0 f; iter ++)
                z= z * z + c;
        };
        // ...

        int             iter;
        complex <float> c;
};
```

复数会被缩放，使得对于任何图像的尺寸数据的虚部都位于 –1.2 和 1.2 之间，然后将图片向左移动 0.5。我们省略了和图形有关的代码，因为想在这里重点关注和复数有关的内容。

完整的程序可以在 GitHub 上找到，最终生成的图片如图 4-7 所示。

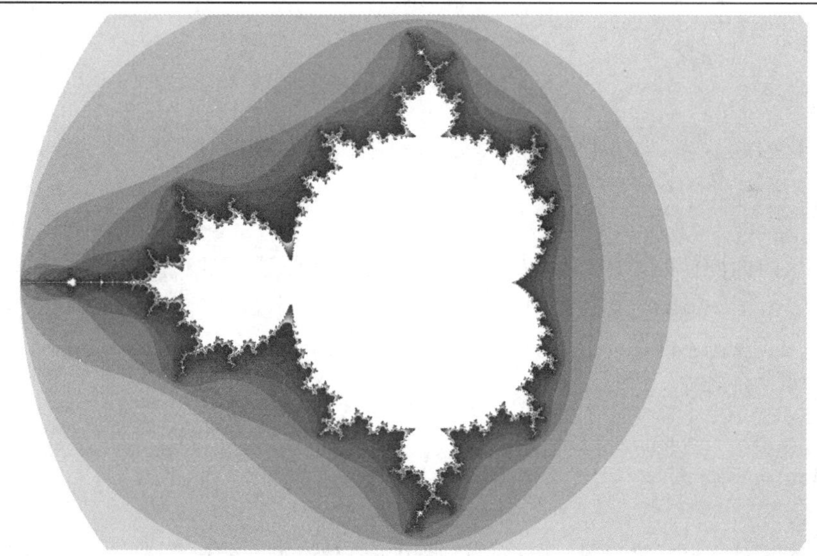

图 4-7 芒德布罗集合

最后，我们的核心计算是用 3 行代码实现的，另外的 50 行代码用来绘制一幅漂亮的图形，尽管已经使用了一个非常简单的图形库。不过这种情况很常见：现实世界的应用程序包含的文件 I/O、数据库访问、图形渲染、Web 界面的代码量要远远大于科学计算核心功能的代码量。

从C++14开始，我们可以使用用户自定义文字表示虚数[①]。例如，`3i`是`complex<double>{0,3}` C++14

① 尽管我们在文字中使用的后缀不是由用户定义的，而是由标准库定义的，但我们称之为“用户自定义文字”。

的简写。同时还添加了 float 和 long double 类型字面量后缀的支持。函数 f 的复数实例可以通过不同类型以更简洁的方式进行调用，比如表示 3.2 + 4.3i ：

```
f(3.2 f + 4.3 if)     // float
f(3.2 + 4.3 i)        // double
f(3.2 l + 4.3 il)     // long double
```

这种表示并不比构造函数调用的代码短多少，但它绝对更接近原版的数学表达式。

4.2.1.2　复数混合运算

如前所述，我们可以通过大部分数字类型构造复数。在这方面，程序库是通用的。但是它的操作却并不是那么通用：类型 complex<T> 的值只能与类型 complex<T> 或 T 的值相加（相减）。因此，请看如下代码：

```
complex <double> z{3, 5}, c= 2 * z;
```

上述代码无法编译通过，因为没有为 int 和 complex<double> 定义乘法运算规则。将 2 替换为 2.0 即可轻松解决此问题。但是，这个问题在泛型函数上更烦琐，比如：

```
template <typename T>
inline T twice(const T& z)
{    return 2 * z;}
int main()
{
    complex <double> z(3, 5), c;
    c= twice(z);
}
```

基于前面同样的原因，函数 twice 将不能编译通过。如果将代码写成 2.0 * z，那么对于 complex<double> 类型，则会编译通过；但是对于 complex<float> 或者 complex<long double> 类型则不能编译通过。

对于下列函数：

```
template <typename T>
complex <T> twice(const complex <T>& z)
{    return T{2} * z;}
```

它能兼容所有复数类型，但也仅仅适用于复数类型。相比之下，考虑下列代码：

```
template <typename T>
inline T twice(const T & z)
{    return T{2} * z;}
```

上述代码对复数类型和非复数类型都能够编译通过。不过，当 T 为类型时，2 被不必要的转换成一个复数时，此时会执行 4 次乘法和两次加法操作，实际上只需执行上述操作的一半即可。一个可行的解决方案是相应的重载实现。或者，我们可以使用类型特征或概念来区分复数类型和其他类型的实例。

当涉及多个不同类型的参数时，编程会变得更具挑战性。当其中一些参数可能会是复数时，矩阵模板库（Matrix Template Library，MTL）为复数提供了混合算术运算的支持。我们致力于将此功能加入未来的规范中。

4.2.2 随机数生成器

C++11

很多应用领域——比如计算机模拟、游戏编程和密码学，都会使用随机数。因此，每种正规的编程语言都会为它们提供生成器。这样的生成器会生成随机出现的数字序列。随机生成器可能取决于物理过程，比如量子效应。不过大多数生成器都是基于伪随机数计算，它们有一个内部状态——这被称为种子（Seed），每次请求伪随机数时都会通过确定性计算对其进行转换。因此，伪随机数生成器（Pseudo-Random Number Generator，PRNG）在使用相同的种子启动时总是会生成相同的序列。在 C++11 之前，只有来自 C 的 rand 和 srang 函数，它们的功能非常有限。更严重的问题是，生成数字的质量没有保证，在某些平台上生成的质量非常低。

因此，在 C++11 中引入了一个高质量的 `<random>` 库，它甚至被认为可以在 C++ 中完全替代 `rand` 和 `srand`。当然，rand 和 srand 仍然存在，不过在对随机数的质量要求很高的地方应该尽量避免使用它们。

4.2.2.1 保持简单

⇒ `c++11/simple_random.hpp`

C++11 中的随机数生成器提供了很大的灵活性，这对于专业人士来说非常有用，但可能会给初学者带来不少困扰。Walter Brown 推荐了一组对初学者友好的函数[①]。经过一些调整，它们包括以下几个：

```
# include <random>

std::default_random_engine & global_urng()
{
    static std::default_random_engine u{};
    return u;
}

void randomize()
{
    static std::random_device rd{};
    global_urng().seed(rd());
}

int pick(int from, int thru)
{
```

① Walter Brown 使用非 lambda 函数的返回类型推导，这仅适用于 C++14 以及更高版本。我们进一步将函数名称从 `pick_a_number` 简化为 `pick`。

```
    static std::uniform_int_distribution <> d{}; using
    parm_t = decltype(d):: param_type;
    return d(global_urng(), parm_t{from, thru});
}

double pick(double from, double upto)
{
    static std::uniform_real_distribution <> d{}; using
    parm_t = decltype(d):: param_type;
    return d(global_urng(), parm_t{from, upto});
}
```

对于随机数的初学者，你可以将这 3 个函数复制到项目中，后续再研究其细节。Walter 的接口非常简单，但对于代码测试等很多实际应用来说已经足够了。

我们只需记住以下 3 个函数。

- `randomize`：通过初始化生成器的种子使数字真正随机化。
- `pick(int a, int b)`：当 `a` 和 `b` 都是 `int` 类型时，在区间 `[a,b]` 中给出一个 `int` 类型的数值。
- `pick(double a, double b)`：当 `a` 和 `b` 都是 `double` 类型时，在右开区间 `[a,b)` 中获得一个 `double` 类型的数值。

在不调用 `randomize` 函数的情况下，每次生成的数字序列都是相等的，这在某些情况下是可以的：通过可重现的行为查找错误会容易得多。请注意，`pick` 包含 `int` 型的上界，但不包含 `double` 型的上界，这是为了与标准函数保持一致。目前，我们可以将 `global_urng` 函数视为一个实现细节。使用这些函数，我们可以轻松地编写关于掷骰子的循环代码：

```
randomize();
cout ≪ " Now, we roll dice :\ n";
for (int i= 0; i <15; ++i)
    cout ≪ pick(1, 6) ≪ endl;

cout ≪ "\ nLet ' s roll continuous dice now :;-)\ n";
for (int i= 0; i <15; ++i)
    cout ≪ pick(1.0, 6.0) ≪ endl;
```

事实上，这比旧的 C 接口还要简单。但是，它仍然没有成为规范。也许对于专业的 C++ 程序员来说它太简单了。不过我们仍然会在后面使用该接口进行测试。

4.2.2.2 随机测试

⇒ `c++11/random_testing.cpp`

假定我们希望测试第 2 章中的 `complex` 实现是否符合分配率：

$$a(b+c)=ab+ac \qquad \text{for } \forall a,\, b,\, c. \tag{4.1}$$

乘法可以按照规范实现为：

```
inline complex operator *(const complex & c1, const complex & c2)
{
    return complex(real(c1) * real(c2) - imag(c1) * imag(c2),
                   real (c1) * imag(c2) + imag(c1) * real(c2));
}
```

为了解决舍入误差，我们引入了 similar 函数检查相对误差：

```
# include <limits>

inline bool similar(complex x, complex y)
{
    const double eps= 10 * numeric_limits <double>::epsilon();
    double sum = abs(x) + abs(y);
    if (sum < 1000  *  numeric_limits <double>::min())
        return true;
    return abs(x - y) / sum <= eps;
}
```

为了避免出现被零除的情况，当两个复数的模都非常接近零（模值之和小于最小值的 1000 倍，它可以表示为 double 型），我们将它们视为相似。否则，我们将两个值的差异与它们模值之和相关联。这不应大于 epsilon 的 10 倍，即 1 和下一个值之间的差值可以表示为 double 型。此信息由 <limits> 库提供，与之有关的详细信息将在 4.3.1 节介绍。

接下来，我们需要进行一个测试，为变量获取一个复数类型的三元组，并检查其后两边条目的相似性：

```
struct distributivity_violated{};

inline void test(complex a, complex b, complex c)
{
    if (! similar(a * (b + c), a * b + a * c)){
        cerr ≪ " Test detected that " ≪ a ≪ ...
        throw distributivity_violated();
    }
}
```

如果检测到违规，将在异常流中报告临界值并抛出用户自定义的异常。最后，我们实现随机复数的生成和测试集的遍历访问：

```
const double from = - 10.0, upto = 10.0;

inline complex mypick()
{    return complex{pick(from, upto), pick(from, upto)};}

int main()
{
```

```
        const int max_test = 20;
        randomize();
        for(int i= 0; i <max_test; ++i){
            complex a= mypick();
            for (int j= 0; j <max_test; ++j){
                complex b= mypick();
                for (int k= 0; k <max_test; ++k){
                    complex c= mypick();
                    test(a, b, c);
                }
            }
        }
    }
```

这里我们仅测试了来自 [−10, 10) 的随机数构造的实部和虚部，这是否能够对其正确性建立起足够的信心，还有待商榷。在大型项目中，构建可复用的测试框架绝对是值得的。嵌套循环模式包含随机值生成和最内层循环中的测试函数，适用于多种情况。该模式可以被封装到一个类中，该类可能是可变的，从而能够处理涉及不同数目变量的属性。随机值的生成也可以由特殊的构造函数提供（比如用标签标记），或者可以预先生成一个序列，其解决方案是灵活多样的。为了简单起见，我们选用了本节中介绍的循环模式。

为了看到分布没有保持精确性，我们可以把 eps 减少到一个非常小的值甚至是 0。然后，我们会看到一个（简略的）错误信息，比如：

```
Test detected that(-6.21,7.09) *((2.52, -3.58) +(-4.51,3.91))
    !=(-6.21,7.09) *(2.52, -3.58) +(-6.21,7.09) *(-4.51,3.91)
terminate called after throwing ' distributivity_violated '
```

现在我们准备深入了解随机数生成的相关细节。

4.2.2.3　引擎

<random> 库包含两种函数对象——generator 和 distribution。前者可生成无符号的整数序列（具体类型由每个类的类型别名提供），每个值出现的概率应该几乎一致。分布类（distribution）将这些值映射到概率，形成与参数化分布相对应的值。

除非我们有特殊要求，否则可以直接使用 default_random_engine。它的确切定义是依赖于实现的，但我们可以相信标准库开发人员已经选择了合适的引擎。我们必须牢记如下事实，随机序列必然取决于其种子，并且无论何时创建对象，每个引擎会使用相同的种子进行初始化。因此，给定类型的新引擎总是产生相同的序列，比如：

```
void random_numbers()
{
    default_random_engine re;
    cout ≪ " Random numbers : ";
    for (int i= 0; i <4; i ++)
        cout ≪ re() ≪ (i <3 ? ", " : "");
```

```
    cout << '\n';
}

int main()
{
    random_numbers();
    random_numbers();
}
```

这在笔者的计算机上输出了如下结果：

```
Random numbers : 16807, 282475249, 1622650073, 984943658
Random numbers : 16807, 282475249, 1622650073, 984943658
```

为了在每次调用 random_numbers 时获得不同的序列，我们必须通过将其声明为 static 类型来创建持久化引擎：

```
void random_numbers()
{
    static default_random_engine re;
    ...
}
```

尽管如此，我们在每次程序运行后都获得了相同的序列。为了解决这个问题，我们必须将种子设置为近似真正随机的值。这样的值可以由 random_device 提供：

```
void random_numbers()
{
    static random_device rd;
    static default_random_engine re{rd()};
    ...
}
```

random_device 会返回一个值，该值取决于硬件和操作系统事件的测量值，并且该值可以被认为是近似随机的（即实现了非常高的熵）。事实上，random_device 提供了与引擎相同的接口，只是不能设置种子。因此，它也可以用于生成随机值，至少在对性能要求不高的情况下是如此。在我们的测试机上，使用 default_random_engine 生成 100 万个随机数需要 4 ～ 13ms，使用 random_device 需要 810 ～ 820ms。在依赖高质量随机数的应用程序（比如密码学）中，这样的性能损失仍然是可以接受的。大部分情况下，只需使用 random_device 生成起始种子或后续偶尔调用它就足够了。在生成器中，有主引擎、可参数化的适配器和预定义的适配引擎，具体如下。

- 生成随机值的基础引擎：
  - linear_congruential_engine
  - mersenne_twister_engine
  - subtract_with_carry_engine

- 用于根据另一个引擎创建新引擎的引擎适配器。
  - discard_block_engine：每次忽略来自底层引擎的 n 个条目。
  - independent_bits_engine：将基础随机数映射到 w 个字位。
  - shuffle_order_engine：通过保留最后一个值的内部缓冲区来修改随机数的顺序。
- 通过实例化或适配从基础引用构建预定义适配引擎。
  - knuth_b
  - minstd_rand
  - minstd_rand0
  - mt19937
  - mt19937_64
  - ranlux24
  - ranlux24_base
  - ranlux48
  - ranlux48_base

最后一组中的预定义引擎只是类型定义，例如：

```
using knuth_b = shuffle_order_engine < minstd_rand0 , 256 >;
```

4.2.2.4　分布简介

如前所述，分布类（distribution）将无符号整数映射到参数化分布中。表 4-3 总结了 C++11 中定义的分布。由于篇幅的限制，我们使用了一些简写符号。分布的结果类型可以指定为类模板的参数，其中 I 表示整数，R 表示实数。当在构造函数（例如 m）和描述公式（比如 μ）中使用不同的符号时，我们会假定它们是等价的（比如 m ≡ μ）。为了保持一致性，我们在对数正态分布和正态分布中使用了相同的符号（这和其他图书或在线资料等存在一些差异）。

表 4–3　C++11 中的分布定义

分　布	生 成 的 值
均匀分布	
uniform_int_distribution	integer
uniform_real_distribution	real
伯努利分布	
bernoulli_distribution	bool
binomial_distribution	integer
negative_binomial_distribution	integer
geometric_distribution	integer
泊松分布	
poisson_distribution	integer
exponential_distribution	real

续表

分 布	生 成 的 值
泊松分布	
gamma_distribution	real
weibull_distribution	real
extreme_value_distribution	real
正态分布	
normal_distribution	real
lognormal_distribution	real
chi_squared_distribution	real
cauchy_distribution	real
fisher_f_distribution	real
student_t_distribution	real
抽样分布	
discrete_distribution	integer
piecewise_constant_distribution	real
piecewise_linear_distribution	real

4.2.2.5 分布的应用

分布使用随机数生成器进行参数化，例如：

```
default_random_engine re(random_device{}());
normal_distribution <> normal;

for (int i= 0; i <6; ++i)
    cout « normal(re) « endl;
```

这里我们创建了一个引擎（在构造函数中随机化）和一个 double 型的正态分布，默认参数是 $\mu = 0.0$ 和 $\sigma = 1.0$。在每次调用基于生成器的分布时，我们将随机引擎作为参数传递。以下是一个程序输出的示例：

```
-0.339502
0.766392
-0.891504
0.218919
2.12442
-1.56393
```

当然每次调用后的结果都不一样。或者我们可以使用头文件 <functional>（4.4.7 节）中的 bind 函数将分布绑定到引擎：

```
auto  normal = bind(normal_distribution <>{},
                    default_random_engine(random_device{}()));

for (int i= 0; i <6; ++i)
    cout << normal() << endl;
```

C++14

现在可以在不需要参数的情况下调用函数对象 normal。在这种情况下，bind 比 lambda 表达式更紧凑。即使使用 Init Capture（3.8.1.3 节）也是如此：

```
auto normal =[re= default_random_engine(random_device{}()),
              n= normal_distribution <>{}]() mutable
             { return n(re); };
```

在大多数情况下，lambda 表达式构造的程序比 bind 更容易理解，但是后者似乎更适合将随机引擎绑定到分布。

4.2.2.6　股票价格演化的随机模拟

通过正态分布，我们可以在 Black-Scholes 模型中模拟股票价格可能的演化走势。其数学背景已经在 Jan Rudl 的讲座 [54，第 94-95 页]（不过这是德语写的）和其他量化金融出版物（比如 [76]）中进行了讨论。从初始价格 $s_0=S_0^1$ 开始，预期收益率是 μ，变化量是 σ，正态分布的随机值是 Z_i，时间步长是 Δ，当 $t=i\cdot\Delta$ 时，股票价格是根据之前的时间步长模拟的。

$$S_{i\cdot\Delta}^1 \sim S_{(i-1)\cdot\Delta}^1 \cdot e^{\sigma\cdot\sqrt{\Delta}\cdot Z_i+\Delta\cdot(\mu-\sigma^2/2)}$$

把 $a=\sigma\cdot\sqrt{\Delta}$ 和 $b=\Delta\cdot(\mu-\sigma^2/2)$ 代入之后，上述方程式可以简化为如下形式：

$$S_{i\cdot\Delta}^1 \sim S_{(i-1)\cdot\Delta}^1 \cdot e^{a\cdot Z_i+b}$$

⇒ c++11/black_scholes.cpp

根据4.2节的数据，我们将参数 $\mu=0.05$, $\sigma=0.3$, $\Delta=1.0$, $t=20$ 作为常量来构造 S^1 的股价走势，现在我们可以用几行代码来实现它：

```
default_random_engine re(random_device{}());
normal_distribution <> normal;

const double mu= 0.05, sigma = 0.3, delta = 0.5, years = 20.01,
             a= sigma * sqrt(delta),
             b= delta *(mu - 0.5 * sigma * sigma);
vector <double>    s={345.2};    // 使用初始价格作为起点

for (double t= 0.0; t <years; t+= delta)
    s.push_back(s.back() * exp(a * normal(re) + b)  );
```

图 4-8 描述了前面代码中参数的股票价格可能出现的 5 种走势。

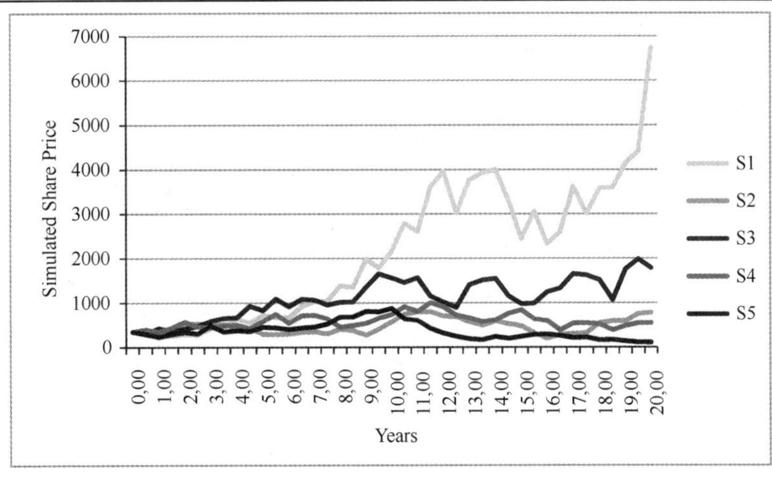

图 4-8 模拟未来 20 年的股票价格走势

我们希望通过上述随机数的介绍，能够使你顺利地开始探索这个强大的程序库。

4.2.3 数学专用函数

C++17

C++17 引入了表 4-4 中列出的数学专用函数，这些函数可用于 `double`、`float` 和 `long double` 等类型的数据。

表 4–4 数学专用函数

名　称	前提条件	结　果
`assoc_laguerre(n, m, x)`	for $x \geqslant 0$	$\mathrm{L}_n^m(x) = (-1)^m \dfrac{\mathrm{d}^m}{\mathrm{d}x^m}\mathrm{L}_{n+m}(x)$
`assoc_legendre(l, m, x)`	for $\lvert x\rvert \geqslant 0$	$\mathrm{P}_l^m(x) = (1-x^2)^{m/2}\dfrac{\mathrm{d}^m}{\mathrm{d}x^m}\mathrm{P}_l(x)$
`beta(x, y)`	for $x, y > 0$	$\mathrm{B}(x,y) = \dfrac{\Gamma(x)\Gamma(y)}{\Gamma(x+y)}$
`comp_ellint_1(k)`	for $\lvert k\rvert \leqslant 1$	$\mathbf{K}(k) = \mathrm{F}(k, \pi/2)$
`comp_ellint_2(k)`	for $\lvert k\rvert \leqslant 1$	$\mathbf{E}(k) = \mathrm{E}(k, \pi/2)$
`comp_ellint_3(k, nu)`	for $\lvert k\rvert \leqslant 1$	$\Pi(v, k) = \Pi(v, k, \pi/2)$
`cyl_bessel_i(nu, x)`	for $x \geqslant 0$	$\mathrm{I}_v(x) = i^{-v}\mathrm{J}_v(ix)$
`cyl_bessel_j(nu, x)`	for $x \geqslant 0$	$\mathbf{J}v(x) = \sum_{k=0}^{\infty}\dfrac{(-1)^k(x/2)^{v+2k}}{k!\Gamma(v+k+1)}$
`cyl_bessel_k(nu, x)`	for $x \geqslant 0$	$\mathrm{K}_v(x) = (\pi/2)\mathrm{i}^{v+1}(\mathrm{J}_v(\mathrm{i}x) + iN_v(\mathrm{i}x))$

续表

名　称	前提条件	结　果
cyl_neumann(nu, x)	for x _ 0, $\nu \in \mathbb{R}$	$\mathrm{N}_\nu(x) = \frac{\mathrm{J}_\nu(x)\cos\nu\pi - \mathrm{J}_{-\nu}(x)}{\sin\nu\pi}$
cyl_neumann(nu, x)	for x _ 0, $\nu \in \mathbb{Z}$	$\mathrm{N}_\nu(x) = \lim_{\mu\to\nu}\frac{\mathrm{J}_\nu(x)\cos\nu\pi - \mathrm{J}_{-\mu}(x)}{\sin\mu\pi}$
ellint_1(k, phi)	for $\|k\| \leqslant 1$	$\mathrm{F}(k,\phi) = \int_0^\phi \frac{\mathrm{d}\theta}{\sqrt{1-k^2\sin^2\theta}}$
ellint_2(k, phi)	for $\|k\| \leqslant 1$	$\mathrm{E}(k,\phi) = \int_0^\phi \sqrt{1-k^2\sin^2\theta}d\theta$
ellint_3(k, nu, phi)	for $\|k\| \leqslant 1$	$\mathrm{E}(k,\nu,\phi) = \int_0^\phi \frac{\mathrm{d}\theta}{(1-\nu\sin^2\theta)\sqrt{1-k^2\sin^2\theta}}$
expint(x)		$\mathrm{Ei}(x) = \int_{-x}^\infty \frac{\mathrm{e}^{-t}}{t}\mathrm{d}t$
hermite(n, x)		$\mathrm{H}_n(x) = (-1)^n\mathrm{e}^{x^2}\frac{\mathrm{d}^n}{\mathrm{d}x^n}\mathrm{e}^{-x^2}$
laguerre(n, x)		$\mathrm{L}_n(x) = \frac{\mathrm{e}^x}{n!}\frac{\mathrm{d}^n}{\mathrm{d}x^n}(x^n\mathrm{e}^{-x})$
legendre		$\mathrm{P}_\ell(x) = \frac{1}{2^\ell\ell!}\frac{\mathrm{d}^\ell}{\mathrm{d}x^\ell}(x^3-1)^\ell$
	for $x > 1$	$\zeta(x) = \sum_{k=1}^\infty k^{-x}$
riemann_zeta(x)	for $0 \leqslant x \leqslant 1$	$\zeta(x) = \frac{1}{1-2^{1-x}}\sum_{k=1}^\infty(-1)^{k-1}k^{-x}$
	for $x < 0$	$\zeta(x) = 2^x\pi^{x-1}\sin\left(\frac{\pi x}{2}\right)\Gamma(1-x)\zeta(-x)$
sph_bessel(n, x)	for $x \geqslant 0$	$\mathrm{j}_n(x) = (\pi/2)^{(1/2)}\mathrm{J}_{n+1/2}(x)$
sph_legendre(l, m, theta)	for $\|m\| \geqslant \ell$	$\mathrm{y}_l^m(\theta) = (-1)^m\left[\frac{(2\ell+1)}{4\pi}\frac{(\ell-m)!}{(\ell+m)!}\right]^{1/2}\mathrm{P}_\ell^m(\cos\theta)$
sph_neumann(n, x)	for $x \geqslant 0$	$\mathrm{n}_n(x) = (\pi/2)^{(1/2)}\mathrm{N}_{n+1/2}(x)$

备注：C++ 规范中是通过 $\phi = 0$ 的 $\mathrm{Y}_l^m(\theta,\varphi)$ 来定义 sph_legendre 函数的。我们这里为了简单起见，引入了 $\mathrm{Y}_l^m(\theta) = \mathrm{Y}_l^m(\theta,0)$，并在公式中用 0 替换了 φ，继而省略了因子 $\mathrm{e}^{im\varphi}$。由于篇幅限制，我们将 riemann_zeta 的公式表示为具有先决条件的形式。

C++20 4.2.4 数学常量

为了摆脱陈旧的 C 宏和不可移植的特定扩展。C++20 引入了一组常用的常量，它们在头文件 <numbers> 中且位于相应的子命名空间 std::numbers 下。每个常量存在两种定义，变量模板和 double 型实例。更准确地说，我们并没有定义通用模板，而只对所有标准浮点数进行了特例化，并由新概念 floating_point 表示。比如 π 可以定义成如下形式：

```
namespace std::numbers{
    template <typename T> inline constexpr T pi_v;
    template <floating_point T> inline constexpr T pi_v <T>
        = 3.141592653589793238462643383279502884197l;
    inline constexpr double pi = pi_v <double>;
}
```

表 4-5 给出了所有常量的简介。在上述代码中我们只命名了 double 实例，通过附加 _v 后缀可以获得相应的变量模板。

表 4–5 数学常量

名　称	表 达 式	描　述
e	e	欧拉常量
log2e	$\log_2 e$	e 的以 2 为底的对数
log10e	$\log_{10} e$	e 的自然对数
pi	π	Pi
inv_pi	$1/\pi$	π 的倒数
inv_sqrtpi	$1/\sqrt{\pi}$	π 的平方根的倒数
ln2	$\ln 2$	2 的自然对数
ln10	$\ln 10$	10 的自然对数
sqrt2	$\sqrt{2}$	2 的平方根
sqrt3	$\sqrt{3}$	3 的平方根
inv_sqrt3	$1/\sqrt{3}$	I3 的平方根的倒数
egamma	γ	欧拉常数
phi	$\varphi = (1+\sqrt{5})/2$	黄金分割率

⇒ c++20/math_constant_examples.cpp

通过这些常量，我们可以在无须转换的情况下构造泛型函数：

```
template <typename T> T circular_area(T r)
{
    return std::numbers::pi_v <T> * r * r;
}
```

4.3 元编程

在本节中，我们将对元编程做一些介绍。在这里，我们会把重点放在对程序库的支持上，同时会在第 5 章提供更多背景知识。

4.3.1 极限（limits）

<limits>是一个对泛型编程非常有用的程序库，它提供了与类型有关的重要信息。当源代码在另一个平台上编译并且某些类型的实现方式不同时，它可以防止出现意外行为。头文件<limits>包含类模板 numeric_limits，它会提供内置类型的特定类型信息，这在处理数字类型参数时尤为重要。

在 1.7.5 节中，我们演示了只有部分精度的浮点数被写入输出流。特别是当数字被写入文件时，我们希望能够在读取时获得正确的值。十进制的小数位数在 numeric_limits 中是作为编译期常量提供的。以下程序将以多种浮点数格式打印 1/3，并且额外增加了一位小数位数：

```
# include <iostream> #
include <limits>

using namespace std;

template <typename T>
inline void test(const T& x)
{
    cout ≪ "x = " ≪ x ≪ "(";
    auto oldp = cout.precision(numeric_limits <T>:: digits10 + 1);
    cout ≪ x ≪ ")" ≪ endl;
    cout.precision(oldp);
}

int main()
{
    test(1.f/3.f);
    test(1./3.0);
    test(1./3.0 l);
}
```

上述代码在笔者的系统上的输出结果如下：

```
x  =  0.333333   (0.3333333)
x  =  0.333333   (0.3333333333333333)
x  =  0.333333   (0.333333333333333333)
```

另外一个例子是计算容器的最小值。当容器为空时，我们希望得到表示这种最小操作状态的标识元素，即相应类型的最大有限值①：

```
template <typename Container>
typename Container::value_type
inline minimum(const Container & c)
```

① 译者注：这里作者用某种有界类型的取值范围的上界来表示容器为空。例如，对于 int 型，其取值范围是 −2147483648～2147483647，在对容器计算其最小值时，当返回的结果是 2147483647 时，说明其最小值及其数据类型对应的取值范围的上界重合，由此证明容器为空。

```
{
    using vt= typename Container::value_type;
    vt min_value = numeric_limits <vt>:: min();
    for (const vt& x : c)
        if (x <min_value)
            min_value = x;
    return min_value;
}
```

min 方法是静态的（就像 numeric_limits 中所有其他函数一样）并且可以直接被类型调用而不需要实例化对象。同样，静态方法获得最小值——更准确地说是 int 型的最小可能值和浮点数类型大于 0 的最小值。因此，C++11 引入了成员 lowest，它实际上会获取所有基本类型的最小值。定点计算中的终止条件应该是类型相关的。当它们太大时，结果的精度会发生不必要的损失，当它们太小时，算法可能不会停止（它只有在两个连续的值相同时才会结束）。对于浮点数类型，静态方法 epsilon 会将产生的最小值与 1 相加，使得结果大于 1。换句话说，这是可能的最小增量（相对于 1 来说），它也被称为最小精度单位（Unit of Least Precision，ULP）。我们已经在 4.2.2.2 节中使用它来确定两个值的相似性。 C++11

下面的泛型示例将会迭代计算平方根。其终止条件是 $\sqrt{x}$ 近似结果的平方存在于 x 的 ε - 环境中。为了确保我们的环境足够大，将用 x 作为比率，并会对其加倍放大：

```
template <typename T>
T square_root(const T& x)
{
    const T my_eps = T{2} * x * numeric_limits <T>:: epsilon();
    T r= x;

    while(std::abs((r * r) - x)> my_eps)
        r= (r + x/r) / T{2};
    return r;
}
```

numeric_limits 完整的成员列表集合可以在 cppreference 网站和 cplusplus 网站等在线参考网站找到。

4.3.2 类型特征 C++11

⇒ c++11/type_traits_example.cpp

很多使用 Boost 程序多年的程序员对类型特征肯定已经司空见惯了，它是 C++11 中引入的，并且是通过头文件 <type_traits> 提供的。这里我们并不打算完全列举它们，而是建议你参考前面提及的在线参考手册。类似 is_const（5.2.3.3 节）这样的特征很容易通过模板部分特例化来实现。

以这种方式（比如 is_matris）建立特定领域的类型特征并不是难事，而且非常有用。反映函数或其属性存在的其他类型特征（比如 is_nothrow_assignable）实现起来就比较棘手，提供这种类型特征需要许多相当专业的知识（和一些特殊技巧）。

有了很多新特性之后，C++11 并没有忘本，还有一些类型特征允许我们检查与 C 的兼容性。行为和 C 中某些特性相似的类被称为普通旧数据（Plain Old Data，POD）类型。实际上曾经有一个名为 is_pod 的类型特征用来检查这一点，但它在 C++20 中已经被弃用。为了测试一个类在 C 程序中能否正常工作，我们可以使用类型特征 is_standard_layout。它只告诉我们一个类是否具有与 C 类相同的内存布局。这是在 C 代码中使用这个类的充分条件，而不管它在 C++ 程序中的行为如何。

为此，我们定义了一个在 C 和 C++ 程序中都可以使用的类：

```
struct simple_point
{
# ifdef  __cplusplus
    simple_point(double x, double y) : x(x), y(y){}
    simple_point() = default;
    simple_point(initializer_list <double> il)
    {
        auto it= begin(il);
        x= *it;
        y= * next(it);
    }
# endif

    double x, y;
};
```

宏 __cplusplus 在所有 C++ 编译器中都有定义，通过条件编译，我们可以提供只能在 C++ 中使用的构造函数和其他成员函数。因此，我们可以使用初始化器列表构造 simple_point 对象：

```
simple_point p1 ={3.0, 7.0};
```

同时 p1 也可以在 C 中使用。类似的示例可以在 CUDA 库中找到，其中某些类型在 C 和 C++ 中都定义了一次。不过这种混合结构只应该在真正必要时使用，以便避免出现多余的维护工作和代码不一致的问题。与 C 的兼容性可以通过如下代码验证：

```
cout ≪ " simple_point can be used in C: " ≪ boolalpha
     ≪ is_standard_layout <simple_point>:: value ≪ endl;
```

我们可以在仅限 C++ 的代码段中添加更多成员函数，并且仍然与 C 兼容。我们不能使用虚函数，因为它们在每个对象中注入一个 vtable。我们也不能定义没有标准布局的成员变量或基类。异常是静态成员变量，因为它们不存储在对象中。如果你对此主题感兴趣，请为我们助力，并对之前提及的代码做出改进，然后上传到相关 GitHub 代码库上。Andreas Fertig 的书 [15] 和他的博客 [14] 有相关的讨论。

⇒ c++11/memcpy_test.cpp

像 simple_point 这样足够简单的数据可以被复制为原始数据而无须调用复制赋值，这是通过传统函数 memcpy 或 memmove 实现的。

不过，作为负责任的程序员，我们需要预先使用 is_trivially_copyable 检查编译器是否支持这种优化：

```
simple_point p1{3.0, 7.1}, p2;

static_assert(std::is_trivially_copyable <simple_point>:: value,
              " simple_point is not as simple as you think "
              " and cannot be memcpyd !");
std::memcpy(& p2, & p1, sizeof(p1));
```

要实现通用的可复制性，用户必须没有提供自己的复制或移动操作。更简单、更通用的方法是使用 STL 函数 copy：

```
copy(& x, & x + 1, & y);
```

无论我们类的实现如何，这个方法总是有效的。当类型支持时，内部复制会使用 memmove 或 memcpy。C++14 添加了一些模板别名，例如： C++14

```
conditional_t <B, T, F>
```

它是下列代码的简写形式：

```
typename conditional <B, T, F>:: type
```

同样，enable_if 是类型 enable_if_t 的缩写形式。

C++17 中基于值的类型特征的模板常量允许我们进行替换，比如： C++17

```
is_trivially_copyable <T>:: value
```

可以替换为：

```
is_trivially_copyable_v <T>
```

4.4 实用程序

C++11

C++11 引入了一些新的程序库，它们使现代化编程风格更简单、更优雅。例如，我们可以轻松地返回多个结果，更灵活地引用函数和函子，以及创建引用的容器。C++17 引入了更多的实用程序，例如，它们允许用户处理未定义的值，或者以类型安全的方式处理不同类型的值。

4.4.1 optional

C++17

⇒ c++17/optional_example.cpp

当我们计算实数的平方根时，结果是未定义的（在 R 语言中）。为了表达这一点，我可以额外返回一个 bool 值来指示计算操作是否成功。最好将数值结果和类中的 bool 值一起返回——这正是 optional 支持的功能，它能使我们的平方根计算非常清楚：

```
optional <double> square_root(double x)
{
    if(x <0.0)
        return nullopt;
    else
        return sqrt(x);
}
```

nullopt 是一个对象（类型为 nullopt_t），用于构造一个没有值的可选对象。这相当于类的默认构造函数，但 nullopt 版本更具表现力。

为了方便起见，optional 提供了对 bool 值的隐式转换，它用于表示一个值是否已定义，并允许我们在 if 语句中直接使用。

访问该值的最简洁方法是使用 operator*。平方根的条件输出可以写成非常紧凑的形式：

```
vector <double> v={4.0, - 4.0, - 0.09, 0.25};
for (double d : v)
    if(auto s= square_root(d); s)
       cout ≪ " Square root of " ≪ d ≪ " is " ≪ *s ≪ '\n';
    else
        cout ≪ d ≪ " has no square root .\ n";
```

使用 if 语句的初始化器特性，我们甚至不需要用到大括号。

C++11 4.4.2　元组（tuple）

当一个函数计算多个结果时，它们通常会作为可变引用参数传递。

假设我们要实现一个 LU 因式分解，以矩阵 $\boldsymbol{A}$ 为目标，返回因式分解矩阵 $\boldsymbol{LU}$ 和排列向量 $\boldsymbol{p}$：

```
void lu(const matrix & A, matrix & LU, vector & p){...}
```

我们还可以将 $\boldsymbol{LU}$ 或 $\boldsymbol{p}$ 作为函数结果返回，并通过引用传递给另一个对象。不过这种混合方式看上去会让人感觉更晦涩难懂。

⇒ c++11/tuple_move_test.cpp

要在不实现新类的情况下返回多个结果，我们可以将它们绑定到一个元组中。元组（来自 <tuple>）与容器的不同之处在于兼容不同的类型。与大多数容器不同，对象的数量必须在编译期确定。我们可以使用元组一次性返回 LU 分解的两个结果：

```
tuple <matrix, vector> lu(const matrix& A)
{
    matrix LU(A);
    vector p(n);
```

```
    // ... some computations
    return tuple <matrix, vector>(LU, p);
}
```

可以通过辅助函数 make_tuple 推导类型来简化 return 语句：

```
tuple <matrix, vector> lu(const matrix & A)
{
    ...
    return make_tuple(LU, p);
}
```

在 C++17 中，我们可以使用类和返回类型进行推导： C++17

```
auto lu(const matrix & A)
{
        ...
    return tuple{LU, p}
}
```

当与 auto 变量搭配使用时，make_tuple 在 C++11 和 C++14 中会更方便：

```
// 在 C++14 中，9.0 i 表示复数 complex < double >{0.0 , 9.0}
auto t= make_tuple(LU, p, 7.3, 9, LU*p, 2.0+9.0 i);
```

在 C++17 中，我们可以在构造函数中推导元组的模板参数： C++17

```
tuple t{LU, p, 7.3, 9, LU*p, 2.0+9.0 i};
```

LU 函数的调用方可能会使用 get 函数从元组中提取矩阵和向量：

```
tuple <matrix, vector> t= lu(A);
matrix LU= get <0>(t);
vector p= get <1>(t);
```

在这里，所有类型都可以通过推导获得：

```
auto t= lu(A);
auto LU= get <0>(t);
auto p= get <1>(t);
```

函数 get 会接收两个参数：元组及其所在位置。后者是编译期参数，否则结果的类型是未知的。如果索引太大，编译期间就会报错：

```
auto t= lu(A);
auto am_i_stupid = get <2>(t); // 编译期错误
```

在 C++14 中，如果语义明确，元组条目也可以通过它们的类型访问： C++14

```
auto t= lu(A);
auto LU= get <matrix>(t);
auto p= get <vector>(t);
```

这样我们就不必记住元组中的内部顺序了。或者我们可以使用 tie 函数来分隔元组中的条目，这通常也更优雅。在这种情况下，我们必须事先声明兼容的变量：

```
matrix LU;
vector p;
tie(LU, p) = lu(A);
```

tie 函数起初看起来会比较神秘，但它的实现却非常简单，它会创建一个引用函数参数的对象，将元组分配给该对象处理，从而将每个元组成员分配给相应的引用。

tie 函数的实现比 get 函数的实现更具性能优势。当我们将函数 LU 的结果直接传递给 tie 时，它仍然是一个右值（它没有名称），我们可以移动条目。对于中间变量，它会成为左值（它有一个名称）并且必须复制条目。为了避免复制，我们可以显式移动元组条目：

```
auto t=     lu(A);
auto LU= get <0>(move(t));
auto p=     get <1>(move(t));
```

在这里，我们必须非常谨慎。原则上来说，对象在对其应用移动操作后就被视为过期。只要析构函数不崩溃，它就可以处于任何状态。在我们的示例中，在使用 move 之后再次读取 t。在这种特殊情况下是正确的。move 将 t 变成右值，我们可以让它做任何我们想做的事情。在创建 LU 时，我们只获取了元组的第一个条目（从 0 开始计数）的数据，而没有访问第二个条目（索引为 1）。反之，当我们创建 p 时，只从 t 的第二个条目访问数据，而没有访问第一个条目的过期数据。因此，这两个操作移动的是完全脱节的数据。尽管如此，在同一数据项上多次出现 move 操作是非常危险的，必须仔细分析（就像我们所做的那样）。我们可以通过移动单个成员来避免这类问题：

```
auto LU= move(get <0>(t));
auto p= move(get <1>(t));
```

C++17　从 C++17 开始，我们可以在不存储元组的情况下使用类型推导：

```
auto[LU, p]= lu(A);
```

这样不仅更加简单明了，而且效率也更高。对于这样的示例，我们发现现代编译器能够将复制省略机制应用于元组组件，这样 LU 和 p 既不会被复制也不会被移动。

C++ 中的另一个异构类是 pair，它是由 C++03 引入并沿用至今的。pair 相当于一个包含两个参数的元组。存在一个元组到另一个元组的转换，因此 pair 和双参数元组之间可以相互转换甚至混合。本节的示例都可以用 pair 实现，比如 get<0>(t)，我们也可以表示成 t.first；而 get<1>(t) 则可以表示成 t.second。

C++17　4.4.3　variant

⇒ c++17/variant_example.cpp

variant 是经典 C++ 特性 union 的现代版本，我们有充分的理由弃用 union，因为它会危险。

variant 可以存储不同类型的值。在程序中，我们选择了一组类型，比如 int、double 和 string，而 variant 对象可以存储这些类型的任何值：

```
using  my_variant = variant <int, double, string>;
my_variant var;

var= 3;
var= 4.2;
var= " Text ";
```

我们可以使用get方法和（从零开始的）索引访问该值。在上面的var中，字符串的索引为2：

```
string s= get <2>(var);
```

为了不打乱类型的顺序，我们可以使用类型替代索引：

```
s= get <string>(var);
```

如果我们尝试访问错误的类型或索引，比如：

```
int i= get <int>(var); // 运行时错误
```

一个类型为 bad_variant_access 的异常将被抛出。当我们希望避免在值的可能类型之间显式分派，并将其留给函数重载时，variant 的特殊魅力就显现出来了。假定我们有一个变体类型的容器，希望计算其中每个可能的值类型存储了多少个对象，并且出于某些特定的原因，我们想猜测如果打印整个容器，将有多少符号被写入流中（我们当然知道有更简单的方法可以做到这一点）。首先我们创建一个简单的 record 类：

```
struct record
{
    int counted_ints = 0,
        counted_doubles = 0,
        counted_strings = 0,
        total_symbols = 0;
};
```

然后我们创建一个函子 symbol_counter 来引用 record，并为我们的值类型重载应用程序操作符：

```
struct symbol_counter
{
    symbol_counter(record & r) : r{r}{}

    void operator()(int   i) const
    {
        r.counted_ints ++;
        r.total_symbols += floor(log10(i)) + 1;
```

```
    }

    void operator()(double d) const
    {
        r.counted_doubles ++;
        r.total_symbols += 15;
    }

    void operator()(const string& s) const
    {
        r.counted_strings ++;
        r.total_symbols += s.size();
    }
  private :
    record & r;
};
```

每个 operator() 都会增加相应的计数器并添加对其他符号尺寸的估计。对于给定容器：

```
vector <my_variant> v={33, 2.3, "Huhu"s, "Dings"s, 11111, 3.809};
```

我们现在可以用一个简单的循环统计对象和符号的数目：

```
record r;
symbol_counter  sc{r};
for (const auto & mv : v)
    visit(sc, mv);
```

为向量的每个条目调用函子 symbol_counter，并根据当前 variant 对象持有的值类型调用 operator() 的正确重载。如果省略 string 重载，那么代码将无法通过编译。

我们希望通过上述示例能够让你相信 variant 是类型安全的：我们不能访问错误类型的值，还必须提供可以处理所有可能的值类型的函子——不管在运行时缺失的类型是否已被使用。在附录 A.7.2 节可以找到一个更短但更难以理解的版本。

C++17 4.4.4 any

any 是一个实用类（位于头文件 <any> 中），它用于通过类型擦除来存储可复制构造类的对象：

```
any a;
a= 3;
a= 4.2;
```

我们可以比较直白地说这是一个改进的 void*。与 void* 不同的是，一个对象不仅被引用，而且还保存了它的一个副本。因此，我们可以用对象填充容器，并且无须为了容器的有效性而保留原始对象：

```
vector <any> v={33, 2.3, "Huhu"s, "Dings"s, 11111, 3809, "Soso"s};
v.push_back(42.0);
```

尽管 any 对象可以包含任何可复制的对象，但它仍然是类型安全的，因为它保留了当前存储对象的类型标识。要检索存储的对象时，我们必须知道它的类型并将其提供给 any_cast：

```
cout << "a is " << any_cast <double>(a) << ".\ n";
```

如果类型错误，则抛出类型为 bad_any_cast 的异常。我们还可以使用 type 函数查询当前类型的 ID，例如从 vector<any> 中过滤所有 int 值：

```
auto find_ints(const vector <any>& v)
{
    vector <int> vi;
    for(const any& a : v)
        if(a.type()   == typeid(int))
            vi.   push_back(any_cast <int>(a) );
    return vi;
}
```

对于高性能应用程序的底层内核来说，any 类型可能并不能为我们帮上忙，但每当我们需要收集足够多样化的对象时（比如构建数据仓库），它就会大大简化我们的工作。

4.4.5 string_view

C++17

⇒ c++17/string_view2.cpp

string_view 是一个轻量级句柄，用于引用字符串或 char 数组以供只读访问。上述两种字符串类型都可以隐式转换为 string_view：

```
void print_some_string(string_view sv)
{
    cout << sv << '\n';
}

print_some_string("const char*");
print_some_string("string"s);
```

由于该类型通常只包含一个指针和一个 size 值，因此它的对象可以按值传递。没有内存，利弊参半。缺点在于，如果我们稍有不慎，就会引用过期的数据。假设我们要连接两个 string_view 对象，由于它们是不可变的，我们可以先将它们转换为字符串再连接它们：

```
namespace std{
    string operator +(string_view v1, string_view v2)
    {
        return string{v1} + string{v2};
    }
}
```

进一步假设我们有一个泛型函数 twice，它会给自身添加一个对象：

```
template <typename T>
T twice(T x)
{
    return x + x;
}
```

这个看似平常的小函数适用于我们目前使用的所有类型，但不适用于 string_view。我们自定义的 operator+ 返回一个 string，当我们返回 twice 的结果时会将其转换为 string_view。我们的结果引用的是正确的且已连接 string，但该 string 是函数中的临时字符串，在函数调用完毕后会被销毁。因此，返回的 string_view 包含过期的引用。把返回类型换成 auto 就可以轻松地解决这个问题。当存储结果时，不应该使用 string_view，因为它包含对临时字符串的过期引用。此时，auto 就又派上用场了。遇到这种情况，关键在于找出发生问题的原因，在大型代码库中解决这类问题会困难得多。

没有内存的好处在于它可以非常高效地表示子字符串。由于 string_view 不需要以 0 作为结尾，我们甚至可以将它用于以前的 C 字符串。假设我们有一个包含 100000 个字母的字符串，并且希望引用前半部分的内容：

```
unsigned size = 100000;
string          many_a(size, ' a');    // 问题在于{}①
string_view     many_a_view{many_a};

string          still_many_a = many_a.substr(0, size /2);
string_view     still_many_a_view = many_a_view.substr(0, size /2);
```

当我们从 many_a 创建一个子字符串时，必须在这个示例中复制 50000 个字符。相反，string_view 中的子字符串仅引用数据而不复制任何内容。也就是说，string_view 的子字符串操作的复杂度是 $O(1)$ 而 string 的子字符串操作的复杂度是 $O(n)$，其中 n 是字符串的长度。我们可以直接从原始数据构建轻量级的子字符串：

```
string_view     first_half{&many_a[0], size /2};
```

我们可以获取它的地址并将其与 size 一起传递给构造函数，而不是从起始位置开始读取。string_view 的另一个优点是它可以在 C++20 之前的编译器中使用（参考 5.1.1 节）。

C++20 4.4.6 span

地址和长度的概念在 C++20 中通过类模板 span<T, Extent> 进行了泛化，其中 T 是单个值的类型，而 Extent 是它们的数量。Extent 的默认值是 dynamic_extent，表示长度是运行时给定的。

① 在这里使用 {} 时，编译器会假定我们正在使用初始化器列表进行初始化。

4.4.7 function

C++11

⇒ c++11/function_example.cpp

头文件 <functional> 中的 function 类模板是一个泛化的函数指针。函数类型规范是作为模板参数进行传递的，如下所示：

```
double add(double x, double y)
{    return x + y;  }

int main()
{
    using bin_fun = function <double(double, double)>;

    bin_fun f= & add;
    cout ≪ "f(6, 3) = " ≪ f(6, 3) ≪ endl;
}
```

函数包装器可以保存具有相同返回类型和相同参数类型列表的多种函数实体[①]，我们甚至可以构建兼容任意函数对象的容器：

```
vector <bin_fun> functions;
functions.push_back(&add);
```

当函数作为参数进行传递时，它的地址会被自动获取。正如数组能够隐式退化为指针一样，函数也能退化为函数指针。因此，我们可以省略地址操作符 &：

```
functions.push_back(add);
```

当一个函数被声明为 inline 类型时，它的代码应该被插入调用上下文中，当所有调用完成此操作后，可以在生成的可执行文件中省略该符号。但是，当我们在程序中的某处获取函数地址时，编译器要确保它没有被省略：

```
inline double sub(double x, double y)
{    return x - y;  }

functions.push_back(sub);
```

同样，地址是隐式获取的，也可以存储函子：

```
struct mult{
    double operator()(double x, double y) const{ return x * y; }
};

functions.push_back(mult{});
```

① 这些函数实体可能包含不同的签名，因为不需要相同的函数名称。相反，签名相同也不会强制使用相同的返回类型。

我们用默认构造函数构建了一个匿名对象。类模板不是类型，所以我们不能创建它的对象：

```
template <typename Value>
struct power{
    Value operator()(Value x, Value y) const{ return pow(x, y); }
};

functions.push_back(power{}); // Error
```

我们只能从实例化的模板中构造对象：

```
functions.push_back(power <double>{});
```

另外，我们可以从包含函数模板的类创建对象：

```
struct greater_t{
    template <typename Value>
    Value operator()(Value x, Value y) const{ return x> y; }
} greater_than;

functions.push_back(greater_than);
```

在此上下文中，模板调用操作符必须能够实例化为函数类型。作为一个反面示例，以下代码将无法编译，因为我们无法将其实例化为具有不同参数类型的函数：

```
function <double(float, double)> ff= greater_than; // Error
```

成员函数只有是静态的才能存储。在以下类中：

```
struct helper
{
    double maxm(double x, double y) const { return x>= y ? x : y; }
    static double max(double x, double y) { return x>= y ? x : y; }
};
```

我们有非静态方法 maxm 和静态方法 max。前者只能与一个对象一起使用，它的地址是一个成员函数指针，类似于该类对象的偏移量。相反，max 方法可以像自由函数一样使用，比如：

```
functions.push_back(helper::max);
```

同样重要的一点是，具有匹配返回值和参数类型的 lambda 表达式可以存储为函数对象：

```
unction objects:
functions.push_back([](double x, double y){ return x / y; });
```

我们容器中的每个条目都可以像函数一样调用：

```
for (auto & f : functions)
    cout ≪ "f(6, 3) = " ≪ f(6, 3) ≪ endl;
```

产生的预期输出结果如下：

```
f(6, 3) = 9
f(6, 3) = 3
f(6, 3) = 18
f(6, 3) = 216
f(6, 3) = 1
f(6, 3) = 6
f(6, 3) = 2
```

毋庸讳言，这个函数包装器在灵活性和清晰度方面优于函数指针。

4.4.8 引用包装器 C++11

⇒ c++11/ref_example.cpp

假定我们要创建一个向量或矩阵列表——其尺寸可能是很大的。此外，假定其中某些条目会出现多次。因此，我们不想存储实际的向量或矩阵，可以创建一个指针容器，但同时希望避免与指针有关的风险（1.8.2 节）。不过我们无法创建引用容器：

```
vector <vector <int>&> vv; // Error
```

C++11 为此提供了一个类引用的类型，叫作 reference_wrapper，位于头文件 <functional> 中：

```
vector <reference_wrapper <vector <int> > > vv;
```

这个容器可以保持对向量的引用：

```
vector <int> v1 ={2, 3, 4}, v2 ={5, 6}, v3 ={7, 8};

vv.push_back(v1);
vv.push_back(v2);
vv.push_back(v3);
vv.push_back(v2);
vv.push_back(v1);
```

它们被隐式转换为引用包装器（reference_wrapper<T> 有一个适当类型的前向引用的显式构造函数），该类包含一个 get 方法，它会获取实际对象的引用，以便可以打印我们的 vector：

```
for (const auto & vr : vv){
    copy(begin(vr.get()), end(vr.get()),
         ostream_iterator <int>(cout, ", "));
    cout << endl;
}
```

在这里，vr 的类型是 const reference_wrapper<vector<int> >&，包装器也提供了对底层引用类型 T& 的隐式转换，可以方便地使用：

```
for (const vector <int>& vr : vv){
    copy(begin(vr), end(vr), ostream_iterator <int>(cout, ", "))
    cout ≪ endl;
}
```

完善包装器的助手函数有两个——ref 和 cref，它们位于相同的头文件中。ref 函数为类型 T 的左值生成一个引用 reference_wrapper<T> 类型的对象，该对象引用前者。如果 ref 函数的参数已经是 reference_wrapper<T>，那么它只会被复制。同样，cref 函数生成 reference_wrapper<const T> 类型的对象。这些函数在标准库中很常见，我们可以使用它们来创建一个 std::map 的引用：

```
map <int, reference_wrapper <vector <int> > > mv;
```

鉴于包装器类型名称的长度，使用类型推导声明它会更简洁一些：

```
map <int, decltype(ref(v1))> mv;
```

map 的常用括号表示法如下所示：

```
mv[4]= ref(v1); // Error
```

出现错误是因为包装器没有在赋值之前在表达式 mv[4] 内部调用默认构造函数。我们应该使用 insert 或 emplace 方法替代括号表示法：

```
mv.emplace(4, ref(v1));
mv.emplace(7, ref(v2));
mv.insert(make_pair(8, ref(v3)));
mv.insert(make_pair(9, ref(v2)));
```

要遍历访问条目，可以再次引用类型推导：

```
for (const auto& vr : mv){
     cout ≪ vr.first ≪ ": ";
     for (int i : vr.second.get())
         cout ≪ i ≪ ", ";
    cout ≪ endl;
}
```

由于 map 的括号操作符无法进行编译，因此使用 find 方法执行特定条目的搜索：

```
auto & e7 = mv.find(7)->second;
```

这会产生一个与键 7 相关联的 vector 引用。

C++11 4.5　关于时间

⇒ c++11/chrono_example.cpp

<chrono> 库为时钟和计时器提供了类型安全的特性，其主要特性如下所示：

- time_point：表示相对于时钟的时间点。
- duration：持续的时间。

它们可以被添加、减少 或缩放（在有意义的地方）。例如，我们可以将 duration 添加到 time_point 以发送一条信息，表明我们将在两小时后回家：

```
time_point <system_clock> now= system_clock::now(),
                          then = now + hours(2);
time_t then_time = system_clock::to_time_t(then);
cout ≪ " Darling, I' ll be with you at " ≪ ctime(& then_time);
```

这里我们计算了从现在开始两小时后的 time_point。对于字符串输出，C++ 吸纳了 C 库的 <ctime>。time_point 通过 to_time_t 被转换为 time_t。ctime 会生成一个带有本地时间的字符串（更准确地说是一个 char[]）：

```
Darling, I ' ll be with you at Fri Feb 11 22:31:31 2022
```

我们经常会遇到这样的问题，希望知道精心优化的实现在执行某个计算的时候具体花费了多长时间，例如，使用巴比伦平方根算法计算平方根：

```
inline double my_root (double x, double eps= 1 e- 12)
{
    double sq= 1.0, sqo;
    do {
        sqo= sq;
        sq= 0.5 *(sqo + x / sqo);
    } while(abs(sq - sqo)> eps);
    return sq;
}
```

一方面，它包含一个内存开销昂贵的操作——除法（通常会刷新浮点数管道）；另一方面，我需要精确的测量结果：

```
time_point <steady_clock> start = steady_clock::now();
for (int i= 0; i <rep; ++i)
    r3 = my_root(3.0);
auto end= steady_clock::now();
```

为了不让时钟开销干扰我们的测试，我们运行多次计算并相应地缩小时间间隔：

```
cout ≪ " my_root(3.0) = " ≪ r3 ≪ ", the calculation took "
     ≪ (end - start).count() / rep ≪ " ticks .\ n";
```

在测试机上的输出结果如下所示：

```
my_root(3.0) = 1.73205, the calculation took 54 ticks .
```

这里用嘀嗒声反映时长，稍后就会进一步解决这个问题。首先，将持续时间转换为更具体的东西，比如 μs：

```
duration_cast <microseconds>(end - start).count() / rep
```

现在的输出结果是：

```
my_root(3.0) = 1.73205, the calculation took 0 μs.
```

count 返回一个整数值，我们的计算时间显然不到 1μs。为了打印带有 3 位小数的持续时长，我们将其转换为 ns 并将其除以 double 值 1000.0：

```
duration_cast <nanoseconds>(end - start).count() / 1000. / rep
```

注意末尾的小数点，如果我们除以一个整数，那么就需要去掉小数部分：

```
my_root(3.0) = 1.73205, the calculation took 0.054 μs.
```

时钟的精度是由时钟内部类型 period 中每秒的比率获得的：

```
using P= steady_clock::period;    // 时间单位的类型
cout ≪ " Resolution is " ≪ double{P:: num} / P:: den ≪ "s.\ n";
```

在测试机上的输出如下所示：

```
Resolution is 1e -09 s.
```

因此，该时钟的精度是 1ns。

该库现在提供了多种时钟。

- system_clock 表示计算机系统上的本地时钟，它兼容我们第一个示例中所需的头文件 <ctime>。
- high_resolution_clock 具有底层系统可能支持的最大精度。
- steady_clock 是一种保证增加时间点的时钟。其他两个时钟可能会在某些情况下进行调整（例如在午夜），以便时间点可以从头计算。这样看来，steady_clock 最适合用作定时器（当精度足够时）。
- utc_clock 用于协调世界时间（Coordinated Universal Time，UTC）的时钟，自 C++20 开始支持。
- tai_clock 用于表示国际原子时间（International Atomic Time，TAI）的时钟，自 C++20 开始支持。
- gps_time 是表示全球定位系统（Global Positioning System, GPS）时间的时钟，自 C++20 开始支持。
- file_clock 用于表示文件时间属性的时钟，自 C++20 开始支持。
- local_t 表示本地时间的伪时钟，自 C++20 开始支持。

了解头文件 <ctime> 的人可能会觉得头文件 <chrono> 中的内容有一些复杂，但我们不需要在不同的接口中处理秒（s）、毫秒（ms）、微秒（μs）和纳秒（ns）。C++ 库提供了一个统一的接口，并且可以在类型层面检测到很多错误，从而使程序更加安全。

C++14 C++14 为 duration 类型添加了用户自定文字的支持，比如：

```
auto dur1= 3h;          // 3 小时
auto dur2= 5.5min;      // 5.5 分钟
auto dur3= 9s;          // 9 秒
auto dur4= 12.3ms;      // 12.3 毫秒
auto dur5= 4us;         // 4 微秒
auto dur6= 2.3ns;       // 2.3 纳秒
```

根据数字是否为整数值，它们会被存储为 `long` 或 `long double` 类型。其单位不是以 s 为单位转换的，而是根据编译期比率（ratio）表示的。所以 `dur2` 的类型是 `chrono::duration<long double, std::ratio<60l, 1l> >`。如果我们使用不同的单位进行计算，则 duration 会被转换为最小的单位，例如：

```
auto dur7 = 2h + 12min;
```

即以分钟的形式存储。

C++20 引入了类型 `chrono::hh_mm_ss` 来将一天中的时间表示为自午夜以来的持续时间。此外，它还提供了广泛的类型和功能集来处理时区。同样，现在有很多类型可以提供日历功能。 C++20

4.6 并发编程

现在市面上销售的通用处理器都包含多个内核。尽管如此，提高多核平台的计算能力对许多程序员来说仍然是一个挑战。

为此，C++11 引入了很多新的功能库，我们将在本节中介绍它们。 C++11

4.6.1 专用术语

当计算机同时执行多项操作时，我们称之为“并发”（或“并行”）。不过这些术语没有明确定义，也没有明确区分彼此。因此，让我们首先澄清一下如何使用这些术语。

定义 4-1 并行和并发：并行是任意形式的同时处理，并发是在共享地址空间中同时执行多个称为线程的轻量级进程。

因此，并发是并行的一个特例。对该术语的另一种理解经常出现在高性能计算中（High-Performance Computing，HPC），使用多个处理器并为它们开发软件称为并行性。在本节中，我们将专门讨论并发性，但我们也会使用更通用的术语并行性。这些知识对我们接下来要介绍的内容已经足够，现在需要把重点放在具体的技术实现上。

4.6.2 概述

C++ 引入并发概念是通过多线程的方式实现的。除了使用多核外，多线程在单核计算机上也很有用。例如，在处理先前接收到的数据的同时向 Web 请求数据。找到正确的抽象，从而一方面提供最大的清晰度和表现力，另一方面提供最佳性能，这是 C++ 开发的最大挑战之一。并发性是在 C++11 中引入的。

目前，并发编程的主要内容包括以下几点。

- thread：新的执行路径类。
- future：从线程接收结果的类模板。
- promise：为未来存储值的类模板。
- async：异步调用一个函数。
- atomic：用于非交错值访问的类模板。
- mutex：引导互斥执行的工具类。

4.6.3 thread

⇒ c++11/thread_is_prime_example.cpp

线程（thread）是最基本的并发技术，我们将其作为探索并行计算的起点。但是，当你开始进行编程时，建议首先使用后续介绍的高级功能，因为它们更简单易用。

为了说明 thread 的用法，我们将同时校验某个数字是否为素数。我们的算法包括以下内容，1 不是素数，除了 2 以外的偶数不是素数，然后对于其他数字，我们会检查它们不能被任何大于 1 且小于自身的奇数整除：

```
bool is_prime(long i)
{
    if (i == 1)
        return false;
    if (i % 2 == 0)
        return i == 2;
    long max_check = i; // sqrt(i) + 1 就足够了
    for (long j= 3; j <max_check; j+= 2)
        if (i % j == 0)
            return false;
    return true;
}
```

max_check 的实现一点也不明智。我们可以使用 max_check = sqrt(i)+1 来节省很多操作，但是无论线程的数量是多少，我们的计算都会很快完成。接下来开始构造我们的代码，首先可以查看我们的硬件同时支持多少个线程：

```
cout ≪ thread::hardware_concurrency() ≪ " threads available .\ n";
```

我们的测试机最多支持 8 个硬件线程（在具有超线程的 4 个内核上）。为了让我们的机器多忙碌一会，我们选择了一个已知素数（982451653）作为第一个测试值，并测试比它小的所有奇数：

```
vector <long>  vi;
long first_prime = 982451653;
for (long i= 0, v= first_prime; i <num_threads; ++i, v+= 2)
    vi.push_back(v);
```

为了不中断 I/O 的计算，我们为结果创建了一个 vector：

```
vector <char> results(num_threads);
```

请注意，我们的结果存储在 vector<char> 中而不是 vector<bool> 中。后者在单个字节内共享多个值，当两个线程同时修改同一字节时，这会产生我们不希望看到的结果。鉴于此修改所需的时间很短，发生这种情况的概率很小。反过来，很少发生的错误也很难调试，而且还有可能在测试时不会出现，但其他人在使用我们的程序时仍会出现这类问题。

现在我们应该可以用 is_prime 启动线程了。不过线程允许从函数返回值，我们可以通过构造一个包含引用并在 void operator() 中执行 is_prime 调用的函子来解决这个问题。

这样的函子可以通过 lambda 表达式更简洁地实现：

```
vector <thread>   threads;
for (int i= 0; i <num_threads; ++i)
    threads.push_back(std::thread([&vi, &results, i]()
                            { results[i]= is_prime(vi[i]); } ));
```

我们可以在 vector 中构造线程，而不是构建线程并将其复制（移动）到向量中：

```
for (int i= 0; i <num_threads; ++i)
    threads.emplace_back(
        [&vi, &results, i](){ results[i]= is_prime(vi[i]); } );
```

为了使用计算结果，我们必须确保相应的线程已经执行完毕。join 方法会等待线程结束，只有在线程安全终止后才返回：

```
for (int i= 0; i <num_threads; ++i){
    threads [i].join();
    cout << vi[i] << " is " << (results[i] ? "" : " not ")
         << " a prime number .\ n";
}
```

这已经是并行的了，不过，线程也有一些不足：

- 我们需要一个额外的 lambda 表达式来处理返回值；
- 我们有两个容器，分别用于线程（threads）和结果（results）；
- 我们无法测试任务是否完成（在不阻塞调用方的情况下）；
- 我们无法处理异常的情况。

在接下来的内容中，我们将展示关于并发计算更好的实现方式。

4.6.4 关于调用者

⇒ c++11/ptask_example.cpp

对于正在运行的 thread 更好的解决方案是 future（在头文件 <future> 中），它知道关联的线程是否仍在运行并在其终止后保留执行结果。与它配对使用的是 promise，这是线程存储其结果或异常的地方。它们与一个函数对象一起打包存放在在 packaged_task 中。这 3 个类（promise、packaged_task 和 future）可以在头文件 <future> 中找到。接下来我们将通过实现（简化的）packaged_task 来演示它们是如何协同工作的：

```
template <typename Ret, typename ... Args>
class ptask
{
    using fun= std::function <Ret(Args ...)>;
  public :
    explicit ptask(fun fn) : f{fn}{}
    // ...
  private :
    fun                         f;
    mutable std::promise <Ret>   p;
};
```

我们的类 ptask 用将要并行运行的函数返回值和参数类型进行参数化。为此，我们采用了 std::function，它是一种用于存储多种函数对象的实用程序（详情可以参考 4.4.7 节）。我们的 promise 被声明为 mutable，因此可以在 const 方法中更改它。这当然也适用于应用操作符：

```
void operator()(Args && ... args) const
{
    try{
        p.set_value_at_thread_exit(f(std::forward <Args>(args)...));
    } catch(...){
        p.set_exception_at_thread_exit(std::current_exception());
    }
}
```

操作符将所有参数转发给内部的函数 f，f 的结果存储在 promise 对象 p 中。如果抛出异常，异常会存放到 promise 中。剩下的工作由 future 来完成，它是由我们的 promise 提供的：

```
std::future <Ret> get_future() const{return p.get_future();}
```

每个 future 都和一个 promise 关联。工作者线程（调用方）在 promise 中设置一个值或异常，调用者从关联的 future 来获取它。我们不需要为结果保留线程和对象，只需要一个 future 或 future 容器：

```
vector <future <bool> > futures;
for (long i= 0; i <num_threads; ++i){
    ptask <bool, long> pt{is_prime};
    futures.push_back(pt.get_future());
    thread t{move(pt), vi[i]};
t.detach();
}
```

首先，我们使用该函数创建一个 ptask，然后获取它的 future 并将其保存在容器中，这是我们唯一需要保留的东西。现在我们可以用 ptask 启动一个新线程并分离线程，这意味着另一个线程目前在独立运行并且它占用的资源在退出时被释放。我们不再拥有该线程，thread 对象也会失效。相反，我们为每个线程都提供了一个 future 的句柄，可以用它来获得执行结果：

```
for (long i= 0; i <num_threads; ++i)
    cout ≪ vi[i] ≪ (futures[i].get() ? " is " : " is not ")
         ≪ " a prime number.\ n";
```

此函数会等待任务完成，然后返回结果。

4.6.5 异步调用

⇒ c++11/async_example.cpp

我们在倒数第二个代码片段中填充 future 向量的循环体就是 async 的功能。因此，我们可以简单地启动和分离线程：

```
vector <future <bool> > vf;
for (long v : vi)
    vf.emplace_back(async(is_prime, v));
```

最后，我们不需要再处理 thread 和 packaged_task，只需要一个返回 future 的函数调用即可。

实际上，我们的 async 调用与前面的实现并不完全相同。在不提供启动策略的情况下，系统可能会推迟执行代码。为了确保一个线程是在异步调用时立即产生的，我们必须用一个策略来约束它：

```
async(launch::async, is_prime, v);
```

延迟执行适用于以下策略：

```
async(launch::deferred, is_prime, v);
```

然后，只有当一个线程确实等待 future 完成相关线程时，该函数才会被执行。

当我们使用 get 方法请求 future 的结果时，也会等待线程终止。为了让系统在两个策略之间进行选择，我可以使用按位或（OR）操作符：

```
async(launch::async | launch::deferred, is_prime, v);
```

这就是我们省略策略时的结果。最后，我们还希望处理异常。如果我们扪心自问，如何判断一些大数是不是质数，直觉告诉我们质数一般不是以偶数或 5 结尾的数（当然 2 和 5 是质数，但它们还不够大）。从这个观察我们可以得出以下结论，测试以 5 结尾的数字没太有必要：

```
bool is_prime(long i)
{
    if(i % 10 == 5 && i != 5)
```

```
        throw trivial_nonprime{};
    // remainder as before
}
```

现在我们将对循环中出现异常的结果进行捕获：

```
for (long i= 0; i <num_threads; ++i)
    try {
        while (vf[i].wait_for(200ms) != future_status::ready)
            cout ≪ " Still waiting ." ≪ endl;
        cout ≪ vi[i] ≪ (vf[i].get() ? " is " : " is not ")
             ≪ " a prime number .\ n";
    } catch (trivial_nonprime){
        cout ≪ " is obviously not a prime number .\ n";
}
```

这个实现确实需要一些技巧，我们用 try-catch 代码块包裹了输出。在 try 代码块中，我们首先测试计算是否已完成，即 future 是否准备就绪。如果没有，我们让当前线程休眠 200ms 并再次测试——直到异步计算准备就绪。请注意，我们这里使用了 C++14 中的后缀 ms；在 C++11 中，你必须编写 chrono::milliseconds(200) 而不是 200ms。

当没有异常抛出时，输出结果[①]和以前一样。如果出现异常，我们已经写入测试的数字和该异常会在 get 方法中重新被抛出。然后我们捕获异常并向用户提供自定义的友好警示信息。

4.6.6　异步解析器

我们将会实现一个更复杂的示例—— 一个异步且可中断的迭代解析器，这样的解析器为科学家或科研人员提供了更高的生产力：

- 异步性：我们已经可以在解析器运行的同时处理下一个模型。
- 可中断性：如果我们确信新的模型要比原来的好得多，那么可以停止旧模型的解析。

虽然线程可以被杀死，但是这将会终止整个应用程序。要正确地终止线程，它必须通过明确定义的中断点进行协作。C++20 中引入了一个叫 jthread 的特性，为此类中断提供了特殊的支持。停止迭代解析器最自然的时机是在每次迭代结束后的终止条件测试中，这并不能立即终止解析器。对于一些常见的应用场景，例如在需要执行很多小型迭代的情况上，这种方法的工作量较小。

因此，实现可中断解析器的第一步是可中断迭代控制类。为了简洁起见，用基于 MTL410 [21] 的 basic_iteration 构建我们的控制器类，而且很抱歉，此示例的完整代码并未公开。迭代对象通常使用一个相对或绝对的常量（如 ε），再加上最大迭代次数来进行初始化。迭代器解析器在每次迭代后会有一定的误差估算（通常是残值的范数），并检查迭代控制对象是否应该完成计算。

---

① 这实际上取决于输出在你的平台上是如何实现的，我们的糟糕代码在 Visual Studio 上执行失败了。为了清晰和可移植性，请尽力重构它。

我们的新类 interruptible_iteration 给 basic_iteration 添加了一个 interrupted 标记，这允许调用方线程向解析器线程发送请求中断的信号。由于两个线程都会访问 interrupted 标记，我们必须排除同时访问上述标记的操作，以避免出现未定义的行为。这是通过互斥量（mutex）来实现的：

```
class interruptile_iteration
{
  public :
    interruptible_iteration(basic_iteration <double>& iter)
      : iter{iter}, interrupted{false}{}
    bool finished(double r)
    {
        m.lock();
        bool i= interrupted;
        bool f= iter.finished(r);
        m.unlock();
        return f || i;
    }
    void interrupt()
    {
        m.lock();
        interrupted = true;
        m.unlock();
    }
    bool is_interrupted() const
    {
        m.lock();
        bool i= interrupted;
        m.unlock();
        return i;
    }
  private :
    basic_iteration <double>&    iter;
    bool                         interrupted;
    mutable mutex                m;
};
```

在每次访问 interrupted 标记之前，我们必须锁定互斥锁 m 并在之后解锁它。C++ 规范不鼓励显式使用 lock 和 unlock，因为我们可能忘记解锁互斥量或可能会抛出异常，这种情况下我们的程序可能会被阻塞。由于互斥锁是我们通过上述操作获取和释放资源，因此可以应用 RAII 范式。lock_guard 会在构造函数中锁定一个对象并在析构函数中解锁它，这样我们就不会忘记解锁对象。上面的代码就能够大幅优化：

```
class interruptible_iteration
{
  public :
    interruptible_iteration(basic_iteration <double>& iter)
      : iter{iter}, interrupted{false}{} bool
    finished(double r)
    {
        lock_guard <mutex> g{m};
        return iter.finished(r) || interrupted;
    }
    void interrupt()
    {
        lock_guard <mutex> g{m};
        interrupted = true;
    }
    bool is_interrupted() const
    {
        lock_guard <mutex> g{m};
        return interrupted;
    }
  private :
    basic_iteration <double>&   iter;
    bool                        interrupted;
    mutable mutex               m;
};
```

lock_guard 的一个优点是我们不需要复制 interrupted 标记以确保独占访问。通过显式锁定，我们无法在 return 语句后解锁互斥锁，但使用 RAII 类就可以。类似的，我们可以同时锁定整个 mutex 对象数组，与之有关的详情可以参考 4.6.7 节。

C++14　目前为止，只有单个线程可以执行其中的锁定功能。不过，我们可以通过只要求一个写入函数句柄独占访问权限来放宽这种行为，而任意数量的线程可以同时读取（只要没有其他线程在写入）共享变量。为此，C++14 引入了 shared_timed_mutex，而 C++17 引入了更简单且效率可能更高的 shared_mutex。除了独占锁定和解锁，它们还提供共享等价物——lock_shared 和 unlock_shared。当然，这也伴随着相应的 lock_shared，它允许我们为前面的实现引入非独占读取访问：

```
class interruptible_iteration
{
  public :
    interruptible_iteration(basic_iteration <double>& iter)
      : iter{iter}, interrupted{false}{}
    bool finished(double r)
    {
        shared_lock <shared_mutex> g{m};
```

```
        return iter.finished(r) || interrupted;
    }
    void interrupt()
    {
        lock_guard <shared_mutex> g{m};
        interrupted = true;
    }
    bool is_interrupted() const
    {
        shared_lock <shared_mutex> g{m};
        return interrupted;
    }
  private :
    basic_iteration <double>&     iter;
    bool                          interrupted;
    mutable shared_mutex          m;
};
```

另外一种方案是将 interrupted 标记转换成一个 atomic 变量。原子类型只支持原子（atomic）操作，这些操作不能被其他线程中断或干扰。我们的类将构造成如下形式：

```
class interruptible_iteration
{
  public :
    interruptible_iteration(basic_iteration <double>& iter)
      : iter{iter}, interrupted{false}{}
    bool finished(double r)
    {  return iter.finished(r) || interrupted; }
    void interrupt(){ interrupted = true; }
    bool is_interrupted() const{ return interrupted; }
  private :
    basic_iteration <double>&     iter;
    std::atomic <bool>            interrupted;
};
```

atomic<bool> 类型仅支持两种操作——读取和赋值。

在纯粹的单线程程序中，我们无法利用 interruptible_iteration 的任何优势，当解析器启动后，下一个命令仅在解析器完成操作后执行。因此，我们需要解析器支持异步执行。为了避免重新实现所有顺序解析器，我们实现了一个 async_executor，它在一个额外的线程中运行解析器，并在解析器启动后交还对执行的控制权：

```
template <typename Solver>
class async_executor
{
  public :
    async_executor(const Solver & solver)
```

```
      : my_solver{solver}, my_iter{}, my_thread{}{}

    template <typename VectorB, typename VectorX,
              typename Iteration>
    void start_solve(const VectorB & b, VectorX & x,
                     Iteration & iter) const
    {
        my_iter.set_iter(iter);
        my_thread = std::thread(
            [this, &b, & x](){
                my_solver.solve(b, x, my_iter);}
        );
    }
    int wait(){
        my_thread.join();
        return my_iter.error_code();
    }
    int interrupt(){
        my_iter.interrupt();
        return wait();
    }

    bool finished() const{ return my_iter.iter.finished(); }
  private :
    Solver    my_solver;
    mutable interruptible_iteration  my_iter;
    mutable std::thread              my_thread;
};
```

使用async_executor启动解析器后，我们可以处理其他事情并不时地检查解析器是否已经执行完毕（finished()）。如果我们发现执行结果已经变得无关紧要，那么可以中断（interrupt()）解析器的执行。对于完整的解决方案和中断执行，我们必须等待（wait()）直到线程通过连接（join）正确地结束。

以下伪代码展示了科学家们是如何使用这种异步执行的：

```
while (! happy(science_foundation) ) {
    discretize_model ();
    auto my_solver = itl::make_cg_solver (A, PC);
    itl:: async_executor async_exec { my_solver};
    async_exec.start_solve (b, x, iter);

    play_with_model ();
    if ( found_better_model )
        async_exec.interrupt() ;
    else
```

```
        async_exec.wait() ;
}
```

对于工程版本的代码，可以用 client 替换 science_foundation。

我们还可以将异步解析器用于对数值计算具有挑战性的系统，并且事先我们不知道哪个解析器会获得正确的结果。为此，我们同时启动所有解析器进行相关计算，直到其中某个达成目标并中断其他解析器。为了表述清晰，我们应该将执行程序存储到容器中，特别是当执行者既不可复制也不可移动时，可以采用 4.1.3.2 节介绍的容器。

4.6.7 可变互斥锁

当多个线程等待锁定的互斥对象时，运行多线程的应用程序会明显变慢。当我们为大型数据结构提供多个互斥对象时，可以减少这种阻塞，其中每个互斥对象都分配了一部分数据。那么一个线程只有在和另一个线程访问数据的同一部分时才需要等待。

我们不会展示这样的实现，而是准备完成另一个挑战。除了仅在本地访问数据的操作之外，还可以考虑整个数据结构的操作，例如，当数据以复杂的方式重组时。

然后我们必须锁定所有互斥对象。如果按顺序执行此操作，那么就有可能存在“死锁“的风险，这是一种程序永远被挂起的状态，因为多个线程都在等待资源，这些资源将永远无法再次可用，因为它们还会被其他线程以某种循环依赖的方式占用。有一些巧妙的约定可以防止死锁，本书暂不对其进行深入探讨。

我们处理它的方法是同时锁定所有互斥对象——或者等到它们都可以被同时锁定为止。我们假设大型数据结构的所有锁都存储在一个数组中，当这些数组总是有相同的大小（比如4）时，我们可以对所有元素调用可变参数的 lock 函数：

```
lock(m[0], m[1], m[2], m[3]);
```

不过我们希望能够处理任意大小的数组。我们的实现也应该遵循 RAII 原则，即类似于 lock_guard，但处理的目标是数组：

```
template <std::size_t N> class
array_lock_guard
{
  public :
    array_lock_guard(std::array <std::mutex, N>& mutexes)
      : mutexes{mutexes}
    {
        // lock them all
    }

    ~array_lock_guard()
    {
        for (auto & m : mutexes)
```

```
            m.unlock();
        }
    private :
        std::array <std::mutex, N>& mutexes;
};
```

我们的类必须在构造函数中锁定所有互斥锁，并在析构函数中解锁它们。后者并不是关键的，我们可以顺序执行上述操作。锁定必须在单个调用中执行：

```
template <std::size_t ... I>
void lock_all(std::index_sequence <I...>)
{
    std::lock(mutexes[I]...);
}

array_lock_guard(std::array <std::mutex, N>& mutexes)
  : mutexes{mutexes}
{
    lock_all(std::make_index_sequence <N>{});
}
```

这里我们使用一个 index_sequence 并将其传递给第二个函数，该函数使用它实例化了一个可变模板参数，并且它在可变表达式中的扩展最终锁定了所有互斥锁。为了确保完整性，我们应该介绍 C++17 中引入的另一个 RAII 风格的互斥锁管理器 scoped_lock，它允许锁定和解锁任意数量的互斥锁（甚至不同类型的互斥锁）。

C++20 4.6.8 协程

协程是可以暂停和稍后恢复的函数——继续执行相关操作，就像它们从来没被中断过一样。这为并发编程提供了新的机会：由于缺少资源而无法继续的函数不再需要等待该资源；相反，它可以挂起，即将控制权交给调用方，一旦资源可用，调用方就可以恢复此函数的执行。许多事件驱动的异步系统都是以这种方式实现的。

⇒ c++20/coroutine-generator.cpp

协程的另一个非必需并发执行的应用是生成：一个函数执行特定计算或遍历数据结构，每次有新的值可供调用者使用时，该函数就会暂停并提供该值。

调用者对该值进行操作，然后恢复生成器函数。假定我们有一个包含 int 值的树，希望打印 inorder 的值：

```
tree t;
fill_tree(t);

for (auto i : traverse(t, inorder))
    cout << i << endl;
```

我们的生成器函数 traverse 将以递归的方式遍历子树，并以正确的顺序为我们提供所有值。为此，应从左子树返回之后遍历到右子树之前，并提供节点的值：

```
struct preorder_t{} const preorder;
struct inorder_t{} const inorder;
struct postorder_t{} const postorder; // extra traversal code

template <typename Order>
generator <int> traverse(const tree& t, Order)
{
    stack <tree_entry *> s;
    tree_entry * current = t.head.get();

    while (current != nullptr || ! s.empty()){
        while (current != nullptr){
            if constexpr(is_same_v <Order, preorder_t>)
                co_yield current ->value;
            s.push(current);
            current = current ->left.get();
        }
        current = s.top(); s.pop();
        if constexpr(is_same_v <Order, inorder_t>)
            co_yield current ->value;
        current = current ->right.get();
    }
}
```

在遍历到两个子树之前 / 之后返回值分别被称为“前序遍历” / “后序遍历”。后者的实现完全不同，所以我们将它放在一个单独的函数中处理它，你可以在源代码中找到它们。

C++ 中的协程是无堆栈的（Stackless），即它们在挂起时不存储堆栈的状态。因此，它们不能递归使用，需要通过为我们的数据实现堆栈来手动执行递归。协程在挂起时存储的是局部变量、寄存器和函数参数；实际上，这些是函数一旦恢复之后，继续执行相关操作所需的必备元素。

可以使用 co_await 和 co_yield 暂停协程，前者只是暂停协程，后者还会返回一个值。要在返回值后终止协程，我们可以使用 co_return。co_await、co_yield 和 co_return 是 C++20 中引入的 3 个新关键字。

协程的返回类型必须是所谓的 Promise，这不应该与类模板 std::promise 混淆。Promise 用于处理协程的恢复。我们的生成器类型取自 Kenny Kerr 的教程 [42]，其代码超过了 100 行。尽管协程专家在他们自己的 promise 实现中肯定会非常精细，但是刚接触该领域的程序员可能更喜欢简单一些的代码。幸运的是，一个标准的生成器正呼之欲出，并有望在 C++23 中被引入。

C++20 中的协程支持可提供低级语言原语，但目前还没有更高级的库结构。为了高效地使用协程，我们建议使用 Lewis Baker 的 CppCoro 库 [5]，该库已被提议用于标准化。在 [25] 中可以找到 Rainer Grimm 对它的简要介绍。

C++20 4.6.9　其他新的并发特性

除了协程之外，C++20 还引入了其他几个比较有用的新并发特性。不过在编写本书时，我们发现能够兼容它们的编译器还比较少，并且我们拒绝复制互联网上流传的示例代码，所以在这只能简要提及一下它们的功能。`jthread` 是改进版本的线程，它支持线程自动连接并提供了对协程中断的内置支持。`latch` 和 `barrier` 用于协调数据类型，允许我们保留线程，直到其计数器的值变成零。`latch` 只能使用一次，但是 `barrier` 可以重复使用。

另一种新的同步机制是信号量。它允许我们将访问资源或进入临界区的线程数限制为给定的值。得益于新的方法，甚至 `atomic_flag` 也可用于同步操作。使用 `atomic_ref` 可以在不冒数据竞争风险的情况下引用变量。`atomic` 甚至还专用于 `shared_ptr` 和 `weak_ptr`，从而启用线程安全的指针操作。浮点数的原子特例化现在提供了一些原子数值操作。

本节不打算全面讨论 C++ 并发编程的所有细节。不过，它应该给你留下了比较深的印象。在编写正规的并发应用程序之前，我们建议阅读相关资料。我们特别推荐 Anthony Williams 的 *C++ Concurrency in Action* [75]，和 Rainer Grimm 的 *Concurrency with Modern C++*[26]（德语版 [27]）。

4.7　高级科学软件库

除了标准库之外，还有许多用于科学研究的第三方软件库。在本节中，我们将简要介绍一些开源库，它们单纯属于笔者在编写本书时的主观选择。因此，没有提及的某些软件库不应该被高估，当然出现在本节中的软件库也是如此。而且编写本书已经过去了一段时间，那么更是如此了。

此外，由于开源软件的变化比基础的底层编程语言要快得多，而且很多软件库还会快速添加新功能，因此我们不会对其进行详细介绍，读者根据需要参考各自的在线说明文档即可。

4.7.1　替代算法

大多数计算都是在实数、复数和整数上执行的。在数学课上，我们还学习了有理数。尽管多次尝试添加它们，但目前它们还不是 C++ 规范的一部分——仅作为编译期的值提供。以下介绍一些用于有理数和更高精度算术运算的开源库。

Boost::Rational 是一个模板库，它通过原生的数学运算符号提供常用的算术运算。有理数总是规范化的（分母总是正数并且与分子互质）。使用支持无限 / 任意精度整数的库可以避免精度流失，以及数值上溢和下溢的问题。

GMP 提供这样的无限 / 任意精度的整数，它还提供基于其自身整数和任意精度浮点数的有理数。C++ 接口为这些操作引入了类和操作符号。

ARPREC 是另一个支持任意精度（ARbitrary PRECision，ARPREC）运算的库，提供了对整数、实数和复数的支持，同时还支持自定义小数位数。

Posits 是一个锥形的浮点数系统，对 IEEE 754 浮点系统在准确性、效率和数学正确性方面进行了诸多改进。与 IEEE 浮点系统相比，该系统减少了数字大小的同时提高了精准度。这对于大多数有内存和网络带宽限制的高性能计算（High-Performance Computing，HPC）代码来说是一个很大的增益。Posit 在通用数值运算库（Universal Number Arithmetic）中可用 [50]。

4.7.2 区间运算

该算法的想法是，输入的数据项实际上不是精确值，而是建模实体的近似值。考虑到这种不准确性，每个数据项都由保证包含正确值的区间表示。该运算是通过适当的舍入规则实现的，使结果区间包含准确的结果；即该值是通过完全正确的输入数据和精确计算获得的。

然而，当输入数据的区间已经很多或者算法在数值上不稳定（或者两者兼而有之）时，生成的区间可能会很大。因为计算浮点数的质量完全不确定，所以需要进行额外的分析。

Boost::Interval 提供了一个模板类来表示区间以及常见的算术和三角运算。该类可以用为其建立必要策略的每种类型实例化，例如，前面段落中提及的那些。

Valids 是一种基于开区间的新区间算术系统，它充分利用了 posit 数值系统。Valids 支持闭区间、开区间和半开区间，并且如果值是精确或者近似的，则附带对额外的信息编码。

Valids 能够对科学代码进行实证数值分析，并对累积的数值误差进行有意义的评估。Valids 由开源通用库 [50] 提供支持，比如 posits（4.7.1 节）。

4.7.3 线性代数

这是一个可以使用很多开源和商业软件包的领域。这里我们只展示其中的一小部分：

Blitz++ 是第一个使用表达式模板（5.3 节）的科学计算库，它是由 Todd Veldhuizen 创建的，并且他还是该技术的两位发明者之一。它允许定义向量、矩阵和可自定义标量类型的高阶张量。

MTL4 是笔者开发的用于向量和各种矩阵的模板库。除了标准的线性代数运算外，它还提供最新的线性迭代解析器。基本版是开源的，CUDA 提供了对 GPU 的支持。超级运算版可以在数千个处理器上运行。MTL5 正在开发中，将大量采用 C++17 中的特性 ①。

HPR 是提供高性能可重复计算的模板库，这些库基于 MTL 和 Universal 库并提供算法实现，利用 posit 算法提供的舍入控制来产生可重复的结果，而无须担心并发环境如何。两个关键的开源库是 HPR-BLAS[48] 和 HPR-Tensor[49]，它们提供了可重现的基本线性代数和张量操作符。

4.7.4 常微分方程

Karsten Ahnert 和 Mario Mulansky 的 odeint 库是以数值方式求解常微分方程的（Ordinary Differential Equations，ODE）。得益于其通用性设计，该库不仅可以与各种标准容器一起使用，还可以兼容外部程序库。因此，可以使用 MKL、CUDA 库的 Thrust、MTL4、VexCL 和 ViennaCL 来执行底层的线性代数计算。Mario Mulansky 在 7.1 节解释了该库中用到的高级技术。

① 在鼓励每个人都使用 C++ 的新特性之后，我再也无法忍受一个曾经非常有创意的的库变得越来越过时。

4.7.5 偏微分方程

用于求解偏微分方程（Partial Differential Equations，PDE）的软件数量庞大。在这里，我们只介绍两个应用非常广泛并且能够很好地使用现代编程技术的软件。

FEniCS 是通过有限元法（Finite Element Method，FEM）求解 PDE 的软件集合，它 在 Python 和 C++ 中都提供了用户 API，其中表示了 PDE 的弱形式。FEniCS 可以据此构建一个求解 PDE 问题的 C++ 应用程序。

FEEL++ 是 Christophe Prud'homme 开发的 FEM 库，它同样支持弱形式的符号。与前者相比，FEEL++ 不使用外部代码生成器，而是使用 C++ 编译器的强大功能来转换代码。

4.7.6 图形算法

Boost Graph Library（BGL），主要由 Jeremy Siek 编写，它提供了一套非常通用的方法，因此该库可以兼容多种数据格式 [56]。该算法包含相当多的图形算法，它的并行扩展可以在数百个处理器上高效运行。

4.8 练习

4.8.1 根据大小排序

创建一个 double 型 vector，并使用 –9.3、–7.4、–3.8、–0.4、1.3、3.9、5.4、8.2 对其进行初始化。你可以使用初始化器列表，然后根据数值大小进行排序。构造如下内容：

- 一个函子；
- 用于比较的 lambda 表达式。

尝试上述两种对象构造排序的解决方案。

4.8.2 将 lambda 表达式作为谓词进行查找

在容器中找到给定值的第一个双倍值。简而言之，完成下列程序片段：

```
vector <int> vi{12, 3, 15, 5, 7, 9};
for (int i= 2; i <10; ++i){
    auto it= find_first_multiple(vi, i);
    if(  )
        cout ≪ " The first multiple of " ≪ i ≪ " is " ≪ ??? ≪ endl;
    else
        cout ≪ " There is no multiple of " ≪ i ≪ endl;
}
```

函数 find_first_multiple 应该返回指向 i 的第一个倍数的迭代器（如果存在的话），否则返回 end 迭代器。这可以使用 STL 函数 find_if 轻松解决，该函数将一元谓词作为最后一个参数，我们可以为它定义一个 lambda 表达式。

4.8.3 STL 容器

为电话号码创建一个 std::map，例如从 string 串映射到 unsigned long，用至少 4 个条目填充 map。搜索存在和不存在的名称，还要搜索存在和不存在的号码。

4.8.4 复数

实现类似于芒德布罗集合的 Julia 集（二次多项式）的可视化，唯一的区别是添加到平方函数的常数与像素位置无关。本质上，你必须引入一个常量 k 并对 iterate 做一些修改。

- 从 $k = -0.6 + 0.6\,i$（图 4-9）开始，这是一种复数的康托尔尘埃，也称为法图尘埃。
- 对 k 尝试其他值，比如 $0.353 + 0.288i$ 最终能可能希望更改配色方案供以提供更酷的可视化效果。
- 软件设计中的挑战是为芒德布罗集合和 Julia 集编写具有最少代码冗余的实现（算法上的条件可能是找到适合所有 k 的颜色，但这超出了本书的范围）。
- 进阶：两种分形都能够以交互方式组合。为此，必须提供两个窗口。第一个像以前一样绘制芒德布罗集合。此外，它可以启用鼠标输入，以便将鼠标光标下的复数值用作第二个窗口中 Julia 集的 k。
- 更进一步：如果 Julia 集的计算速度太慢，可以使用线程的并行特性，甚至可以使用 CUDA 或 OpenGL 的 GPU 加速。

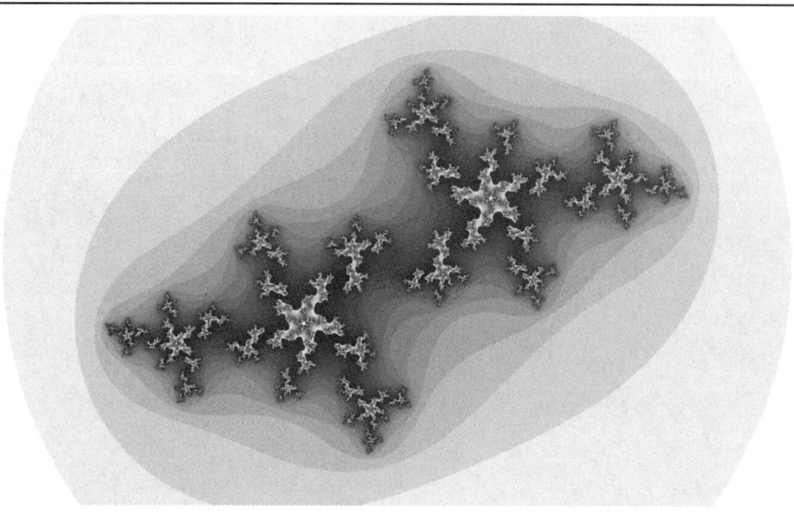

图 4-9 $k = -0.6 + 0.6\,i$ 的 Julia 集合，输出了一个复数的康托尔尘埃

4.8.5　并行的向量加法

为两个 vector 的加法（比如使用 c++03/vector_test.cpp 的代码）编写并行执行版本。启动两个 thread 并测试不同向量大小的运行时间。

4.8.6　重构并行加法

重构练习 4.8.5 中的实现。使用 async 代替 thread。并行任务的数量应由可用的硬件线程决定，由静态方法 thread::hardware_concurrency 给出。

第 5 章

元编程

"最终的奥秘是人自身。"

——Sammy Davis Jr.

元编程是在程序上构造程序。我们将在本章深入讨论这个有趣的特性，特别是将会研究它的 3 个主要应用：

- 编译期计算（5.1 节）
- 类型转换及其相关信息（5.2 节）
- 代码生成（5.3 节～5.4 节）

这些技术能够使前面章节中的示例代码更可靠、更高效且适用范围更广。在本章的 5.6 节中，我们将展示为何每个算法都可以在 C++ 编译期进行计算。

5.1 让编译器计算

完整的元编程技术可能是由于一个 bug 而被发现的。Erwin Unruh 在 20 世纪 90 年代初编写了一个程序，它将素数打印输出为错误消息，从而证明 C++ 编译器能够进行计算。该程序无疑是最著名且无法编译的 C++ 代码，感兴趣的读者可以参考附录 A.9.1 节。编译期计算可以通过两种方式实现：向后兼容模板元函数，或者通过更容易一些的 `constexpr`。后者这一特性是在 C++11 中引入的，并在后续的标准中进行了扩展。

5.1.1 编译期函数 C++11

⇒ c++11/fibonacci.cpp

在实现素数示例之前，我们先从更简单的内容开始：斐波那契数列。该数列可以通过递归方式计算：

```
constexpr long fibonacci(long n)
{
```

```
    return n <= 2 ? 1 : fibonacci(n - 1) + fibonacci(n - 2);
}
```

C++11 中的 constexpr 在大多数情况下是单个 return 语句。我们可以在不进行计算的情况下引用某些语句，例如空语句、static_assert、类型定义，以及 using 声明和指令。

和常规函数相比，constexpr 具有相当多的限制。

- 它不能读取或写入函数之外的任何内容。也就是说，没有副作用。
- 它不能包含变量[①]。
- 它不能包控制结构，比如 if 或 for[①]。
- 它只能包含单个计算语句[①]。
- 它只能调用 constexpr 函数。

另外，与 C++03 中的传统模板元函数相比，constexpr 函数明显更灵活。

- 我们可以传入浮点数类型（在 C++20 中也适用于模板参数）。
- 我们甚至可以处理用户自定义类型（如果它们可以在编译期处理）。
- 我们可以使用类型检测。
- 我们可以定义成员函数。
- 我们可以使用条件（比特例化更简单）。
- 我们可以调用带有运行时参数的函数。

大多数对类模板的限制在最近的标准中都被取消了，但是 constexpr 函数仍然是编译期计算的好方法。

一个处理浮点数的简单函数是 square：

```
constexpr double square(double x)
{
    return x * x;
}
```

浮点数类型不允许用作模板参数（在 C++20 之前），并且在 C++11 之前根本不可能使用浮点数执行编译期计算。我们可以将前面带有模板参数的函数推广到所有合适的数值类型：

```
template <typename T>
constexpr T square(T x)
{
    return x * x;
}
```

泛化函数甚至在特定条件下能够接收用户自定义类型。一个类型是否兼容 constexpr 函数取决于它的成员，例如不稳定的成员和指针会阻碍编译期对象创建的虚函数等。

在 C++20 中，特定条件下编译期允许使用更多类型，例如 string 和 vector。尽管标准中描述了这些条件，但冗长的技术规范并不能让它像我们手掌上的纹路那样清晰可辨。此外，

① 这个限制在 C++14 中被取消了，我们在第 5.1.2 节会谈到这一点。

在编写本书时，还没有编译器支持此功能[1]，因此我们只能将来再继续尝试。

语言规范尝试定义类型在 constexpr 函数中可用的条件。事实证明，这不能定义为类型属性，因为它取决于类型的使用方式——更准确地说，在所考虑的 constexpr 函数中调用了哪个构造函数。因此，相应的类型特征 is_literal_type 必然是不起作用的，并且自 C++14 开始它已经被弃用了。

constexpr 函数的一个非常好的特性是它们在编译期和运行时的可用性：

```
long n = atoi(argv[1]);
cout ≪ " fibonacci(" ≪ n ≪ ") = " ≪ fibonacci(n) ≪ '\n';
```

这里我们从命令行传递了第一个参数（在编译期间肯定是未知的）。因此，只要一个或多个参数仅在运行时已知，就无法在编译期执行该函数。只有在编译期所有函数参数都可用时，才能在编译期间执行函数计算。

constexpr 函数的混合适用性反过来意味着它们的参数只能传递给 constexpr 函数。将参数传递给常规函数会妨碍它在编译期的使用。相反，我们不能将函数参数传递给类似 static_assert 这样在编译期执行计算的函数，因为它会阻止运行时调用。因此，我们无法在 C++11 下的 constexpr 函数中构造断言。语言规范中规定了标准库中的哪些函数必须作为 constexpr 予以实现。

一些库实现将额外的函数实现为 constexpr，比如下列函数：

```
constexpr long floor_sqrt(long n)
{
    return floor(sqrt(n));
}
```

上述代码得到了 g++ 的支持（当然不是所有版本都支持）。相比之下，floor 和 sqrt 在 clang++ 中不被认为是 constexpr 函数，因此代码不会在其环境中通过编译。

⇒ c++20/fibonacci.cpp

要在编译期强制执行函数求值，我们可以在 C++20 中将其声明为 consteval： C++20

```
consteval: consteval long fibonacci(long n)
{
    return n <= 2 ? 1 : fibonacci(n - 1) + fibonacci(n - 2);
}
```

使用运行时参数调用此函数会导致出错。

5.1.2 扩展编译期函数 C++14

C++14 放宽了对编译期函数的限制，而 C++20 中进一步放宽了这些限制。

① 更具体地说，是尝试使用 clang++-13、gcc++-11 和 VS19 编译代码 c++20/constexpr_vector_string.cpp 时，无法通过编译。

这允许我们额外使用以下特性：

- void 函数：

```
constexpr void square(int &x){ x *= x; }
```

- 自 C++20 以来的虚函数（virtual）（6.1.3 节）；
- 自 C++20 以来的协程（4.6.8 节）；
- 局部变量，要求它们：
  - 已初始化（C++20 之前）；
  - 既不是静态的，也没有 thread 存储 duration；
  - 包含字面值类型；
- 控制结构，除了：
  - goto 语句（无论如何我们都不想使用它）；
  - 汇编程序代码，即 asm 代码块（C++20 中放宽了限制）；
  - try-catch 代码块（在 C++20 中放宽了限制）。

以下示例在 C++14 中是允许的，但是在 C++11 中是不允许的（出于多种原因）：

```
template <typename T>
constexpr T power (const T& x, int n)
{
    T r {1};
    for (; n > 0; -- n) r
        *= x;
    return r;
}
```

⇒ c++14/popcount.cpp

通过这些扩展，编译期函数几乎与常规函数具有一样的表现力。

作为一个技术含量更高的示例，我们还将实现 popcount（population count 的缩写），它会统计二进制数据中“1”位出现的次数：

```
constexpr size_t popcount(size_t x)
{
    size_t count = 0;
    for (; x != 0; ++ count)
        x&= x - 1;
    return count;
}
```

分析这个算法也有助于我们更好地理解二进制运算。这里的关键思路是 x&=x-1，它会将最低有效位设置为零，并且保持所有其他位不变。

⇒ c++11/popcount.cpp

C++11 该函数在 C++11 中也可以表示 constexpr，并且在递归调用中的代码可以更短：

```
constexpr size_t popcount(size_t x)
{
    return x == 0 ? 0 : popcount(x & x- 1) + 1;
}
```

这种无状态的递归计算对某些读者来说可能不太容易理解，但对于其他人来说可能更清楚。据说越早接触迭代或递归，就能更好地理解它们。

5.1.3 素数

C++14

如前所述，求解素数是第一个严肃的元编程主题，尽管它的代码不能顺利编译。现在我们想证明可以在（能够编译的）现代 C++ 程序中求解它们。更准确地说，我们将实现一个函数，在编译期告知我们给定数值是否为素数。你可能会问："为什么在编译期需要这些信息？"实际上，笔者曾经在研究中使用过这个编译期函数，用语义概念对循环群进行分类（3.10 节）。当群的大小是质数时，它是一个域，否则是一个环。概念性的编译器（ConceptGCC[24]）在 C++ 中启用了此类代数概念，并且它们的模型声明中包含编译期素数检查（不过这是在 constexpr 可用之前）。

⇒ c++14/is_prime.cpp

我们将复用 4.6.3 节中的算法，即 1 不是素数，除了 2 以外的偶数都不是素数，并且对于其他数字，我们会检查它们不能被任何大于 1 且小于自身的奇数整除：

```
constexpr bool is_prime(int i)
{
    if (i == 1)
        return false;
    if (i % 2 == 0)
        return i == 2;
    for (int j= 3; j <i; j+= 2)
        if (i % j == 0)
            return false;
    return true;
}
```

实际上，我们只需测试小于参数 i 的平方根的奇数能否被整除：

```
constexpr bool is_prime(int i)
{
    if (i == 1)
        return false;
    if (i % 2 == 0)
        return i == 2;
    int max_check = static_cast <int>(sqrt(i)) + 1;
    for (int j= 3; j <max_check; j+= 2)
        if (i % j == 0)
```

```
            return false;
    return true;
}
```

不过，此版本仅适用于标准库，其中 sqrt 是一个 constexpr（自 g++4.7 以来的大多数版本都支持）。否则我们必须提供自己的 constexpr 实现。例如，我们可以使用 4.3.1 节中的固定点算法：

```
constexpr int const_abs(int i){return i <0 ? - i : i;}

constexpr int square_root(int x)
{
    double r= x, dx= x;
    while(const_abs((r * r) - dx)> 0.1){
        r=(r + dx/ r) / 2;
    }
    return static_cast <int>(r);
}
```

在这里，我们将迭代方法作为 double 型执行，并且仅在返回结果时将其转换为 int。这样就构造了一个（足够）高效且可移植的实现：

```
constexpr bool is_prime(int i)
{
    if (i == 1)
        return false;
    if (i % 2 == 0)
        return i == 2;
    int max_check = square_root(i) + 1;
    for (int j= 3; j <max_check; j+= 2)
        if (i % j == 0)
            return false;
    return true;
}
```

通过这个示例，我们了解了编译期求值的性能是如何提高的。2006 年左右，这个函数对于计算大约 100 万的素数用了 18s 左右，对于接近 1000 万的素数用了 1min 左右。使用 g++-10 上的 constexpr，对接近 10 亿的数据进行素数测试，编译时间仅增加了大约 0.02s。

⇒ c++11/is_prime.cpp

最后，我们喜欢接受挑战，使用 C++11 中的 constexpr 来实现它（这是它的第一个版本）：

```
constexpr bool is_prime_aux(int i, int div)
{
    return div>= i ? true :
        (i % div == 0 ? false : is_prime_aux(i, div + 2));
}
```

```
constexpr bool is_prime(int i)
{
    return i == 1 ? false :
        (i % 2 == 0 ? i == 2 : is_prime_aux(i, 3));
}
```

这里我们需要两个函数：一个用于特殊情况，另一个用于检查奇数是否能被 3 整除。

向后兼容：在引入 constexpr 之前，编译期的计算是通过模板元函数（Meta-Function）实现的。它们更难实现，并且在 C++20 之前，它们的适用性也受到很多限制（既不支持浮点数类型，也不支持自定义类型）。如果你由于某种原因无法使用 C++11 中的该特性或只对陈旧的代码感兴趣，那么可以参考附录 A.9.2 节中元函数相关的章节。

5.1.4 常量的恒定性 C++11

声明一个（非成员）变量为 const：

```
const int i= something;
```

可以建立两个层面的恒定性：

- 对象在程序执行过程中不能改变（总是如此）；
- 该值在编译期已知（有时如此）。

i 的值在编译期间是否可用取决于分配给它的表达式。如果是类似下面的字面量值：

```
const long i= 7, j= 8;
```

那我们可以在编译期间使用它。例如作为模板参数：

```
template <long N>
struct static_long
{
    static const long value = N;
};

static_long <i>    si;
```

编译期常量的简单表达式通常在编译期间是可用的：

```
const long k= i + j;
static_long <k>    sk;
```

当我们将变量赋值给一个常量对象时，它在编译期绝对是不可用的：

```
long ll;
cin >> ll;

const long cl= ll;
static_long <cl>    scl;    // Error
```

常量 c1 不能在程序中更改。另外，它不能在编译期使用，因为它取决于运行时的值。在某些情况下，我们无法根据程序源判断出获得了哪种常量，例如：

```
const long    ri= floor(sqrt(i));
static_long <ri>    sri;    // 大部分 g++ 的版本都没问题。
```

在这里，当 sqrt 和 floor 在标准库（比如 g++4.7 以来的版本）中的实现都是 constexpr 时，ri 在编译期间是一致的；否则当它用作模板参数时会报错。

为确保常量值在编译期是已知的，我们必须将其声明为 constexpr：

```
constexpr long ri= floor(sqrt(i)); // g++ 4.7 - 4.9 能够通过编译
```

这能保证 ri 在编译期间是已知的，否则该行代码无法通过编译。请注意，constexpr 对变量比对函数要求更严格。constexpr 变量只接收编译期值，而 constexpr 函数可以接收编译期和运行时参数。显然，这要求类型可以在编译期间表示：

```
constexpr string    name1{"Herbert"};    //  错误 （当前情况下）
constexpr string_view name2{"Herbert"};  // 需要在 C++17 规范下
```

编译期（当前）不允许使用 string①，因为它是动态管理内存的，而 string_view 引用的是编译期可用的外部内存（在本示例中是可执行文件的字符序列）。

C++20　C++20 引入了 constinit 声明符，用于要求在编译期间完成初始化，而对象可以在生命周期内更改，并且析构函数不必是 constexpr。constinit 只能与 static 变量或 thread_local 存储存续期间一起使用，不能用于局部变量。这可以解决一些 C++ 的历史问题，即程序员无法控制静态变量的初始化顺序。这会在某些情况下导致未定义的行为，例如在全局变量的构造函数中使用静态成员变量时。这种所谓的静态初始化顺序问题可以通过编译期（至少是部分）初始化 static 或 thread_local 变量来解决。不过，这个问题很少发生在设计良好的软件项目中（几乎不存在全局变量）。如果遇到这种情况，你首先应该扪心自问，是否真的需要使用全局变量或者线程的局部变量。因此，这个新功能主要不是为程序现代化做贡献的，而是一种处理历史遗留问题的工具。

C++17　5.1.5　编译期 lambda 表达式

⇒ c++17/constexpr_lambda.cpp

为了进一步增加 lambda 表达式的适用性，现在它们也可以在编译期使用。假定我们有一个 constexpr 函数，它被用作转换一元函数或函子的容器：

```
template <typename Container, typename Functor>
constexpr Container transform(const Container & c, Functor f)
{
    Container t{};
```

① C++20 允许放宽编译期内存管理的限制，这样就可以在编译期使用字符串。不过，在撰写本文时，当前编译器（g++-10 和 clang++-11）仍然拒绝这种操作。

```
    for (unsigned i= 0; i <size(c); ++i)
        t[i]= f(c[i]);
    return t;
}
```

我们通过转换操作将 3 添加到数组的条目中，或者更准确地说，创建一个条目数量大于 3 的新数组：

```
constexpr int inc_by_3(int i){return i + 3;} constexpr

array <int, 6> a{3, 7, 2, 4, 5, 9};

constexpr auto daf = transform(a, inc_by_3);
```

可以直接在函数调用中创建一个 `constexpr` lambda 表达式，这样就不用预先编写一个 `constexpr` 函数：

```
constexpr auto dal1 = transform(a,
                       [](int i) constexpr {return i +3;});
```

关键字 `constexpr` 可以像 `mutable` 一样放置在参数之后和返回类型之前（如果有的话）。实际上可以省略这个限定，因为从 C++17 开始，只要它们的实现支持，所有 lambda 表达式都是 `constexpr`。因此，以下语句等价于前面的语句：

```
constexpr auto dal1 = transform(a,[](int i){return i +3;});
```

但是，如果某些实现细节阻止了编译期使用 lambda 表达式，可以保留上述限定以更好地表达我们的意图，并在 lambda 声明中得到编译器的错误提示信息。除了调用非 `constexpr` 或使用非文字类型的函数外，捕获变量还会阻止编译期的应用：

```
int inc= 3;
constexpr auto dal2 = transform(a,
                       [inc](int i){return i+ inc;}); // 错误
```

相比之下，捕获编译期常量能够正常执行：

```
constexpr int cinc = 3;
constexpr auto dal2 = transform(a,
                       [cinc](int i){return i+ cinc;}); // Ok
```

我们甚至不需要捕获 `cinc`（一些编译器会对此发出警告）。是否可以捕获普通常量取决于编译器在编译期间对赋值表达式求值的能力——我们刚刚在上一节中讨论过它，所以最好远离它们，仅在这类 lambda 中使用 `constexpr` 常量。

5.2 提供和使用类型信息

在第 3 章中，我们已经看到了函数和类模板的强大表现力。这些函数对于所有可能的参数类型和类都具有完全相同的代码，需要通过特例化进行完整的重新实现。为了进一步提高模板的表现力，我们将根据参数类型引入更小或更大的代码变体。因此，我们首先要知道要分发类型的信息。这些类型信息可以是技术性的——如 is_const 或 is_reference，也可以是语义或特定领域的，如 is_matrix 或 is_pressure。对于大多数技术类型信息，都可以在 4.3 节中介绍的头文件 <type_traits> 和 <limits> 中找到相关的支持。特定领域的类型属性正在等待我们去实现。

5.2.1 类型特征

⇒ c++11/magnitude_example.cpp

目前为止，在我们编写的函数模板中，临时对象和返回值的类型等效于函数参数的类型。不过这并不总是能够奏效。假如我们实现了一个函数，它从两个值中返回最小值：

```
template <typename T>
T inline min_magnitude(const T& x, const T& y)
{
    using std::abs;
    T ax= abs(x), ay= abs(y); return
    ax <ay ? x : y;
}
```

我们可以用 int、unsigned 或 double 型的数值调用这个函数：

```
double                 d1 = 3., d2 = 4.;
cout ≪ " min |d1, d2 | = " ≪ min_magnitude(d1, d2) ≪ '\n';
```

如果我们用两个复数值调用此函数：

```
std::complex <double> c1(3.), c2(4.);
cout ≪ " min |c1, c2 | = " ≪ min_magnitude(c1, c2) ≪ '\n';
```

将会看到如下错误提示信息：

```
no match for operator <in ax <ay
```

问题在于 abs 函数返回 double 型数值并且会用到比较操作符，但我们将结果作为复数值存储到临时变量中。

现在我们可以通过多种方式解决这个问题。比如，我们可以比较两个值的大小而不存储它们，从而避免使用临时变量。

C++11　在 C++11 或更高版本中，我们还可以让编译器来推断临时对象的类型：

```
template <typename T>
T inline min_magnitude(const T& x, const T& y)
{
    using std::abs;
```

```
    auto ax= abs(x), ay= abs(y);
    return ax <ay ? x : y;
}
```

在本节中，为了方便演示，我们选择了一种更明确的方法：参数的数值类型和取值范围由用户指定。显式类型信息在比较新的标准中不太重要，但并非完全多余。此外，了解基本机制有助于我们理解一些技巧性较高的实现。

类型属性在 C++ 中由 Type 提供，它们本质上是带有类型参数的元函数。对于我们的示例，将编写一个类型特性来提供数值大小的类型（对于 C++03，只需将每个 using 替换为传统的 typedef）。这是通过模板特例化实现的：

```
template <typename T>
struct Magnitude{};

template <>
struct Magnitude <int>
{
    using type = int;
};

template <>
struct Magnitude <float>
{
    using type = float;
};

template <>
struct Magnitude <double>
{
    using type = double;
};

template <>
struct Magnitude <std::complex <float> >
{
    using type = float;
};

template <>
struct Magnitude <std::complex <double> >
{
    using type = double;
};
```

不可否认，这段代码相当笨拙。我们可以通过假定“如果我们没有更好的选择，可以假定

T 的 Magnitude 类型是 T 本身”来简化第一个定义。

```
template <typename T>
struct Magnitude
{
    using type = T;
};
```

这对于所有内置类型都是正确的，我们用一个定义恰当地处理它们。这个定义的一个不足是它会错误地应用于所有没有特例化特征的类型。我们知道上面的定义是不正确的，所有的类都是类模板 complex 的实例。所以我们这样定义特例化：

```
template <>
struct Magnitude <std::complex <double> >
{
    using type = double;
};
```

我们可以对所有 complex 类型使用特例化，而不是为 complex<float>、complex<double> 等单独定义它们：

```
template <typename T>
struct Magnitude <std::complex <T> >
{
    using type = T;
};
```

现在已经定义了类型特征。接下来就可以在函数中使用它们：

```
template <typename T>
T inline min_magnitude(const T& x, const T& y)
{
    using std::abs;
    typename Magnitude <T>::type ax= abs(x), ay= abs(y);
    return ax <ay ? x : y;
}
```

我们还可以将此定义扩展到（数学上的）向量和矩阵，以确定范数的返回类型。该特例化的实现如下所示：

```
template <typename T>
struct Magnitude <vector <T> >
{
    using type = T;     // 并不是很理想
};
```

但是，当向量的值类型是复数时，其范数不会是复数。因此，我们不需要值类型本身，而是需要它们各自的数值大小：

```
template <typename T>
struct Magnitude <vector <T> >
{
    using type= typename Magnitude <T>::type;
};
```

实现类型特征需要在编程技巧上花费不少功夫，但后续我们能够获得编程能力的大幅提升。这样看来，又是非常值得的。

5.2.2 条件异常处理 C++11

⇒ c++11/vector_noexcept.cpp

在 1.6.2.6 节中，我们引入了限定符 noexcept，它表示不允许函数抛出异常（即不生成异常处理代码，最终的异常会终止程序的运行。或者在 C++17 之前调用函数 unexpected）。对于函数模板，这可能取决于参数类型是否无异常。

例如，当参数类型包含一个不支持抛出异常的复制构造函数时，clone 函数将不会抛出异常。标准库为此提供了一个类型特征：

```
std::is_nothrow_copy_constructible
```

这允许我们有条件地表达 clone 函数，且不会抛出异常：

```
# include <type_traits>

template <typename T>
inline T clone(const T& x)
    noexcept(std::is_nothrow_copy_constructible <T>:: value)
{    return T{x};}
```

你可能会觉得这个实现有些头重脚轻——函数头比函数体大不少。其实我们也有这种感觉，认为只有在最高编码规范下频繁使用的函数才需要这样冗长的声明。条件异常的另一个用例是两个向量的通用加法，当 vector 类的括号运算符不抛出异常时，这两个向量也不会抛出异常：

```
template <typename T> class
my_vector
{
    const T& operator[](int i) const noexcept;
};

template <typename Vector>
inline Vector operator +(const Vector & x, const Vector& y)
                                    noexcept(noexcept(x[0]))
{    ...}
```

双 noexcept 限定符可能需要花一些时间熟悉。这里的外层是条目声明，内层是表达式相应的条件。当为相应的表达式找到 noexcept 声明时，此条件成立——此处为 x 类型的括号运算符。比如如果我们添加两个 my_vector 类型的向量，加法将被声明为 noexcept。

5.2.3 const 简洁视图用例

⇒ c++11/trans_const.cpp

在本节中，我们将使用类型特征来解决视图的技术问题。

一个典型的用例是矩阵转置。提供转置矩阵的一种方法是创建一个新的矩阵对象，并将其值进行相应的交换。这是一种内存开销相当昂贵的操作：它需要进行内存的分配和释放，并复制矩阵的所有数据和交换值。如你所见，使用视图的效率会更高一些。

5.2.3.1 编写一个简单的视图类

与使用新数据构建对象不同，视图仅引用现有对象并适配其接口。这对于矩阵转置非常有效，因为我们只需要在接口中切换行和列的位置，如代码示例 5-1 所示。

代码示例 5–1 简单的视图实现

```
template <typename Matrix>
class transposed_view
{
  public :
    using value_type = typename Matrix::value_type;
    using size_type =  typename Matrix::size_type;

    explicit transposed_view(Matrix& A) : ref{A}{}

    value_type & operator()(size_type r, size_type c)
    { return ref(c, r); }
    const value_type& operator()(size_type r, size_type c) const
    { return ref(c, r); }

  private :
    Matrix & ref;
};
```

这里我们假定 Matrix 类提供一个接收行索引和列索引这两个参数的 operator()，并返回对应条目 a_{ij} 的引用。我们进一步假定类型特征是为 value_type 和 size_type 定义的。这就是我们需要了解的有关此小型示例中引用矩阵的全部信息（理想情况下，我们将为简单矩阵指定一个概念）。像 MTL4 这样真正的模板库当然提供了更大的接口，不过，这个小型示例足以说明元编程在某些视图中的用法。

transposed_view 类的对象可以像常规矩阵一样对待，比如，它可以传递给所有需要矩阵的函数模板。矩阵转置是通过调用引用对象的 operator() 来动态实现的，并且索引是互换的。对于每个矩阵对象，我们可以定义一个行为类似矩阵的转置视图：

```
mtl::dense2D <float> A={{2, 3, 4},
                        {5, 6, 7},
                        {8, 9, 10}};
transposed_view <mtl:: dense2D <float> >    At(A);
```

当访问 At(i, j) 时，我们将得到 A(j, i)。我们还定义了一个非常量访问，这样我们甚至可以修改其中的条目：

```
At(2, 0) = 4.5;
```

此操作将 A(0, 2) 设置为 4.5。转置视图对象的定义不会产生特别简洁的代码构造。为了方便起见，我们添加了一个返回转置视图的函数：

```
template <typename Matrix>
inline transposed_view <Matrix> trans(Matrix& A)
{
    return transposed_view <Matrix>{A};
}
```

现在我们可以在科学软件中优雅地进行矩阵转置。比如，在向量矩阵乘积中：

```
v= trans(A) * q;
```

在这种情况下，程序将在乘积中创建并使用临时视图。由于大多数编译器将内联视图的 operator()，除了访问内存的顺序可能会影响性能之外，trans(A) 的计算将与 A 一样快。

5.2.3.2 处理常量

到目前为止，我们的视图都运作良好。在常量矩阵的转置视图中会出现如下问题：

```
const mtl::dense2D <float> B{A};
```

我们仍然可以创建 B 的转置视图，但却无法访问其中的条目：

```
cout ≪ " trans(B)(2, 0) = " ≪ trans(B)(2, 0) ≪ '\n'; // 错误
```

编译器会告诉我们不能用一个 const float 类型初始化一个 float& 类型。当我们查看错误发生的位置时，会发现这发生在运算符的非常量重载代码中。这就引出了一个问题：为何不能使用常量重载？因为它会返回一个常量引用并且完全能够满足我们的需要。

首先检查 ref 成员是否真的是常量。我们从未在类定义或函数 trans 中使用 const 声明符。运行时类型识别（Run-Time Type Identfication，RTTI）提供了帮助。我们添加头文件 <typeinfo> 并打印类型信息：

```
# include <typeinfo>
...
```

```
cout ≪ " trans(A) = " ≪ typeid(tst::trans(A)).name() ≪ '\n';
cout ≪ " trans(B) = " ≪ typeid(tst::trans(B)).name() ≪ '\n';
```

这在 g++ 中会产生如下输出结果：

```
typeid of trans(A) = N3tst15transposed_viewIN3mtl6matrix7dense2DIfNS2_10
  parametersINS1_3tag9row_majorENS1_5index7c_indexENS1_9non_fixed10
  dimensionsELb0EEEEEEE
typeid of trans(B) = N3tst15transposed_viewIKN3mtl6matrix7dense2DIfNS2_10
  parametersINS1_3tag9row_majorENS1_5index7c_indexENS1_9non_fixed10
  dimensionsELb0EEEEEEE
```

这里的输出并不是特别容易理解。当使用 Visual Studio 时，你会看到带有 `typeid` 的原始类型名称。不过在我看到的所有其他编译器上，由 RTTI 打印的类型都已被名称混淆。当我们仔细观察时，可以看到额外的 K（加粗显示的 K），它告诉我们视图是用常量矩阵类型实例化的。尽管如此，我们建议你不要将时间浪费在这些乱七八糟的名称上。实现可读类型名称的一个简单（且可移植）技巧是引发一条像这样的错误消息：

```
int ta= trans(A);
int tb= trans(B);
```

更好的方法是使用名称还原工具（Name Demangler）。比如，GNU 编译器附带了一个名为 `c++filt` 的工具，它也适用于 `clang++`。默认情况下，它只对函数名称进行分解，我们需要在管道中使用 `-t` 参数——`trans const|c++filt -t`，然后我们将看到：

```
typeid of trans(A)  = transposed_view <mtl::matrix::dense2D <float,
     mtl::matrix::parameters <mtl::tag::row_major, mtl::index::c_index,
         mtl::non_fixed::dimensions, false, unsigned long> > >
typeid of trans(B)  = transposed_view <mtl::matrix::dense2D <float,
     mtl::matrix::parameters <mtl::tag::row_major, mtl::index::c_index,
         mtl::non_fixed::dimensions, false, unsigned long> > const>
```

现在我们可以清楚地看到 `trans(B)` 返回一个模板参数为 `const dense2D <...>`（不是 `dense2D<...>`）的 `transposed_view`。因此，成员 `ref` 的类型为 `const dense2D<...>&`。当我们退一步思考时，会发现它是有道理的。我们将类型为 `const dense2D<...>` 传递给函数 `trans`，该函数采用类型参数 `Matrix&` 的模板参数。因此，`Matrix` 被替换为 `const dense2D<...>`，并且返回类型为 `transposed_view<const dense2D<...>>`。在对类型内部进行短暂的探索之后，我们确定成员 `ref` 是一个常量引用。将发生下列情况：

- 当我们调用 `trans(B)` 时，函数的模板参数用 `const dense2D<float>` 进行实例化；
- 返回类型为 `transposed_view<const dense2D<float>>`；
- 构造函数的参数类型为 `const dense2D<float>&`；
- 成员 `ref` 的类型为 `const dense2D<float>&`。

现在仍然存在一个问题，为什么尽管我们引用了常量矩阵，但仍调用了运算符的非常量版本？答案是 ref 的恒定性对于选择并不重要，关键是视图对象自身是否恒定。为了确定视图也是不变的，我们可以这样编写代码：

```
const transposed_view <const mtl::dense2D <float> > Bt{B};
cout ≪ "Bt(2, 0) = " ≪ Bt(2, 0) ≪ '\n';
```

上述代码是可行的，但非常笨拙。为常量矩阵获取编译视图可能出现比较糟糕的结果，那就是破坏其恒定性。我们不希望看到的结果是，常量矩阵上的可变视图修改常量矩阵中的内容。这严重违反了我们的原则，以至于我们甚至都不愿提供相应的演示代码。

规则

仅在万不得已的情况下才考虑放弃 const（恒定性）。

接下来，我们将为你提供一些非常强大的方法来正确处理恒定性。const_cast（常量转型）的出现表明存在严重的设计问题。正如 Herb Sutter 和 Andrei Alexandrescu 所言：“一旦你选择了 const，就（应该）永远不要走回头路。”需要用到 const_cast 的唯一情况是当我们遇到不能正确处理 const 型常量的第三方软件时，即将只读参数被错误地当作可变指针或引用进行调用。这不是我们的问题，但我们别无选择。更糟糕的是，仍然有很多软件包的开发者完全不知道 const 限定符的存在。一些项目因代码量太大而无法快速重写，我们能做的最佳选择就是在它之上添加一个合适的 API 并避免使用原始的 API。这避免了用 const_cast 破坏我们的应用程序，并将不能描述的 const_cast 限制在类接口内部。这种方案的一个绝佳示例是 Boost::Bindings[44]，它为 BLAS、LAPACK 和其他具有类似老式接口（委婉的说法）的库提供了一个高质量接口。相反，只要我们只是使用自己的函数和类，那么就可以通过或多或少的额外工作来避免 const_cast 问题的出现。

为了正确处理常量矩阵，我们可以为它们实现第二个视图并相应地重载 trans 函数：

```
template <typename Matrix>
class const_transposed_view
{
  public :
    using value_type = typename Matrix::value_type;
    using size_type =  typename Matrix::size_type;

    explicit const_transposed_view(const Matrix & A) : ref{A}{}

    const value_type & operator()(size_type r, size_type c) const
    { return ref(c, r); }
  private :
    const Matrix & ref;
};

template <typename Matrix>
```

```
inline const_transposed_view <Matrix> trans(const Matrix & A)
{
    return const_transposed_view <Matrix>(A);
}
```

有了这个附加的类，上述问题就解决了。因为我们为它添加了相当多的代码。比代码长度更糟糕的是代码冗余：我们的新类 const_transposed_view 与 transposed_ view 类几乎相同，只是不包含非常量的 operator()。

让我们寻找一个更高效、更少冗余的解决方案。为此，我们引入了下面两个新的元函数。

5.2.3.3　检查恒定性

代码示例 5-1 中 view 的问题在于它无法在所有方法中正确地将常量类型作为模板参数处理。要修改常量参数的行为，我们首先需要检查一个参数是否为常量。

为此，标准中引入了类型特征 std::is_const。这个元函数很容易通过部分模板特例化来实现：

```
template <typename T>
struct is_const
{
    static const bool value = false;
};

template <typename T>
struct is_const <const T>
{
    static const bool value = true;
};
```

常量类型与这两个定义都匹配，但第二个更具体，因此被编译器选中。非常量类型只匹配第一个。请注意，我们只看最外层的类型，不考虑模板参数的恒定性。例如 view<const matrix> 不会被视为常量，因为 view 本身不是常量。

C++14　5.2.3.4　变量模板

变量模板在元编程中很有用。除了 is_const 类型特征，我们还可以做如下定义：

```
template <typename T>
constexpr bool  is_const_v = is_const <T>:: value;
```

这可以让我们在每次使用该值时不必附加后缀 ::value。

C++17　C++17 向所有基于值的类型特征都附加了一个带有后缀 _v 的特定变量模板，比如 is_pointer 现在对应的是 is_pointer_v。当然 is_const_v 也存在于在标准中。

5.2.3.5　编译期分支

我们的视图需要的另一个工具是根据逻辑条件进行类型选择，该技术是由 Krzysztof Czarnecki 和 Ulrich Eisenecker[10] 引入的。编译期条件（Compile-Time If）在标准库中被命名为 conditional，它可以通过非常简单的代码予以实现，如代码示例 5-2 所示。

代码示例 5–2 conditional 又称编译期的 if 语句

```
template <bool Condition, typename ThenType, typename ElseType> struct
conditional
{
    using type = ThenType;
};

template <typename ThenType, typename ElseType> struct
conditional <false, ThenType, ElseType>
{
    using type = ElseType;
};
```

当使用逻辑表达式和两种类型实例化此模板时，当第一个参数的计算结果为 `true`，并在类型定义中使用的是 `ThenType` 时，只有主模板（位于顶部）能与之匹配。如果第一个参数的计算结果为 `false`，那么特例化（上面第二个）更具体一些，因此使用 `ElseType`。此元函数位于头文件 `<type_traits>` 中，是 C++11 规范的一部分。[①] 这个元函数允许我们定义一些有趣的事情，比如当我们的最大迭代次数大于 100 时，使用 `double` 型临时变量，否则就使用 `float` 型：

```
using tmp_type =
    typename conditional <(max_iter> 100), double, float>::type;
cout « " typeid = " « typeid(tmp_type).name() « '\n';
```

如前所述，`max_iter` 必须在编译期获知。诚然，该示例看起来并不是很有用，而且元条件判断（meta-if）在单独的小型代码片段中也不是那么重要。相比之下，对于大型通用软件包的开发，它就显得格外重要了。请注意，应该将比较运算用括号括起来，否则符号（>）将会被解析为模板参数的结尾标记。同样，基于同样的原因，在 C++11 或更高版本中，包含右移运算符（>>）的表达式必须用括号括起来。

为了让我们在引用结果类型时不用输入 `typename` 和 `::type`，C++14 引入了一个模板别名： C++14

```
template <bool b, class T, class F>
using conditional_t = typename conditional <b, T, F>::type;
```

5.2.3.6 最终的视图

现在我们有了区分所引用矩阵类型的恒定性的工具。接下来可以尝试让可变括号运算符消失，就像我们在 5.2.6 节中对其他函数所做的那样。不过这种技术仅限于函数自身的模板参数，而不适用于封闭类的模板参数。[②]

---

① 在 C++03 中，你可以使用 Boost 元编程库（Boost's Meta-Programming Library，MPL）中的 `boost::mpl::if_c`。如果你同时使用了 C++ 标准库和 Boost 库中的类型特征，请留意两者不同的命名约定。

② 一些技巧可以引入基于类模板参数的伪函数模板参数，但这让代码变得非常不优雅，应该尽量避免。C++20 中的概念（concept）提供了一个简单而优雅的解决方案，因此我们将在本章后续的内容中详细介绍它。

因此，我们可以同时保留可变访问运算符和常量访问运算符，但可变访问运算符的返回类型取决于模板参数的类型，如代码示例 5-3 所示。

代码示例 5–3 常量安全的视图实现

```
1  template <typename Matrix>
2  class transposed_view
3  {
4    public :
5      using value_type = Matrix::value_type;
6      using size_type =    Matrix::size_type;
7    private :
8      using vref_type = conditional_t <is_const <Matrix>:: type,
9                                       const value_type&,
10                                      value_type&>;
11   public :
12     explicit transposed_view(Matrix & A) : ref{A}{}
13
14     vref_type operator()(size_type r, size_type c)
15     { return ref(c, r); }
16
17     const value_type & operator()(size_type r, size_type c) const
18     { return ref(c, r); }
19
20   private :
21     Matrix & ref;
22 };
```

这种实现考虑得比较全面，兼顾了视图对象是可变类型和常量类型两种情况，下面的案例对此进行了详细的解释。当引用的矩阵是可变的时，`operator()` 的返回类型取决于视图对象的恒定性。

- 如果视图对象是可变的，那么第 14 行中的 `operator()` 返回一个可变引用（第 10 行）。
- 如果视图对象是常量，则第 17 行中的 `operator()` 返回一个常量引用。

这与列表 5-1 中的行为相同。如果矩阵引用是常量，则总是返回一个常量引用。

- 如果视图对象是可变的，那么第 14 行中的 `opeator()` 返回一个常量引用（第 9 行）。
- 如果视图对象是常量，则第 17 行中的 `operator()` 返回一个常量引用。

总之，我们实现了一个 `view` 类，它仅在视图对象和引用矩阵都可变时才提供写入访问权限。

5.2.4 参数化有理数

⇒ `c++20/spaceship_rational_meta.cpp`

在 2.7.5 节中，我们重载了 `rational` 类的飞船运算符（<=>），并且它的返回类型取决于比值是否以简化或规范形式存储。借助此前学到的技术，我们可以在单个类中处理规范和非规范的内部表示：

```
template <bool Canonical = false>
class rational{ ... }
```

首先我们通过规范形式中分子和分母的化简来区分构造函数：

```
rational(int p, unsigned q) : p{p}, q{q}
{
    if (q == 0)
        throw zero_denominator{};
    if constexpr(Canonical){
        auto g= gcd(abs(p), q);
        p/= g;
        q/= g;
    }
}
```

因为我们在编译期就知道这一点，所以可以使用 constexpr-if，以便能够以零开销的方式对它们进行区分。我们可以保留飞船运算符其实现，我们只需要区分返回类型即可：

```
using ordering = std::conditional_t <Canonical, std::strong_ordering,
                                                std::weak_ordering>;

ordering operator <=>(const rational& r2) const{
    return p * ll(r2.q) <=> r2.p * ll(q);
}
```

如果我们可以在其中包含构造函数，那么算术运算可能不需要太多区分。一个更好的解决方案是将化简操作从构造函数中提取出来，单独封装到一个外部的函数中：

```
void reduce() &{
    if constexpr(Canonical){
        auto g= gcd(abs(p), q); p/= g;
        q/= g;
    }
}

rational(int p, unsigned q) : p{p}, q{q}
{
    if (q == 0)
        throw zero_denominator{};
    reduce();
}
```

然后我们可以在构造函数中调用这个 reduce 函数，也可以在操作中调用 operator+=。如果 Canonical 的值为 false，调用 reduce 函数就和调用一个空函数一样，并且在编译期就已经知道，所以不会在可执行文件中生成任何代码。

5.2.5　特定领域的类型属性

现在已经知道标准库中的类型特征是如何实现的，接下来我们可以通过所学的知识构造特定领域的类型属性。这次我们以线性代数为例，为其实现属性 is_matrix。为了安全起见，只有当我们显式声明一个类型时，它才被视为矩阵。默认声明的类型不会被视为矩阵：

```
template <typename T>
struct is_matrix
{
    static const bool value = false;
};
```

C++11　标准库提供了一个只包含静态常量的 false_type[①]。我们可以通过从这个元函数派生并从 false_type 继承值来节省一些编码工作：

```
template <typename T>
struct is_matrix
  : std::false_type
{};
```

现在我们针对所有已知的 matrix 类特例化这个元编程的谓词：

```
template <typename Value, typename Para>
struct is_matrix <mtl::dense2D <Value, Para> >
  : std::true_type
{};
// more matrix classes ...
```

该谓词也可以依赖于模板参数。例如，我们可以提供一个适用于矩阵和向量的 transposed_view 类（实现起来当然会很棘手，但这与我们的主题无关）。

当然，转置向量不是矩阵，转置矩阵是如下形式：

```
template <typename Matrix>
struct is_matrix <transposed_view <Matrix> >
  : is_matrix <Matrix>
{};
// more views ...
```

更有可能出现的情况是，我们将分别为转置矩阵和向量实现视图，例如：

```
template <typename Matrix>
struct is_matrix <matrix::transposed_view <Matrix> >
  : std::true_type
{};
```

① 在 C++03 中，你可以使用 boost::mpl::false_。

为了确认视图是否被正确使用，我们将使用 static_assert 验证模板参数是一个（已知的）矩阵： C++11

```
template <typename Matrix>
class transposed_view
{
    static_assert(is_matrix <Matrix>:: value,
                  " Argument of this view must be a matrix !");
    // ...
};
```

如果视图使用了一个非矩阵的类型实例化，则编译会终止并向用户展示自定义错误提示信息。由于 static_assert 不会产生运行时开销，因此应该在类型层面或编译期常量中任何能够检测到错误的地方使用它。在 C++20 之前，错误提示信息必须是文字，之后的版本有望允许我们使用类型信息加文字消息的组合。

当尝试使用静态断言编译测试时，我们将看到 trans(A) 能够编译，而 trans(B) 无法编译。原因是 const dense2D<> 在模板特例化过程中被认为与 dense2D<> 不同，因此它仍然不被视为矩阵。好消息是我们不需要对可变类型和常量类型进行双重特例化，但可以为所有常量参数实现部分特例化：

```
template <typename T>
struct is_matrix <const T>
  : is_matrix <T>{};
```

因此，只要类型 T 是矩阵，那么 const T 也是矩阵。至于标准属性，我们将其声明为一个变量模板： C++14

```
template <typename T>
constexpr bool is_matrix_v = is_matrix <T>:: value;
```

这样我们每次使用它时就可以省略 ::value 后缀。

最先进的解决方案当然是定义一个概念： C++20

```
template <typename T>
concept IsMatrix = is_matrix_v <T>;

template <IsMatrix Matrix>
class transposed_view ...
```

然后我们直接可以为模板参数提供约束。使用以往 OOP 范式下的类型特征会导致我们在实际开发过程中存在过度声明的现象。为了避免出现这种冗长的代码，现在使用一种基于函数重载的新方案。在全面介绍 OOP 技术之后，我们将在 6.6.2 节向你展示这项新技术。

5.2.6 enable_if C++11

元编程的一个非常强大的机制是 enable_if，它是由 Jaakko Järvi 和 Jeremiah Wilcock 发现

的。它是基于名为 SFFINAE 的编译函数模板约定——替换失败并不算错误（Substitution Failure Is Not An Error）。这意味着头文件不能用参数类型替换的函数模板将被忽略，且不会导致错误。当函数的返回类型是模板参数上的元函数时，可能会发生此类替换错误，例如：

```
template <typename T>
typename Magnitude <T>:: type
inline min_abs(const T& x, const T& y)
{
    using std::abs;
    auto ax= abs(x), ay= abs(y);
    return ax <ay ? ax : ay;
}
```

这里我们的返回类型是 T 的幅值类型 Magnitude。当 Magnitude<T> 不包含 x 和 y 类型的成员时，替换将失败并且函数模板将被忽略。这种方法的好处是，当多个重载恰好可以成功替换其中一个重载时，函数调用可以编译。或者当我们可以替换多个函数模板并且其中一个比其他所有模板更具体时，这种机制在 enable_if 中被充分利用。

这里我们将使用 enable_if 来选择基于特定领域属性的函数模板，我们通过实现 L1 范数来进行。L1 范数是为向量空间和线性算子（矩阵）定义的。尽管这些定义是相关的，但有限维向量和矩阵的实际实现是不同的，足以证明多种实现的合理性。当然，我们可以为每个矩阵和向量类型实现 L1 范数，这样调用 one_norm(x) 就会为这种类型选择合适的实现。

⇒ c++11/enable_if_example.cpp

为了提高工作效率，我们希望对所有矩阵类型（包括视图）使用一种实现，对所有向量类型使用一种实现。我们使用元函数 is_matrix 并相应地实现 is_vector。此外，我们需要元函数 Magnitude 来计算复杂矩阵和向量的大小。为了方便起见，我们还提供了一个模板别名 Magnitude_t 来访问所包含的类型信息。

接下来，我们实现元函数 enable_if，它允许我们定义仅在给定条件成立时才执行的函数重载：

```
template <bool Cond, typename T= void> struct
enable_if{
    using type = T;
};

template <typename T>
struct enable_if <false, T>{};
```

enable_if 函数仅在条件成立时才定义类型。我们的实现能兼容 C++11 的头文件 <type_traits>。当在实际应用软件中使用标准的元函数时，这里的程序片段仅用作说明。和 C++14 一样，我们想添加一个模板别名来使符号更简洁：

```
template <bool Cond, typename T= void>
using enable_if_t = typename enable_if <Cond, T>:: type;
```

如前所述，通过使用别名，我们省去了编写“类型名 :: 类型”的烦琐名称。现在我们具备了以预期中的通用方式实现 L1 范数所需的一切：

```
1  template <typename T>
2  enable_if_t <is_matrix_v <T>, Magnitude_t <T> >
3  one_norm(const T& A)
4  {
5      using std::abs;
6      Magnitude_t <T> max{0};
7      for (unsigned c= 0; c <num_cols(A); c ++){
8          Magnitude_t <T> sum{0};
9          for (unsigned r= 0; r <num_rows(A); r ++)
10             sum += abs(A[r][c]);
11         max= max <sum ? sum : max;
12     }
13     return max;
14 }
15
16 template <typename T>
17 enable_if_t <is_vector_v <T>, Magnitude_t <T> >
18 one_norm(const T & v)
19 {
20     using std::abs;
21     Magnitude_t <T> sum{0};
22     for(unsigned r= 0; r <size(v); r ++)
23        sum += abs(v[r]);
24     return sum;
25 }
```

代码选择分支由第 2 行和第 17 行中的 enable_if 驱动。让我们仔细了解一下第 2 行的矩阵参数：

- is_matrix_v<T> 被计算为 true；
- enable_if_t< > 转变为 Magnitude_t<T>；
- Magnitude_t <T> 是函数重载的返回类型。

以下是当参数不是矩阵类型时，第 2 行中发生的事情：

- is_matrix_v<T> 被计算为 false；
- enable_if_t< > 不能被替换，因为 enable_if_t< >::type 在这种情况下不存在；
- 函数重载没有返回类型，并且是错误的；
- 因此该函数（one_norm）的执行结果会被忽略。

总之，仅当参数是矩阵时才启用重载——正如元函数名称所暗示的那样。

同样，第二个重载仅适用于向量。一个简单的测试就可以证明这一点：

```
matrix A={{2, 3, 4},
          {5, 6, 7},
```

```
        {8, 9, 10}};

dense_vector <float> v={3, 4, 5}; // from MTL4

cout ≪ " one_norm(A) is " ≪ one_norm(A) ≪ "\n";
cout ≪ " one_norm(v) is " ≪ one_norm(v) ≪ "\n";
```

对于既不是矩阵也不是向量的类型，不会有可用的 one_norm 重载。被视为既是矩阵又是向量的类型会导致歧义，并表明设计存在缺陷。如果经常测试某个类型的属性，那么为它引入一个专用的 enable_if 是值得的：

```
template <typename M, typename T= void>
using enable_matrix_t =
    typename enable_if <is_matrix <M>:: value, T>:: type;

template <typename T>
enable_matrix_t <T, Magnitude_t <T> > one_norm(const T& A){ ... }
```

在附录 A.9.4 节中可以找到更多此类示例。

缺点：enable_if 的机制非常强大，但会使调试复杂化。特别是对于旧的编译器，由 enable_if 引起的错误信息通常都相当冗长，同时意义不大。当给定参数类型缺少函数匹配时，很难确定原因，因为没有向程序员提供有用的信息，他们只是被告知找不到匹配的项。当前的编译（clang++ ⩾ 3.3 或 g++ ⩾ 4.9）通知程序员发现了适当的重载但是被 enable_if 禁用了。

此外，该机制无法选择最具体的条件，例如，我们不能专门为 is_sparse_matrix 提供实现。因此，我们必须通过添加相应的否定条件来消除歧义：

```
template <typename T>
enable_if_t <is_matrix <T>:: value && ! is_sparse_matrix <T>:: value,
             Magnitude_t <T> >
one_norm(const T& A);

template <typename T>
enable_if_t <is_sparse_matrix <T>:: value, Magnitude_t <T> >
one_norm(const T& A);
```

当考虑太多层次条件时，这会变得非常容易出错。

SFINAE 范式仅适用于函数本身的模板参数。成员函数不能在类的模板参数上应用 enable_if。例如，对于常量矩阵视图，代码示例 5-1 的第 9 行的可变访问运算符不能使用 enable_if 进行隐藏，因为该运算符本身不是模板函数。

在前面的示例中，我们使用 SFINAE 让返回类型无效。或者我们可以有条件地让函数参数无效。问题在于没有参数和可自定义返回类型（比如转换运算符）的函数。有时这可以通过匿名类型参数来解决。

我们也可以通过使用类型声明来应用没有 enable_if 的 SFINAE。比较常见的情况是对可能未定义的表达式使用 decltype。以经常用于遍历容器的自由函数 begin 为例，它是为所有提供 begin 方法的类型定义的。通过 SFINAE 和 decltype，我们可以准确地表达这一点——为每一个包含 begin 方法的类型定义一个自由函数 begin：

```
template <typename T>
auto begin(T& x) -> decltype(x.begin())
{
    return x.begin();
}
```

这里我们将尾随返回类型定义为表达式 x.begin() 的类型。当表达式未定义时，decltype 表达式是无效的，返回类型也是如此。那么根据 SFINAE，这个函数模板将被忽略。这实际上是标准中定义 begin 和 end 的方式（附带一些 constexpr 和 noexcept 的细节以及 const& 重载）。因此，我们可以为自定义类型选择是将 begin 和 end 实现为成员还是自由函数。

5.2.7 可变参数模板的优化 C++11

在 3.11 节中，我们实现了一个接收任意数量的混合类型参数的可变求和，这个实现的问题是我们不知道合适的返回类型并使用了第一个参数的类型作为返回类型。与此同时，我们了解了更多的特性，想要重新解决这个问题。第一种方法是使用 decltype 来确定结果类型：

```
template <typename T>
inline T sum(T t){return t;}

template <typename T, typename ... P>
auto  sum(T t, P ... p) -> decltype(t + sum(p ...) )    // Error
{
    return t + sum(p ...);
}
```

不过这个实现支持两个以上的参数编译。为了确定 n 个参数的返回类型，需要获得后面 $n-1$ 个参数的返回类型，它仅在函数完全定义后可用，但尚不支持尾置返回类型的自动推导函数返回类型特性。

5.2.7.1 可变参数类模板 C++11

因此，我们必须首先确定结果类型，这可以通过可变类型特征递归完成：

```
// 前向声明
template <typename ... P> struct sum_type;

template <typename T>
struct sum_type <T>
{
    using type = T;
```

```
};

template <typename T, typename ... P> struct
sum_type <T, P...>
{
    using  type = decltype(T() + typename sum_type <P...>::type());
};

template <typename ...P>
using sum_type_t = typename sum_type <P...>::type;
```

可变参数类模板也是递归声明的。

为了确保代码清晰，我们首先需要将一般形式作为声明，然后才能编写定义。定义总是由两部分组成：

- 组合部分——我们如何通过 *n*-1 个参数定义包含 *n* 个参数的类；
- 通常存在零个参数或一个参数的情况。

上面的示例使用了一个之前没有出现在可变参数函数模板中的表达式——`P...`，它用于提取类型参数包中的所有数据。

请注意递归函数和类的不同编译行为：后者是递归实例化的，而前者不是。这就是我们可以在可变类中递归使用 decltype，但不能在可变参数函数中使用它的原因。

C++11

5.2.7.2　解耦返回类型推导和可变参数计算

通过前面的类型特征，我们可以为 `sum` 函数提供一个合适的返回类型：

```
template <typename T>
inline T sum(T t){ return t; }

template <typename T, typename ...P>
inline  sum_type_t <T, P...> sum(T t, P ...p)
{
    return t + sum(p...);
}
```

此函数为前面的示例生成了正确的结果：

```
auto s= sum (-7 , 3.7 f, 9u, - 2.6);
cout ≪ "s is " ≪ s ≪ " and its type is "
     ≪ typeid(s).name() ≪ '\n';

auto s2 = sum(-7, 3.7 f, 9u, - 42.6);
cout ≪ "s2 is " ≪ s2 ≪ " and its type is "
     ≪ typeid(s2).name() ≪ '\n';
```

输出结果为：

```
s is 3.1 and its type is d
s2 is -36.9 and its type is d
```

5.2.7.3 普通类型

C++11

标准库提供了一个和 sum_type 类似的类型特征，名为 std::common_type，其实现位于头文件 <type_traits>（加上 C++14 中的类型别名 common_type_t）中。这种类型特征旨在让 C++ 内置类型对所有操作遵循相同的隐式强制转换规则，表达式的结果类型独立于操作，其类型仅取决于参数类型。

因此，当变量是内置类型时，“x+y+z”“x-y-z”“x*y*z”和“x*y+z”具有相同的类型。对于内置类型，使用以下元谓词：

```
is_same_v <decltype(x + y + z),
          common_type_t <decltype(x), decltype(y), decltype(z)> >
```

其执行结果总是为 true，其他表达式也是如此。用户自定义类型不能保证所有操作都返回相同的类型。因此，提供依赖于操作的类型特征是有意义的。

标准库有一个 min 函数，用于计算相同类型的两个值中的最小值。使用 common_type 和可变参数模板，我们可以很容易地编写一个 min 函数的泛化版本：

```
template <typename T>
inline T minimum(const T& t){ return t; }

template <typename T, typename ...P>
typename std::common_type <T, P...>::type
minimum(const T& t, const P& ...p)
{
    using res_type = typename std::common_type <T, P ...>:: type;
    return std::min(res_type(t), res_type(minimum(p ...)));
}
```

为了避免混淆，我们将这个函数命名为 minimum，并为它定义了 std::common_type 和比较操作，这样就可以接收任意数目和任意类型的参数。例如，下列表达式：

```
minimum(-7, 3.7 f, 9u, - 2.6)
```

该表达式会返回一个 double 型数值 -7。在 C++14 中，minimum 的可变参数重载可以简化为：

```
template <typename T, typename ... P>
inline auto minimum(const T& t, const P& ... p)
{
    using res_type = std::common_type_t <T, P...>;
    return std::min(res_type(t), res_type(minimum(p ...)));
}
```

上述代码使用了模板别名和返回类型推导。

5.2.7.4 可变参数函数的结合性

我们对 sum 函数的可变参数实现将第一个参数添加到其余参数的总和中。也就说，最右边的 + 操作会优先计算。另外，C++ 中的 + 运算符被定义为左结合性，最左边的 + 运算首先进行求和。相应的左结合性实现如下所示：

```
template <typename T>
inline T sum(T t){return t;}

template <typename ...P, typename T> // Error
inline sum_type_t <P..., T>
sum(P ...p, T t)
{
    return sum(p ...) + t;
}
```

上述代码不能编译，因为该语言不支持拆分最后一个参数。整数的算术运算符合结合律（即计算顺序无关紧要）。而由于存在舍入误差，浮点数的算术运算要注意顺序。因此，我们必须注意，由于使用可变参数模板而导致的求值顺序的变化是否会导致数值结果的不稳定。

5.3 表达式模板

科学软件通常对软件性能有着极高的要求——尤其是涉及 C++ 时。很多物理、化学或生物过程的大规模模拟运行需要花费数周甚至数月的时间，当至少可以节省一部分执行时间时，大家都会对此感兴趣。工程方面也是如此，例如，大型结构的静态和动态分析。节省执行时间通常是以牺牲程序源代码的可读性和可维护性为代价的。在 5.3.1 节中，我们将展示一个运算符的简单实现，并讨论为什么它并不高效。在 5.3 节的其余部分中，我们将演示如何在不牺牲自然符号的情况下提高性能。

5.3.1 简单的操作符

⇒ c++11/expression_template_example.cpp

假定我们有一个支持矢量加法的应用程序。例如，我们想要编写以下向量表达式：

```
w = x + y + z;
```

假定我们有一个类似 3.3 节中的向量类：

```
template <typename T>
class vector
{
  public :
    explicit vector(int size) : my_size{size}, data{new T[size]}{}

    const T& operator[](int i) const{ check_index(i); return data[i]; }
    T& operator[](int i){ check_index(i); return data[i];    }
    // ...
};
```

我们当然还可以提供一个运算符来对这样的向量执行加法运算，如代码示例 5-4 所示。

代码示例 5–4 简单的加法操作符

```
1 template <typename T>
2 inline vector <T> operator +(const vector <T>& x, const vector <T>& y)
3 {
4     x.check_size(size(y));
5     vector <T> sum(size(x));
6     for (int i= 0; i <size(x); ++i)
7         sum[i] = x[i] + y[i];
8     return sum;
9 }
```

用一个简单的测试程序检查程序是否正常：

```
vector <float> x=   {1.0,   1.0,   2.0,   - 3.0},
               y=   {1.7,   1.7,   4.0,   - 6.0},
               z=   {4.1,   4.1,   2.6,    11.0},
               w(4);

cout ≪ "x = " ≪ x ≪ std::endl;
cout ≪ "y = " ≪ y ≪ std::endl;
cout ≪ "z = " ≪ z ≪ std::endl;

w= x + y + z;
cout ≪ "w= x + y + z = " ≪ w ≪ endl;
```

如果它能够按照预期工作，那么它有什么问题？从软件工程的角度来看：没什么问题。从程序性能的角来看：问题很多。

以下解释了执行语句时，`operator+` 在哪些代码行中执行的操作：

- 为 `x` 和 `y` 的加法创建了一个临时变量 `sum`（第 5 行）；
- 循环读取 `x` 和 `y`，按元素执行加法操作，并将结果写入 `sum`（第 6 和第 7 行）；
- 在 `return` 语句中将 `sum` 复制到一个临时变量中，比如 `t_xy`；
- 当 `sum` 超出作用域，用析构函数删除它（第 9 行）；
- 为 `t_xy` 和 `z` 的加法操作创建一个临时变量 `sum`（第 5 行）；
- 执行循环读取 `t_xy` 和 `z`，按元素相加，并将结果写入 `sum`（第 6+7 行）；
- 在返回语句（第 8 行）中将 `sum` 复制到一个临时变量，例如 `t_xyz`；
- 删除 `sum`（第 9 行）；
- 删除 `t_xy`（第二次相加后）；
- 循环读取 `t_xyz` 并写入 `w`（赋值中）；
- 删除 `t_xyz`（赋值之后）。

当然，这属于最糟糕的情况。不过它只发生在非常老旧的编译器上。现代编译器通过静态代码分析会执行更多优化并优化返回值（2.3.5.3 节），从而避免复制到临时变量 t_xy 和 t_xyz 的操作。

优化后的版本仍然会执行如下操作：

- 为 x 和 y 的相加结果创建一个临时变量 sum（为了方便区分，我们称之为 sum_xy）（第 5 行）；
- 循环读取 x 和 y，按元素相加，并将结果写入 sum（第 6+7 行）；
- 创建一个临时变量 sum（为了方便区分，称之为 sum_xyz）用于 sum_xy 的相加；
- 循环读取 sum_xy 和 z，将它们相加，并将结果写入 sum_xyz（第 6+7 行）；
- 删除 sum_xy（第二次相加之后）；
- 将数据从 sum_xyz 移动到 w（赋值中）；
- 删除 sum_xyz（赋值后）。

我们对 n 维向量执行了多少次操作？

- $2n$ 次加法；
- $4n$ 次读取；
- $2n$ 次写入；
- 2 次内存分配；
- 2 次内存释放。

相比之下，如果我们可以编写一个单独循环或内联函数：

```
template <typename T>
void inline add3(const vector <T>& x, const vector <T>& y,
                 const vector <T>& z, vector <T>& sum)
{
    x.check_size(size(y));
    x.check_size(size(z));
    x.check_size(size(sum));
    for (int i= 0; i <size(x); ++i)
        sum[i] = x[i] + y[i] + z[i];
}
```

该函数会执行如下操作：

- $2n$ 次加法；
- $3n$ 次读取；
- n 次写入。

该函数的调用如下所示：

```
add3(x, y, z, w);
```

这当然不如运算符优雅，它也更容易出错（我需要查看文档以了解第一个或最后一个参数是否包含结果）。对于运算符，语义是显而易见的。

在高性能软件中，程序员倾向于实现每个重要操作的硬编码版本，而不是通过更小的表达式自由组合它们。

原因很简单，我们的运算符需要额外执行如下操作：

- n 次读取；
- n 次写入；
- 2 次内存分配；
- 2 次内存释放。

好消息是我们没有执行额外的算术运算。坏消息是上面的操作开销更昂贵。在现代计算机上，与执行定点运算或浮点运算相比，从内存获取大数据或向内存传输大数据所花费的时间要多得多。但是科学应用中的向量往往相当长，通常比平台的缓存还大，而且向量运算确实必须非常频繁地对主内存执行读取和写入的操作。在图 5-1 中，我们象征性地描述了存储器的层次结构。上面的芯片代表处理器，下面的蓝色芯片 L1 代表缓存，L2 代表磁盘，软盘代表主存，卡带代表虚拟内存。该层次结构由靠近处理器的小型快速内存和大型慢速内存组成。当从慢速内存中读取数据项时（第二个（蓝色）盒子中的标记），每个较快的内存都会保存一份副本（涉及第二张软盘、第一张磁盘和第一张蓝色 L1 缓存）。

对于较短的向量，数据可以驻留在 L1 或 L2 中，数据传输并不那么重要。但是随后的内存分配和释放会成为严重降低执行效率的因素。

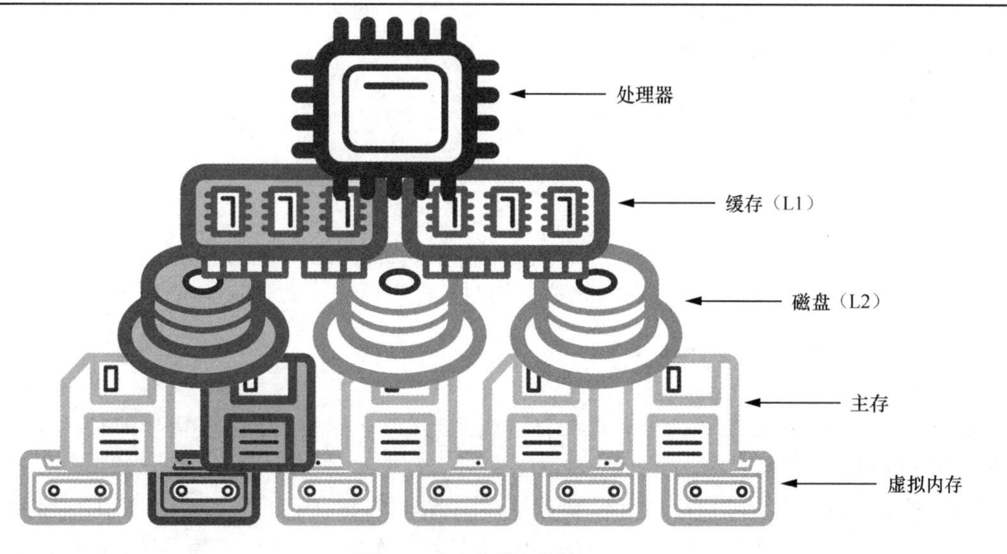

图 5-1 内存的层次结构

5.3.2 表达式模板类

表达式模板（Expression Templates，ET）的目的是保留原始的运算符，而避免引入临时变量产生的开销。该技术是由 Todd Veldhuizen 和 Daveed Vandevoorde 一起发明的。

⇒ c++11/expression_template_example.cpp

为了避免在代码优雅性和性能之间做出选择，我们引入了一个新类，它表示两个向量的总和（在新类中被引用）。相加后不再返回向量，而是这个新类的对象：

```
template <typename T>
class vector_sum
{
  public :
    vector_sum(const vector <T>& v1, const vector <T>& v2)
      : v1{v1}, v2{v2}{}
  private :
    const vector <T> & v1, & v2;
};

template <typename T>
vector_sum <T> operator +(const vector <T>& x, const vector <T>& y)
{
    return{x, y};
}
```

现在我们可以在代码中使用 x+y，但是还不能用 w=x+y。这不仅是因为赋值操作还未定义，而且我们还没有为 vector_sum 在赋值操作中提供足够有用的功能。因此，我们首先来对 vector_sum 进行扩展，让它看起来更像一个向量：

```
template <typename T> class
vector_sum
{
  public :
    // ...
    friend int size(const vector_sum & x){ return size(x.v1); }
    T operator[](int i) const{ return v1[i] + v2[i]; }
  private :
    const vector <T> & v1, & v2;
};
```

此类中比较有趣的函数是括号运算符 []：当访问第 i 个条目时，我们需要即时计算操作对象第 i 个条目的分量之和。

在括号运算符中对元素逐个求和的缺点是多次访问条目时的重复计算。在矩阵向量乘法中会出现这种情况，例如 `A * (x+y)`。因此，对于某些操作来说，最好是预先计算向量而不是在访问运算符中对元素逐个取值。

为了对 `w=x+y` 求值，我们还需要为 `vector_sum` 定义赋值运算符：

```
template <typename T> class vector_sum; // forward declaration

template <typename T>
class vector
```

```
{   // ...
    vector & operator =(const vector_sum <T>& that)
    {
        check_size(size(that));
        for(int i= 0; i <my_size; ++i)
           data [i]= that[i];
        return * this;
    }
};
```

上述赋值会遍历当前对象和参数的数据。

由于后者是一个 vector_sum，表达式 that[i] 会计算每个元素中分量的总和，这里是对应 x[i]+y[i]。因此，与代码示例 5-4 中的简单实现相比，w=x+y 的实现已经有如下优化：

- 只有一个循环；
- 没有临时向量；
- 没有额外的内存分配和释放；
- 没有额外的数据读写。

事实上，相同的操作在循环中如下所示：

```
for (int i= 0; i <size(w); ++i)
    w[i] = x[i] + y[i];
```

创建 vector_sum 对象的成本可以忽略不计，因为该对象保留在堆栈中，不需要分配内存。即使是创建对象的代码，通常也会被大多数编译器通过适当的静态代码分析进行优化。

当我们让 3 个向量相加会发生什么？代码示例 5-4 的简单实现会返回一个向量，并且可以将该向量和另一个向量相加。我们的方法会返回一个 vector_sum，但是没有定义 vector_sum 和 vector 之间的加法操作。因此，我们需要另一个表达式模板类和相应的操作：

```
template <typename T>
class vector_sum3
{
  public :
    vector_sum3(const vector <T>& v1, const vector <T>& v2,
                const vector <T>& v3)
      : v1{v1}, v2{v2}, v3{v3}
    {  ...  }

    T operator[](int i) const{ return v1[i] + v2[i] + v3[i]; }
  private :
    const vector <T> & v1, & v2, & v3;
};

template <typename T>
```

```
vector_sum3 <T> inline operator +(const vector_sum <T>& x,
                                  const vector <T>& y)
{
    return{x.v1, x.v2, y};
}
```

此外，vector_sum 必须将新的加号运算符声明为其友元，以便能够访问其私有成员，而且 vector 需要对 vector_sum3 进行赋值。这让程序变得越来越复杂。另外，如果我们先进行第二次加法（先计算 y+z），那么 w=x+(y+z) 会发生什么？然后我们需要另一个加号运算符。如果存在向量乘以标量的情况，比如 w=x+ dot(x, y)*y+ 4.3* z，并且这个标量积也由某个神秘个体实现怎么办？我们的实现遇到了一些挑战，急需一个更灵活的解决方案供，下一节将详细介绍它们。

5.3.3　泛型表达式模板

⇒ c++11/expression_template_example2.cpp

到目前为止，我们都是从一个特定的类（vector）开始，逐步推广实现。虽然这可以帮助我们理解该机制，但我们现在要直接进入适用于任意向量类型及其视图的泛化版本：

```
template <typename V1, typename V2>
inline vector_sum <V1, V2> operator +(const V1& x, const V2& y)
{
    return{x, y};
}
```

现在我们需要一个支持任意参数的表达式类：

```
template <typename V1, typename V2> class
vector_sum
{
  public :
    vector_sum(const V1& v1, const V2& v2) : v1{v1}, v2{v2}{}

    ???? operator[](int i) const{return v1[i] + v2[i];}

  private :
    const V1& v1;
    const V2& v2;
};
```

这很简单，唯一的问题是 operator[] 返回什么类型。为此我们必须在每个类中定义 value_type（外部特征更灵活，但我们希望在这里尽量保持简单）。在 vector_sum 中，我们可以取第一个参数的 value_type，它本身可以取自另一个类。只要标量类型在整个应用程序中相同，这就是一个可以接受的方案。然而，我们在 3.11 节中已经看到，如果不注意结果类型，混合类型参数就会得到非常荒谬的结果。为了兼容混合运算，我们采用参数值类型的 common_type_t：

```
template <typename V1, typename V2>
class vector_sum
{
    // ...
    using value_type = std::common_type_t <typename V1::value_type,
                                           typename V2::value_type>;

    value_type operator[](int i) const { return v1[i] + v2[i]; }
};
```

如果我们的 vector_sum 类不需要显式声明 value_type，就可以在 C++ 中使用 decltype (auto) 获取返回类型，将类型推导的工作完全交给编译器去完成。相反，当模板用 vector_sum 本身实例化时，尾置返回类型不起作用，因为这会产生对自身的依赖性。要将不同类型的表达式赋值给 vector 类，我们还应该泛化赋值运算符：

```
template <typename T> class
vector
{
  public :
    template <typename Src>
    vector& operator =(const Src& that)
    {
        check_size(size(that));
        for(int i= 0; i <my_size; ++i)
            data [i]= that[i];
        return * this;
    }
};
```

此赋值运算符接受除 vector<T> 之外的所有类型，我们还需要专门的复制赋值运算符。为了避免代码冗余，我们可以实现一个方法来执行复制，并在泛化赋值和复制赋值中调用。

5.3.4 在数据过期之前复制 C++11

刚刚介绍的泛化表达式模板的一个问题是，当表达式变得更大时引用的有效性问题。在某些时候，我们最终会得到一个过期引用，它可能是子表达式的某个对象。

因此，我们应该复制所有本身就是表达式的参数（比如 vetor_sum）以避免引用过期。相反，不应该复制 vector 这样的容器，因为这会使某些操作比普通的运算符效率更低。因此，我们的第一个想法是区分容器和纯表达式。前者照旧引用，而后者将被复制。这种方法的优点是只需更改某个类，而不需要返回某个对象的运算符。缺点是容器和纯表达式之间的区别需要在类型特征方面进行显式声明。在我们的示例中，这些声明实际上并没有带来太多额外的工作量，因为大多数类型已经明确分类。我们没有将类型归类为向量，而是将其声明为向量容器或表达式，并且两者的行为都和向量类似。

⇒ c++17/expression_template_guided.cpp

这种方法适用于表达式模板的所有“正常”用例。未涵盖的是在以下表达式中使用的临时容器：

```
w= x + y + z + vector{2.0, 8.4, 9.1, 11.1};
```

这仍然会导致引用过期。因此，作为右值传递的容器也应该被复制。我们可以通过复制所有右值并引用所有左值来简化这种方法：

```
template <typename T>
using copy_or_cref = conditional_t <is_lvalue_reference_v <T>,
                                    remove_reference_t <T> const &,
                                    remove_reference_t <T> >;
```

其目的是 vector_sum 这样的纯表达式对象在常规用法中应该仅作为右值出现。即使在极个别情况下，有人显式创建了一个 vector_sum 对象并将其传递给表达式，我们也不会遇到过期引用的问题。

现在我们来看一下比较棘手的部分。vector_sum（以及类似的）的每个成员变量的类型必须取决于我们处理的是左值还是右值。此外，这些成员数据类型只能依赖于类模板参数，因此后者必须反映左值参数和右值参数之间的区别。假定类的参数被恰当地实例化，我们可以直接将这些类型应用于成员数据：

```
template <typename V1, typename V2> class
vector_sum
{
    V1 v1;
    V2 v2;
};
```

接下来的一项比较有挑战性的任务是，在何处确定我们是在处理左值类参数还是右值类参数。这有两种选择方案。第一种设计是引入包含前向引用的构造函数：

```
template <typename VV1, typename VV2>
vector_sum(VV1 && v1, VV2 && v2);
```

如果所有引用都正确地传递给它，我们就可以找出它是哪种引用类型。但是，我们不需要构造函数本身的这些信息，而是类模板参数的信息。对于这些参数类型的传递，我们引入了一个推导指南：

```
template <typename VV1, typename VV2>
vector_sum(VV1 &&, VV2 &&)
  -> vector_sum <copy_or_cref <VV1>, copy_or_cref <VV2> >;
```

要触发这个指南，我们的运算符必须返回不带显式模板类型的 vector_sum：

```
template <typename V1, typename V2> auto
operator +(V1 && x, V2 && y)
{
    return vector_sum{std::forward <V1>(x), std::forward <V2>(y)};
}
```

除了结果之外，我们还会检查前一个表达式的类型：

```
cout ≪ typeid(x + y + z + vector{2.0, 8.4, 9.1, 11.1}).name();
```

然后我们会看到所有被加数都被正确复制或引用：

```
vector_sum <vector_sum <vector_sum <vector <float> const &,
                                    vector <float> const &>,
                        vector <float> const &>,
            vector <double> >
```

向量 x、y、z 都是通过常量引用访问，而最后一个向量被复制到表达式模板中。所有 vector_sum 对象都是按值存储的：

⇒ c++17/expression_template_nonstale.cpp

尽管推导指南非常有用，但我们也可以直接在运算符中实例化 vector_sum：

```
template <typename V1, typename V2>
operator +(V1 && x, V2 && y)
  -> vector_sum <copy_or_cref <V1>, copy_or_cref <V2> >
{    return{x, y};    }
```

这种方法简化了表达式模板类（比如 vector_sum）。表达式的类型在其他方面与之前的技术相同，考虑到运算符签名和推导指南的相似性，这并不奇怪。

关于表达式模板的总结：尽管 C++ 中运算符重载的可用性让代码符号更美观，但科研社区拒绝放弃使用 FORTRAN 或直接在 C/C++ 中实现循环。因为传统的 C++ 运算符实现的运行开销比较昂贵。由于创建临时变量以及复制向量和矩阵对象所产生的开销，C++ 运算符无法与用 FORTRAN 编写的程序在性能上相媲美。这个问题已经通过引入泛型和表达式模板来解决，这使我们能够以一种简易符号的方式编写极其高效的科研应用程序。采用本节中介绍的技术，我们现在能够编写大型表达式，而不会存在引用过期的问题。大型项目中表达式模板会带来大量的开发工作，我们试图让初学者能够从一些简单的东西开始入手。通过合并特定领域的类型特征（如上一节中的 is_vector）可以对类进行显著的优化，以确定模板参数是用适当的类型实例化的。如果有足够多的编译器支持 C++20，强烈建议使用概念约束替代 enable-if 结构。

5.4　元调优：编写自定义编译器优化

说明：此部分标记是在 C++17 下实现的。然而，这些技术本身对于旧标准也是可行的。我们实际上已经使用 C++03 处理过这个问题，并且此类代码仍然在 MTL4 中。C++17 允许我们使 C++17

用 constexpr-if 替代模板特例化来实现特殊情况。当你在 C++11 或 C++03 目录下查找具有相同名称的源代码时，可以在 GitHub 示例中找到它们。C++11 示例可以轻松地转换为 C++03 版本。C++11 主要使用 <chrono> 库对代码进行基准测试。旧的实现还使用了调用运算符，而我们现在使用静态函数来保存对象创建的数据（以及 this 指针的 nullptr 测试）。

随着编译器技术的不断进步，出现了越来越多的优化技术。理想情况下，我们都会以最简单和最易读的方式编写软件，编译器从中生成最佳的可执行文件。我们需要更新、更好的编译器让我们的程序变得越来越快。不过这个想法在某些情况下是不能奏效的。

除了复制省略（2.3.5.3 节）等通用优化之外，编译器还支持数值优化技术，比如循环展开：即循环被转换，以便在每次迭代中执行多次迭代，这降低了循环控制的开销并增加了并发执行的可能性。很多编译器仅将此技术应用于内部循环，而展开多个循环通常可以获得更好的性能。一些迭代计算得益于引入额外的临时变量，而这些临时变量所需的语义信息可能无法兼容用户自定义类型或操作。

某些编译器会针对特定操作进行特别优化——尤其是那些用于基准测试的编译器。甚至有专门用于对全球最快的 500 台计算机进行评级的 LINPACK 基准测试。例如，它们可以使用模式匹配来识别标准密度矩阵乘法中典型的三嵌套循环，并使用高度调优的汇编程序替换此代码，速度可以提高一个或多个数量级。这些程序使用 7 个或 9 个循环，使用平台相关的块大小来挤出每个缓存级别的最后一位、转置子矩阵、运行多线程，以及执行细粒度的寄存器调度等，从而对计算机进行性能测试。①

将一个简单的循环实现替换成以几乎最高性能运行的代码绝对是一项伟大的成就。不过这让许多程序员误以为大多数计算都可以实现类似的加速。通常微小的变化就足以破坏性能优化模式，并且性能远没有预期的那么出色。无论模式通用性多么强，它的适用性总是有限的。不妨碍数据分块和展开优化的算法调整（比如，将和矩形矩阵相乘替换为和三角形矩阵相乘）可能会超出编译器针对特殊情况的优化范围。

总之，编译器可以做很多事情，但并不是全能的。无论编译器针对多少特殊情况进行调整，总是需要对特定领域进行优化。除了编译器中的技术，还有像 ROSE[53] 这样的工具，它允许你在抽象语法树（Abstract Syntax Tree，AST）上使用用户自定义转换规则来转换源代码（包括 C++）。

编译器优化的一个主要障碍是某些转换需要语义信息，这仅适用于编译器实现者已知的类型和操作。感兴趣的读者可以参考 [22] 中对该主题的更详细讨论。某些研究正在以基于概念的优化提供用户自定义的转换规则 [67]。不过这需要经过一段时间的发展才能成为主流。即使是 C++20 中引入的新概念（Conecpt）扩展也只是朝着用户语义驱动的优化迈出了第一步，因为它首先只会处理语法，语义概念只能被模拟（参考 5.5 节）。

① 人们有时会有这样的印象：高性能计算（HPC）社区认为，在接近峰值性能的情况下，计算密集矩阵乘法可以解决所有的性能问题，或者至少证明只要足够努力，一切都可以在接近峰值性能的情况下计算。不过超级计算机中心有越来越多的人意识到他们的机器不仅仅是用于运行稠密矩阵运算，现实世界的应用程序在大多数情况下都会受到内存带宽和延迟的限制。

在接下来的两节中，我们将展示用户自定义的代码转换与线性代数领域的元编程。目标是让用户尽可能清晰地定义操作，让函数和类模板达到可实现的最大性能。鉴于模板系统的图灵完备性，我们可以提供任何所需的用户接口，同时实现与最高效代码等效的底层实现。正如我们在本节中演示的那样，优秀模板的构造是编程、测试和基准测试多方面协作的共同成果。为了获得回馈，模板应该包含在维护良好的程序库中，它们可供广泛的社区用户（至少在研究团队中或公司内部）使用。

5.4.1 经典的固定尺寸展开

⇒ c++17/fsize_unroll_test.cpp

我们可以通过固定尺寸的数据类型实现最简单的编译期优化，特别是对于 3.6 节中的数学向量。与默认赋值类似，我们可以编写一个泛型向量赋值：

```
template <typename T, int Size>
class fsize_vector
{
  public :
    const static int    my_size = Size;

    template <typename Vector>
    self & operator =(const Vector & that)
    {
        for(int i= 0; i <my_size; ++i)
            data[i]=   that[i];
    }
};
```

最先进的编译器能够识别所有迭代都是相互独立的，例如，“data[2]= that[2];”独立于“data[1]= that[1];”。编译器还将在循环期间确定循环的大小。因此，为大小为 3 的 fsize_vector 生成二进制文件可以等效于以下形式：

```
template <typename T, int Size>
class fsize_vector
{
    template <typename Vector>
    self & operator =(const Vector & that)
    {
        data[0]=  that[0];
        data[1]=  that[1];
        data[2]=  that[2];
    }
};
```

右侧向量可能是表达式模板（5.3 节），比如 alpha *x+y，它们的计算也可以通过内联的方式实现：

```
template <typename T, int Size>
class fsize_vector
{
    template <typename Vector>
    self & operator =(const Vector & that)
    {
        data[0]= alpha * x[0] + y[0];
        data [1]= alpha * x[1] + y[1];
        data[2]= alpha * x[2] + y[2];
    }
};
```

为了让展开更加明确并逐步引入元调优，我们开发了一个执行赋值的（静态）函子[①]：

```
template <typename Target, typename Source, int N>
struct fsize_assign
{
    static void eval(Target & tar, const Source & src)
    {
        if constexpr(N > 0)
            fsize_assign <Target, Source, N-1>:: eval(tar, src);
        tar[N]= src[N];
    }
};
```

为了避免显式实例化参数类型，我们参数化了 eval 来替代类：

```
template <int N>
struct fsize_assign
{
    template <typename Target, typename Source>
    static void eval(Target & tar, const Source & src)
    {
        if constexpr(N> 0)
            fsize_assign <N- 1>:: eval(tar, src);
        tar[N]= src[N];
    }
};
```

然后，调用 eval 时，编译器可以推导出它是向量类型。我们可以在运算符中调用递归赋值函子，从而替代循环实现：

```
template <typename T, int Size>
class fsize_vector
{
```

① 从技术上来说，N 不是真正的函子，因为它没有 operatro()。由于运算符不能声明为 static，我们使用函数 eval，并认为它是函数调用运算符的静态等价物，包含它的类会将它视为静态函子。

```
    static_assert(my_size> 0, "Vector must be larger than 0.");

    self & operator =(const self & that)
    {
        fsize_assign <my_size -1>::eval(* this, that);
        return * this;
    }

    template <typename Vector>
    self & operator =(const Vector & that)
    {
        fsize_assign <my_size -1>::eval(* this, that);
        return * this;
    }
};
```

执行下列代码片段：

```
fsize_vector <float, 4> v, w;
v[0]= v[1]= 1.0; v[2]= 2.0; v[3]= - 3.0;
w= v;
```

获得预期的输出结果（通过 `fsize_assign<N>::eval` 中的相应打印功能输出）：

```
assign entry 0
assign entry 1
assign entry 2
assign entry 3
```

在此实现中，我们用递归替换了循环体——依靠编译器内联操作和循环控制，否则递归函数调用会比普通循环更慢。

这种技术只对在 L1 缓存中运行的小循环有益。较大的循环主要是从内存中加载数据，循环开销是无关紧要的。相反，尺寸非常大的向量与展开相关的所有操作都会降低性能，为了加载大量指令，数据传输必须等待。如前所述，编译器可以自行展开此类操作，并希望包含启发式方法来决定展开的合适时机。我们发现单循环的自动展开有时比上面的显式实现效率更高。

人们会认为至少对于 C++14 的扩展，使用 constexpr 的实现应该更简单。不过事实并非如此，因为我们将编译期参数（size）与运行时参数（向量引用）混合在一起，以便将 constexpr 函数作为普通函数进行计算。

5.4.2 嵌套展开

⇒ c++17/fsize_unroll_test.cpp

根据我们的经验，大多数编译器都会展开嵌套循环。即使是可以处理某些嵌套循环的高效编译器也无法优化每个程序内核，尤其是那些包含很多用户自定义类型实例化的模板参数的程序内核。我们在这里以矩阵向量乘法为例，演示如何在编译期展开嵌套循环。为此，我们引入了一个简单的、固定大小的矩阵类型：

```
template <typename T, int Rows, int Cols>
class fsize_matrix
{
    static_assert(Rows> 0, "Rows must be larger than 0.");
    static_assert(Cols> 0, "Cols must be larger than 0.");

    using self = fsize_matrix;
  public :
    using value_type = T;
    constexpr static int    my_rows = Rows, my_cols = Cols;
    fsize_matrix(const self & that){ ... }

    // Cannot check column index here !
    const T* operator[](int r) const{ return data[r]; }
    T* operator[](int r){ return data[r]; }

    mat_vec_et <self, fsize_vector <T, Cols> >
    operator *(const fsize_vector <T, Cols>& v) const
    {
        return{* this, v};
    }

  private :
    T      data[Rows][Cols];
};
```

为了简单起见，括号运算符会返回一个指针，而一个好的实现应该返回一个允许检查列索引的代理（参见附录 A.4.3.3）。

向量乘法是通过返回表达式模板 mat_vec_et 来实现的，这样就避免了复制结果向量。接下来为我们的表达式模板类型重载向量赋值：

```
template <typename T, int Size>
class fsize_vector
{
    template <typename Matrix, typename Vector>
    self & operator =(const mat_vec_et <Matrix, Vector>& that)
    {
        using et= mat_vec_et <Matrix, Vector>;
        fsize_mat_vec_mult <et::my_rows -1, et::my_cols -1>:: eval (
            that .A, that .v, * this);
        return * this;
    }
};
```

静态函子 fsize_mat_vec_mult 计算矩阵的乘积并将结果存储到输出向量中：

```
template <int Row, int Col>
struct fsize_mat_vec_mult
{
    template <int R, int C> using mvm= fsize_mat_vec_mult <R, C>;

    template <typename Matrix, typename VecIn, typename VecOut>
    static void eval(const Matrix & A, const VecIn & v_in, VecOut & v_out)
    {
        if constexpr(Col == 0){
            if constexpr(Row> 0)
                mvm <Row - 1, Matrix::my_cols - 1>:: eval(A, v_in, v_out);
            v_out [Row]= A[Row][Col] * v_in[Col];
        } else{
            mvm <Row, Col- 1>:: eval(A, v_in, v_out);
            v_out [Row]+= A[Row][Col] * v_in[Col];
        }
    }
};
```

一般在调用前一列的操作后，将 v_out 的条目递增为 A[Row][Col] 和 v_in[Col] 的标量积。在第 0 列中，我们用普通赋值替换增量以初始化结果条目并切换到递归调用中的另一行——递归结束的第 0 行除外。

在 C++17 之前，我们需要一个主模板和两个特例化来实现相同的行为。

通过内联，我们的程序将对大小为 4 的向量执行操作 w=A*v，就像我们执行了如下计算：

```
w[0]=  A[0][0] * v[0];
w[0]+= A[0][1] * v[1];
w[0]+= A[0][2] * v[2];
w[0]+= A[0][3] * v[3];
w[1]=  A[1][0] * v[0];
w[1]+= A[1][1] * v[1];
w[1]+= A[1][2] * v[2];
        ⋮
```

测试表明，这样的实现确实比编译器在循环上的优化结果效率更高。

5.4.2.1 递增并发

上述实现的一个缺点是对目标向量的一个条目的所有操作都是在一次扫描中执行的。因此，第二个操作必须等待第一个执行完毕后才能开始，第三个必须等待第二个，依此类推。第 5 次操作可以与第 4 次并行执行，第 9 次与第 8 次并行执行，等等。

但是这是一种非常有限的并发。我们希望在程序中添加更多的并行性，以便启用超标量处理器甚至 SSE（流式 SIMD 扩展）和 AVX（高级适量扩展）中的并行管道。此外，我们还希望编译器能够将语句重新排列为我们喜欢的顺序，或者由我们自己掌握。当我们在“内部”循环中遍历结果向量和矩阵行时，就能够提供更多的并发性：

```
w[0]=  A[0][0] * v[0];
w[1]=  A[1][0] * v[0];
w[2]=  A[2][0] * v[0];
w[3]=  A[3][0] * v[0];
w[0]+= A[0][1] * v[1];
w[1]+= A[1][1] * v[1];
          :
```

我们只需重构静态函子：

```
template <int Row, int Col> struct
fsize_mat_vec_mult_cm
{
    template <int R, int C> using mvm= fsize_mat_vec_mult_cm <R, C>;

    template <typename Matrix, typename VecIn, typename VecOut>
    static void eval(const Matrix & A, const VecIn & v, VecOut & w)
    {
        if constexpr(Col == 0){
            if constexpr(Row> 0)
                mvm <Row - 1, 0>:: eval(A, v, w);
            w[Row]= A[Row][0] * v[0];
        } else{
            if constexpr(Row> 0)
                mvm <Row - 1, Col>:: eval(A, v, w);
            else
                mvm <Matrix::my_rows - 1, Col- 1>:: eval(A, v, w);
            w[Row]+= A[Row][Col] * v[Col];
        }
    }
};
```

一般来说，除了切换列的第 0 行之外，我们在递归调用中会减少行（而不是列）。同样，我们必须在第 0 列中初始化相应的结果条目以终止递归。相比之下，传统实现（C++17 之前）需要一个主模板和 3 个特例化。

请注意，当我们对不同的数据执行相同的操作时，SIMD（Single Instruction，Multiple Data）架构能够从中受益。SIMD 是单指令、多数据的缩写形式。现代处理器包含 SSE 单元，可同时对多个浮点数执行算术运算。要使用这些 SSE 指令，处理后的数据必须在内存中对齐且连续，而且编译器必须知道这一点。在我们的例子中，没有解决对齐的问题，但展开的代码清楚地表明相同的操作是在连续的内存上执行的。

5.4.2.2 使用寄存器

我们应该留意现代处理器的另一个特性是高速缓存的一致性。处理器旨在共享内存，同时保持高速缓存的一致性。因此，每当我们将向量之类的数据结构写入主内存时，都会向其他内核和处理器发送缓存失效信号。不过这样会明显降低计算速度。

幸运的是，在很多情况下可以避免缓存失效的问题，只需在类型允许时向驻留在寄存器中的函数内引入临时变量即可。我们可以根据编译器对临时文件的定位做出正确的决策。C++03 仍然包含关键字 register。不过这仅是一种提示，编译器没有义务将变量存储到寄存器中。尤其是在开发过程中未考虑目标平台的运行环境时，如果强制使用寄存器，那么弊大于利。因此，该关键字在 C++11 中被弃用，因为编译器中包含非常好的启发式算法，可以在没有程序员帮助的情况下依赖平台定位变量。

引入临时对象需要两个类：一个用于外部循环，另一个用于内部循环。我们先从外部循环开始：

```
1  template <int Row, int Col>
2  struct fsize_mat_vec_mult_reg
3  {
4      template <typename Matrix, typename VecIn, typename VecOut>
5      static void eval(const Matrix & A, const VecIn & v, VecOut & w)
6      {
7          if constexpr(Row> 0)
8              fsize_mat_vec_mult_reg <Row- 1, Col>:: eval(A, v, w);
9
10         typename VecOut::value_type tmp;
11         fsize_mat_vec_mult_aux <Row, Col>:: eval(A, v, tmp);
12         w[Row]= tmp;
13     }
14 };
```

我们假定 fsize_mat_vec_mult_aux 是在这个类之前定义或声明的。第 8 行的语句调用了前面几行的计算结果。在第 10 行中，我们定义了一个临时变量，编译器应将其放置在寄存器中。然后我们开始计算这个矩阵行。将临时值作为对内联函数的引用传递，以便在寄存器中计算总和。在第 12 行中，我们将结果写回 w。这仍然会导致总线上的无效信号，但每个条目只会产生一次。

在每一行中，我们在第 0 列初始化临时项，然后在递增临时项的同时遍历其他列：

```
template <int Row, int Col>
struct fsize_mat_vec_mult_aux
{
    template <typename Matrix, typename VecIn, typename Tmp>
    static void eval(const Matrix & A, const VecIn & v, Tmp & w)
    {
```

```
        if constexpr(Col == 0){
            w= A[Row][0] * v[0];
        } else{
            fsize_mat_vec_mult_aux <Row, Col - 1>:: eval(A, v, w);
            w+= A[Row][Col] * v[Col];
        }
    }
};
```

在本节中，我们展示了优化具有固定大小的二维循环的不同方法。当然还有更多解决方案：比如，可以将良好的并发性和寄存器一起使用；或者是回写结果的聚集，从而进一步最小化缓存的无效信号。

5.4.3　动态展开

⇒ c++17/vector_unroll_example.cpp

与优化固定长度数据同样重要的是对动态大小容器的加速，并且后者的需求更大一些。我们先从一个简单例子入手。接下来将复用代码示例 3-1 中的矢量类。为了更清晰地展示实现，我们编写的代码没有运算符和表达式模板。测试用例将计算下列表达式：

$$u = 3v + w$$

这 3 个短向量的大小为 1000，将使用 <chrono> 测试时钟时间。向量 v 和 w 将被初始化，并且为了确保数据一定在缓存中，我们将在计时之前执行一些额外的操作。将简单循环与在这次迭代中执行 4 个操作的循环进行比较：

```
for (unsigned i= 0; i <s; i+= 4){
    u[i]=    3.0 f * v[i]    + w[i];
    u[i +1]= 3.0 f * v[i +1] + w[i +1];
    u[i +2]= 3.0 f * v[i +2] + w[i +2];
    u[i +3]= 3.0 f * v[i +3] + w[i +3];
}
```

这段代码显然只有在向量大小可以被 4 整除时才有效。为了避免错误，我们可以在向量大小上添加一个断言，但这并不能真正令人满意。

相反，我们将此实现泛化为任意向量大小，如代码示例 5-5 所示。

代码示例 5–5　针对 $u = 3v + w$ 的展开计算

```
unsigned sb= s / 4 * 4;
for (unsigned i= 0; i <sb; i+= 4){
    u[i]=    3.0 f * v[i]    + w[i];
    u[i +1]= 3.0 f * v[i +1] + w[i +1];
    u[i +2]= 3.0 f * v[i +2] + w[i +2];
    u[i +3]= 3.0 f * v[i +3] + w[i +3];
```

```
}
for (unsigned i= sb; i <s; ++i)
    u[i]= 3.0 f * v[i] + w[i];
```

但是我们能够从中获得的最大收益来自最古老的编译器。使用 g++ 4.4 并指定参数 -O3 -ffast-math -DNDEBUG（并且是 C++11 代码），在 Intel i7-3820 3.6 GHz 的机器上得到如下结果：

```
Compute time native loop is 0.801699 μs.
Compute time unrolled loop is 0.600912 μs.
```

本章测量的时间是执行时间超过 10s 的平均值，因此时钟提供了足够的精度。

作为我们处理编码展开的替代方案，还可以使用编译器标志 -funroll-loops。该方案在测试机上的执行时间如下所示：

```
Compute time native loop is 0.610174 μs.
Compute time unrolled loop is 0.586364 μs.
```

因此，编译器为我们提供了类似的性能增益。当向量大小在编译期已知时，编译器能够应用更多优化措施：

```
constexpr unsigned s= 1000;
```

然后可以更容易地转换循环或确定转换是否有用：

```
Compute time native loop is 0.474725 μs.
Compute time unrolled loop is 0.471488 μs.
```

使用 g++4.8 后，我们观察到程序运行时间变成 0.42 μ s，使用 clang++ 之后，其运行时间甚至变成 0.16μs。查看生成的汇编程序表明，主要区别在于数据如何从主内存移动到浮点寄存器并返回。

它还说明，现代编译器对一维循环进行了很好的优化，通常比我们手动调整效果要好。尽管如此，我们将首先在一维上展示元调优技术，这可以为更高维度的调优打下基础，它仍然能够显著提高性能。

假定循环展开对于相关平台上的技术是有益的，我们接下来要问自己："展开的最佳块大小是多少？"

- 它取决于表达式吗？
- 它取决于类型参数吗？
- 它取决于计算机的体系结构吗？

对于上述问题，答案是肯定的。主要原因是不同的处理器的寄存器数量也不同，一次迭代中需要多少个寄存器取决于表达式和类型（复数比浮点数需要更多的寄存器）。

在 5.4.4 节中，我们将解决这个问题：如何封装转换以使其不显示在应用程序中，以及我们如何在不重写循环的情况下更改块大小。

5.4.4 展开向量表达式

为了便于理解，我们会循序渐进地讨论元调优中的抽象。先从前面的循环示例 u=3v+w 入手，并将其实现为一个可调优函数。该函数的名称是 my_axpy，因为它包含一个块大小的模板参数，所以我们可以进行如下构造：

```
my_axpy <2>(u, v, w);
```

此函数包含一个展开的主循环，该循环支持自定义块大小，末尾包含一个用于清理的循环：

```
template <unsigned BSize, typename U, typename V, typename W>
void my_axpy(U& u, const V& v, const W & w)
{
    assert(u.size() == v.size() && v.size() == w.size());
    unsigned s= u.size(), sb= s / BSize * BSize;

    for (unsigned i= 0; i <sb; i+= BSize)
        my_axpy_ftor <0, BSize>:: eval(u, v, w, i);

    for (unsigned i= sb; i <s; ++i)
        u[i]= 3.0 f * v[i] + w[i];
}
```

和上述示例中的向量类型类似，推导出来的模板类型必须在参数列表的末尾定义，并且显式给出实际参数，在我们的示例中是块大小，且必须传递给第一个模板参数。第一个循环中块语句的实现和 5.4.1 节中的静态函子类似。我们通过使用两个模板参数来调整代码，使其中第一个参数执行自增，直到它等于第二个参数。我们发现，与仅使用一个参数并将其递减到零相比，这种方法在 g++ 上生成的二进制文件运行速度更快。此外，双参数版本更符合 5.4.7 节的多维实现。至于固定大小的展开，我们需要一个递归的模板定义。在每个 eval 中，执行单个操作：

```
template <unsigned Offset, unsigned Max>
struct my_axpy_ftor
{
    template <typename U, typename V, typename W>
    static const eval(U& u, const V& v, const W& w, unsigned i)
    {
        if constexpr(Offset <Max){
            u[i+ Offset]= 3.0 f * v[i+ Offset] + w[i+ Offset];
            my_axpy_ftor <Offset +1, Max>:: eval(u, v, w, i);
        }
    }
};
```

与固定长度展开的唯一区别是索引是相对于 i 的。eval() 首先调用时，Offset 的值为 0，然后是 1、2，依次类推。有时每个调用都是内联的，因此（静态）函子调用的行为就像一个没有循环控制和函数调用的整体操作块。my_axpy_ftor<0, 4>::eval(u, v, w, i) 的调用执行与代码示例 5-5 中第一个循环的第一次迭代的操作是相同的。使用不同的展开参数执行所考虑的向量运算会生成如下结果：

```
Compute time unrolled <2> loop is 0.667546 µs.
Compute time unrolled <4> loop is 0.601179 µs.
Compute time unrolled <6> loop is 0.565536 µs.
Compute time unrolled <8> loop is 0.570061 µs.
```

现在我们可以用任意块大小调用此操作。另外，为每个向量表达式提供这样的函子是一种不可接受的编程工作。因此，我们现在将此技术与表达式模板相结合。

5.4.5 优化表达式模板

⇒ c++17/vector_unroll_example2.cpp

在 5.3.3 节中，我们实现了向量求和的表达式模板（没有展开）。以同样的方式，我们可以实现标量—向量积，但我们将其作为练习 5.7.5 留给对此感兴趣的读者，现在只考虑加法表达式，例如：

$$u = v + v + w$$

我们的基准性能是：

```
Compute time is 1.72 µs.
```

为了将元调优特性整合到表达式模板中，我们只需修改实际的赋值，因为这是所有基于循环的向量执行操作的地方。其他操作（加法、减法、缩放……）值返回包含引用的小型对象。我们可以像之前那样，将 operator= 中的循环拆分为开始和结束两部分：

```
template <typename T>
class vector
{
    template <typename Src>
    vector & operator =(const Src & that)
    {
        check_size(size(that));
        unsigned s= my_size, sb= s / 4 * 4;

        for (unsigned i= 0; i <sb; i+= 4)
            assign <0, 4>:: eval(* this, that, i);

        for (unsigned i= sb; i <s; ++i)
            data [i]= that[i];
        return * this;
```

```
    }
};
```

函子 assign 的实现类似于 my_axpy_ftor：

```
template <unsigned Offset, unsigned Max>
struct assign
{
    template <typename U, typename V>
    static void eval(U& u, const V& v, unsigned i)
    {
        if constexpr(Offset <Max){
            u[i+Offset]= v[i+ Offset];
            assign <Offset +1, Max>:: eval(u, v, i);
        }
    }
};
```

计算上面的表达式得到：

```
Compute time is 1.37 μs.
```

通过上述简单的修改，我们现在对所有向量表达式模板的性能进行了优化。不过与之前的实现相比，我们失去了自定义循环展开的灵活性。assign 函数有两个参数，因此支持定制。

现在的问题是赋值运算符。原则上我们可以在这里定义一个显式的模板参数：

```
template <unsigned BSize, typename Src>
vector & operator =(const Src & that)
{
    check_size(size(that));
    unsigned s= my_size, sb= s / BSize * BSize;

    for (unsigned i= 0; i <sb; i+= BSize)
        assign <0, BSize>:: eval(* this, that, i);

    for (unsigned i= sb; i <s; ++i)
        data [i]= that[i];
    return * this;
}
```

但是这样做的缺点是，我们不能再将符号 = 用作普通的中缀运算符。而是要这样构造：

```
u.template operator = <4>(v + v + w);
```

这确实有一定的极客特色。尽管如此，这并不符合我们直观性和可读性的理念。替代的方案是：

```
unroll <4>(u= v + v + w);
```

以及：

```
unroll <4>(u)= v + v + w;
```

两个版本都可以实现。前者更好地表达我们的意图。后者更容易实现和理解，因为计算表达式的结构在没有括号的情况下更清晰。因此，我们选择了后者（比如 MTL4 中）。函数 unroll 实现起来很简单，它只返回一个 unroll_vector 类型的对象，其中包含对展开大小的类型信息和向量的引用：

```
template <unsigned BSize, typename Vector>
auto unroll(Vector & v)
{
    return unroll_vector <BSize, Vector>(v);
}
```

unroll_vector 类并不复杂，它只需要获取目标向量的引用并提供赋值运算符：

```
template <unsigned BSize, typename V>
class unroll_vector
{
  public :
    unroll_vector(V& ref) : ref(ref){}

    template <typename Src>
    V& operator =(const Src & that)
    {
        assert(size(ref) == size(that));
        unsigned s= size(ref), sb= s / BSize * BSize;

        for (unsigned i= 0; i <sb; i+= BSize)
            assign <0, BSize>:: eval(ref, that, i);

        for (unsigned i= sb; i <s; i++)
            ref[i]= that[i];
        return ref;
    }
  private :
    V&    ref;
};
```

针对某些块大小对向量表达式求值的结果如下：

```
Compute time unroll <1>(u)= v + v + w is 1.72 μs.
Compute time unroll <2>(u)= v + v + w is 1.52 μs.
Compute time unroll <4>(u)= v + v + w is 1.36 μs.
Compute time unroll <6>(u)= v + v + w is 1.37 μs.
Compute time unroll <8>(u)= v + v + w is 1.4 μs.
```

这几个基准与之前的结果一致，即 unroll<1> 等效于规范实现，unroll<4> 与硬编码展开一样快。

5.4.6　调优简化操作

本节中的技术以类似的方式适用于各种向量和常规矩阵，它们也可以用于点积和张量化简。

5.4.6.1　单个变量的化简

⇒ c++17/reduction_unroll_example.cpp

在前面的向量操作中，每个向量的第 i 个条目都独立于任何其他条目进行处理。对于简化操作来说，所有操作都与一个或几个临时变量有关。而这些临时变量可能会成为严重的性能瓶颈。首先，我们测试是否可以通过 5.4.4 节中的技术加速简化操作，例如离散 L1 范数。

我们通过在块迭代中调用函子来实现 one_norm 函数：

```
template <unsigned BSize, typename Vector>
typename Vector::value_type
inline one_norm(const Vector & v)
{
    using std::abs;
    typename Vector::value_type sum{0};
    unsigned s= size(v), sb= s / BSize * BSize;

    for (unsigned i= 0; i <sb; i+= BSize)
        one_norm_ftor <0, BSize>:: eval(sum, v, i);
    for (unsigned i= sb; i <s; ++i)
        sum += abs(v[i]);
    return sum;
}
```

函子也是通过与之前相同的方式实现：

```
template <unsigned Offset, unsigned Max>
struct one_norm_ftor
{
    template <typename S, typename V>
    static void eval(S& sum, const V& v, unsigned i)
    {
        using std::abs;
        if constexpr(Offset <Max){
            sum += abs(v[i+ Offset]);
            one_norm_ftor <Offset +1, Max>:: eval(sum, v, i);
        }
    }
};
```

对于简化操作，我们可以在 g++4.8 中看到调优后的结果：

```
Compute time one_norm <1>(v) is 0.788445 μs.
Compute time one_norm <2>(v) is 0.43087 μs.Compute
time one_norm <4>(v) is 0.436625 μs.Compute time
one_norm <6>(v) is 0.43035 μs.Compute time
one_norm <8>(v) is 0.461095 μs.
```

总体上加速了大约 1.8 倍。让我们来看看以下替代方案。

5.4.6.2 数组上的简化

⇒ c++17/reduction_unroll_array_example.cpp

在查看之前的计算时，我们会发现在每次迭代中使用了 v 的不同条目。但每次计算都访问的是同一临时变量 sum，而这对并发性是一种限制。为了提供更多的并发性，我们可以在一个数组中使用多个临时对象[①]。修改后的函数如下所示：

```
template <unsigned BSize, typename Vector>
typename Vector::value_type
inline one_norm(const Vector & v)
{
    using std::abs;
    typename Vector::value_type sum[BSize]={};

    unsigned s= size(v), sb= s / BSize * BSize;
    for (unsigned i= 0; i <sb; i+= BSize)
        one_norm_ftor <0, BSize>:: eval(sum, v, i);

    for (unsigned i= 1; i <BSize; ++i)
        sum [0]+= sum[i];
    for (unsigned i= sb; i <s; ++i)
        sum [0]+= abs(v[i]);

    return sum[0];
}
```

现在，one_norm_ftor 的每个实例都对 sum 数组的另外一个条目进行操作：

```
template <unsigned Offset, unsigned Max>
struct one_norm_ftor
{
    template <typename S, typename V>
    static void eval(S* sum, const V& v, unsigned i)
```

① 严格来说，并非对于我们能想到的每一种标量类型都是如此。sum 类型的加法必须是交换幺半群，因为我们改变了求值顺序。这当然适用于所有定长数字类型，当然也适用于几乎所有用户自定义算术类型。然而，我们可以定义一个不可交换群或非幺半群的加法。在这种情况下，我们的转换是错误的。为了处理此类异常，我们需要用到语义的概念，如 5.5 节所示。

```
    {
        using std::abs;
        if constexpr(Offset <Max){
            sum[Offset]+= abs(v[i+ Offset]);
            one_norm_ftor <Offset +1, Max>:: eval(sum, v, i);
        }
    }
};
```

在测试机上运行上述实现后的结果如下：

```
Compute time one_norm <1>(v) is 0.797224 μs.
Compute time one_norm <2>(v) is 0.45923 μs.
Compute time one_norm <4>(v) is 0.538913 μs.
Compute time one_norm <6>(v) is 0.467529 μs.
Compute time one_norm <8>(v) is 0.506729 μs.
```

这甚至比只有一个变量的版本要慢一些。也许即使在内联函数中，数组作为参数传递的开销也很昂贵。

5.4.6.3 简化嵌套类对象

⇒ c++17/reduction_unroll_nesting_example.cpp

为了避免使用数组，我们可以为 n 个临时变量定义一个类，其中 n 是模板参数。这样的类设计更符合函子的递归方案：

```
template <unsigned BSize, typename Value>
struct multi_tmp
{
    using sub_type = multi_tmp <BSize - 1, Value>;

    multi_tmp(const Value & v) : value(v), sub(v){}

    Value       value;
    sub_type    sub;
};

template <typename Value>
struct multi_tmp <0, Value>
{
    multi_tmp(const Value & v){}
};
```

这种类型的对象可以递归初始化。函子可以对值成员进行操作，并将对子成员的引用传递给它的后继者。相应的函子实现如下所示：

```
template <unsigned Offset, unsigned Max>
struct one_norm_ftor
```

```
{
    template <typename S, typename V>
    static void eval(S& sum, const V& v, unsigned i)
    {
        using std::abs;
        if constexpr(Offset <Max){
            sum.value += abs(v[i+ Offset]);
            one_norm_ftor <Offset +1, Max>:: eval(sum.sub, v, i);
        }
    }
};
```

使用此函子的展开函数如下所示：

```
template <unsigned BSize, typename Vector>
typename Vector::value_type
inline one_norm(const Vector & v)
{
    using std::abs;
    using value_type = typename Vector::value_type;
    multi_tmp <BSize, value_type> multi_sum{0};

    unsigned s= size(v), sb= s / BSize * BSize;
    for (unsigned i= 0; i <sb; i+= BSize)
        one_norm_ftor <0, BSize>:: eval(multi_sum, v, i);

    value_type sum = multi_sum.sum();
    for (unsigned i= sb; i <s; ++i)
        sum += abs(v[i]);

    return sum;
}
```

现在仍然存在一个问题：我们必须在最后减掉 multi_sum 中的部分和。但是不能在 multi_sum 的成员上构造一个循环。因此，我们需要一个深入 multi_sum 的递归函数，它最容易实现为具有相应特例化的成员函数：

```
template <unsigned BSize, typename Value>
struct multi_tmp
{
    Value sum() const{ return value + sub.sum(); }
};

template <typename Value>
struct multi_tmp <0, Value>
```

```
{
    Value sum() const{ return 0; }
};
```

请注意，我们是从空的multi_tmp开始求和的，而不是最里面的成员。否则我们需要对multi_tmp<1, Value>进行额外的特例化。同样，我们可以像在accumulate函数那样实现一般规约，但这需要存在初始值：

```
template <unsigned BSize, typename Value>
struct multi_tmp
{
    template <typename Op>
    Value reduce(Op op, const Value & init) const
    { return op(value, sub.reduce(op, init)); }
};

template <typename Value>
struct multi_tmp <0, Value>
{
    template <typename Op>
    Value reduce(Op, const Value & init) const{ return init; }
};
```

这个版本的计算时间如下所示：

```
Compute time one_norm <1>(v) is 0.786668 µs.
Compute time one_norm <2>(v) is 0.442476 µs.
Compute time one_norm <4>(v) is 0.441455 µs.
Compute time one_norm <6>(v) is 0.410978 µs.
Compute time one_norm <8>(v) is 0.426368 µs.
```

因此，在我们的测试环境中，不同的实现的性能是相似的。

5.4.6.4 抽象惩罚

⇒ c++17/reduction_unroll_registers_example.cpp

在前面的部分中，我们引入了临时对象以启用更多独立操作。不过这些临时变量只有分配给寄存器时才有用。否则，由于额外的内存流量和缓存失效信号，它们甚至会降低程序整体的执行速度。对于某些以前的编译器，数组和嵌套类位于主内存中，展开代码的运行时间甚至比顺序代码的运行时间更长。

这是一个典型的抽象惩罚的例子：语义等价的程序由于更抽象的公式而运行速度更慢。为了量化抽象惩罚，Alex Stepanov 在 20 世纪 90 年代初编写了一个基准，用于衡量包装类对accumulate函数性能的影响 [59]。其想法是，如果能够以相同速度运行所有版本测试的编译器，就应该能够在零开销的情况下执行 STL 算法。

那时人们可以观察到更多抽象代码的显著开销，而现代编译器可以轻松处理该基准中的抽象，但这并不意味着它们可以处理每个抽象级别。我们总是必须检查程序性能关键内核，以便确认是否可以通过较少的抽象实现更高的性能。例如，在 MTL4 中，对于所有矩阵类型和视图，矩阵向量乘积通常以类似迭代器的方式实现。此操作对于重要的矩阵类进行特例化，并针对这些数据结构进行了优化，还使用了原始指针。通用的高性能软件需要在复用性和有针对性的优化之间取得良好的平衡，一方面要避免可察觉的额外内存开销，另一方面要避免组合代码的爆炸式增长。

在使用寄存器的特殊情况下，我们可以尝试转移数据结构的复杂性来帮助编译器优化。寄存器中临时变量的绝佳应用场景是将它们声明为函数的局部变量：

```
inline one_norm(const Vector & v)
{
    typename Vector::value_type s0{0}, s1{0}, s2{0}, ...
}
```

现在的问题是我们应该声明多少局部变量，该数字不能依赖于模板参数，但必须对所有块大小都是固定的。此外，临时对象的数量限制了我们展开循环的能力。

迭代块中实际使用多少临时变量取决于模板参数 BSize。不过我们不能简单地根据模板参数更改函数调用中的参数数目，即为较小的 BSize 值会传递较少的参数。

因此，我们必须将所有变量传递给迭代块函子：

```
for (unsigned i= 0; i <sb; i+= BSize)
    one_norm_ftor <0, BSize>:: eval(s0, s1, s2, s3, s4,
                                    s5, s6, s7, v, i);
```

每个块的第一个计算是在 s0 上累加，第二个在 s1 上，依次类推。不过我们不能根据偏移索引选择临时的累加（除非我们专门针对每个值），或者每个计算都在其第一个函数参数上执行，并且在没有第一个参数的情况下调用后续的函子：

```
one_norm_ftor <1, BSize>()(s1, s2, s3, s4, s5, s6, s7, v, i);
one_norm_ftor <2, BSize>()(s2, s3, s4, s5, s6, s7, v, i);
one_norm_ftor <3, BSize>()(s3, s4, s5, s6, s7, v, i);
```

这也无法通过模板实现。解决方案是旋转引用：

```
one_norm_ftor <1, BSize>()(s1, s2, s3, s4, s5, s6, s7, s0, v, i);
one_norm_ftor <2, BSize>()(s2, s3, s4, s5, s6, s7, s0, s1, v, i);
one_norm_ftor <3, BSize>()(s3, s4, s5, s6, s7, s0, s1, s2, v, i);
```

这种旋转是通过以下函子实现的：

```
template <unsigned Offset, unsigned Max>
struct one_norm_ftor
{
    template <typename S, typename V>
    static void eval(S& s0, S& s1, S& s2, S& s3, S& s4, S& s5, S&
```

```
                    s6, S& s7, const V& v, unsigned i)
    {
        using std::abs;
        if constexpr(Offset <Max){
            s0 += abs(v[i+ Offset]);
            one_norm_ftor <Offset +1, Max>:: eval(s1, s2, s3, s4, s5,
                                                  s6, s7, s0, v, i);
        }
    }
};
```

基于此函子的 one_norm 函数很简单：

```
template <unsigned BSize, typename Vector>
typename Vector::value_type
inline one_norm(const Vector & v)
{
    using std::abs;
    typename Vector::value_type s0{0}, s1{0}, s2{0}, s3{0}, s4{0},
                                s5{0}, s6{0}, s7{0};
    unsigned s= size(v), sb= s / BSize * BSize;

    for (unsigned i= 0; i <sb; i+= BSize)
        one_norm_ftor <0, BSize>:: eval(s0, s1, s2, s3, s4,
                                        s5, s6, s7, v, i);
    s0 += s1 + s2 + s3 + s4 + s5 + s6 + s7;

    for (unsigned i= sb; i <s; i ++)
        s0 += abs(v[i]);
    return s0;
}
```

一个轻微的不足是对于非常小的向量的开销，所有的寄存器必须在块迭代之后被累加，即使它们没有被使用。一个很大的优势是，旋转允许块的大小大于临时变量的数目。向量在不影响结果的情况下可被复用。尽管如此，实际的并发性不会大于变量的数量。这个实现在测试机器上的执行结果如下：

```
Compute time one_norm <1>(v) is 0.793497 µs.
Compute time one_norm <2>(v) is 0.500242 µs.
Compute time one_norm <4>(v) is 0.443954 µs.
Compute time one_norm <6>(v) is 0.441819 µs.
Compute time one_norm <8>(v) is 0.430749 µs.
```

这种性能可以与编译器正确处理嵌套类（寄存器中的数据成员）的实现相媲美；否则我们可以在较旧的编译器上观察到向量旋转代码的性能明显更好。

5.4.7 嵌套循环调优

⇒ c++17/matrix_unroll_example.cpp

性能讨论中最常用的示例是密集矩阵乘法。我们不打算与手动编写的汇编程序代码竞争，但希望展示元编程从单个实现生成代码变体的能力。接下来将从附录 A.4.3 中的矩阵类模板入手，让我们先使用一个简单的测试用例：

```
const unsigned s= 128;
matrix <float> A(s, s), B(s, s), C(s, s);

for (unsigned i= 0; i <s; ++i)
    for(unsigned j= 0; j <s; j++){
        A(i, j)= 100.0 * i + j;
        B(i, j)= 200.0 * i + j;
    }

mult(A, B, C);
```

使用三重嵌套循环可以轻松实现矩阵乘法。6 种可能的嵌套方式之一是对 C 的每个条目进行类似点积的计算：

$$C_{ik} = A_i \cdot B^k$$

其中 $\boldsymbol{A}_i$ 是 $\boldsymbol{A}$ 的第 i 行，$\boldsymbol{B}_k$ 是 $\boldsymbol{B}$ 的第 k 列。我们在最内层循环中使用一个临时变量来减少每次操作中写入 $\boldsymbol{C}$ 条目的缓存失效开销：

```
template <typename Matrix>
inline void mult(const Matrix & A, const Matrix & B, Matrix & C)
{
    assert(A.num_rows() == B.num_rows()); // ...

    using value_type = typename Matrix::value_type;
    unsigned s= A.num_rows();

    for (unsigned i= 0; i <s; ++i)
        for (unsigned k= 0; k <s; k++) {
            value_type tmp{0};
            for (unsigned j= 0; j <s; j++)
                tmp += A(i, j) * B(j, k);
            C(i, k)= tmp;
        }
}
```

规范代码（128 × 128 矩阵）的运行时间和性能为：

```
Compute time mult (A, B, C) is 1980 µs.These are 2109 MFlops .
```

此实现是我们关于性能和结果的参考。对于展开实现的开发，我们回到 4×4 矩阵。与 5.4.6 节相反，我们不展开单个规约，而是并行执行多个规约。关于 3 层循环，就是说我们将外层的两个循环展开，在内层循环中进行块操作；即在每次迭代中处理多个 `i` 和 `j` 值。该块由支持大小参数化的函子实现。

与规范实现一样，规约不是直接在 C 元素上执行的，而是在临时变量上执行的。为此，我们使用 5.4.6.3 节中的 `multi_tmp`。为了简单起见，我们将其限制为展开参数倍数的矩阵大小（在 MTL4 中实现了任意矩阵大小的完整实现）。

展开的矩阵乘法如下列函数所示：

```
template <unsigned Size0, unsigned Size1, typename Matrix>
inline void mult(const Matrix & A, const Matrix & B, Matrix & C)
{
    using value_type = typename Matrix::value_type;
    unsigned s= A.num_rows();
    using block = mult_block <0, Size0 - 1, 0, Size1 - 1>;

    for (unsigned i= 0; i <s; i+= Size0)
        for (unsigned k= 0; k <s; k+= Size1){
            multi_tmp <Size0 * Size1, value_type> tmp{value_type{0}};
            for (unsigned j= 0; j <s; j++)
                block::eval(tmp, A, B, i, j, k);
            block::update(tmp, C, i, k);
        }
}
```

我们仍然需要实现函子 `mult_block`，所涉及的技术与向量运算基本相同，但我们必须处理更多索引及其各自的限制：

```
template <unsigned Index0, unsigned Max0,
          unsigned Index1, unsigned Max1>
struct mult_block
{
    using next = mult_block <Index0, Max0, Index1 +1, Max1>;
    using next_row = mult_block <Index0 +1, Max0, 0, Max1>;

    template <typename Tmp, typename Matrix>
    static void eval(Tmp& tmp, const Matrix & A, const Matrix & B,
                     unsigned i, unsigned j, unsigned k)
    {
        tmp.value += A(i + Index0, j) * B(j, k + Index1);
        if constexpr(Index1 == Max1){
            if constexpr(Index0 <Max0)
                next_row::eval(tmp.sub, A, B, i, j, k);
        } else
            next::eval(tmp.sub, A, B, i, j, k);
```

```
    }

    template <typename Tmp, typename Matrix>
    static void update(const Tmp& tmp, Matrix & C, unsigned i, unsigned k)
    {
        C(i + Index0, k + Index1)= tmp.value;
        if constexpr(Index1 == Max1){
            if constexpr(Index0 <Max0)
                next_row::update(tmp.sub, C, i, k);
        } else
            next::update(tmp.sub, C, i, k);
    }
};
```

通过相应的日志记录，可以证明对 $\boldsymbol{C}$ 的每个条目都执行了与规范实现中相同的操作。

我们还可以看到相关条目的计算是交错进行的。在下面的日志记录中，我们乘以 4×4 的矩阵，并展开 2×2 的块。

从 4 个临时对象中，我们观察到其中 2 个的记录：

```
tmp .4+= A[1][0] * B[0][0]
tmp .3+= A[1][0] * B[0][1]
tmp .4+= A[1][1] * B[1][0]
tmp .3+= A[1][1] * B[1][1]
tmp .4+= A[1][2] * B[2][0]
tmp .3+= A[1][2] * B[2][1]
tmp .4+= A[1][3] * B[3][0]
tmp .3+= A[1][3] * B[3][1]
C[1][0]= tmp .4
C[1][1]= tmp .3
tmp .4+= A[3][0] * B[0][0]
tmp .3+= A[3][0] * B[0][1]
tmp .4+= A[3][1] * B[1][0]
tmp .3+= A[3][1] * B[1][1]
tmp .4+= A[3][2] * B[2][0]
tmp .3+= A[3][2] * B[2][1]
tmp .4+= A[3][3] * B[3][0]
tmp .3+= A[3][3] * B[3][1]
C[3][0]= tmp .4
C[3][1]= tmp .3
```

在临时编号 4（`tmp.4`）中，我们累加 $\boldsymbol{A}_1$ 和 $\boldsymbol{B}^0$ 并将结果存储到 $c_{1,0}$ 中。这与临时编号 3（`tmp.3`）中的 $\boldsymbol{A}_1 \boldsymbol{\cdot} \boldsymbol{B}^1$ 的累加交叉（即都包含 A_1），从而允许我们使用超标量处理器的多个管道。我们还可以看到：

$$c_{ik} = \sum_{j=0}^{3} a_{ij} b_{jk} \ \forall i, k$$

总之，我们希望看到不那么简单的矩阵乘积实现的影响。在测试机上的输出结果如下：

```
Time mult <1, 1> is 1968 μs.These are 2122 MFlops .
Time mult <1, 2> is 1356 μs.These are 3079 MFlops .
Time mult <1, 4> is 1038 μs.These are 4022 MFlops .
Time mult <1, 8> is 871 μs.These are 4794 MFlops .
Time mult <1, 16> is 2039 μs.These are 2048 MFlops .
Time mult <2, 1> is 1394 μs.These are 2996 MFlops .
Time mult <4, 1> is 1142 μs.These are 3658 MFlops .
Time mult <8, 1> is 1127 μs.These are 3705 MFlops .
Time mult <16, 1> is 2307 μs.These are 1810 MFlops .
Time mult <2, 2> is 1428 μs.These are 2923 MFlops .
Time mult <2, 4> is 1012 μs.These are 4126 MFlops .
Time mult <2, 8> is 2081 μs.These are 2007 MFlops .
Time mult <4, 4> is 1988 μs.These are 2100 MFlops .
```

我们可以看到 `mult<1, 1>` 与原始实现具有相同的性能，实际上它以完全相同的顺序执行操作（目前为止，编译器优化不会在内部更改顺序）。我们还看到大多数展开的版本速度更快，甚至高达 2.3 倍。对于双矩阵，性能通常会略低一些：

```
Time mult is 1996 μs.These are 2092 MFlops .
Time mult <1, 1> is 1989 μs.These are 2099 MFlops .
Time mult <1, 2> is 1463 μs.These are 2855 MFlops .
Time mult <1, 4> is 1251 μs.These are 3337 MFlops .
Time mult <1, 8> is 1068 μs.These are 3908 MFlops .
Time mult <1, 16> is 2078 μs.These are 2009 MFlops .
Time mult <2, 1> is 1450 μs.These are 2880 MFlops .
Time mult <4, 1> is 1188 μs.These are 3514 MFlops .
Time mult <8, 1> is 1143 μs.These are 3652 MFlops .
Time mult <16, 1> is 2332 μs.These are 1791 MFlops .
Time mult <2, 2> is 1218 μs.These are 3430 MFlops .
Time mult <2, 4> is 1040 μs.These are 4014 MFlops .
Time mult <2, 8> is 2101 μs.These are 1987 MFlops .
Time mult <4, 4> is 2001 μs.These are 2086 MFlops .
```

这表明其他参数化可以产生更大的加速，性能甚至可以提高一倍。

哪种配置更好以及其原因不是本书的主题，我们只展示编程技术。请读者在自己的计算机上尝试运行该程序。本书的技术旨在实现最佳的 L1 缓存应用。当矩阵较大时，我们应该使用更多级别的分块。在 L2、L3、主内存、本地磁盘上实现局部化（临时数据）的通用方法是递归。这避免了为每种缓存大小重新实现相关代码，并且在虚拟内存中表现得相当好，可以参考 [23]。

5.4.8 调优小结

包括基准测试 [32] 在内的软件调优本身就是一门艺术，尤其是在与高级编译器优化的相互作用过程中。源代码中最微小的改动都可能改变被测试代码的运行时行为。在我们的示例中，数据大小在编译期间是否已知应该是无关紧要的。事实也的确如此。当编译代码没有附加 -DNDEBUG 参数时，编译器可能会在某些情况下忽略索引检查，而在其他情况下执行它。打印出计算结果也很重要，因为当编译器发现不需要返回计算结果时，可能会忽略整个计算。

此外，我们还需验证重复执行的代码——为了达到更好的时钟精度并分摊测量开销。当结果与重复次数无关时，聪明的编译器可能只执行一次代码（我们在 clang++3.4 和块大小为 8 的展开规约中看到了这一点）。这种优化经常会发生在结果是内置类型时，而对用户自定义类型的计算通常不受此类问题的影响。特别是，CUDA 编译器执行密集的静态代码分析，并严格地放弃所有不影响结果的计算——这让基准测试程序员完全不知所措（并且常常过早地对实际上从未执行或未按预期执行的效率极高的计算结果而感到兴奋）。

本节的目标不是实现最终的矩阵或标量积。在新的 GPU 和拥有成百上千个内核和数百万个线程的多核处理器的情况下，我们对超标量管道的探索似乎只是冰山一角。但事实并非如此。调优后的实现可以与 4.6 节中的多线程技术或 OpenMP 相结合。模板参数化分块也是为 SSE 加速做的一个很好准备。

对于我们来说，比准确的性能值更重要的是说明 C++ 的表达能力和生成能力。我们可以根据个人喜好构造任何令我们满意的可执行代码。高性能计算领域最著名的代码生成项目是 ATLAS[73]。对于给定的密集线性代数函数，ATLAS 会从 C 和汇编代码片段生成一大堆实现，并比较它们在目标平台上的性能。在这样的训练阶段之后，BLAS 库 [7] 的有效实现可用于目标平台。

在 C++ 中，我们可以使用任何编译器来生成所有可能的实现，而无须外部代码生成器。可以通过简单地更改模板参数来调整程序。调整参数可以很容易地在配置文件中根据平台不同而设置，从而在各个平台上产生明显不同的可执行文件，这样就能够避免大量重复实现。

不过性能调优针对的目标是在不断演化的。因此，重要的是改进程序性能，而不是硬编码到应用程序的深处，从而让我们能够方便地配置代码参数。

本节中的示例表明元调优非常精细，令我们失望的是，转换的好处并没有像我们在 2006 年首先研究它们时那样明显。我们在几个示例中看到编译器在应用通用优化方面非常强大，并且通常能够以最小的代价获得更好的结果。就发展方向而言，不在密集线性代数等流行领域与高度调优的库竞争也是明智的。类似 MKL 或者 Goto-BLAS 这样的库非常高效，即使经过大量的努力，我们超越它们的机会也很渺茫。综上所述，我们应该把精力集中在最重要的目标上——对我们应用程序的整体运行时间有重大影响的基础内核的特定领域优化。

5.5 语义概念优化

在前面的章节中，我们展示了如果使用 C++ 特性来提高程序执行效率。接下来将探索“概念”，使我们的程序能够决定何时可以加速某个计算，即何时执行不仅更快而且仍能提供正确的结果。为此，我们将介绍声明类型属性及其操作的语义概念（Semantic Concepts）。C++20 中的 C++20

概念未提供印第安纳大学 [24，25] 原始概念设计的全部功能来描述语义行为。以前，人们可以写一个公理来说明某个属性，例如乘法的结合律：$(x \times y) \times z = x \times (y \times z) \forall x, y, z$。今天我们不能直接在概念中表达这一点，但我们将在本节中说明如何提供关于数学属性的声明，并采用和原始语义概念相同的方式使用它们。

5.5.1 语义调优的需求

⇒ c++20/concept_accumulate_semantic.cpp

在 3.10.1 节中，我们介绍了 accumulate 函数的约束实现，为了方便起见在此重复引用它：

```
template <typename Iter, typename Value, typename Op>
Value accumulate(Iter first, Iter last, Value init, Op op)
    requires Accumulatable <Iter, Value, Op>
{
    for (; first != last; ++ first)
        init = op(init, * first);
    return init;
}
```

如前所述，当我们在累加中使用多个变量时，尤其是规约操作可以从展开中获益。通过这样做，我们可以改变执行顺序，因此要求使用的二元操作是：

- **结合律**：$\mathrm{op}(\mathrm{op}(x, y), z) = \mathrm{op}(x, \mathrm{op}(y, z)) \quad \forall x, y, z$
- **交换律**：$\mathrm{op}(x, y) = \mathrm{op}(y, x) \quad \forall x, y$

我们现在要注意的另一个细节是额外的累加器是如何初始化的。让调用者提供初始值大大简化了非现代 C++ 中的类型推导，并且还巧妙地规避了获知操作的中性元素或对应的单位元素 e 的必要性：$\mathrm{op}(x, e) = \mathrm{op}(e, x) = x \ \forall x$。如果调用方使用另一个初始值时，这个初始值只是被合并到累加结果中。当我们使用额外的累加器时，必须使用中性元素指定累加计算的初始值，以避免用户提供的初始值不是中性元素的情况。

具有上述行为的操作的一组值在代数中被称为可交换幺半群。下面的概念在 C++ 中表达了这种代数结构：

```
template <typename Op, typename Value>
concept CommutativeMonoid =
  requires(Op op, Value x, Value y)
{
    {op(x, y)} -> std::convertible_to <Value>;
    {identity(op, x)} -> std::convertible_to <Value>;
    requires commutative_monoid_map <Op, Value>;
};
```

在我们的概念中，会将句法和语义概念分开。前者直接可以用语言来表达，正如前两个要求所示。显然，我们要操作的结果可以转换为 Value 类型，并且我们的操作存在一个 identity 函数，其结果也可以转换为 Value 类型。

语义属性必须由用户根据类型特征显式声明，我们使用 6.6.2 节中基于函数的方法（它适用于派生类，而不是基于模板特例化的技术）。只要给定类型的操作尚未声明为可交换幺半群，就假定它不是：

```
std::false_type cm_map_impl(...);

template <typename Op, typename Value>
constexpr bool commutative_monoid_map =
   decltype(cm_map_impl(std::declval <Op>(),
                        std::declval <Value>())):: value;
```

你可能认为用可变参数省略号实现高级概念比较笨拙，但这只是我们低优先级的后备函数。为了将加法声明为幺半群，我们引入了一个 add 函子：

```
struct add
{
    template <typename T>
    T operator()(T x, T y) const noexcept{ return x + y; }
};
```

并为其提供 identity 函数：

```
template <typename Value>
Value identity(add, Value)
{
    return Value{0};
}
```

并且任何合理的 Value 类型的加法都是可交换和可结合的，我们默认将所有加法声明为可交换幺半群：

```
template <typename Value>
std::true_type cm_map_impl(add, Value);
```

对于任何类型，如果它们不支持结合性和交换性的加法，那么仍然可以编写一个重载来收回该声明：

```
std::false_type cm_map_impl(add, strange_type);
```

严格来说，浮点数的加法只是近似符合结合性，但对于大小非常不同的值可能不是这样。另外，有些人可能会认为浮点数不应该符合上述规则，但这里暂不对此展开讨论。综上所述，我们宁愿将声明限制为标准的整数类型，即那些受标准积分概念约束的类型：

```
template <std::integral Value>
std::true_type cm_map_impl(add, Value);
```

现在我们有了展开 accumulate 实现所需的所有概念：

```
template <std::random_access_iterator Iter, typename Value,
          typename Op>
Value accumulate(Iter first, Iter last, Value init, Op op)
    requires Accumulatable <Iter, Value, Op>
          && CommutativeMonoid <Op, Value>
{
    auto t1 = identity(op, * first), t2 = t1, t3 = t1;
    auto size = last - first;
    auto bsize = size / 4 * 4;
    for (Iter blast = first + bsize; first != blast; first += 4){
        init = op(init, * first);
        t1 = op(t1, *(first +1));
        t2 = op(t2, *(first +2));
        t3 = op(t3, *(first +3));
    }
    for (; first != last; ++ first)
        init = op(init, * first);
    return op(op(init, t1), op(t2, t3));
}
```

为了简单起见，我们在这里避免了可定制的块大小。除了 Accumulatable 和 CommutativeMonoid 约束之外，出于技术原因，我们还要求 Iter 对 random_access_iterator 进行建模。可以在没有这个约束的情况下实现该功能，但是 for 循环中的 4 个操作将不是独立的并且整个展开是无用的。

为了减轻用户调用 begin 和 end 的负担，我们还可以添加一个基于范围的接口：

```
template <ranges::range R, typename Value, typename Op> Value
accumulate(const R& r, Value init, Op op)
{
    return accumulate(begin(r), end(r), init,  op);
}
```

我们不需要重载这个函数来启用这个展开，基于迭代器的重载由编译器选择。为简单起见，我们假定 begin 和 end 的返回类型是相等的，这对于一般的范围来说是不必要的。我们可以通过两种方式改进具体的实现：一是允许 first 和 last 属于不同的类型，二是为我们的范围创建 common_view，其中 begin 和 end 具有相同的类型。

在将我们的函数简化为 3 个参数之后，我们希望进一步简化它。以前引入初始值是为了避免类型推导和不使用标识元素。在现代 C++ 中，类型推导不再是个难题，并且可以为任何 CommutativeMonoid 操作提供标识元素。因此，我们可以仅将范围和操作作为参数来实现累加：

```
template <ranges::range R, typename Op> auto
accumulate(const R& r, Op op)
    requires CommutativeMonoid <Op, ranges::range_value_t <R> >
```

```
{
    auto init = identity(op, * begin(r));
    return accumulate(begin(r), end(r), init,  op);
}
```

当然，非交换幺半群也有识别元素，我们可以看到需要更细粒度的概念层次结构，下一节将深入讨论它。

5.5.2 语义概念层次

⇒ c++20/algebraic_concepts.cpp

在本节中，我们根据概念定义最基本的代数结构。诚然，对于一本编程图书来说，这是一个相当理论化的主题，如果读者只对技术更感兴趣，可以跳过它。另外，表达语义是一种全新的编程特性，我们可以透过它窥见 C++ 的未来。

最基本的代数结构是 Magma，该结构只需要一组值以及相应的二元运算，其中结果也在值集合中：

```
template <typename Op, typename Value>
concept Magma =
    requires(Op op, Value x, Value y)
{
    {op(x, y)} -> std::same_as <Value>;
};
```

从技术的角度看，这是该层次结构中唯一的纯句法概念，其建模可以由编译器检查而无须任何用户声明。下一个结构是 SemiGroup，它也需要操作的关联性：

```
template <typename Op, typename Value>
concept SemiGroup =
  Magma <Op, Value> &&
  semi_group_map <Op, Value>;
```

编译器无法推断操作是否与给定类型关联，必须由用户声明。同样，我们推荐基于函数的声明。

具有标识元素的 SemiGroup 是一个幺半群：

```
template <typename Op, typename Value>
concept Monoid =
    SemiGroup <Op, Value> &&
    requires(Op op, Value x)
{
    {identity(op, x)} -> std::same_as <Value>;
    requires monoid_map <Op, Value>;
};
```

编译器可以检查函数标识是否存在，以及它的返回类型是否为 Value。这个标识元素行为是否真的符合预期，必须由用户在 monoid_map 中声明。

Commutative 概念在另一种意义（参数的互换性）上改进了 Megma，这是一个必须显式声明的语义属性：

```
template <typename Op, typename Value>
concept Commutative =
    Magma <Op, Value> &&
    commutative_map <Op, Value>;
```

我们在上一节中介绍的 CommutativeMonoid 概念只是对 Commutative 和 Monoid 概念的改进：

```
template <typename Op, typename Value>
concept CommutativeMonoid =
    Monoid <Op, Value> && Commutative <Op, Value>;
```

现在我们有了详细的语义概念层次结构，可以非常精确地约束我们的函数。

有更多代数结构可以用概念来表达，作者在其学术著作中就是这样做的。这在论文"Integrating Semantics and Compilation: Using C++ Concepts to Develop Robust and Efficient Reusable Libraries"[22] 中进行了总结，并在技术报告"The Fundamental Algebraic Concepts in Concept-Enabled C++"[18] 中进行了更广泛的讨论。

一旦我们建立了语义概念层次结构，就必须仔细声明给定操作拥有哪些属性。这是通过为我们的函子和类型重载相应的 map_impl 函数来实现的。

ConceptGCC 的一个非常方便的特性是，对某个概念的此类声明意味着对它代表的所有概念的声明。由于在 C++20 中没有语义的概念，因此我们也缺少此功能。不过我们可以自己实现这个功能。例如，每个 Monoid 都是 SemiGroup，我们将在后者的显式部分进行标识。但是我们不能通过概念 Monoid 约束 SemiGroup 的映射声明。因为这会导致循环引用。因此，我们使用 enable_if 直接通过 map_impl 函数实现：

```
template <typename Op, typename Value,
          typename = std::enable_if_t <monoid_map <Op, Value> > >
std::true_type semi_group_map_impl(Op, Value);
```

现在我们只需要声明操作是一个 Monoid 并且隐含了 SemiGroup 声明。同样，每个 CommutativeMonoid 显然是 Commutative 和 Monoid。但是我们将 CommutativeMonoid 实现为上述两个概念的改进，而没有任何显式声明。因此，Commutative 和 Monoid 的显式声明隐含 CommutativeMonoid，但反之则不然。

虽然我们的概念实现不需要 CommutativeMonoid 的 map_impl，但为了减少用户声明，我们仍然可以有一个 map_impl：

```
std::false_type cm_map_impl(...);

template <typename Op, typename Value,
```

```
        typename = std::enable_if_t <cm_map <Op, Value> > >
std::true_type monoid_map_impl(Op, Value);

template <typename Op, typename Value,
        typename = std::enable_if_t <cm_map <Op, Value> > >
std::true_type commutative_map_impl(Op, Value);
```

有了这个扩展，用户只需要声明操作服从 CommutativeMonoid 即可，并且本节中的所有其他概念也会被建模。

我们相信语义概念将改变未来的编程方式。事实上，如果仅根据用户的声明，编译器将能够验证语义属性，这将全面提升软件的可靠性。我们乐观地认为，未来的 C++ 标准将为语义概念提供良好的支持。

5.6 图灵完备性

可计算性理论是计算机科学和数理逻辑中的一个重要领域，该理论的核心是以 Alonzo Church 和 Alan Turing 命名的“图灵 - 丘奇论题”。它指出，当且仅当某个问题可以由图灵机计算时，该问题对应的函数可以由人或计算机按照算法计算（忽略资源限制）。 C++11

因此，此类函数叫作“图灵可计算函数”。图灵机是一种简单的计算机模型，其中包括：

- 有限数量的已初始化单元格和无限数量的空白单元格和无限磁带；
- 通过磁头读取或写入磁带上的实际位置，或者交替向左或向右移动到磁带的某个位置；
- 状态寄存器（模拟一个人的心理状态）；
- 一组有限的指令。

如果机器达到“接受状态”之一，则表示磁带上初始序列已被接受。

定义 5-1 一个系统——计算机的指令或编程语言，如果可以模拟图灵机，那么则称之为“图灵完备系统”。这意味着图灵完备系统可以计算每个图灵可计算函数，即算法可描述的每个函数。

定理

C++ 的元编程是图灵完备的。

我们将在本节证明这一点。Todd Veldhuizen 通过传统模板实现图灵机证明了这一点 [71]，这说明模板系统是图灵完备的。我们选择另一种方式，通过说明 constexpr 函数对 μ 递归函数进行建模。

该符号是从 Lutz Hamel 的“Theory of Computation”[29] 讲座中提出的。

首先我们证明所有 μ 递归函数都可以用 constexpr 函数实现：

零函数是从任意参数映射到 0：

$$f^k(n_1,\ldots,\ n_k)\ :=\ 0$$

比如我们可以轻松地实现包含 3 个参数的函数：

```
constexpr int ternary_zero(int, int, int)
{
    return 0;
}
```

参数映射会返回其中某个参数：

$$\pi_i^k(n_1,..., n_k) := n_i$$

返回 3 个参数中第二个参数的实现是：

```
constexpr int second_from_three (int , int j , int)
{
    return j;
}
```

后续的函数会产生以下自然数：

$$v(n) := n + 1$$

它的实现非常简单：

```
constexpr int successor(int i)
{
    return i + 1;
}
```

基本递归正式定义为：

$$f(n_1,..., n_k, 0) := g(n_1,..., n_k)$$
$$f(n_1,..., n_k, v(n)) := h(n_1,..., n_k, n, f(n_1,..., n_k, n))$$

基本递归函数的一个例子是：

```
constexpr int p_rec(int i, int j, int k)
{
    return k == 0 ? g(i, j) : h(i, j, k-1, p_rec(i, j, k- 1));
}
```

最小化指基于关系 p 的数值元组 $(n_1, ..., n_k)$ 的最小值 μ 是 $(n_1, ..., n_k, \text{z})$ 在 p 中的最小值 z：

$$f(n_1,..., n_k) := \mu z[p(n_1,..., n_k, z)] \text{ where}$$
$$\mu z[p(n_1,..., n_k, z)] := \min\{z|p(n_1,..., n_k, z)\}$$

请注意，与前面的所有函数相比，这是一个局部函数，它不会为每个可能的参数值返回结果。为了演示局部函数的能力，我们提供了一个计算自然数平方根的函数：

```
constexpr bool is_square_of(int i, int j) // 对应于p
{
    return i == j*j;
}
```

```
constexpr int sqrt_aux(int i, int j)
{
    return is_square_of(i, j) ? j : sqrt_aux(i, j +1);
}

constexpr int sqrt(int i)
{
    return sqrt_aux(i, 0);
}
```

在传入的参数不是平方数的情况下，算法会进入无限循环（可能在编译期）。使用C++14的 `constexpr` 特性，我们可以让 `sqrt` 函数的实现更紧凑，但我们更愿意证明C++11中的 `constexpr` 函数也是图灵完备的。

我们现在已经用 `constexpr` 函数实现 μ-递归函数，即所有 μ-递归函数都可以用 `constexpr` 函数进行编程。此外，我们还要证明 μ-递归函数实现了 λ-演算，而 λ-演算又实现了图灵机，图灵机又实现了 μ-递归函数：

$$\mu\text{-递归函数} \prec \lambda\text{-演算} \prec \text{图灵机} \prec \mu\text{-递归函数}$$

在[29]中可以找到证明的草图，该草图通过传递性暗示如下结果：

$$\text{constexpr} < \mu\text{-递归函数} < \lambda\text{-演算} < \text{图灵机}$$

因此，每个图灵机程序都可以由 `constexpr` 函数构建。

这个证明的结果是，任何算法可计算的每个函数都可以由在编译期间的C++编译器计算。正如HerbSutter曾经说过的那样，模板系统（和 `constexpr` 函数）建立了一个嵌入C++的函数式编程语言[①]。

5.7 练习

5.7.1 类型特征

编写用于移除和添加引用的类型特征。为元谓词 `is_vector` 添加一个特定领域的类型特征，并假定目前唯一已知的向量是 `my_vector<Value>` 和 `vector_sum<E1, E2>`。

5.7.2 斐波那契数列

编写一个模板元函数，在编译期计算斐波那契数列中第 n 个值。斐波那契数列由以下递归代码定义：

① 假定我们解决了动态内存分配等技术问题（C++20支持，但存在一定限制）。

$$x_0 = 0$$
$$x_1 = 1$$
$$x_n = x_{n-1} + x_{n-2} \quad \text{for } n \geqslant 2.$$

5.7.3 最大公约数元程序

为两个整数的最大公约数（Greatest Common Divisor，GCD）编写一个元程序，算法如下：

```
function gcd(a, b):
     if b = 0 return a
     else return gcd(b, a mod b)
```

```
template <typename I>
I gcd(I a, I b){...}
```

然后编写一个完整的元函数，它在编译期执行相同的算法。你的元函数应该采用以下形式：

```
template <int A, int B>
struct gcd_meta{
  static int const value = ...;
};
```

即 `gcd_meta<a, b>::value` 是 a 和 b 的 GCD。验证结果是否对应于你的 C++ 函数 `gcd()`。

5.7.4 混合类型的有理数

让练习 3.12.4 中的有理数支持混合类型，需要注意：

- 分子和分母的类型可以不同；
- 可以对不同类型的有理数进行算术运算；
- 应该兼容来自其他类型有理数的赋值和复制构造函数，缩小数字精度范围需要显式转换。

使用适当的技术（比如类型特征或 `decltype` 表达式）确定混合操作的结果类型。

5.7.5 向量表达式模板

实现一个至少包含以下成员的向量类（你可以在内部使用 `std::vector<double>`）：

```
class my_vector {
  public :
    using value_type = double;

    my_vector(int n);

    // 来自类型自身的复制构造函数
    my_vector( my_vector const& );

    // 来自泛型向量的构造函数
    template <typename Vector>
```

```
    my_vector( Vector const& );

    // 赋值操作符
    my_vector& operator =( my_vector const& v );

    // 泛型向量的赋值
    template <typename Vector>
    my_vector& operator =( Vector const& v );

    value_type& operator()(int i);

    int size() const;
    value_type operator()(int i) const;
};
```

为标量和向量的乘积构造表达式模板：

```
template <typename Scalar, typename Vector>
class scalar_times_vector_expression
{};

template <typename Scalar, typename Vector>
scalar_times_vector_expressions <Scalar, Vector>
operator *( Scalar const& s, Vector const& v )
{
    return scalar_times_vector_expressions <Scalar, Vector>(s, v);
}
```

将所有类和函数放在命名空间 math 中。你可以为两个向量相加创建一个表达式模板，构造类似以下代码的小程序：

```
int main(){
  math::my_vector v( 5 );
  ... Fill in some values of v ...

  math::my_vector w( 5 );
  w = 5.0 * v;

  w = 5.0 *(7.0 * v );
  w = v + 7.0* v; //(如果你已经添加了 operator+)
}
```

使用调试器看看程序内部发生了什么。

5.7.6 元列表

为编译期类型列表创建可变参数类模板，实现元函数，例如插入（insert）、附加（append）、删除（erase）和获取条目大小（size）。

第6章

面向对象编程

"事在人为。"

——George Chapman

C++ 是一种多范式的编程语言，与它联系最紧密的范式是面向对象编程（Object-Oriented Programming，OOP）。不过经验表明，大多数真正的软件包并不像书本中描述的那样包含如此深的类层次结构。此外，以我们多年的实际开发经验来看，通用性编程是科学和工程应用中的高级范式，主要原因在于：

- 更灵活，多态不限于子类；
- 它提供了更好的性能，在间接函数调用中没有开销。

我们将在本章深入介绍这些内容。

当多个类共享数据和功能时，继承可以帮助我们提高生产力。访问继承的数据没有开销，即使调用继承的方法也没有额外的开销，因为它们不是虚拟的。

面向对象编程最大的好处是运行时多态性——可以在运行时决定调用方法的某个具体实现。我们甚至可以在执行过程中选择类的类型。前面提到的虚函数仅在非常细粒度的方法（如元素访问）是虚函数时才需要认真处理。相反，当我们仅将粗粒度方法（如线性解析器）实现为虚拟方法时，额外的执行成本可以忽略不计。

面向对象编程与泛型编程相结合是一种非常强大的方式，可以为我们提供高效的可复用方案，而且是这两种范式都无法单独提供的（6.2 节～6.6.1 节）。

6.1 基本原则

C++ 中 OOP 相关的基本原则如下。

- 抽象：类定义对象的属性和方法。类还可以指定属性的不变量，比如，分子和分母在有理数类中应互质，所有方法都必须保留这些不变量。
- 封装是对实现细节的隐藏。为了避免破坏不变量，不能直接访问类的内部属性，只能通过类的方法间接访问。反过来，公共成员不是类的内部属性，而是类接口的一部分。

- 继承意味着派生类包含其基类的所有数据和函数成员。
- 多态性是标识符根据上下文或参数进行解释的能力。我们已经在函数重载和模板实例化方面看到了多态性的应用。在本章中，我们将看到另一种与继承有关的形式——晚绑定会在运行时选择实际调用的函数。

我们已经讨论了抽象、封装和某些类型的多态性。在本章中，我们将继续介绍继承和相关的多态性。

为了演示 OOP 的经典用法，我们将用一个简单的例子，它与科学和工程计算没有任何关系，但可以让我们以一种易于理解的方式研究 C++ 的特性。稍后，我们将提供更复杂的类层次结构和科学应用示例。

6.1.1 基类和派生类

⇒ c++11/oop_simple.cpp

应用多种 OOP 原则的一个用例是不同类型的数据库。我们从一个类开始，这个类将成为本节中所有其他类的基础：

```
class person
{
  public :
    person(){}
    explicit person(const string & name) : name{name}{}

    void set_name(const string & n){name = n;}
    string get_name() const{return name;}
    void all_info() const
    {cout << "[person]    My name is " << name << endl;}

  private :
    string name;
};
```

为了简单起见，我们仅使用一个成员变量作为名称，并避免将其拆分为名字、中间名和姓氏。

典型的 OOP 类通常包含成员变量的 getter 和 setter 方法（一些 IDE 在添加新变量时会自动插入到类中）。尽管如此，无条件地为每个成员引入 getter 和 setter 方法被认为是不好的做法，因为它与封装思想相矛盾。许多人甚至认为这是一种反模式，因为我们直接读取了对象内部状态来执行相关任务。相反，该类应该提供有意义的方法来执行各自的任务，而无须暴露对象的内部状态。

方法 all_info 旨在实现多态性，因为它取自实际的人员类型，用于获取人员的信息。

我们的第一个类是 student：

```
class student
  : public person
{
  public :
    student(const string & name, const string & passed)
      : person{name}, passed{passed}{}
    void all_info() const{
        cout << "[student]    My name is " << get_name() << endl;
        cout << " I passed the following grades : " << passed << endl;
    }
  private :
    string passed;
};
```

student 类派生自 person 类。因此，它包含 person 的所有成员：方法和数据成员。也就是说，它从基类（person）继承了它们。

图 6-1 显示了 person 和 student 的公共成员和私有成员（分别用 +/- 表示）。

一个 student 可以访问所有这些（除了 person 私有成员）。而一个纯粹的 person 类只能访问自己的成员——当然也包括其私有成员。因此，如果我们向 person 添加一个 get_birthday() 这样的成员，那么它也可以通过 student 访问。

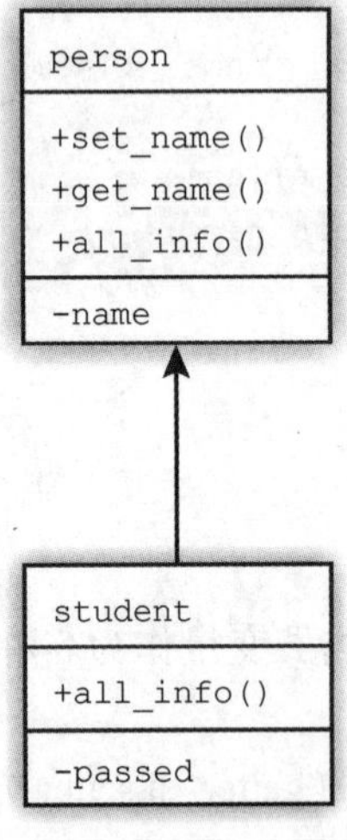

图 6-1　派生类

换句话说，student 是一个（Is-A）person。因此，student 可以用在任何 person 能够使用的地方，并作为参数、或用于赋值操作等。就像实际生活中，如果我们需要 person 开设银行账户，那么 student 也可以。稍后我们将看到这在 C++ 中是如何表达的。

关于名称的可见性，派生类类似于内部作用域：除了类成员，我们还可以看到其基类

（以及它的基类）的成员。当派生类包含具有相同名称的变量或函数时，基类的变量或函数将被隐藏。这与作用域类似。相反，我们仍然可以通过名称限定访问基类的隐藏成员，如 person::all_info。即使是具有相同名称但签名不同的函数（重载）也会对派生类隐藏——C++隐藏名称而不是签名。可以使用using声明（比如using person::all_info）让它们（父类中的元素）在派生类中可见。然后，那些函数签名与派生类中所有重载都不相同的函数重载无须限定符即可访问。

当我们按以下方式使用上述两个类时：

```
person mark{"Mark Markson"};
mark.all_info();

student tom{"Tom Tomson", "Algebra, Analysis"};
tom.all_info();

person p{tom};
person & pr = tom;       //  pr(tom)     或者 pr{tom}
person * pp = & tom;     // pp(& tom) 或者 pp{& tom}

p.all_info();
pr.all_info();
pp-> all_info();
```

我们可能会有点惊讶其输出的结果：

```
[person]    My name is Mark Markson
[student]   My name is Tom Tomson
    I passed the following grades : Algebra, Analysis
[person]    My name is Tom Tomson
[person]    My name is Tom Tomson
[person]    My name is Tom Tomson
```

只有当变量的类型为 student 时，我们才能获得评分信息。当我们尝试像 person 一样对待 student 时，程序会编译并运行，但我们看不到更多有关 student 的信息。尽管如此，我们还可以：

- 将 student 赋值给 person；
- 将 student 视为 person；
- 将 student 作为 person 型参数传递给函数。

更正式的说法是，派生类是其基类的子类型，在需要基类的任何地方都接受其派生类。

理解子类型和基类型的一个好方法是子集和超集。类对每个集合建模，而该集合子集由子类建模，子类通过不变量约束基类。我们的 person 类对所有人进行建模，使用 person 的子类对不同人群建模。

图 6-1 的悖论在于，派生类可以包含额外的成员变量，而且可能的对象数量比它的基类还要多。这个悖论可以通过考虑适当的不变量来正确地对子集建模来解决。例如，student 类的

不变性是不存在两个同名不同年级的对象，这将保证 student 集合的基数不大于 person 集合的基数。不过前面提到的不变量很难验证（即使对于那些具有自动不变量检查的语言），并且必须通过精心设计的程序逻辑隐式实现。

当从基类派生时，我们可以声明对从该类继承的成员的访问控制。在前面的示例中，我们是公开继承的，以便所有继承的成员在基类和派生中具有相同的可访问性。如果我们将一个类派生为受保护的（protected），则公共（public）基类成员在派生类中受到保护（protected），而其他成员保留其可访问性。私有派生类的成员都是私有（private）的（这种继承形式在最近的 OOP 应用程序中不常用）。当我们没有指定如何访问基类时，派生在我们定义类时默认是私有的（private），对于结构体（struct）是公有的（public）。

C++11 6.1.2　继承构造函数

⇒ c++11/inherit_constructor.cpp

与其他所有方法不同，构造函数不是从基类隐式继承的。因此，以下程序无法编译：

```
class person
{
  public :
    explicit  person(const string& name) : name{name}{}
    // ...
};

class student
  : public person
{};    // No constructor for string defined

int main()
{
    student tom{"Tom Tomson"}; // Error : no string constructor
}
```

student 类继承了 person 类除了构造函数之外的所有方法。C++11 允许我们使用 using 声明从基类继承的所有构造函数：

```
class student
  : public person
{
    using person::person;
};
```

当两个类中存在具有相同签名的构造函数时，派生类中的构造函数优先级更高。

到目前为止，我们已经应用了前面提到的 4 个基本原则中的 3 个：封装、继承和子类型化。

6.1.3 虚函数和多态类

⇒ c++11/oop_virtual.cpp

面向对象编程的全部潜力只能通过虚函数来挖掘，虚函数的存在从根本上改变了类的行为，比如：

定义 6-1 （多态类型）包含一个或多个虚函数的类被称为多态类型。

我们继续前面的实现，只在 all_info() 方法中添加 virtual 属性：

```
class person
{
    virtual  void all_info() const
    {cout ≪ " My name is " ≪ name ≪ endl;}
...
};

class student
  : public person
{
    virtual  void all_info() const{
        person::all_info();    // 调用 person 的 all_info()
        cout ≪ " I passed the following grades : " ≪ passed ≪ endl;
    }
    ...
};
```

我们已将双冒号（::）视为命名空间限定符（3.2 节），它可以限定我们调用方法的类。这当然要求该方法是可访问的——我们不能从另一个类调用其私有方法，即使是基类也是如此。

可以在派生类中省略 virtual，因为当具有相同签名的函数重载在基类中为 virtual 时，它会被隐式添加。不过为了更好地理解，我们更愿意在这些介绍性示例中将它们写出来。使用多态类打印信息会突然产生完全不同的结果：

```
[person]      My name is Mark Markson
[student]     My name is Tom Tomson
    I passed the following grades : Algebra, Analysis
[person]      My name is Tom Tomson
[student]     My name is Tom Tomson
    I passed the following grades : Algebra, Analysis
[student]     My name is Tom Tomson
    I passed the following grades : Algebra, Analysis
```

在对象上打印信息的行为与以前一样。最大的区别是获取有关对象的引用和指针的信息：pr.all_info() 和 pp->all_info() 会从 student 调用重写方法。

在这种情况下，编译器会执行以下步骤：

- pr 或 pp 的静态类型是什么？即 pr 或 pp 是如何声明的。
- 那个类中有没有叫 all_info 的函数？
- 可以访问么？或者还是私有的？
- 它是一个虚函数么？否则就调用它。
- pr 或 pp 的动态类型是什么？即 pr 或 pp 引用的对象类型什么？
- 从该动态类型调用 all_info。

为了实现这些动态函数调用，编译器维护了一张虚拟函数表（又叫虚方法表）或简称 Vtable。该表包含函数指针，通过这些函数指针调用实际对象的每个虚拟方法。引用 pr 的类型是 person&，并且指向的是一个类型为 student 的对象。

在这种情况下，Vtable 中的 all_info 条目包含一个指向 student::all_info 的函数指针，它在调用 pr.all_info() 时执行。这种对函数指针的间接寻址给虚函数增加了一些额外的成本，这种成本对于小型函数来说很重要，而对于足够大的函数来说可以忽略不计。

定义 6-2 （晚绑定和动态多态性）在运行时选择执行的方法称为“晚绑定或动态绑定”。它还代表动态多态性——与使用模板的静态多态性相反。

类似于引用 pr，指针 pp 指向一个 student 对象，student::all_info 有 pp->all_info() 的后期绑定调用。

我还定义了一个自由函数 spy_on()。即使我们将引用传递给基类，它也可以通过晚绑定提供 Tom 的完整信息：

```
void spy_on(const person& p)
{
    p.all_info();
}
```

动态选择的好处是代码在执行文件中只存在一次，不管它被调用了多少个 person 子类。与函数模板相比的另一个优点是调用函数时只有声明（即签名）必须可见，而定义（即实现）则不一定。这不仅节省了大量的编译时间，而且还允许我们向用户隐藏具体的代码实现细节。

源自 Tom 的调用 person::all_info() 的唯一实体是 p。这是一个类型为 person 的对象，我们可以向其复制一个 student 对象。但是当我们从派生类复制到基类时，就丢失了派生类的所有额外数据，只有基类的数据成员被真正复制了。同样，虚函数调用执行基类的相应功能（此处为 person::all_info()）。也就是说，基类对象在通过派生类复制构造时没有不同的行为：所有额外的成员都消失了，vatble 不引用派生类的任何方法。

以同样的方式，按值传递参数给函数：

```
void glueless(person p)
{
    p.all_info();
}
```

禁用晚绑定，继而阻止从派生类调用虚函数。这（不仅）是初学者在 OOP 学习中非常常见的错误，它被称为切片（Slicing）。因此，我们必须遵守以下规则：

传递多态类型

多态类必须始终通过引用或（智能）指针传递！

6.1.3.1 销毁多态类

多态类型的对象不仅可以通过基类引用，还可以使用基类指针存储：

```
person * max= new student("Max Smith ", " Numerics");
```

当我们删除这个指针时，会调用 person 的析构函数而不是 student 的析构函数，这样只有 person 的成员被销毁。为了进行适当的销毁，我们需要一个虚拟析构函数：

```
class person
{
    virtual ~person(){}
};
```

当所有基类和成员都具有合适的析构函数时，让编译器以默认方式生成虚拟析构函数就足够了：

```
virtual ~person() = default;
```

或者也可以使用多态类型的析构函数

多态类型的析构函数

每个多态类型都需要一个虚拟析构函数

当用户省略析构函数时，希望未来的 C++ 标准会将所有多态类型的析构函数声明为虚函数。

6.1.3.2 显式覆盖 C++11

另一个即使是高级程序员也会经常出错的问题是，重写方法中存在细微差异的签名，比如：

```
class person
{
    virtual void all_info()   const { ... }
};
class student
  : public person
{
     virtual void all_info(){...}
};

int main()
{
    student tom("Tom Tomson", "Algebra, Analysis");
```

```
    person & pr= tom;
    pr.all_info();
}
```

在此示例中，pr.all_info() 不会晚绑定到 student.all_info()，因为它们的参数签名不同。当然，它们之间的差异并不明显，这让我们提出这样一个问题，即方法的 const 限定与签名有什么关系？我们可以将成员函数视为具有引用对象本身的隐式隐藏参数：

```
void person::all_info_impl(const person & me= * this){ ... }
```

很明显，该方法的 const 限定符在 person::all_info() 中限定了这个隐藏的引用。student::all_info() 中相应的隐藏引用不是由 const 限定的，并且由于独特的签名，该方法不被视为重写。编译器不会警告我们，只会将 student::all_info() 作为新的重载。当类很大并且存储在不同的文件中时，这个令人讨厌的小错误会让你花费不少时间来解决。

C++11　我们可以使用 C++11 中的属性 override 来避免此类问题：

```
class student
  : public person
{
    virtual void all_info() override { ... }
};
```

上述代码声明了此函数重写基类的虚函数（具有完全相同的签名）。如果没有这个函数，编译器会报错：[1]

```
...: error : ' all_info ' marked ' override ' but doesn ' t override
        any member functions
    virtual void all_info() override{
                 ^ ~~~~~~~~
...: warning : ' student::all_info ' hides overloaded virtual fct.
...: note : hidden overloaded virtual function ' person::all_info '
        declared here : different qualifiers(const vs none)
    virtual void all_info() const{ ... }
                 ^ ~~~~~~~~
```

在这里，我们还从 clang++ 中得到对限定符的不同提示。对非虚拟函数使用重写会导致不同的错误提示信息：

```
...: error : only virtual member fct.can be marked ' override '
    void all_info() override{
                    ^ ~~~~~~~~
```

override 不会为我们的软件添加令人兴奋的新功能，但它可以让我们避免烦琐地搜索笔误（键盘输入）。建议在任何合适的地方都使用 override，除非需要向后兼容。override 能被快速地输入（尤其是编辑器支持自动补全时）并使我们的程序更加可靠，它还将我们的意图传递给其

① 信息已重写格式化以适配页面。

他程序员，甚至在多年后传递给我们自己。

C++ 中的另一个新属性是 `final`，它用于声明虚拟成员函数不能被重载。这允许编译器用直接函数调用代替间接 Vtable 调用，甚至在直接调用 `final` 函数时，可以内联函数代码而无须通过基类访问。而且整个类都可以声明 `final` 以便防止有人从它们派生。

相对而言，`override` 是关于基类的声明语句，而 `final` 是关于子类的声明语句。两者都是上下文关键字，即它们仅在特定的上下文中保留（作为成员函数的限定符）。在其他地方也可以自由地使用这些关键字，例如作为变量名。但是为了表述清晰，建议不要这样做。

核心指南 [63] 建议虚函数只能具有以下声明符之一——virtual、override 和 final，因为其他的都是相应隐含的。

6.1.3.3　函数调用机制

当调用多态类中的函数时，会出现 3 种机制：

- 重载；
- 重写；
- 名称隐藏。

我们已经分别介绍了这些技术并讨论了它们的工作原理，现在将它们结合到一起应用。假定我们有派生类：

```
class c1{ ... };
class c2 : public c1{ ... };
class c3 : public c2{ ... };
class c4 : public c3{ ... };
class c5 : public c4{ ... };
```

下面是一个 `c3` 引用作为参数的函数调用：

```
void call(c3 & r)
{
    r.f(2.6);
}
```

现在，编译器将从 `c3` 中可见的 `f` 重载中为 `double` 型参数提供 `f` 的最佳匹配。

如果 `c3` 中声明了 `f`，则每个重载都是可见的。`c1` 和 `c2` 中 `f` 的所有重载都是隐藏的，除非使用 `c1::f` 的声明，或者在 `c3` 中使用 `c2::f`。如果 `f` 没有在 `c3` 中声明，那么 `c2` 的重载是可见的，而 `c1` 的重载是隐藏的（除非在 `c2` 中使用 `using c1::f` 的声明）。同样，如果 `c2` 和 `c3` 都没有声明 `f`，则 `c1` 的重载是可见的。如果 3 个类都没有声明 `f`，则方法调用显然是错误的。

给定一组方法 `f` 的可见重载，在编译期选择最具体的参数类型 `double`。如果选定的重载是虚拟的，则在运行时选择对象类型的最派生重载。例如，如果 `r` 引用 `c5` 类型的对象，并且 `f(dobule)` 在 `c4` 和 `c5` 中被重写，则调用 `c5` 对应的重写函数。如果我们有 `c5` 的重写函数但没有 `c4` 的重写函数，并且 `r` 引用的是 `c4` 类型的对象，那么我们从 `c3`（或从其基类集成的方法）调用该方法，因为来自 `c5` 的重写函数是不合法的。

实际上，情况通常没有那么复杂，但我们应该注意编译期和运行时的混合选择。隐藏具有相同名称和不同签名的基类方法或操作符是一个细节，即使经验丰富的程序员在遇到意外行为时，也不会立马想到这一点。

6.1.3.4 抽象类

到目前为止，我们只介绍过在基类中定义虚函数然后在派生类中对其扩展的示例。有时可能会遇到这样一种情况：有一组具有一些通用功能的类，并且需要一个通用的基类来动态选择它们。例如在 6.4 节中，我们将介绍提供相同接口的解析器——solve 函数。为了在运行时选择它们，它们需要共享一个 solve 函数的基类。但是，我们没有后续可以重写的通用解析算法。为此，我们需要一个新特性来声明，我们在这个类中有一个没有实现的虚函数，它将在稍后的子类中出现。

定义 6-3 纯虚函数和抽象类

当虚函数使用 =0 进行声明时，它就是纯虚函数（Pure Virtual Function），包含纯虚函数的类被称为抽象类（Abstract Class）。

⇒ c++11/oop_abstract.cpp

更具体地说，我们将用一个抽象基类 creature 来扩展 person 类的示例：

```
class creature
{
  public :
    virtual void all_info() const = 0; // 纯虚函数
    virtual    ~creature() = default;
};

class person
  : public creature
{ ... };
int main()
{
    creature some_beast;     // 错误 ：抽象类

    person mark("Mark Markson");
    mark.all_info();
}
```

creature 对象创建失败会出现如下错误提示：

```
...: error : variable type ' creature ' is an abstract class
    creature some_beast;
             ^
...: note : unimplemented pure method ' all_info ' in ' creature '
    virtual void all_info() const = 0;
                 ^
```

当我们重写 all_info 时，对象标记的行为与以前一样，因此，person 不包含纯虚函数。

我们将抽象类视为接口时，可以声明其引用和指针，但不能声明对象。请注意，C++ 允许我们混合使用纯虚函数和常规虚函数[①]。子类的对象只有在所有纯虚函数都不重写时才能构建。

给 Java 程序员的提示：在 Java 中，所有成员函数本质上都是虚拟的（即方法不能是非虚拟的[②]）。Java 提供了语言特性接口。其中方法只能被声明而不能被定义（除非它们具有允许实现的属性 default）。这对应于仅具有纯虚方法的 C++ 类。

大型项目通常会建立多个抽象层次，具体如下所示。

- 接口：无实现。
- 抽象类：默认实现。
- 特例化类。

这有助于为复杂的类型系统构建清晰的心理蓝图。

6.1.4 通过继承实现函子

在 3.7 节中，我们讨论了函子并提到它们也可以通过继承来实现。现在我们将兑现诺言。首先，我们需要一个通用基类来实现所有的函子：

```
struct functor_base
{
    virtual double operator()(double x) const = 0;
    virtual ~functor_base() = default;
};
```

这个基类可以是抽象的，因为它只为我们提供一个接口。例如，将一个函子传递给 finite_difference 计算：

```
double finite_difference(functor_base const& f,
                         double x, double h)
{
    return(f(x+h) - f(x)) / h;
}
```

显然，所有要微分的函子都必须从 functor_base 派生。例如：

```
class para_sin_plus_cos
  : public functor_base
{
  public :
```

① 我们在这里不使用术语“实例化”以避免混淆。该术语在 Java 中用于表示对象是从类构建的（而一些作者甚至将对象称为特定类）。在 C++ 中，实例化几乎总是表示从类或函数模板创建特定类或函数的过程。我们偶尔会看到术语“类实例化”用于表示从类创建对象，但这不是常用术语，我们尽量不要使用它。

② 但是，将它们（Java 中的成员函数）声明为 final 后，可以让编译器省去后期绑定的开销。

```
    para_sin_plus_cos(double p) : alpha{p}{}

    virtual double operator()(double x) const override
  {
    return sin(alpha * x) + cos(x);
  }

  private :
    double alpha;
};
```

我们重新实现了 para_sin_plus_cos，这样就可以用有限的微分来近似 $\sin(\alpha x)+\cos x$ 的导数：

```
para_sin_plus_cos sin_1{1.0};
cout << finite_difference(sin_1, 1., 0.001) << endl;
double df1 = finite_difference(para_sin_plus_cos{2.}, 1., 0.001),
       df0 = finite_difference(para_sin_plus_cos{2.}, 0., 0.001);
```

面向对象的方法还允许我们实现带有状态的函数。如有必要，我们也可以将有限微分实现为 OOP 函子，并像通用函子那样将它们组合起来。OOP 方法的不足之处在于以下方面。

- 性能：operator() 总是作为虚函数调用。
- 适用性：仅允许从 functor_base 派生的类作为参数。模板参数兼容传统函数和任何类的函子和 lambda 表达式，包括 3.7 节介绍的那些。

因此，应尽可能使用 3.7 节中的通用方法来实现函子。仅当函数在运行时被选择时，继承才会带来好处。

6.1.5　派生 Exception 类

⇒ c++03/exception_example.cpp

在 1.6.2 节中，我们介绍了异常，并提到任何类型的对象都可以作为异常抛出。这样做通常并不是一个好的解决方案，为此设置专门的类以便更容易地处理异常。

我们可以更进一步，创建异常类的层次结构。例如，我们可以为一般的 I/O 错误设置一个类，并为特定的打开文件问题设置一个类。高质量的软件会从 std::exception（在 <exception> 中）或其子类（如 runtime_error）派生异常：

```
# include <exception>

struct io_error
  : std::runtime_error
{
    io_error(const string & message = "I/ O error")
      : std::runtime_error(message){}
```

```
};

struct cannot_open_file
  : io_error
{
    cannot_open_file(const string & fname)
      : io_error("File '" + fname + "' not found or no permission"){}
};
```

从std::exception派生所有异常，该方法为用户提供了一个反馈选项来处理意外的行为。这个类有一个虚方法what，用于返回一个带有错误信息的字符串。std::runtime_error在构造函数中设置此字符串。

异常应通过引用捕获以避免切片。当有多个catch子句时，每个类型都应该出现在它的基类之前，因为不管后面是否有更具体的子句，都会输入第一个匹配的子句。

对于给定的情况，下面示例中的catch块当然有点夸张，但是在如何处理特定异常方面给人留下了比较深的印象：

```
bool keep_trying = true ;
do{
    string fname;
    cout << "Please enter file name :";
    cin >> fname;
    try {
        A= read_matrix_file(fname);
        keep_trying = false;
    } catch(cannot_open_file& e){
        cout << " Could not open the file."
             << " Try another one !\ n";
    } catch(io_error& e){
        cerr << " Unexpected I/ O error.Fix it !\ n"; throw;
    } catch(std::runtime_error& e){
        cerr << " Unknown run - time error : "
             << e.what() << "\ n"; throw;
    } catch(std::exception& e){
        cerr << " Unknown standard exception :"
             << e.what() << "\ n"; throw;
    } catch(...){
        cerr << " Unknown exception caught."
             << " I call it a day .\ n"; throw;
    }
} while(keep_trying);
```

如你所见，当我们捕获有关文件打开的异常时会继续尝试。在其他子句中，我们提供可用的信息并重新抛出异常（不太可能在外部捕获）。

6.2 去除冗余

通过继承和隐式向上转型，我们可以避免包含冗余成员和自由函数的实现。子类被转型为基类这一事实使我们能够一次性实现通用功能并在所有派生类中复用它。

假定我们有一个包含若干共享成员函数（比如 num_rows 和 num_cols[①]）的 matrix 类（密集的、压缩的、带状的、三角形的……）。这些可以很容易地外包到一个公共基类中——包括相应的数据成员：

```
class base_matrix
{
  public :
    base_matrix(size_t nr, size_t nc) : nr{nr}, nc{nc}{}

    size_t num_rows() const{ return nr; }
    size_t num_cols() const{ return nc; }
  private :
    size_t nr, nc;
};

class dense_matrix
  : public base_matrix
{ ... };

class compressed_matrix
  : public base_matrix
{ ... };
class banded_matrix
  : public base_matrix
{ ... };

...
```

现在所有矩阵类型都通过继承 base_matrix 来提供成员函数。将通用实现放在一个地方不仅可以节省输入成本，还可以确保将修改立即应用到所有相关的类。这在演示型示例中没什么问题（因为没有什么特别的东西需要修改），但是在大型项目需保持所有冗余代码片段的一致性时会变得非常吃力。这时可以通过相同的方式复用自由函数，例如：

```
inline size_t num_rows(const base_matrix& A)
{   return A.num_rows(); }

inline size_t num_cols(const base_matrix& A)
{   return A.num_cols();}
```

① 相关术语来自 MTL4。

```
inline size_t size(const base_matrix& A)
{    return A.num_rows() * A.num_cols(); }
```

得益于隐式向上转型，我们可以为从 base_matrix 继承的所有矩阵调用这些自由函数。这种形式的公共基类函数并不消耗运行时间。

我们还可以将自由函数参数的隐式向上转型视为更一般概念的特例——is-a 关系。比如 compressed_matrix 是一个 base_matrix，我们可以将 compressed_matrix 值传递给每个需要 base_matrix 的函数。

6.3 多重继承

C++ 支持多重继承，我们将通过一些例子来说明。

6.3.1 多个父类

⇒ c++11/oop_multi0.cpp

一个类可以从多个超类（基类的基类）继承。为了更形象地描述基类的基类，我们偶尔会使用比较直观的术语"父母"和"祖父母"。有两个"父母"时，类层次结构看起来像 V 形（像一束花）。子类的成员是所有基类成员的联合。这就存在歧义的风险：

```
class student
{
    virtual void all_info() const{
        cout ≪ "[student]  My name is " ≪ name ≪ endl;
        cout ≪ "    I passed the following grades : " ≪ passed ≪ endl;
    }
    ...
};
class mathematician
{
    virtual void all_info() const{
        cout ≪ "[mathematician]    My name is " ≪ name ≪ endl;
        cout ≪ "    I proved : " ≪ proved ≪ endl;
    }
    ...
};

class math_student
  : public student, public mathematician
{
    // all_info not defined -> ambiguously inherited
};

int main()
```

```
{
    math_student bob{"Robert Robson ", "Algebra", "Fermat's Last Theorem"};
    bob.all_info(); // Error : ambiguity
    bob.student::all_info();
}
```

math_student 继承了 student 和 mathematician 的 all_info 并且没有优先级。调用 bob 的方法时，我们必须限定从哪个基类获取该方法，这种歧义提示我们需要注意 C++ 的微妙之处。public、protected 和 private 用于声明可访问性，而不是可见性。当我们试图通过将一个或多个基类继承为 private 或 protected 来消除成员函数的歧义时，这一点会变得非常清楚：

```
class student{ ... };
class mathematician{ ... };

class math_student
  : public student, private mathematician
{ ... };
```

现在，student 的方法是公开的，而 mathematician 的方法是私有的。当调用 math_student::all_info 时，我们希望看到 student::all_info 的输出。mathematician 的方法其实是无法从外部访问的，但它们仍然存在并会引起歧义。

我们甚至可能会看到第二条错误信息。即 mathematician::all_info 是不可访问的。

6.3.2 普通的“祖父母”

多个基类共享基类的情况并不少见。在上一节中，mathematician 和 student 没有共同的基类。从签名的部分来看，将他们从 person 类派生出来会更自然。这种继承配置构建了一个菱形，如图 6-2 所示。我们将以两种略有不同的方式实现这一点。

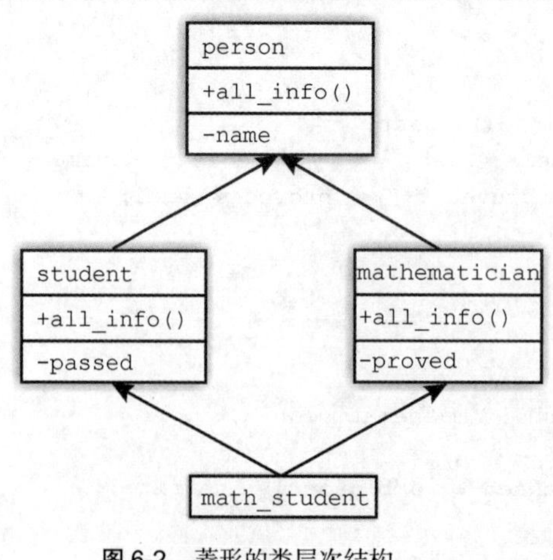

图 6-2 菱形的类层次结构

6.3.2.1 冗余和歧义

⇒ c++11/oop_multi1.cpp

首先，我们以简单直白的方式实现这些类：

```
class person{ ... };     // as before
class student{ ... };    // as before

class mathematician
  : public person
{
  public :
    mathematician(const string & name, const string & proved)
      : person{name}, proved{proved}{}
    virtual void all_info() const override {
        person::all_info();
        cout << "    I proved : " << proved << endl;
    }
  private :
    string proved;
};

class math_student
  : public student, public mathematician
{
  public :
    math_student(const string & name, const string & passed,
                 const string & proved)
      : student(name, passed), mathematician(name, proved){}
    virtual void all_info() const override{
        student::all_info();
        mathematician::all_info();
    }
};

int main()
{
    math_student bob{"Robert Robson", "Algebra", "Fermat's Last Theorem"};
    bob.all_info();
}
```

除了多余的名称信息之外，该程序可以正常工作：

```
[student]    My name is Robert Robson
    I passed the following grades : Algebra
[person]    My name is Robert Robson
    I proved : Fermat ' s Last Theorem
```

作为读者，你现在有两种选择：一是接受这个次优方法并继续阅读；二是转到练习 6.7.1 并尝试自己解决它。

由于存在对 person 类的两次派生，此代码存在以下问题。

- **冗余**：name 存储了两次，如图 6-3 所示。
- **容易出错**：name 的两个值可能不一致。
- **歧义**：当访问 math_student 中的 person::name 时会有歧义（如果它不是私有的）。

⇒ c++11/oop_multi2.cpp

为了说明上面提及的歧义，我们在 math_student 中调用 person::all_info：

```
class math_student : ...
{
    virtual void all_info() const override{
        person::all_info();
    }
};
```

这会导致以下（重新格式化的）警告信息：

```
...: error : ambiguous conversion from derived class
           ' const math_student ' to base class ' person ':
    class math_student -> class student -> class person
    class math_student -> class mathematician -> class person
        person::all_info();
                ^ ~~~~~~~~
```

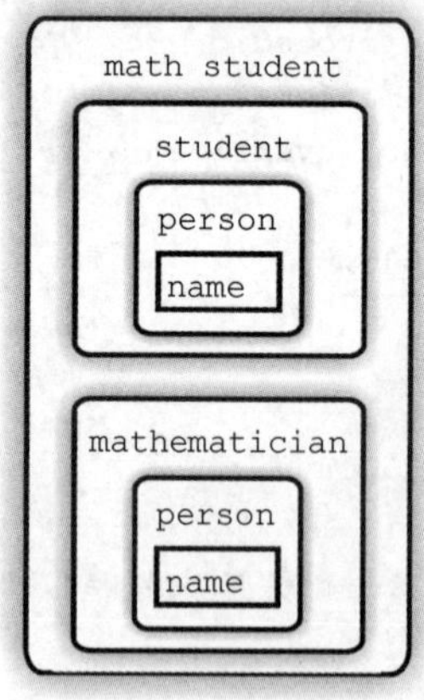

图 6-3 math_student 的内存布局

在 clang++ 中，对于从多个基类派生的子类的每个函数和数据成员，我们当然会遇到同样的问题。

6.3.2.2 虚基类

⇒ c++11/oop_multi3.cpp

虚基类（Virtual Base Class）允许我们仅将成员存储在公共基类中一次，从而有助于解决相关的问题。但是，需要对内部实现有一个基本的了解，才不会引入新的问题。

在以下示例中，我们仅将 person 类表示为虚基类：

```
class person{...};

class student
  : public virtual person
{ ... };

class mathematician
  : public virtual person
{ ... };

class math_student
  : public student, public mathematician
{
  public :
    math_student(const string & name, const string & passed,
                 const string & proved)
      : student{name, passed}, mathematician{name, proved}{}
  ...
};
```

获得如下执行结果可能会让某些读者感到惊讶：

```
[student]    My name is
    I passed the following grades : Algebra I
    proved : Fermat ' s Last Theorem
```

我们丢失了 name 的值，尽管 student 和 mathematics 都调用了 person 构造函数来初始化 name。为了理解这种行为，我们需要知道 C++ 是如何处理虚基类的。我们知道调用基类构造函数是派生类的责任（否则编译器将生成对默认构造函数的调用）。不过我们只有一个 person 基类的副本。图 6-4 说明了新的内存布局——mathematician 和 student 不再包含 person 的数据，而是仅引用属于派生类的公共对象（math_student）。

创建 student 对象时，其构造函数必须调用 person 类的构造函数。同样，当我们创建一个 mathematician 对象时，它的构造函数将调用 person 的构造函数。现在我们创建了一个 math_student 对象。math_student 的构造函数必须调用 mathematician 和 student 的构造函数。但是我们知道这些构造函数都应该调用 person 的构造函数，因此共享的 person 类部分将被构造两次。

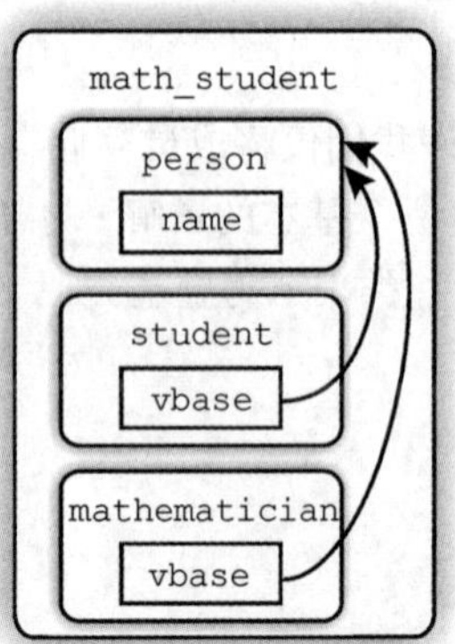

图 6-4　包含虚基类的 math_student 类的内存布局

为了防止这种情况发生，在已经定义虚基类的情况下，最派生的类（Most Derived Class）（在我们的例子中是 math_student）有责任调用共享基类构造函数（在我们的例子中是 person）。反过来，在派生类中间接调用 mathematician 类和 student 类中的 person 构造函数时，这种做法是被禁止的。

⇒ c++11/oop_multi4.cpp

考虑到这一点，我们对构造函数进行相应的修改：

```
class student
  : public virtual person
{
  protected :
    student(const string & passed) : passed{passed}{}
    void my_info() const{ ... }
  ...
};

class mathematician
  : public virtual person
{
  protected :
    mathematician(const string & proved) : proved{proved}{}
    void my_info() const{ ... }
  ...
};

class math_student
  : public student, public mathematician
{
  public :
```

```
    math_student(const string & name, const string & passed, const string &
      proved) : person{name}, student{passed}, mathematician{proved}{}
    virtual void all_info() const override {
        student::all_info();
        mathematician::my_info();
    }
};
```

现在，math_student 显式初始化 person 并在那里设置名称。student 和 mathematician 这两个中间类被重构以区分包容性和独占性。

- 包容性：结合了 person 的方法（双参数构造函数和 all_info），这些方法是公开的并且（主要）用于 student 和 mathematician 对象。
- 独占性：仅处理类自身的成员单参数构造函数和 my_info。这些方法是受保护的，因此只能在子类中使用。

该示例表明需要用到之前介绍的 3 个访问修饰符。

- private：用于仅在类内部访问的数据成员和方法。
- protected：用于子类所需的方法，并且不能作为子类公共接口的一部分。
- public：用于允许在不知道内部细节的情况下使用该类对象的方法。

在奠定了 OOP 技术的基础之后，我们现在将会把它们应用到科学计算领域。

6.4 子类型的动态选择

⇒ c++11/solver_selection_example.cpp

动态解析器的选择可以通过下列 switch 语句实现：

```
# include <iostream>
# include <cstdlib>

class matrix{};
class vector{};

void cg(const matrix & A, const vector & b, vector & x);
void bicg(const matrix & A, const vector & b, vector & x);

int main(int argc, char * argv[])
{
    matrix A;
    vector b, x;

    int solver_choice = argc>= 2 ? std::atoi(argv[1]) : 0;
    switch (solver_choice){
        case 0: cg(A, b, x); break;
```

```
        case 1: bicg(A, b, x); break;
        ...
    }
}
```

这是可行的，但就源代码的复杂性而言，它是不可扩展的。当我们在其他地方用其他向量和矩阵调用解析器时，我们必须为每个参数组合复制整个 switch-case 代码块，这可以通过将代码块封装到一个函数中并使用不同的参数调用来解决。

当动态选择多个参数时，情况会变得更复杂一些。对于线性解析器，我们要选择左右预条件子（对角线、ILU、IC 等）。然后我们需要一个嵌套的 switch 语句，如附录 A.8 节所示。这样我们就可以在没有 OOP 的情况下动态地选择函数对象，但我们必须接受参数空间上的组合激增——解析器、左预条件子和右预条件子。如果我们添加了一个新的解析器或预条件子，那么需要在多个地方增加大量的选择分支代码块。

关于解析器和预条件子的一个优雅的解决方案是使用抽象类作为接口，以及包含特定解析器的派生类：

```
struct solver
{
    virtual void operator()( ... )= 0;
    virtual    ~solver(){}
};

// 潜在的模板化
struct cg_solver : solver
{
    virtual void operator()( ... ) override{ cg(A, b, x); }
};

struct bicg_solver : solver
{
    virtual void operator()( ... ) override{ bicg(A, b, x); }
};
```

C++11　在我们的应用程序中，可以定义接口类型解析器的（智能）指针并将其分配给所需的解析器：

```
unique_ptr <solver> my_solver;
switch(solver_choice){
  case 0: my_solver = unique_ptr <cg_solver>(new cg_solver);
          break;
  case 1: my_solver = unique_ptr <bicg_solver>(new bicg_solver);
          break;
  ...
}
```

这种技术在设计模式相关的图书 [16] 中作为工厂（factory）模式进行了详细介绍。factory 在

C++03 中也可以通过原始指针实现。

unique_ptr 的构造函数有些麻烦。C++14 引入的 make_unique 函数让这种情况变得非常简单： C++14

```
unique_ptr <solver> my_solver;
switch(solver_choice){
  case 0: my_solver = make_unique <cg_solver>(); break;
  case 1: my_solver = make_unique <bicg_solver>(); break;
}
```

按照练习 3.12.14 中的建议，实现你自己的 make_unique 是一种非常好的训练。一旦我们的多态指针被初始化，就可以直接调用动态选择的解析器：

```
(* my_solver)(A, b, x);
```

前导括号对于解引用指向抽象解析器类的指针和调用 operator() 是必要的。如果没有这些括号，我们将不能成功尝试调用指针的 operator() 并对该调用的结果进行解引用。

当动态选择多个函数时，抽象基类的完整表达性就变得非常明显了。那么我们就可以避免指针的参数组合激增。多态函数指针允许我们解耦各自的选择，并将任务分解为一系列 factory 和使用指针的单个调用：

```
struct pc
{
    virtual void operator()( ... )= 0;
    virtual    pc() ~{}
};

struct solver{...};

// 解析器 factory
// 左预条件子 factory
// 右预条件子 factory

(*my_solver)(A, b, x, *left, *right);
```

现在，factory 中的代码复杂度是线性（即 $O(1)$）的，函数调用只有一条语句，而在巨大的选择块中代码复杂度是指数级（$O(n^3)$）的。

在我们的示例中，实现了一个公共基类，还可以使用 std::function 处理没有公共基类的解析器类和函数，这让我们可以实现更多的 factory。std::function 基于相同的技术——虚函数和指向多态类的指针，C++03 中的一个向后兼容的替代方案是 boost::function。

C++ 禁止虚拟模板函数（它们会使编译器实现非常复杂：可能存在无限的 vtable）。但是，类模板可以包含虚函数，这使得通过整个类的类型参数化（而不是参数化单个方法）来使用虚函数进行泛型编程成为可能。 C++11

6.5 转型

转型（Conversion）是一个特定于 OOP 的主题，但如果不介绍基类和派生类，我们就无法全面地讨论它。反之亦然，了解相关类之间的转换可以巩固对继承的理解。

C++ 是一种强类型的语言，每个对象的类型都是在编译期确定的，运行时不能更改。

我们可以把一个对象想象成：

- 内存中的字节位；
- 赋予这些字节位某种意义的类型。

对于某些转型来说，编译器只是以不同的方式查看内存中的字节位：要么使用另一种方式解析字节位，要么使用其他访问权限（例如，const 与非 const）进行相关访问。其他类型转换实际上创建了新对象。

在 C++ 中，有 4 种基本的转型操作符：

- `static_cast`；
- `dynamic_cast`；
- `const_cast`；
- `reinterpret_cast`。

作为其根源的 C 语言只有一种转换操作符 `(type)expr`。这个单一操作符很难理解，因为它可以触发级联转换以创建目标类型的对象。例如，将一个指向 `int` 的常量指针转换为指向 `char` 的非常量指针。

相反，一次 C++ 类型转换只改变类型的一个方面。C 风格转换的另一个缺点是它们在代码中很难查找（另参考 [66，第 95 章]），而 C++ 仍然支持这种旧式的转换，但所有 C++ 专家都不建议使用它。

关于 C 风格转型

不要使用 C 风格转型。

在本节中，我们将讨论多种转型操作符，以及它们在不同使用场景中的优缺点。

6.5.1 基类和派生类之间的转换

C++ 在类的层次结构之间支持静态和动态转换。

6.5.1.1 向上转型

⇒ `c++03/up_down_cast_example.cpp`

向上转型（比如从派生类转换为基类）只要不存在歧义，总是有可能的。它甚至可以像我们在 `spy_on` 函数中那样隐式执行：

```
void spy_on(const person& p);

spy_on(tom);    // 向上转型 student -> person
```

spy_on 能够接收 person 的所有子类而无须显式转型。因此，我们可以将 student 型对象 tom 作为参数传递给它。为了讨论菱形层次中类之间的转换，同时为了简洁起见，我们引入了一个单字母类名称：

```
struct A
{
    virtual void f(){}
    virtual ~A(){}
    int ma;
};
struct B : A{ float mb; int fb(){ return 3; } };
struct C : A{};
struct D : B, C{};
```

我们添加以下一元函数：

```
void f(A a)   {/* ... */} // Not polymorphic -> slicing !
void g(A& a){/* ... */}
void h(A* a){/* ... */}
```

B 类型的对象可以传递给下列 3 个函数：

```
B b;
f(b);    // Slices ! g(b);
h(&b);
```

在这 3 种情况下，对象 b 都被隐式转换为类型 A 的对象。但是，函数 f 不是多态的，因为它会对对象 b 进行切片（参加 6.1.3 节）。

只有当基类不明确时，向上转型才会失败。当前示例中，我们不能从 D 向上转型为 A：

```
D d;
A ad(d); // Error : ambiguous
```

因为编译器不知道基类 A 是来自 B 还是来自 C。我们可以通过显式中间向上转型来澄清这种情况：

```
A ad(B(d));
```

或者我们可以通过虚基类在 B 和 C 之间共享 A：

```
struct B : virtual A{ ... };
struct C : virtual A{};
```

现在，A 的成员在 D 中只存在一次。这通常是多重继承的最佳解决方案，因为我们节省了内存并且不会存在 A 的复制不一致的问题。

6.5.1.2 向下转型

向下转型是将指针引用转换为其子类型的指针引用。当实际引用的对象不是其子类型时，其行为是未定义的。因此，我们要么测试向下转型是否正确，要么通过程序逻辑来确定它。回想一下，我们将 B 类型的对象分别传递给 A& 类型的引用和指针 A*：

```
void g(A& a){ ... }
void h(A* a){ ... }

B    b;
g(b);
h(&b);
```

在 g 和 h 中，虽然引用的对象 b 是 B 类型的，但是我们不能访问 B 的成员（即 mb 和 fb()）。要确保相应的函数参数 a 引用 B 类型的对象，我们可以为该访问分别将 a 向下转型为 B& 和 B*。

在向应用程序引入向下转型之前，我们应该问自己下面几个问题：

- 我们如何确保传递给函数的参数确实是派生类的对象？例如，使用额外参数或运行时测试？
- 如果对象不能向下转型怎么办？
- 我们不应该为派生类编写一个函数么？
- 为什么不为基类和派生类型重载函数？这绝对是更简洁的设计并且总是可行的。
- 我们能否重新设计我们的类，以便相关任务可以通过虚函数的晚绑定来完成？

如果回答了上述所有问题之后，仍然认为需要进行向下转型，那么我们必须决定应用哪种向下转型。有以下两种形式。

- static_cast：速度快但不安全。
- dynamic_cast：它是安全的，开销更昂贵并且只适用于多态类型。

顾名思义，static_cast 只检查编译期信息。这意味着在向下转型的上下文中，检查目标类型是否派生自源类型。例如，我们可以将 a（g 的函数）转换为 B&，然后调用类 B 的方法：

```
void g(A& a)
{
    B& bref = static_cast <B&>(a);
    std::cout ≪ " fb returns " ≪ bref.fb() ≪ "\n";
}
```

编译器确认 B 是 A 的子类后会接受我们的实现。当参数 a 引用的对象不是 B 类型时（或者其子类型），程序的行为是未知的（最有可能的情况是导致程序崩溃）。

在我们的菱形示例中，还可以将指针从 B 向下转型为 D。为此，我们声明 B* 类型的指针，它允许引用子类 D 的对象：

```
B * bbp = new B, * bdp = new D;
```

编译器接受这个指针向下转型为 D*：

```
D* dbp = static_cast <D*>(bbp); //未检测到错误的向下转型
D* ddp = static_cast <D*>(bdp); // 正确的向下转型 (未检查)
```

由于没有进行运行时检查，作为程序员，我们有责任只引用正确类型的对象。bbp 指向类型 B 的对象，当解引用指针 dbp 时，我们就会面临数据损坏和程序崩溃的风险。在这个示例中，智能编译器可能会通过静态类型分析检测到错误的向下转型并发出警告。通常，并不总是可以回溯指针引用的实际类型，特别是当它可以在运行时选择时：

```
B* bxp =(argc> 1) ? new B : new D;
```

在 6.6.1 节中，我们将看到一个有趣的静态向下转型的应用程序，它是安全的，因为类型信息是作为模板参数提供的。

dynamic_cast 会在运行时检测实际转换的对象是否包含目标类型或它的子类型，它只能应用于多态类型（定义或继承一个或多个虚函数的类，参见 6.1 节）：

```
D* dbp = dynamic_cast <D*>(bbp); // 错误 : 无法转型到 D
D* ddp = dynamic_cast <D*>(bdp); // Ok : bdp 指向了 D 的对象
```

在上述代码中，bbp 无法执行转型，会返回一个空指针，以便程序员最终可以对失败的向下转型做出反应。不正确的引用向下转型会抛出 std::bad_cast 类型的异常，并且可以在 try-catch 代码中处理。这些检查是通过运行时类型信息识别（Run-Time Type Information，RTTI）实现的，并且需要一些额外的时间开销。

高级背景信息：dynamic_cast 在底层是作为虚函数实现的。因此，只有当用户通过定义至少一个虚函数使一个类具备多态性时，它才可用。否则，所有类都会产生 vtable 的开销。多态类本身就包含此特性，因此 dynamic_cast 的成本是 vtable 中的一个额外指针。

6.5.1.3 交叉转型

当引用的对象类型是两种类型的派生类时，dynamic_cast 的一个有趣的特性是从 B 到 C 的转型：

```
C* cdp = dynamic_cast <C*>(bdp); // ok:B->C 的转型，它们引用的对象类型为 D
```

同样，我们可以从 student 交叉转型到 mathematician。从 B 到 C 的静态交叉转型如下：

```
cdp= static_cast <C*>(bdp);     // 错误 : 不支持子类和父类的转型
```

这是不允许的，因为 C 既不是 B 的基类，也不是 B 的派生类。它可以间接执行转型：

```
cdp= static_cast <C*>(static_cast <D*>(bdp)); // B -> D -> C
```

同样，程序员有责任确定所寻址的对象是否真的可以执行这样的转型。

6.5.1.4 静态转型和动态转型

由于引用对象类型的运行时检查，动态转型比静态转型更安全，但效率更低。静态转型允许向上和向下转型，程序员负责正确处理引用的对象。表 6-1 总结了两种转型之间的差异。

表 6–1 静态转型和动态转型

项目	static_cast	dynamic_cast
哪些类	所有	多态类
交叉转型	无	是
运行时检查	无	是 yes
开销	无	RTTI 检查

6.5.2 常量转型

const_cast 用于添加或删除属性 const 或 volatile。关键字 volatile 用于告知编译器可以从其他地方修改某些变量。例如，某些内存条目是由硬件而不是运行 C++ 程序的处理器设置的，我们在为该硬件编写驱动程序时必须意识到这一点。这些内存条目不能缓存或保存在寄存器中，每次都必须从主内存中读取。在科学计算和高级工程计算软件中，外部修改的变量非常少见，因此我们在本书中不再深入讨论关于 volatile 的话题。

const 和 volatile 都可以隐式添加。删除一个真正易变对象的 volatile 属性会导致未定义的行为，因为缓存和寄存器中可能存在不一致的值。相反，只有当 volatile 限定的指针和引用指向非 volatile 对象时，才能从它们之中删除 volatile 属性。

删除 const 属性会使整个调用堆栈上所有相应的 const 限定符失效，从而在数据被意外覆盖时极大地增加调试工作量。不过在处理一些缺少适当 const 限定符的旧式程序库时，有时也需要这样做。

6.5.3 重新解析的转型

这是非常激进的转型方式，本书中并没有采用。它获取对象的内存位置并解析其字节位，就像该对象具有另一种类型一样。例如，这允许我们通过将浮点数转换为字节位链来更改浮点数中的单个字节位。reinterpret_cast 对于硬件驱动程序编程比高级通量解析器更重要。不用说，这是破坏我们应用程序可移植性的最有效方法之一。如果你确实需要使用它，那么请将其合并到依赖于平台的条件编译中并对程序代码进行完备的测试。

6.5.4 函数式转型

构造函数可用于转换值：如果类型 T 具有用于类型 U 的参数的构造函数，我们可以从类型 U 的对象创建类型 T 的对象：

```
U u;
T t(u);
```

或者更好的方式是：

```
U u;
T t{u};     // C ++11
```

因此，使用构造函数转换值是有意义的。让我们通过不同的矩阵来复用前面的示例。假定我们有一个用于密集矩阵的函数，并希望还可以将其用于压缩矩阵：

```
struct dense_matrix
{   ... };

struct compressed_matrix
{   ... };

void f(const dense_matrix &){}

int main()
{
    compressed_matrix A;
    f(dense_matrix{A});
}
```

这里我们采用 compressed_matrix A 作为参数，而函数 f 的参数类型却是 dense_matrix。这需要以下条件：

- dense_matrix 中有一个接收 compressed_matrix 作为参数的构造函数；
- 或者在 compressed_matrix 中存在一个能够将参数转换为 dense_matrix 的转换操作符。

这些访问看起来像这样：

```
struct compressed_matrix; // forward decl.needed in constructor

struct dense_matrix
{
    dense_matrix() = default;
    dense_matrix(const compressed_matrix& A){ ... }
};

struct compressed_matrix
{
    operator dense_matrix(){ dense_matrix A; ... return A; }
};
```

当两者都存在时，构造函数是创建新对象的首选。通过此类实现，我们还可以通过 dense_matrix 的隐式转换调用函数 f：

```
int main()
{
    compressed_matrix A;
    f(A);
}
```

C++11 在这种情况下，转换操作符优先级高于构造函数。请注意，隐式转换不适用于显式构造函数或转换操作符。C++11 引入了显式转换操作符。函数式表示法的问题在于它的行为类似于具有内置目标类型的 C 强制类型转换，例如：

```
long(x);    // 等效于
(long)x;
```

这使我们可以构造出如下恶意代码：

```
double d= 3.0;
double const * const dp= & d;

long l= long(dp);    // OUCH !!! All bets are off!
```

这里我们把一个 `const` 型指针从 `const double` 型错误的转换成一个 `long` 型。虽然看上去是要求创建一个新值，但实际执行了 `const_cast` 和 `reinterpret_cast`，因此 `l` 的值最后是无意义的，所有与之有关的值也是如此。

版本较新的编译器可能会对此发出警告。注意下面的初始化代码：

```
long l(dp);    // 错误：无法用指针初始化 long 型的值
```

上述代码不会编译，用大括号初始化也不能奏效：

```
long l{dp};    // 类似的错误 (C ++11)
```

这将导致另一个错误警告信息：

```
l= long{dp};    // 错误：初始化失败 (C++11)
```

使用大括号，我们总是会初始化一个新的值，甚至会窄化数据的精度。`static_cast` 允许窄化数据精度，但也拒绝从指针到数值类型的转换：

```
l= static_cast <long>(dp); // Error : pointer -> long
```

正是考虑到这些原因，Bjarne Stroustrup 建议使用 `T{u}` 进行构造，并使用 `static_cast` 等具名转换进行其他转换。

6.5.5 隐式转换

隐式转换的规则并不简单。不过我们在大多数时候只要知道最重要的规则就可以了，而且通常可以对它们的优先级不闻不问。例如，一个完整的列表可以在“C++Reference”[33] 中找到。表 6-2 概述了最重要的转换规则。

数值类型可以通过不同的方式转换。首先，可以提升整数类型，即用 0 或符号位进行扩展①。此外，当需要匹配函数参数类型时，每个内置数值类型都可以转换为其他数值类型。

① 提升并不是纯粹语法意义上的转换。

表 6–2 隐式转换

源	目 标
T	T 的基类型
T	const T
T	volatile T
T[N]	T*
T	U，参考 6.5.4 节
函数	函数指针
nullptr_t	T*
整数	更大的整数
数值类型	另一种数值类型

对于 C++11 中新的初始化技术，只允许不损失准确性（精度）的转换。如果没有窄化规则，从浮点数转换到 bool 型的中间过程甚至允许转换为 int。当启用构造函数或转换操作符没有显式声明时，所有可以用函数样式（6.5.4 节）表示的用户类型之间的转换也将隐式执行。当然，隐式转换的应用不能过度，可以通过显式构造函数和转换操作符来控制我们的类。哪些转换应该显式表达，以及我们可以在哪些地方依赖隐式规则是一个重要的设计决策，不存在通用的规则。

6.6 高级技术

6.6.1 CRTP

本节将介绍奇异递归模板模式（Curiously Recurring Template Pattern，CRTP），该模式它将模板编程与继承非常高效地结合在一起。该术语有时会与基于 CRTP 的 Barton-Nackman Trick[6] 相混淆。

6.6.1.1 一个简单示例

⇒ c++03/crtp_simple_example.cpp

我们将用一个简单的示例来解释这项新技术。假定有一个名为 point 的类，并且它包含相等操作符：

```
class point
{
  public :
    point(int x, int y) : x(x), y(y){}

    bool operator ==(const point & that) const
```

```
    { return x == that.x && y == that.y; }
  private :
    int x, y;
};
```

我们可以使用常识或应用德摩根定律对不等式进行编程：

```
bool operator !=(const point & that) const
{ return x != that.x || y != that.y; }
```

或者我们可以简化代码，只否定相等的结果：

```
bool operator !=(const point & that) const
{ return !(* this  ==  that); }
```

我们的编译器非常先进，在内联后它们能够完美地处理德摩根定律。以这种方式否定相等操作符是每个类型的不等操作符的正确实现。

我们可以复制和粘贴这段代码，每次只替换参数类型。或者，我们可以写这样一个类：

```
template <typename T> struct
inequality
{
    bool operator !=(const T& that) const
    { return !(static_cast <const  T&>(* this)  ==   that); }
};
```

然后根据它进行派生：

```
class point : public inequality <point>{ ... };
```

这个类定义建立了一种相互依赖：

- point 从 inequality 继承；
- 而 inequality 用 point 进行参数化。

尽管这些类相互依赖，但它们仍然可以被编译，因为模板类的成员函数（比如 inequality）在它们被实例化之前不会被编译——通常是在它们被调用时进行实例化。我们可以检查 operator!= 是否有效：

```
point p1(3, 4), p2(3, 5);
cout ≪ " p1 != p2 is " ≪ boolalpha ≪ (p1 != p2) ≪ '\n';
```

但是当我们调用代码 p1 != p2 后到底发生了什么？

- 编译器在 point 类中搜索 operator!=，不成功。
- 编译器会在其基类 inequality<point> 中搜索 operator!=，成功。
- this 指针指向类型为 inequitypoint 的对象，它是 point 对象的一部分。
- 在实例化 inequality<point>:: operator!= 时两种类型都是完全已知的，我们可以将 this 指针静态向下转型为 point*。

- 因为我们知道引用 inequality<point> 的 this 指针是引用 point* 的 this 指针的向上转型，因此将其转换为其原始类型是安全的。
- point 的不等式操作符被调用并实例化（如果之前没有做的话）。

每个具有相等操作符的类 U 都可以通过相同的方式从 inequality<U> 派生。Jeremy Siek 和 David Abrahams 的 Boost.Operators 提供了一组包含操作符默认值的 CRTP 模板。

该示例再次说明了如何使用 C++ 标准新特性来简化编程。C++20 允许我们为 operator== 设定默认实现： C++20

```
class point
{
    bool operator ==(const point & that) const = default;
    // ...
};
```

它还会在 operator== 存在时隐式生成 operator!=，以便上面的声明足以比较点的相等性和不相等性。但是，这并不会使 CRTP 模式变得无用，正如我们接下来将要看到的那样。

6.6.1.2 可复用的访问操作符

⇒ c++14/matrix_access_example.cpp

CRTP 的习惯用法可以帮助我们解决前面提到的问题（2.6.4 节）：在可复用实现中使用括号操作符访问多维数据结构。当时我们还不知道某些必要的语言特性，尤其是模板和继承。现在我们将应用这些知识通过一个二元调用操作符实现两个括号操作符的调用，即将 A[i][j] 计算为 A(i, j)。

假定我们有一个名为 some_matrix 的矩阵类型，它的 operator() 访问 a_{ij}。为了与矢量符号保持一致性，我们更喜欢括号操作符。它们只接收一个参数，因此我们需要一个访问矩阵行的代理，这个代理反过来提供了一个括号操作符来访问相应行中的列，即输出矩阵的一个元素：

```
class some_matrix; // 前向声明

class simple_bracket_proxy
{
  public :
    simple_bracket_proxy(some_matrix&  A, size_t r)
      : A{A}, r{r}{}

    double& operator[](size_t c){return A(r, c);}    // 错误
  private :
    some_matrix&     A;
    size_t           r;
};

class some_matrix
{
```

```
    // ...
    double& operator()(size_t r, size_t c){ ... }

    simple_bracket_proxy operator[](size_t r)
    {
        return simple_bracket_proxy(* this, r);
    }
};
```

这个想法是 A[i] 返回一个代理 p，它引用 A 并包含 i。调用 A[i][j] 对应于 p[j]，反过来就应该调用 A(i, j)。

不过这段代码无法编译。当我们在 simple_bracket_proxy::operator[] 中调用 some_matrix::operator() 时，类型 some_matrix 只被声明但没有完全定义。切换两个类定义只会翻转依赖关系并导致更多的代码不可编译。这个代理实现的问题是我们需要两个相互依赖的完整类型。

这是模板有趣的一面：由于推迟代码生成，模板允许我们打破相互依赖。将模板参数添加到代理中会删除依赖：

```
template <typename Matrix>
class bracket_proxy
{
  public :
    bracket_proxy(Matrix& A, size_t r) : A{A}, r{r}{}

    auto& operator[](size_t c){return A(r, c);}
  private :
    Matrix& A;
    size_t      r;
};

class some_matrix
{
    // ...
    bracket_proxy <some_matrix, double> operator[](size_t r)
    {
        return bracket_proxy <some_matrix>{* this, r};
    }
};
```

C++11　最后，我们可以编写 A[i][j] 并根据双参数 operator() 在内部执行它。现在我们可以用完全不同的 operator() 实现来构造若干矩阵类，并且它们都能够以完全相同的方式部署 bracket_proxy。

一旦我们实现了几个矩阵类，就会意识到 operator[] 在所有矩阵类中看起来都一样：只是返回一个带有矩阵引用和行参数的代理。我们可以添加另一个 CRTP 类实现这个括号操作符：

```
template <typename Matrix>
class bracket_proxy{ ... };

template <typename Matrix>
class crtp_matrix
{
    using const_proxy = bracket_proxy <const Matrix>;
  public :
    bracket_proxy <Matrix> operator[](size_t r)
    {
        return{static_cast <Matrix &>(* this), r};
    }
    const_proxy operator[](size_t r) const
    {
        return{static_cast <const Matrix &>(* this), r};
    }
};

class some_matrix
  : public crtp_matrix <some_matrix>
{
  // ...
};
```

注意，使用 C++11 的功能只是为了简单起见，我们也可以在 C++03 中实现此代码。这个 CRTP 矩阵类可以为每个矩阵提供括号操作符和一个双参数应用操作符。不过在成熟的线性代数软件包中，我们需要注意哪些矩阵是可变的，以及返回的是引用还是值。可以使用第 5 章的元编程技术或类型推导（尤其是 `decltype(auto)`）安全地处理这些区别。

尽管代理方法创建了一个额外的对象，但我们的基准测试表明使用括号操作符和使用应用程序操作符本身一样快。显然，现代编译器中先进的引用转发技术可以忽略代理的实际创建。

6.6.2 包含重载的类型特征 C++11

⇒ `c++11/type_traits_overloading.cpp`

我们在 5.2 节介绍了类型特征与类的模板特例化。使用部分特例化，我们可以一次性为任意数量的类型声明一个属性，前提是整个类型集可以用单一模式来描述，比如表示所有原始指针集合的 `T*`。

在实际应用程序开发中，父类中类型特征的声明在以相同方式应用于派生类（至少）时同样重要。在我们的工作中发挥重要作用的一个用例是矩阵的 `map_view`。当读取视图的条目时，会读取引用矩阵中的相应条目，并将一元函子应用于该值，例如 A 的 `negate_view` 在第 i 行和第 j 列的值是 $\boldsymbol{a}_{ij}$。尽管这些示例是专门用于线性代数的，但我们相信类似的对象视图在其他领域也很有用。

我们相信这样的功能已经存在于许多项目中，并且通常使用虚函数来实现，因为这非常简单。另外，由于间接函数调用，此类代码的运行速度较慢。如果引起的性能损失是可以接受的，那么就不一定必须更改实现。

为了提供大量没有虚函数的视图，我们首先创建一个类模板 map_view，它是由引用的矩阵（Matrix）类型和一元函子（Functor）参数化的：

```
template <typename Matrix, typename Functor>
struct map_view{ ... };
```

所有操作符和其他成员函数都是在那里实现的，以避免大量重复的代码。现在我们可以通过使用相应的函子从 map_view 派生来提供映射的整个范围（缩放、递增，共轭，自定义操作）：

```
template <typename Matrix>
struct negate_view
  : map_view <Matrix, negate_functor>
{
  // 实现或导入构造函数
};
```

对于每个新的视图，在 C++03 中我们必须特例化所有相关的类型特征，这是当时的泛型库最不通用的地方。其他一切都可以通过这样或那样的方式复用：只有类型特征必须一遍又一遍地重复实现，例如，对于从 map_view 派生的每个视图。

在 C++11 中，我们有新的特性来解决这个问题，先从更简单的用例开始。对于许多类型来说，通过派生的方式引入新的映射视图实际上是应对 typedef 表达能力有限的一种补救措施。使用模板别名，我们可以直接创建所有默认构造函子的视图，例如：

```
template <typename Matrix>
using abs_view = map_view <Matrix, abs_functor>;
```

由于 abs_view 不是新类型，只是类型定义，我们不需要对类型特征进行新的特例化，可以依赖 map_view 的特例化。

另一个在这里派上用场的功能是 lambda 表达式。我们可以即时创建一个新的映射视图，例如用因子（factor）缩放矩阵的每个条目：

```
template <typename Matrix, typename Functor>
map_view <Matrix, Functor> map(const Matrix & A, Functor f)
{
    return{A, f};
}

int factor = 7;
dense_matrix <int> A;
auto B= map(A,[factor](int x){ return factor * x; });
```

与模板别名一样，我们没有创建新的类型，而是实例化了 map_view。因此，该特征适用于类型 B。

使用这两种技术，我们可以创建大量视图，而无须进一步的类型特征特例化。特别是结合 C++14 的新特性，如泛型 lambda 表达式和函数返回类型推导，或许能够涵盖视图的所有用例。

尽管如此，在创建一个对象之前还是有理由引入新的视图类型。当这个新类型使用不可默认构造的函子时，我们仍然需要推导。作为示例，我们再一次创建一个缩放视图，但这次使用显式类型：

```
struct scale_functor
{
    scale_functor(int factor) : factor{factor}{}
    int operator()(int x) const{return factor * x;} int
    factor;
};

template <typename Matrix>
struct scale_view
  : map_view <Matrix, scale_functor>
{
    scale_view(const Matrix & A, int factor) : A{A}, f{factor}{}
    const Matrix& A;
    scale_functor f;
};
```

不得不承认，为了简单起见，我们通过省略 factor 和 x 的模板参数来简化实现。通过此实现，map_view 需要 is_matrix 的显式声明。解决这个问题的办法是重载一个函数并使用它的返回类型作为类型特征。和以前一样，任何我们不知道的类型都不能视为矩阵：

```
template <typename T>              // #1
std::false_type is_a_matrix(const T &);

template <typename T>
using is_matrix = decltype(is_a_matrix(std::declval <T>()));
```

因为我们只对返回类型感兴趣，并且不能将 declval 作为参数调用函数，所以我们只声明了函数，没有任何定义。 C++14

在 C++14 中，我们更愿意创建一个模板变量：

```
template <typename T>
constexpr bool is_matrix_v =
    decltype(is_a_matrix(std::declval <T>())):: value;
```

最后，为我们的类型重载了函数 is_a_matrix：

```
template <typename Value>                         // #2
std::true_type is_a_matrix(const dense_matrix <Value>&);

template <typename Matrix, typename Functor>     // #3
std::true_type is_a_matrix(const map_view <Matrix, Functor>&);
```

不过，这仍然没有为派生类提供正确的类型特征：

```
int is not a matrix .
dense_matrix <int> is a matrix .
negate_view <dense_matrix <int> > is not a matrix .
```

问题在于重载解析的优先级。当我们用 negati_view 调用 is_a_matrix 时，获得两个匹配项——通用模板函数（#1）和兼容任意 map_view 的更具体的模板（#3）。直觉上我们会假定编译器更喜欢 #3，因为它更具体。但事实并非如此，重载解析的优先级是：

1. 完美匹配（参数和参数类型相等）；
2. 模板实例化；
3. 隐式转换。

对于#1，模板参数T只需替换为negate_view<dense_matrix<int>>，而对于#3，在Matrixand 和 Functor 参数可以被替换之前，其参数必须首先替换为 map_view<dense_matrix<int>。所以编译器更倾向于选择 #1，因此我们的视图仍然不被视为矩阵。

为了让所有视图都使用 #3，我们必须用捕获所有可能参数类型但重载优先级低于隐式转换的东西来替换 #1。C++ 中只有一个特性具有此属性那就是省略号（...）。省略号可以接收任意数目和任意类型的函数参数，并且由宏来处理这些参数。参数带有省略号的函数没有关于传递参数类型的信息，甚至没有关于参数数量的信息，必须由调用者提供参数信息并在运行时进行求值。如果有关参数的信息是错误的，那么程序的行为就是未定义的。

这样的一个示例是 printf，其中参数的数量和类型在格式化字符串中间接地提供。虽然当前的编译器会尽可能检查格式化字符串和其他参数的一致性，但在运行时构建格式化字符串时，编译器无法执行任何操作，然后一些小的输入错误可能会导致严重的后果。例如，将 int 打印为字符串通常会让程序崩溃，因为 int 值随后被解析为内存地址，并尝试打印从该地址开始的字符，这通常会导致内存分段错误。

总之，使用省略号将参数传递给函数是一种极其危险的做法。然而，对于当前情况，我们只对重载函数的返回类型感兴趣，传输的参数不会在 is_a_matrix 中访问。

正是出于这个原因，我们才愿意使用省略号。并且让代码保持不变，只替换后备案例的重载：

```
std::false_type is_a_matrix(...); // #1
```

通过这种修改，我们的所有视图都会被视为矩阵：

```
int is not a matrix .
dense_matrix <int> is a matrix .
negate_view <dense_matrix <int> > is a matrix .
```

在大型项目中，建议为所有类和类模板提供前向声明。然后可以在不需要类实现的情况下实现类型特征——即使是函数重载风格也是如此，这有助于避免头文件的循环依赖。此处介绍的技术起初比之前展示的模板特例化要稍微复杂一些。对于较大的项目，当我们可以避免派生类的所有多余类型特征声明时，这么做就是值得的。我们甚至可以使用 lambda 表达式作为函子来创建新的类，并以极高的性能扩展应用程序的功能。

6.7 练习

6.7.1 非冗余菱形

实现 6.3.2 节中的菱形结构，其中的名称只打印一次。在派生类中区分 `all_info()` 和 `my_info()`，并适当地调用这两个函数。

6.7.2 继承向量类

修改第 2 章中的向量示例。为 `size` 和 `operator()` 引入基类 `vector_expression`。让 `vector` 继承该基类。然后创建一个向量类 `ones`，其中所有的元素值为 1，并且也继承自 `vector_expression`。

6.7.3 重构向量中的异常

重构第 3 章中的模板向量实现 `c++11/vector_template.cpp`，以提高其健壮性。通过抛出适当的异常来替换 `check_index` 和 `check_size` 中的断言宏。我们所说的适当是指将它们在有意义的内部结构中定义，并且全部派生自 `std::exception` 或其子类之一。根据需要添加更多测试和异常类。

6.7.4 抛出异常测试

细心的软件开发人员不仅会测试一组具有代表性的正确程序片段是否正常工作，还会检验不正确示例中的问题。这种否定测试很难通过 `assert` 和 `static_assert` 实现，但对于异常来说更容易一些。首先，我们可以通过违反大小和索引约束来实现练习 6.7.3 的测试，并检查是否抛出了符合预期的异常。

更具体地说：我们编写一个 `try-catch` 代码块，以一个我们期望抛出特定异常的语句开始。在该语句之后，我们抛出类型为 `missing_exception` 的异常。在代码块的末尾，我们只捕捉符合预期的异常类型，对于恢复操作，我们只是通过打印一个充满赞誉的信息以示成功。任何其他异常（特别是 `missing_exception`）不会被捕获并终止程序。因此，只有在相关语句抛出符合预期的异常时，我们的程序才算构建成功。

有追求的读者可以更进一步地实现一个泛型的异常测试，它将预期的异常类型作为模板参数（不是推导出来的，而是在调用中显式声明的）并在 `try-catch` 代码中调用 nullary 函数对象。

显然我们通常会使用 lambda 表达式创建这个 nullary 函数对象，这是笔者在实际软件开发工作中经常使用的一个测试工具。

6.7.5 Clone 函数

为成员函数 `clone()` 编写一个 CRTP 类，该函数复制当前对象，其功能类似于 Java 中函数 `clone`。函数的返回类型必须是复制对象之一。

第 7 章

科学项目

"知易行难。"

——Tilmar König

在前面的章节中，我们主要关注 C++ 的语言特性以及如何更好地将它们应用到相对较小的学习示例中。本章将介绍一些构建大型项目的思路。作者的朋友 Mario Mulansky 在 7.1 节讨论了库之间的互操作性。他会带你了解 odeint 库的幕后故事：一个通用库能够以非常紧密的方式与其他几个库无缝实现互操作。然后我们将提供一些背景知识，说明如何从多个程序源和库文件中构建可执行文件（7.2.1 节），如何使用工具辅助此过程（7.2.2 节），以及源程序如何适当地分布在多个文件中（7.2.2 节和 7.2.3 节）。最后，我们简要介绍一下模块。

7.1 ODE 解析器的实现

作者：Mario Mulansky

在本节中，我们将介绍设计数值程序库的主要步骤。这里的重点不是提供最完整的数值计算功能，而是实现确保最大通用性的稳健设计。作为示例，我们将考虑实现求解常微分方程（Ordinary Differential Equation，ODE）的数值算法。本着第 3 章的精神，我们的目标是通过泛型编程实现尽可能的通用性。首先介绍算法的数学背景，然后介绍简单直接的实现。由此，我们将能够识别实现的各个部分，并逐个提升它们的可替换性，从而形成一个完全通用的库。我们相信，在研究了通用库设计的详细示例后，读者也能够将该技术应用于其他数值算法。

7.1.1 常微分方程

常微分方程是对物理、生物、化学和社会活动等建模的基本数学工具，也是科学计算和工程计算中最重要的概念之一。除了极少数非常简单的情况，ODE 的解是无法用解析方法求出的，我们必须依靠数值算法获得至少一个近似解。

在本章中，我们将开发 Runge-Kutta-4 算法的通用实现，这是一种通用的 ODE 解析器，由于其简单性和健壮性而被广泛使用。

通常，常微分方程是包含自变量 t 及其函数 $x(t)$、导数 $x', x'', \ldots$ 的方程：

$$F(x, x', x'', \ldots, x^{(n)}) = 0 \tag{7.1}$$

这是最通用的形式，包括隐式 ODE。不过这里我们将只考虑显式 ODE，其形式为 $x^{(n)} = f(x, x', x'', \ldots, x^{(n-1)})$，并且在数值上更简单。ODE 中出现的最高导数 n 叫作 ODE 的阶数。但是任何 n 阶 ODE 都可以很容易地转换为一阶 n 维 ODE[28]。因此，仅考虑 n=1 的一阶微分方程就足够了。后面介绍的数值例程都将处理初始值问题（Initial Value Problem，IVP）：ODE 中 x 的值在起点满足关系 $x(t = t_0) = x_0$。因此，我们将在后续章节中用数值方式解决问题的数学公式如下：

$$\frac{\mathrm{d}}{\mathrm{d}t}\vec{x}(t) = \vec{f}(\vec{x}(t), t), \quad \vec{x}(t = t_0) = \vec{x}_0 \tag{7.2}$$

在这里，我们使用向量符号$\vec{x}$表示$\vec{x}$可能是一个多维向量。通常，ODE 是为实数变量定义的，即$\vec{x} \in \mathbb{R}^N$，但是也可以求解复数的 ODE，其中$\vec{x} \in \mathbb{C}^N$。函数$\vec{f}(\vec{x}, t)$被称为 ODE 的右手侧（Right-Hand Side，RHS）。ODE 最简单的物理学用例可能是谐振子（Harmonic Oscillator），即连接到弹簧的质点。这种系统的牛顿运动方程如下：

$$\frac{\mathrm{d}^2}{\mathrm{d}t^2}q(t) = -\omega_0^2 q(t) \tag{7.3}$$

其中 $q(t)$ 表示质点的位置，ω_0 表示振荡频率。后者是质量 m 和弹簧劲度系数 k 的函数：$\omega_0 = \sqrt{k/m}$。这可以通过引入 p=dq/dt，使用$\vec{x}$ =$(q, p)^{\mathrm{T}}$，并定义一些初始值，例如 $q(0)=q_0$，$p(0)=0$，代入到公式（7.2）中。使用速记符号$\dot{\vec{x}}$:=d $\vec{x}$ /dt 并省略显示时间依赖性，我们得到：

$$\dot{\vec{x}} = \vec{f}(\vec{x}) = \begin{pmatrix} p \\ -\omega_0^2 q \end{pmatrix}, \quad \vec{x}(0) = \begin{pmatrix} q_0 \\ 0 \end{pmatrix} \tag{7.4}$$

请注意，公式（7.4）中的$\vec{f}$并没有依赖于变量 t，使公式（7.4）是一个自洽的 ODE。另外请注意，在此示例中，独立变量 t 表示时间，$\vec{x}$是相空间中的一个点，因此方程解$\vec{x}$ (t) 表示谐振子的轨迹。这是物理 ODE 中的典型情况，也是我们选择变量 t 和$\vec{x}$ ① 的原因。

对于公式（7.4）中的谐振子。我们可以找到 IVP 的解析解：

$$q(t) = q_0 \cos \omega_0 t, \ p(t) = -q_0 \omega_0 \sin(\omega_0 t)$$

更复杂的非线性 ODE 通常是无法通过解析求解的，我们必须使用数值方法来获取近似解。一组特定的例子是和混沌动力学系统有关的 [52]，其中的轨迹无法用分析函数来描述。第一个对此进行探索的模型是所谓的洛伦兹系统，它是一个三维 ODE $\vec{x}$ =$(x_1, x_2, x_3)^{\mathrm{T}} \in \mathbb{R}^3$，由以下等式给出：

① 在数学中，自变量称为 x，解为 $y(x)$。

$$\dot{x}_1 = \sigma(x_2 - x_1)$$
$$\dot{x}_2 = Rx_1 - x_2 - x_1x_3 \quad (7.5)$$
$$\dot{x}_3 = x_1x_2 - bx_3$$

其中 σ、R、$b \in \mathbb{R}$ 是系统的参数。图 7–1 描绘了该系统在参数 σ=10、R=28 和 b=10/3 的典型选择下的轨迹。对于这些参数，洛伦兹系统存在一个名为混沌吸引子（Chaotic Attractor），它可以在图 7-1 中识别出来。

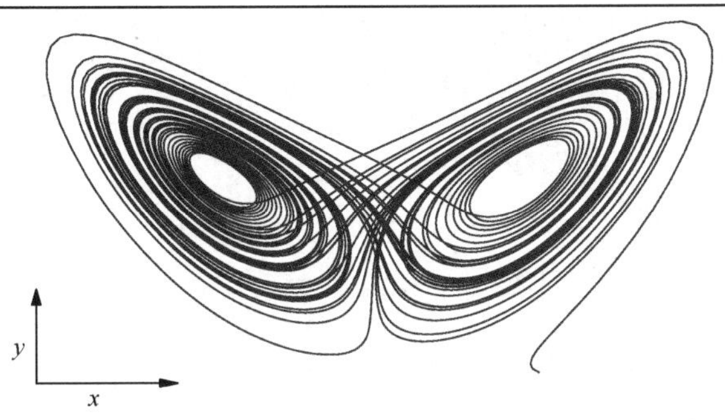

图 7-1　当参数 $\sigma = 10, R = 28$ 和 b=10/3 时，洛伦兹系统中的混沌轨迹

虽然这样的解是不可能通过解析找到的，但在 RHS $\vec{f}$ 的某些条件下，有相关的数学知识证明它的存在性和唯一性，如 Picard-Lindelöf 定理，它要求 $\vec{f}$ 是利普希茨连续的 [68]。如果满足此条件并且存在唯一解（几乎所有实际问题都是如此），我们就可以应用算法例程来找到该解的数值近似值。

7.1.2　Runge-Kutta 算法

解决常微分初值问题的常见通用方案是所谓的龙格 - 库塔（Runge-Kutta，RK）法 [28]。我们将专注于显式的 RK 方法，因为它们更容易实现并且与 GPU 的适配性很好。它们是一系列单步迭代方法，依靠时间离散化来计算 IVP 的近似解。

时间离散化意味着在时间点 t_n 计算近似解。所以我们使用 $\vec{x}_n$ 作为解 $x(t_n)$ 在时间点 t_n 的近似数值。在最简单且最常用的具有恒定步长 Δt 等距离散化的情况下，数值解如下所示：

$$\vec{x}_n \approx \vec{x}(t_n),\ 其中\ t_n = t_0 + n \cdot \Delta t \quad (7.6)$$

近似点 $\vec{x}_n$ 是使用数值算法一性次获得的，该算法可以最一般的形式写成：

$$\vec{x}_{n+1} = \vec{F}_{\Delta t}(\vec{x}_n) \quad (7.7)$$

这里的映射 $\vec{F}_{\Delta t}$ 表示数值算法，即著名的 RK4 方案，有时也称龙格 - 库塔方案，它执行一次从 $\vec{x}_n$ 到 $\vec{x}_{n+1}$ 的迭代，时间步长为 Δt。如果数值方案生成的解精确到 m+1 阶的某个误差，则称该数值方案具有 m 阶：

$$\vec{x}_1 = \vec{x}(t_1) + O(\Delta t^{m+1}) \quad (7.8)$$

其中$\vec{x}(t_1)$是从初始条件$\vec{x}(t_0) = \vec{x}_0$开始到 t_1 的 ODE 精确解。因此，m 表示该方案单步的精确度顺序。计算这种离散轨迹 $x_1, x_2, \ldots$ 的最基本数值算法是欧拉方法（Euler Scheme），其中 $F_{\Delta t}(\vec{x}_n) := \vec{x}_0 + \Delta t \cdot \vec{f}(\vec{x}_n, t_n)$，这意味着下一个近似值是通过当前值获得：

$$\vec{x}_{n+1} = \vec{x}_n + \Delta t \cdot \vec{f}(\vec{x}_n, t_n) \tag{7.9}$$

该方案没有实际意义，因为它仅提供 m=1 阶的精度。我们可以通过引入中间点并将一个步骤分成若干阶段来获得更高的阶数。例如，RK4 方案中有 s=4 个阶段，阶数 m=4。它的定义如下：

$$\begin{aligned}
&\vec{x}_{n+1} = \vec{x}_n + \frac{1}{6}\Delta t(\vec{k}_1 + 2\vec{k}_2 + 2\vec{k}_3 + \vec{k}_4)\text{，其中} \\
&\vec{k}_1 = \vec{f}(\vec{x}_n, t_n), \\
&\vec{k}_2 = \vec{f}\left(\vec{x}_n + \frac{\Delta t}{2}\vec{k}_1, t_n + \frac{\Delta t}{2}\right), \\
&\vec{k}_3 = \vec{f}\left(\vec{x}_n + \frac{\Delta t}{2}\vec{k}_2, t_n + \frac{\Delta t}{2}\right), \\
&\vec{k}_4 = \vec{f}(\vec{x}_n + \Delta t\,\vec{k}_3, t_n + \Delta t)
\end{aligned} \tag{7.10}$$

注意中间结果$\vec{k}_i$的后续计算是依赖于前一阶段的结果$\vec{k}_{j<i}$的。

在更一般的情况下，龙格 - 库塔方案由阶段数 s 和一组参数 $c_1 \ldots c_s$; $a_{21}, a_{31}, a_{32}, \ldots, a_{ss-1}$ 以及 $b_1 \ldots b_s$ 来定义。计算下一个近似值 x_{n+1} 的算法由以下公式给出：

$$x_{n+1} = x_n + \Delta t \sum_{i=1}^{s} b_i k_i\text{，其中 } k_i = f\left(x_n + \Delta t \sum_{j=1}^{i-1} a_{ij} k_j, \Delta t c_i\right) \tag{7.11}$$

T 参数集 a_{ij}、b_i 和 c_i 定义了所谓的布彻表（图 7-2）并完整描述了特定的龙格 - 库塔方案，并给出了 RK4 方案的布彻表。

(a)包含s个阶段的通用布彻表

$$\begin{array}{c|ccccc}
c_1 & & & & & \\
c_2 & a_{2,1} & & & & \\
c_3 & a_{3,1} & a_{3,2} & & & \\
\vdots & \vdots & & \ddots & & \\
c_s & a_{s,1} & a_{s,2} & \ldots & a_{s,s-1} & \\
\hline
 & b_1 & b_2 & \ldots & b_{s-1} & b_s
\end{array}$$

(b)RK4方案的系数表

$$\begin{array}{c|cccc}
0 & & & & \\
0.5 & 0.5 & & & \\
0.5 & 0 & 0.5 & & \\
1.0 & 0 & 0 & 1.0 & \\
\hline
 & 1/6 & 1/3 & 1/3 & 1/6
\end{array}$$

图 7-2 布彻表

7.1.3 泛型实现

在 C++ 中以直接的方式实现上述龙格 - 库塔方法非常简单。例如，我们可以使用 `std::vector<double>` 表示状态$\vec{x}$和导数$\vec{k}_n$，使用模板允许 RHS 函数$\vec{f}(\vec{x}, t)$具有一定的通用性。代码示例 7-1 展示了上面介绍的欧拉方法的快速和简易实现。为了简单起见，我们将示例限制为欧拉方法以保持代码片段的简洁，但以下几点也适用于更复杂的龙格 - 库塔方法的类似实现。

代码示例 7–1　欧拉方法的基本实现

```
using state_type = std::vector <double>;

template <typename System>
void euler_step(System system, state_type & x,
                const double t, const double dt)
{
    state_type k{x.size()};
    system(x, k, t);
    for(int i= 0; i <x.size(); ++i)
        x[i]+= dt * k[i];
}
```

将 RHS 系统定义为模板参数已经为我们提供了一些良好的通用性：euler_step 函数将函数指针、函子和 C++ lambda 对象作为系统参数。唯一的要求是系统对象可以使用参数结构 systme(x, dxdt, t) 调用，并且计算 dxdt 的导数。

虽然这个实现在很多情况下表现良好，但是一旦遇到一些不标准的情况，就会出现严重的问题。这些情况可能是：

- 不同的状态类型，例如可能提供更好性能的固定长度的数组（std::array）；
- 复数的 ODE；
- 非标准容器，例如用于复数网络上的 ODE；
- 需要比 double 型更高的精度；
- 并行化，例如通过 OpenMp 或 MPI；
- 通用图形处理（GPGPU）设备的使用。

接下来，我们将优化代码示例 7-1，以便能够处理上述情况。因此，我们首先确定龙格 - 库塔方案的计算需求，然后逐个解决这些需求。结果就是这些算法的高度模块化实现，允许我们交换计算特定部分，以便可以为前面的问题提供解决方案。

7.1.3.1　计算要求

要获得欧拉方法（代码示例 7-1）的通用实现，我们需要将算法和实现细节分开。为此，我们首先确定欧拉方法中涉及计算的需求。通过检查公式（7.9）和（7.10），以及代码示例 7-1 中的基本欧拉实现，我们可以确定计算所需的几个部分。首先，必须在代码中表示数学实体，即 ODE 的状态变量 $\vec{x}(t)$ 以及自变量 t 和龙格 - 库塔方案中的常数 a、b、c。在代码示例 7-1 中，我们分别使用 std::vector<double> 和 double，但是在泛型实现中，它们将用模板参数替代。其次，必须执行内存分配来存储中间结果 $\vec{k}$。此外，还需要对可能的高维状态变量进行迭代，最后进行标量计算涉及变量 x_i、自变量 t、Δt，以及数值常量 a、b 和 c。

综上所述，之前介绍的龙格 - 库塔方案需要以下计算组件：

- 表示数学关系的实体；
- 内存管理；

- 迭代；
- 基本计算。

确定这些需求后，我们现在可以设计一个泛型实现，其中每个需求都由可以替换的模块化代码来实现。

7.1.3.2　模块化算法

代码示例 7–2　带有模板化类型的龙格 - 库塔类

```
template <typename state_type,
          typename value_type = double,
          typename time_type = value_type>
class runge_kutta4{
    // ...
};
using rk_stepper = runge_kutta4 <std::vector <double> >;
```

在我们的模块化设计中，将为之前确定的 4 个需求引入单独的代码结构。先从用于表示数学对象的类型开始——状态$\vec{x}$、自变量（时间）t 以及算法参数 a、b、c（图 7-2（a））。为任意类型泛化算法的标准方法是引入模板参数。我们也遵循这种方法，因此定义了 3 个模板参数——state_type、time_type 和 value_type。代码示例 7-2 显示了带有这些模板参数的 RK4 方法的类定义。请注意，我们将 double 作为 value_type 和 time_type 的默认参数类型，因此大多数情况下，用户只需指定 state_type。

接下来，我们解决内存分配问题。在代码示例 7-1 中，这是通过 std::vector 构造函数完成的，该构造函数期望将向量大小作为参数。对于通用的 state_type，这将不再是可接受的，因为用户可能会提供其他类型，例如 std::array，这些类型是通过不同的签名构造的。因此，我们引入了一个模板化的辅助函数可以由用户针对任何给定的 state_type 进行特例化。代码示例 7-3 显示了 std::vector 和 std::array 的实现及其在 runge_kutta4 实现中的应用。注意，resize 函数是如何根据状态 in 为状态 out 分配内存的。这是实现此类内存分配的最通用方法，它也适用于所需大小不是那么简单的稀疏矩阵类型。代码示例 7-3 中调整大小的方法提供了与代码示例 7-1 中非泛型版本相同的功能，因为 runge_kutta4 类再次负责其自身的内存管理。它可以立即与任何提供 resize 和 size 函数的矢量类型一起使用。对于其他类型，用户可以提供 resize 函数的重载，并以这种方式告知 runge_kutta4 类如何分配内存。

接下来计算 RHS 方程$\vec{f}(\vec{x}, t)$。这已经在代码示例 7-1 中通过模板以通用的方式实现，我们将保留这个解决方案。

最后，我们必须找到数值计算的抽象。如前所述，这涉及对$\vec{x}$的元素进行迭代访问，以及对这些元素进行基本运算（求和、乘法）。我们通过引入两个代码结构——代数（Algebra）和运算（Operation），分别解决它们。代数负责处理迭代，运算负责计算。

我们先从代数开始，对于 RK4 算法，我们需两个函数分别迭代访问 state_type 的 3 个和 6 个实例，如代码示例 7-3 所示。请注意，由于 state_type 通常是 std::vector 或 std::array，因此提供可以处理 C++ 容器的代数是合理的。为了确保基本代数的通用性，我们将使用 C++11 引入的 std::begin 和 std::end 函数，它们是标准库的一部分。

代码示例 7-3 内存分配

```
template <typename state_type>
void resize(const state_type & in, state_type & out){
  // 能够处理容器的标准实现
  using std::size;
  out.resize(size(in));
}

// 为 std::array 特例化
template <typename T, std::size_t N>
void resize(const std::array <T, N>&, std::array <T,N>&){
  /* arrays don ' t need resizing */
}

template <...>
class runge_kutta4{
    // ...
    template <typename Sys>
    void do_step(Sys sys, state_type & x,
                 time_type t, time_type dt)
    {
        adjust_size(x);
        // ...
    }

    void adjust_size(const state_type & x){resize(x, x_tmp);
        resize(x, k1);
        resize(x, k2);
        resize(x, k3);
        resize(x, k4);
    }
};
```

建议

诸如 std::begin 这种泛型库中的自由函数的正确用法是，在本地通过 using std::begin 将其引用到当前的命名空间，然后在不需要命名空间限定符的情况下访问它们，即 begin(x)，就像代码示例 7-4 中展示的那样。如有必要，编译器还可以通过依赖参数的名称查找（Argument-Dependent name Lookup，ADL）定义在与 x 类型相同的命名空间下的 begin 函数。

代码示例 7-4 展示了这样一个 container_algebra。迭代在 for_each 函数中执行，这些函数是 container_algebra 函数结构的一部分。这些函数需要一个容器对象和一个操作对象，然后简单地对容器迭代访问并按元素执行给定的操作。针对每个元素执行的操作是简单的乘法和加法，后续将对它们进行详细描述。

代码示例 7–4　容器代数

```
struct container_algebra
{
    template <typename S1, typename S2, typename S3, typename Op> void
    for_each3(S1 & s1, S2 & s2, S3 & s3, Op op) const
    {
        using std::begin;
        using std::end;

        auto first1 = begin(s1);
        auto last1 = end(s1);
        auto first2 = begin(s2);
        auto first3 = begin(s3);
        for( ; first1 != last1; )
            op(* first1 ++, * first2 ++, * first3 ++);
    }
};
```

最后的部分是基本操作，将由再次集合到结构中的函子对象构造。代码示例 7-5 展示了这些操作函数的实现。为了简单起见，我们再次提供可以在 for_each3 中使用的是函子 scale_sum2（代码示例 7-4）。不过将其扩展到 scale_sum5，以便和 for_each6 一起工作是非常简单的。如代码示例 7-5 所示，函子由一系列参数 alpha1、alpha2 等，以及一个计算所需乘积并求和的函数调用运算符组成。

代码示例 7–5　运算

```
struct default_operations{
    template <typename F1 = double, typename F2 = F1>
    struct scale_sum2{
        const F1 alpha1;
        const F2 alpha2;

        scale_sum2(F1 a1, F2 a2)
          : alpha1{a1}, alpha2{a2}{}

        template <typename T0, typename T1, typename T2>
        void operator()(T0 & t0, const T1 & t1, const T2 & t2) const
        {
```

```
            t0 = alpha1  * t1 + alpha2  * t2;
        }
    };
};
```

收集了所有模块化部件后，我们可以根据上述部件实现 RK4 算法。代码示例 7-6 展示了这个实现。

注意，上面介绍的所有部分都是通过模板参数提供的，因此它是可配置的。

代码示例 7–6 泛型 RK4 算法

```
template <typename state_type, typename value_type = double,
          typename time_type = value_type,
          typename algebra = container_algebra,
          typename operations = default_operations> class
runge_kutta4{
public :
    template <typename System>
    void do_step(System & system, state_type & x,
                 time_type t, time_type dt)
    {

        adjust_size(x);
        const value_type one= 1;
        const time_type dt2 = dt /2, dt3 = dt /3, dt6 = dt /6;

        using scale_sum2 = typename operations::template
                  scale_sum2 <value_type, time_type>;

        using scale_sum5 = typename operations::template
                  scale_sum5 <value_type, time_type, time_type,
                              time_type, time_type>;

        system(x, k1, t);
        m_algebra.for_each3(x_tmp, x, k1, scale_sum2{one, dt2});

        system(x_tmp, k2, t + dt2);
        m_algebra.for_each3(x_tmp, x, k2, scale_sum2{one, dt2});

        system(x_tmp, k3, t + dt2);
        m_algebra.for_each3(x_tmp, x, k3, scale_sum2{one, dt});

        system(x_tmp, k4, t + dt);
        m_algebra.for_each6(x, x, k1, k2, k3, k4,
                            scale_sum5{one, dt6, dt3, dt3, dt6});
```

```
    }
private :
    state_type x_tmp, k1, k2, k3, k4;
    algebra    m_algebra;

    void adjust_size(const state_type & x) {
        resize(x, x_tmp);
        resize(x, k1); resize(x, k2);
        resize(x, k3); resize(x, k4);
    }
};
```

以下代码片段显示了如何实例化此 RK4 算法的步进器：

```
using rk4_type = runge_kutta4 <vector <double>, double, double,
                     container_algebra, default_operations>;
// 使用默认参数的等效简写定义 :
// using rk4_type = runge_kutta4 <vector <double> >;

rk4_type rk4;
```

7.1.3.3 一个简单示例

最后，我们给出了一个简单示例，说明如何使用上面的通用 RK4 算法实现来集成著名的洛伦兹系统轨迹。因此，我们只需定义状态类型，实现洛伦兹系统的 RHS 方程，然后使用上面的 runge_kutta4 类和标准的 container_algebra 和 default_operations。代码示例 7-7 展示了 C++ 代码的示例实现。

代码示例 7–7 洛伦兹系统中的轨迹

```
using state_type = std::vector <double>;
using rk4_type =    runge_kutta4 <state_type>;

struct lorenz{
    const double sigma, R, b;
    lorenz(const double sigma, const double R, const double b)
      : sigma{sigma}, R{R}, b{b}{}

    void operator()(const state_type & x, state_type & dxdt,
                    double t)
    {
        dxdt[0]= sigma *(x[1] - x[0]);
        dxdt[1]= R * x[0] - x[1] - x[0] * x[2];
        dxdt[2]= - b * x[2] + x[0] * x[1];
    }
};
```

```
int main(){
    const int steps = 5000; const
    double dt= 0.01;

    rk4_type    stepper;
    lorenz    system{10.0, 28.0, 8.0/3.0};
    state_type x{3, 1.0};
    x[0]= 10.0;     // some initial condition
    for(size_t n= 0; n <steps; ++n){
        stepper.do_step(system, x, n* dt, dt);
        std::cout << n * dt << ' ';
        std::cout << x[0] << ' ' << x[1] << ' ' << x[2]
                  << std::endl;
    }
}
```

7.1.4 展望

我们已经实现了RK4算法的通用实现。从这里开始，我们可以继续向多个方向发展。显然，我们可以进一步完善龙格 - 库塔方法，比如步长控制和密集输出部件。虽然这些方法可能更难实现并且需要更多的后端功能（代数和运算），但它们在概念上适合上面的通用框架。此外，还可以扩展到其他显式算法，例如多步法或预测校正法，因为基本上所有显式方案都仅依赖于此处介绍的 RHS 评估和向量运算。不过隐式方案需要高阶代数例程，例如求解线性系统，因此需要一些不同于此处介绍的代数方法。

此外，我们还可以提供除 container_algebra 之外的其他后端。比如引入 omp_algebra 或 mpi_algebra 的并行性。此外，GPU 计算可以通过诸如 opencl_algebra 和相应的数据结构来实现。还有一个用例是依赖一些线性代数包，该包提供已经实现所需操作的向量和矩阵类。通过它们，我们不需要迭代，只需使用一个简单代数方法将所需计算转发给 default_operations 即可。

如你所见，通用实现提供了足够的灵活性来调整算法以适应非标准情况，例如不同的数据结构或 GPU 计算。这种方法的优势在于不需要更改实际算法，通用性允许我们替换实现某些部分以适应不同的情况，但算法的实现仍然存在。

在 Boost.odeint 库中可以找到遵循此规则的通用 ODE 算法的扩展实现，它包括很多数值算法和几个后端，例如用于兼容并行性和 GPU 计算。Boost.odeint 库得到了积极维护并被广泛使用和测试。只要有可能，强烈建议使用这个程序库，而不是重新实现这些算法。而且上面给出的想法和代码可以作为一个很好的起点，以通用的方式实现新的、针对特定问题的更多例程。

7.2 创建项目

如果程序规模比较小，那么如何设计程序并不重要。对于较大的软件项目（比如超过 10 万行代码），良好的源代码结构就至关重要。首先，程序源代码必须以明确定义的方式分布在文件中，单个文件的大小因项目而异，这不在本书的讨论范围之内，暂不展开讨论。在这里，我们只演示一些基本原理。

7.2.1 构建过程

从源代码文件到可执行文件的构建过程通常包括 4 个步骤，开发人员可以从外部观察并影响这些步骤。在程序内部，标准 [39，5.2 节] 中指定了 9 个阶段。尽管如此，大部分文件很少的程序可以通过编译器一次性完成构建。因此，“编译”这个术语在实际编译步骤（7.2.1.2 节）中和由单个命令执行时，其表意并不明确。

图 7-3 描述了 4 个步骤：预处理、编译、汇编和链接。后续的章节将会分别讨论这些步骤。

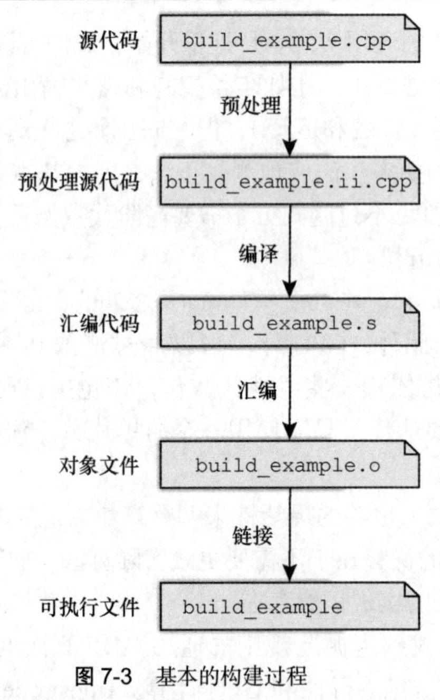

图 7-3 基本的构建过程

7.2.1.1 预处理

⇒ c++03/build_example.cpp

预处理的直接输入是一个包含函数和类代码的源文件。对于 C++ 项目，这是一个具有以下典型扩展名的文件：.cpp、.cxx、.C、.cc 或 .c++[①]，例如 build_example.cpp：

```
# include <iostream>
# include <cmath>

int main(int argc, char * argv[])
{
    std::cout ≪ " sqrt(17) is " ≪ sqrt(17) ≪ '\n';
}
```

⇒ c++03/build_example.ii.cpp

其间接输入是相应的 #include 指令引用的所有文件，这些引用的头文件中包含若干声明。引用是一个递归过程，会扩展到引用的引用等。结果是引用所有直接或间接引用文件的单个文件。当引用具有大量依赖项的大型第三方库（如 Boost）时，这样的扩展文件可能包含几十万行代码。仅引用 <isotream> 就会将小程序规模（比如当前的展示示例）膨胀到大约 20000 行代码：

```
# 1 "build_example.cpp" #
1 "<command - line>"
// ... 忽略了一些代码
#   1   "/usr/include/c++/4.8/iostream"  1  3
#   36   "/usr/include/c++/4.8/iostream"   3
// ... 忽略了一些代码
# 184 "/ usr/ include / x86_64 - linux - gnu / c ++/4.8/ bits / c++ config.h" 3
namespace std
{
  typedef long unsigned int size_t;
// ... 忽略了一些代码
# 3 "build_example.cpp" 2

int main(int argc, char * argv[])
{
    std::cout ≪ " sqrt(17) is " ≪ sqrt(17) ≪ '\n';
}
```

预处理的 C++ 程序通常会获得 .ii 后缀（.i 表示预处理的 C 程序）。如果希望仅执行预处理过程，请使用编译器标记 -E（Visual Studio：/E 针对控制台；/P 针对文件）。应使用 -o 标记指定输出结果，否则它会打印到屏幕上。

除了引用依赖项之外，还扩展了宏并选择了条件代码。整个预处理步骤就是纯文本替换，大部分与编程语言无关。因此，它非常灵活，但也非常容易出错，正如我们在 1.9.2.1 节中讨论的那样。在预处理过程中合并的文件集称为翻译单元（Translation Unit）。

① 文件扩展只是一种约定，对编译器无关紧要。我们可以使用 .bambi 作为程序的扩展名，它们仍然可以编译。这同样适用于此构建讨论的其余部分中的所有其他文件扩展。

⇒ c++17/has_include_example.cpp

C++17　C++17 中提供了宏 __has_include 来测试头文件是否可用于引用，这允许我们有条件地引用文件：

```
# if __has_include(<any>) #
    include <any>
# endif
```

特别是在使用仅提供部分语言支持的编译器时（例如，-std=c++2a 用于声明支持部分 C++20 中的特性），一些库可能还不存在——如旧编译器上的头文件 <any>（C++17）或较新的编译器上的头文件 <ranges>（C++20）。即使是提供常规标准标记的编译器版本（如 C++20 的 -std=c++20）也可能缺少一些标准头文件。当然，我们可能需要为缺少头文件的其他代码进行适配：

```
int main()
{
# if __has_include(<any>)
    std::cout ≪ " any found, we do something useful .\ n";
# else
    std::cerr ≪ " any not found, we have to skip this example .\ n";
# endif
}
```

我们还可以使用此宏来测试应用程序的头文件的可用性，或在未正确引用头文件时生成错误提示信息。最坏的情况是现有头文件仍然不完整或不正确，这种情况只能通过构建系统中面向项目的特性测试以及根据用户自定义的条件编译来处理。这种方法会显著增加开发成本，甚至会增加代码测试的工作量，仅当向后兼容性极其重要时才应考虑它。更简单的方法是尽可能避免条件编译，并测试哪些编译器能够为项目提供足够的语言支持。

7.2.1.2　编译

⇒ c++03/build_example.s

实际编译会将被预处理后的源代码转换为目标平台的汇编代码[①]，这是平台机器语言的符号表示，例如：

```
        .file     "build_example.cpp "
        .local     _ZStL8__ioinit
        .comm     _ZStL8__ioinit,1,1
        .section          .rodata
.LC0:
        .string " sqrt(17) is "
        .text
        .globl    main
```

① C++ 编译器没有义务生成汇编代码，但所有常见的编译器都会这样做。

```
        .type     main, @function

main:
.LFB1055:
        .cfi_startproc
        pushq  % rbp
        .cfi_def_cfa_offset 16
        .cfi_offset 6, - 16
        movq   % rsp, % rbp
        .cfi_def_cfa_register 6
        subq   $32, % rsp
        movl   % edi, - 4(% rbp)
        movq   % rsi, - 16(% rbp)
        movl   $.LC0, % esi
        movl   $_ZSt4cout, % edi
        call   _ZStlsISt11char_traitsIcEERSt13basic_ostream①
        movq   % rax, % rdx
; just a bit more code
```

令人惊讶的是，汇编程序代码比此示例的预处理 C++ 代码要短得多，因为它只包含真正执行的操作。汇编程序的典型扩展名是 `.s` 和 `.asm`。

编译是构建过程中最复杂的部分，会应用 C++ 的所有语言规则。编译本身由多个阶段组成——前端、中端和后端，而这些阶段又可以由多个阶段组成。

除了代码生成之外，C++ 程序的名称还使用类型和命名空间（3.2.1 节）信息进行修饰。这种修饰被称为命名修饰机制（Name Mangling）。

7.2.1.3 装配

汇编是从汇编程序到机器语言的一对一转换，其中命令被十六进制代码替换，标签被（相对）真实地址替换。生成的文件被称为目标代码，其扩展名为 `.o`，在 Windows 上是 `.obj`。目标文件中的实体（代码和变量）被称为符号（Symbol）。

目标文件可以打包成归档文件（扩展名为 `.a`、`.so`、`.lib`、`.dll` 等），该过程的这一部分仅仅是将代码结构化。

7.2.1.4 链接

最后，把目标文件和归档文件链接到一起。链接器的主要任务是：

- 匹配不同目标文件的符号；
- 将与每个目标文件相关的地址映射到应用程序的地址空间。

原则上，链接器没有类型的概念，仅通过名称匹配符号。但是，由于名称用类型信息修饰过，因此在链接器中仍然提供一定程度的类型安全。在函数重载时，名称修饰机制将函数调用与正确的实现链接起来。

归档文件也称链接库，它以两种方式实现链接。

---

① 函数名称被缩短以适应页面。

- **静态**：归档文件完全包含在可执行文件中。此链接适用于 .a 库（UNIX）和 .lib 库（Windows）。
- **动态**：链接器仅检查所有符号的存在性并保留对归档文件的某种引用。这适用于 .so 库（UNIX）和 .dll 库（Windows）。

其影响是显而易见的：链接到动态库的可执行文件要小得多，但取决于执行二进制文件的机器上是否存在这些库。当在 UNIX/Linux 上找不到动态库时，我们可以将其文件目录添加到环境变量 LD_LIBRARY_PATH 的搜索路径中。在 Windows 上，它需要做一些额外的工作。相反，较大的静态链接的可执行文件包含完整的代码并独立于现有库运行。

7.2.1.5　完成构建

图 7-4 说明了如何生成通量模拟器的应用程序。首先，我们在 fluxer.cpp 中预处理主应用程序，其中包括标准库，比如 <iostream> 和用于网格划分和求解的专用程序库。然后将扩展后的源代码编译为目标文件 fluxer.o。最后，应用程序的目标文件与标准库（如 libstdc++.so）和我们支持引用其标头的域库链接，这些库可以像 libsolver.a 一样静态链接，也可以像 libsolver.so 一样动态链接。经常使用的库（比如来自系统的库）通常以上述两种形式提供。

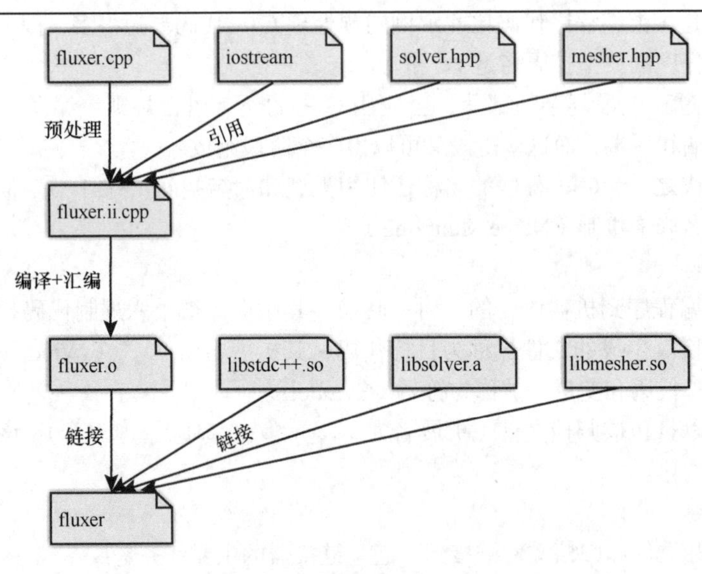

图 7-4　完整的构建过程

7.2.2　构建工具

当我们从源代码和已编译的库构建应用程序和库时，可以不厌其烦地输入大量命令或使用合适的工具。

在本节中，我们将介绍两种工具：make 和 CMake。我们来研究图 7-4 所示的场景——链接

mesher 和 solver 库的应用程序 fluxer，而上述两个库需要从适当的源文件和头文件构建。

7.2.2.1 make

⇒ makefile_example/makefile

我不知道你怎么看 make，但它并没有传闻中的那么糟糕①。实际上，它对于处理小型项目非常高效。基本思路是我们要表达目标与其源文件之间的依赖关系，并当目标文件比源文件旧或存在缺失时，该目标会使用给定的命令（重新）生成。这些依赖项被写入 makefile 并且会被 make 自动解析。在我们的示例中，必须将 fluxer.cpp 编译为相应的目标文件 fluxer.o：

```
fluxer.o: fluxer.cpp mesher.hpp solver.hpp
   g++ fluxer.cpp - c - o fluxer.o
```

命令所在的行必须以制表符（tab）开头。由于所有对象文件的规则都非常相似，我们可以为所有 C++ 源代码编写一个通用规则：

```
.cpp.o:
     ${CXX} ${CXXFLAGS} $^ - c - o $@
```

该命令包含自动变量，其中 $@ 用于规则中的目标，而 $^ 用于其源。变量 ${CXX} 预设为默认的 C++ 编译器，${CXXFLAGS} 预设为其默认标识。我们可以改变这些变量：

```
CXX=    g++- 10
CXXFLAGS =     - O3 - DNDEBUG    # Release
# CXXFLAGS = - O0 - g            # Debug
```

这里我们更改了编译器并针对发布模式应用了积极的优化措施。通过注释信息，我们还演示了没有优化的调试模式和调试工具所需的目标文件中的符号表。

接下来必须构建我们的程序库：

```
libmesher.a: mesher.o # 更多的网格代码
         ar cr $@ $^

libsolver.a: solver.o # 更多的解析器代码
         ar cr $@ $^
```

为了简单起见，我们使用静态链接构建两者（与图 7-4 略有不同）。

最后，我们将应用程序和库链接到一起：

```
fluxer : fluxer.o libmesher.a libsolver.a
    ${CXX} ${CXXFLAGS} $^ - o $@
```

这里我们将使用默认链接器而不是 C++ 编译器，需要添加 C++ 标准库和一些专用的 C++ 链接标识。

① 有传言说它的作者在休假前向其同事展示了它，当他休假回来时，已经后悔这种设计了，但它已经被整个公司普遍采用，想要收回，为时已晚。

现在我们可以用一条命令来构建项目：

```
make fluxer
```

这会触发以下命令的执行：

```
g++  fluxer.cpp -c -o fluxer.o
g++  mesher.cpp -c -o mesher.o
ar cr libmesher.a mesher.o
g++  solver.cpp -c -o solver.o
ar cr libsolver.a solver.o
g++  fluxer.o libmesher.a libsolver.a -o fluxer
```

如果我们更改 mesher.cpp，那么下次构建过程将只会生成依赖于它的目标：

```
g++  mesher.cpp -c -o mesher.o
ar cr libmesher.a mesher.o
g++  fluxer.o libmesher.a libsolver.a -o fluxer
```

根据惯例，第一个不以点开头的目标被认为是默认目标：

```
all: fluxer
```

所以我们只需在命令行中输入 make 即可。

7.2.2.2　CMake

⇒ CMake_example/CMakeLists.txt

正如我们在本节中演示的那样，CMake 是一种比 make 更抽象的工具。

我们的构建项目是在名为 CMakeLists.txt 的文件中指定的，它通常从声明需要哪个最低版本的工具和命名项目开始：

```
cmake_minimum_required(VERSION 2.6)
project(Fluxer)
```

只需声明其来源即可轻松生成新的库：

```
add_library(solver solver.cpp)
```

使用哪些命令以及如何将其参数化由 CMake 决定，除非我们坚持其规范。我们可以通过以下命令很容易地生成具有动态链接的库：

```
add_library(mesher SHARED mesher.cpp)
```

我们最终的目标是创建 fluxer 应用程序，并链接到这两个库：

```
add_executable(fluxer fluxer.cpp)
target_link_libraries(fluxer solver mesher)
```

在单独的目录中构建项目是一种良好的编程实践，这样我们就可以一次性丢弃所有生成的文件。我们通常会创建一个名为 build 的子目录并在其中运行所有命令：

```
cd build
cmake ..
```

CMake 可以被视为一种元构建系统：它实际上并不构建项目，而是为另一个构建系统（比如 make 或 ninja）生成输入。它还可以为某些 IDE（如 Eclipse 或 Visual Studio）生成项目文件。生成首先从搜索编译器和其他工具开始，包括它们的标识：

```
-- The C compiler identification is GNU 4.9.2
-- The CXX compiler identification is GNU 4.9.2
-- Check for working C compiler : / usr/ bin/ cc
-- Check for working C compiler : / usr/ bin/ cc -- works
-- Detecting C compiler ABI info
-- Detecting C compiler ABI info - done
-- Check for working CXX compiler : / usr / bin / c++
-- Check for working CXX compiler : / usr / bin / c++ -- works
-- Detecting CXX compiler ABI info
-- Detecting CXX compiler ABI info - done
-- Configuring done
-- Generating done
-- Build files have been written to: ... / CMake_example / build
```

这里它默认构建了一个我们可以使用的 makefile：

```
make
```

然后我们将看到如下输出结果：

```
Scanning dependencies of target solver
[33%] Building CXX object CMakeFiles / solver.dir / solver.cpp.o
Linking CXX static library libsolver.a
[33%] Built target solver
Scanning dependencies of target mesher
[66%] Building CXX object CMakeFiles / mesher.dir / mesher.cpp.o
Linking CXX shared library libmesher.so
[66%] Built target mesher
Scanning dependencies of target fluxer
[100%] Building CXX object CMakeFiles / fluxer.dir / fluxer.cpp.o
Linking CXX executable fluxer
[100%] Built target fluxer
```

生成的 makefile 反应了项目的依赖关系，当我们更改某些源文件时，下一个 make 只会重建与更改有关的内容。与 7.2.2.1 节中简单的 makefile 相比，这里考虑的是修改后的头文件。如果我们修改了某些文件，比如 solver.hpp 和 libsolver.a，那么 fluxer 将会被重新构建。

我们把它最大的优点（CMake 的可移植性）放在了最后。从我们生成的配置文件 CMakeLists.txt 中，可以通过使用另一个生成器读取上述文件的信息来创建一个 Visual Studio 项目。本书的作者非常喜欢这个功能：直到今天，他都没有从头创建过一个 Visual Studio 项目，而是用 CMake 生成它们。他也没有将这些项目迁移到新的 Visual Studio 版本。相反，他只是用新版本的生成器创建新项目。此外，也可以用它生成 Eclipse 和 XCode 项目。KDevelop 和最新的 Visual Studio 版本程序可以直接从 CMake 文件构建其项目，甚至可以更新它们。总之，它是一款非常强大的构建工具，在编写本书时，它仍然是许多项目的最佳选择。

7.2.3 单独编译

在看到我们如何从多个源头构建可执行文件后，接下来将讨论如何设计这些源头以避免冲突。

7.2.3.1 头文件和源文件

除了内联代码和模板代码，源代码单元通常被分割成：

- 包含声明的头文件（例如 `.hpp`）；
- 一个源文件（例如 `.cpp`）。

源文件包含所有算法实现，可执行文件将根据这些算法生成。头文件包含在其他文件中实现的函数和类的声明。因为这些函数可以只在内部使用，所以在头文件中被省略了。例如，我的朋友 Herbert 将其数学函数拆分成如下形式：

```
// File : herberts / math_functions.hpp
# ifndef HERBERTS_MATH_FUNCTIONS_INCLUDE
# define HERBERTS_MATH_FUNCTIONS_INCLUDE

typedef double hreal; // Herbert 的实数

hreal sine(hreal);
hreal cosine(hreal);
...
# endif

// File : herberts / math_functions.cpp
# include <herberts / math_functions.hpp>

hreal divide_by_square(hreal x, hreal y){ ... }

hreal sine(hreal){ ... }
hreal cosine(hreal){ ... }
...
```

至于 Herbert 为什么要引入自定义的实数类型，这个问题就交给读者去回答。为了使用 Herbert 的函数，我们需要做两件事。

- 声明如下内容：
  - 引用头文件 `herberts/math_functions.hpp`；

 - 声明我们需要的所有功能；
- 编译代码：
 - 链接到 `math_functions.o`（Windows 下后缀名为 `.obj`）；
 - 链接到包含 `math_functions.o` 的归档文件。

上述声明告知编译器具有给定签名的函数代码在何处，并且可以在当前编译单元中调用它们。然后链接步骤将函数调用与它们的实际代码结合到一起。将已编译函数链接到某个应用程序的最简单的方法是将目标文件或归档文件作为参数传递给 C++ 编译器。或者，我们可以使用标准链接器，但这样我们就需要一些特定于 C++ 的额外标记。

7.2.3.2 链接问题

在链接过程中，函数和变量等 C++ 实体用符号表示。C++ 会采用命名修饰机制，即使用类型和命名空间（3.2.1 节）信息修饰符号名称。在链接过程中比较常见的问题有 3 个：

- 找不到符号（函数和变量）；
- 符号被多次发现；
- 没有 `main` 函数（或存在多个）。

找不到符号的原因可能是以下几种：

- 声明和实现的符号不匹配；
- 相应的目标文件或归档文件未链接；
- 归档文件以错误的顺序链接。

在大多数情况下，缺少符号只是一个拼写错误。由于命名修饰机制，函数的符号名包含类型信息，也可能是参数的类型不匹配。另外一种可能性是源代码是用不兼容的编译器编译的，其中的名称被命名粉碎规则破坏了。

为了避免在链接或执行期间出现问题，必须验证所有源代码均使用兼容的编译器进行编译：即名称被同等的混淆并且函数参数在堆栈上以相同的顺序放置。这不仅适用于我们自己的目标文件和第三方库的目标文件，也适用于始终链接的 C++ 标准库。在 Linux 中，应使用默认编译器，保证可以与所有预编译软件一起使用软件包。如果较旧或较新的编译器版本不能作为软件包提供，通常说明存在兼容性问题。编译器仍然可以使用，但明显需要更多的工作（例如手动安装、仔细配置构建过程等）。

当链接器向用户抱怨存在重复定义时，可能在多个实现中声明了相同的变量名。更常见的是，这是由头文件中定义的变量和函数引起的，将这样的头文件只在一个翻译单元中引用，就能解决这个问题。当引用（某些）定义的头文件不止一次时，链接会失效。

基于演示的目的，我们回到 Herbert 提供的数学函数上。除了很多大型的计算之外，头文件中还包含以下关键声明：

```
// File : herberts / math_functions.hpp
..
double square(double x){return x*x;}
double pi= 3.14159265358979323846264338327950288419716939;
```

在多个翻译单元中引用此头文件后，链接器会报如下错误：

```
g ++ -4.8 -o multiref_example multiref1.cpp multiref2.cpp
/tmp/ cc65d1qC.o:(.data +0 x0): multiple definition of 'pi'
/tmp/ cc1slHbY.o:(.data +0 x0): first defined here
/tmp/ cc65d1qC.o: In function ' square(double)':
multiref2.cpp :(.text +0 x0): multiple definition of 'square(double)'
/tmp/ cc1slHbY.o: multiref1.cpp :(.text +0 x63): first defined here
collect2 : error : ld returned 1 exit status
```

让我们先处理函数，然后再处理变量。首先要解决的是静态数据的重复定义：

```
static double square(double x){ return x* x; }
```

它在翻译单元中声明了函数的局部变量，C++ 标准称此为内部链接（与外部链接相反）。其缺点是代码重复：当在头文件中引用 n 次时，函数的代码在可执行文件中会出现 n 次。

内联（inline）声明：

```
inline double square(double x){ return x* x; }
```

这与上述代码具有类似的效果。无论函数实际是否内联，内联函数始终具有内部链接①。相反，当没有内联声明符的函数内部包含外部链接时，则会导致链接错误。

C++17 C++17 中的变量也可以声明为内联型的，从而能够避免外部链接导致的链接错误。此功能使某些库可以仅作为头文件调用。

我们还可以通过仅在一个翻译单元中定义函数来避免函数的重复定义：

```
// File : herberts / math_functions.hpp
double square(double x);

// File : herberts / math_functions.cpp
double square(double x){return x*x;}
```

这对于大型函数来说是一种更好的方法。

函数定义技巧

短小的函数应该是内联的并在头文件中定义。大型函数应该在头文件中声明并在源文件中定义。

对于数据，我们可以使用类似的技术。比如静态变量：

```
static double pi= 3.14159265358979323846264338327950288419716939;
```

它会在所有翻译单元中复制，这解决了我们的链接器问题，但可能会导致其他问题，比如以下错误的代码用例：

① 相对于静态函数，代码不一定要复制。相反，它可以由一个弱符号表示，该符号不会在重新定义中导致链接器错误。

```
// File : multiref.hpp
static double pi= 17.4;

// File : multiref1.cpp
int main(int argc, char * argv[])
{
    fix_pi();
    std::cout << "pi = " << pi << std::endl;
}

// File : multiref1.cpp
void fix_pi(){ pi= 3.14159265358979323846264338327950288419716939; }
```

最好在源文件中定义一次并使用关键字 extern 在头文件中声明它：

```
// File : herberts / math_functions.hpp
extern double pi;

// File : herberts / math_functions.cpp
double pi= 3.14159265358979323846264338327950288419716939;
```

最后，我们将使用最合理的方案，即将 π 声明为常数。常量也有内部链接[①]（除非之前声明为 extern）并且可以安全地在头文件中定义：

```
// File : herberts / math_functions.hpp
const double pi= 3.14159265358979323846264338327950288419716939;
```

头文件不应该包含普通函数和变量。

目前一些科学项目仍然在使用 C 语言实现。如果你参与了这样的项目，那么可能会错过本书介绍的所有高级特性。因此，在附录 A.10 中，我们演示了如何在 C 项目中使用 C++ 实现。

7.3 模块

真正的模块化在 C++20 中通过 Module 实现。与头文件不同，它们不是以文本形式包含在其他文件中的，而是保持完全独立的实体，这几乎是该语言有史以来最剧烈的变化。正如 Bryce Adelstein 指出的那样，模块改变了编程方式： C++20

- 编写程序；
- 代码被解析；
- 程序被编译；
- 对程序项目进行组织；
- 程序项目被使用。

① 它们可能只在可执行文件中作为弱符号被存储一次。

尤其是大型项目的开发，长远来看将发生巨大变化。为此，我们还需要新一代的配套工具。不过在我们编写本书时，g++ 根本不支持此特性，而 clang++ 仅提供部分支持。Visual Studio 在一定程度上支持模块，但是模块文件被 IDE 当作普通文本处理，因此编写过程不如平时方便。而且也没有关于如何将这类文件合并到项目中的信息。同样，其他构建工具（比如 CMake）将需要比以前更多的信息来推断所有依赖项。为此，很可能需要工具和编译器之间的新交互。因此，我们希望读者在学习模块时能找到更好的工具支持。考虑到上述情况，本节只是一个简单的介绍，没有讨论所有可能发生的情况。

⇒ modules/math.cppm

clang++ 和 Visual Studio 中的模块文件扩展名是 cppm，后者还也支持 ixx 作为模块文件的扩展名。让我们先从一个简单的例子开始：

```
export module math;

namespace math{

    export bool is_prime(long i);

}
```

在这里，我们首先声明新的模块 math，其中 export module 引入了模块接口。在此模块中，我们有命名空间 math。模块和命名空间是正交的，我们可以在模块中声明其命名空间或将所有内容导出到全局命名空间中。但是，我们相信具有同名命名空间的模块更易于使用。最后，我们导出函数 is_prime。在模块中实现的任何其他内容对外部都是不可见的，只有将其导出才能使用。这意味着我们可以完全控制在模块外部所看到的内容，这与头文件不同，因为它们包含文本。模块文件由编译器翻译，其结果是相应的预编译模块文件。

⇒ modules/math.cpp

这个函数的实现驻留在常规的源文件中：

```
module math;

# include <cmath>

using namespace std;

namespace math{

    long max_check(long i){return std::sqrt(i) + 1;}

    bool is_prime(long i)
    {
        if (i == 1)
            return false;
```

```
        if (i % 2 == 0)
            return i == 2;
        for (long j= 3; j <max_check(i); j+= 2)
            if (i % j == 0)
                return false;
        return true;
    }

} // namespace math
```

这里唯一的特殊之处是在开头声明的模块。当编译此文件时，编译器需要预编译的模块文件。

⇒ module/math_app.cpp

在我们的应用程序中导入模块，代码如下：

```
# include <iostream>

import math;

int main()
{

    using namespace math;
    cout ≪ " 982451653 is " ≪ (is_prime(982451653) ? "" : " not ") "
         ≪ a prime number .\ n";
}
```

该示例还演示了可以同时使用引用头文件和导入模块的功能。但是，只要有可用的模块，你就应该始终优先选择使用模块。这里我们可以使用模块 std.core 来替代头文件 <iostream>。

⇒ modules/math.cppm

在头文件中定义模板的一个缺点是，所有内部模板函数在引用头文件的任何地方都是可见的。这个问题可以通过导出只有在模块外可见的模块来解决：

```
export module math;

namespace math{
            auto square(auto x){return x * x;}
    export auto cubic(auto x){return square(x) * x;}
} // namespace math
```

模块 math 的导入者只能使用模板函数 cubic，而不能使用 square。

更令人感到欣慰的是，模块中的宏定义不会破坏导入的程序：

```
export module math;

namespace math{
```

```
# define MACRO_SQUARE(x)((x) *(x))

} // namespace math
```

宏 MACRO_SQUARE 只能在模块内部使用。显然，一开始就不应该使用宏，也不应该将其作为最后的手段使用。

⇒ module/math_extra.cppm

大型模块可以拆分成若干个子模块，这些子模块通常会写入单独的文件：

```
export module math.extra;

namespace math{

    export inline double twice(double x){ return 2.0 * x; }

} // namespace math
```

我们决定在子模块中使用相同的命名空间，以便可以像主模块中的函数那样使用这些函数。可以有选择地导入子模块，以最大限度地控制可见性。更方便的是，我们可以将 math 导入主模块并在那里将它导出：

```
// File : modules / math.cppm
export module math;

export import math.extra;
// ...
```

math.extra 的所有导出实体现在也都导出到模块 math 中。为了正确编译，模块文件 math.cppm 需要预编译模块文件 math_extra.pcm。这个例子用 clang++ 的完整构建过程是：

```
clang ++ -10 -- precompile -o math_extra.pcm math_extra.cppm
clang ++ -10 - fmodule - file = math_extra.pcm -- precompile -o math.pcm math.cppm
clang ++ -10 - fmodule - file = math.pcm -c -o math.o math.cpp
clang ++ -10 - fprebuilt - module - path =. -o math_app math.o math_app.cpp
```

为了适配页面上的命令，我们删除了常用编译标识 -std=c++2a 和 -fmodules-ts。多次引用头文件不仅大大减慢了构建过程，而且还为各种错误打开了大门。

想象一下，我们的头文件中引用了有条件编译的代码片段，这些代码片段取决于某些宏的存在或相关值。当这些宏的定义因翻译而存在差异时，从某个头文件生产的汇编代码也会随之发生变化。

当一个项目由多人协作构建时，出现这种危险的概率尤其高。例如，一个小组可能开发和编译实用程序库，另一个小组开发编译专用行业库，还有一个小组开发和编译应用程序。最后，将它们链接到一起，如果头文件条件编译不一致，应用程序可能会出现异常行为，从而使故障排除过程非常耗费精力。

而模块在这方面更可靠。预编译模块会保留有关其编译标识的信息，当它在另一个编译环境中使用时，这些标识必须匹配。

当然，模块在本书编写时期仍然处于早期的探索阶段。

因此，我们建议在将它们引入更大的项目前，首先需要验证你的构建环境是否已经为它提供了足够的支持。如果是这样，模块将大大优化你的项目，原因如下：

- 单独编译应该会显著缩短编译时间，因为模块只编译一次，而不是像头文件那样重复编译；
- 预编译模板在所有翻译单元中具有一致的行为；
- 没有宏从模块中暴露；
- 不再需要像引用保护这种容易出错的机制；
- 可以有选择地导出模板；
- 模块可以很容易地打包成更大的模块。

因此，我们相信模块将在构建更好的软件上做出重大贡献。

7.4 结语

我希望你能喜欢这本书，并能够在自己的项目中应用所学到的新技术。本书无意涵盖 C++ 的方方面面，我会尽力证明这种强大的语言可以通过多种方式使用，并提供表现力和性能。随着时间的推移，你将找到适合自己的方式来充分利用 C++。“最佳实践”对我来说是一个基本标准，我不想列举无数的特性和所有与语义模糊相关的细节，而是要展示那些最能帮助读者实现自己目标的特性或技术。

在我的编程生涯中，花了很多时间在提高程序执行性能上，并在本书中介绍了其中的一些知识。不可否认，这样的经历并不总是有趣的，编写没有性能要求的 C++ 程序会容易很多。即使不采用一些华丽的技巧，C++ 程序在大多数情况下仍然明显比用其他语言编写的程序要快。

因此，在关注性能之前，请先关注生产力。计算中最宝贵的资源不是处理器时间或内存，而是你自己的开发时间。不管你多么专注，它总是比你想象的更耗时。一个好的经验法则是进行初始预测，然后对其大胆求证，接下来据此循环往复。如果额外的时间能够对程序或计算结果产生正面的影响，那么这种投入就是值得的。最后，衷心地祝愿你一切顺利。

附录 A

程序库

"往者不可谏，来者犹可追。"

——Bertolt Brecht

本附录旨在介绍一些不容忽视的细节，但这些细节会拖慢阅读的节奏。和基础知识有关的早期章节不应该成为读者了解高级主题的障碍——至少不应超过必要的时间。如果你想知道更多细节但是本附录却无法满足你，那么笔者非但不会懊恼，反而会感到十分欣慰。从某种意义上来说，这个附录就像电影中被删减的片段——它们没有出现在最终作品中，但对某些观众来说仍然有一定价值。

A.1 科学软件的优劣

本节的主题是关于评判科学软件优劣的标准的。因此，如果你在阅读本书之前对这些程序不甚了解，也不必担心。与前言中的示例程序一样，这些实现仅提供了对 C++ 中不同编程风格及其优缺点的初步印象。细节在这里并不重要，重要的是通用性的观念和行为。

作为讨论的基础，我们采用一种迭代的方法来求解线性方程组 $\boldsymbol{Ax}=\boldsymbol{b}$，其中 $\boldsymbol{A}$ 是一个（稀疏）对称正定（Symmetric Positive-Definite，SPD）矩阵，$\boldsymbol{x}$ 和 $\boldsymbol{b}$ 是向量，并且求解 $\boldsymbol{x}$ 的值。该方法被称为共轭梯度法（Conjugate Gradients，CG），是由 Magnus R. Hestenes 和 Eduard Stiefel [31] 发明的。数学细节在这里并不重要，该算法可以写成如下形式：

算法 A–1 共轭梯度算法

输入：SPD 矩阵 A，向量 b，左预条件子 L，终止因子 ε

Output：向量 x 满足 $Ax \approx b$

1 $r = b - Ax$

2 while $|r| \geqslant \varepsilon$ do

$z = L^{-1}r$
$\rho = \langle r, z \rangle$
if *First iteration* then
  $p = z$
else
  $p = z + \frac{\rho}{\rho'} p$
$q = Ap$
$\alpha = \rho / \langle p, q \rangle$
$x = x + \alpha p$
$r = r \quad \alpha q$
$\rho' = \rho$

⇒ c++03/cg_ugly.cpp

程序员通过语言中的操作将这种数学符号转换成编译器可以理解的形式。对于那些从第 1 章过来的读者，我想向你介绍一下 Herbert，他是一位天才的数学家，他认为编程只是为了展示自己的优秀算法。实现其他数学家的算法对他来说更加无聊。他匆忙实现的 CG 算法看起来应该像代码示例 A-1 这样：

代码示例 A–1 CG 算法的低抽象实现

```
# include <iostream>
# include <cmath>

void diag_prec(int size, double *x, double * y)
{
    y[0] = x[0];

    for (int i= 1; i <size; i ++)
        y[i] = 0.5 * x[i];
}

double one_norm(int size, double * vp)
{
    double sum = 0;
    for (int i= 0; i <size; i ++)
          sum += fabs(vp[i]);
    return sum;
}
double dot(int size, double * vp, double * wp)
{
    double sum = 0;
    for (int i= 0; i <size; i ++)
          sum  += vp[i] * wp[i];
    return sum;
}
```

```
int cg(int size, double *x, double *b,
      void(* prec)(int, double *, double *), double eps)
{
    int i, j, iter = 0;
    double rho, rho_1, alpha;
    double * p= new double[size];
    double * q= new double[size];
    double * r= new double[size];
    double * z= new double[size];

    // r= A*x;
    r[0] = 2.0 * x[0] - x[1];
    for (int i= 1; i <size - 1; i++)
          r[i] = 2.0 * x[i] - x[i- 1] - x[i +1];
    r[size - 1] = 2.0 * x[size - 1] - x[size - 2];

    // r= b-A*x;
    for (i= 0; i <size; i ++)
          r[i]= b[i] - r[i];

while (one_norm(size, r)>= eps){
    prec (size, r, z);
    rho= dot(size, r, z);
    if(! iter){
        for (i= 0; i <size; i ++)
              p[i]= z[i];
    } else{
        for (i= 0; i <size; i ++)
              p[i]= z[i] + rho / rho_1 * p[i];
    }

    // q= A * p;
    q[0] = 2.0 * p[0] - p[1];
    for (int i= 1; i <size - 1; i++)
        q[i] = 2.0 * p[i] - p[i- 1] - p[i +1];
    q[size - 1] = 2.0 * p[size - 1] - p[size - 2];

    alpha = rho / dot(size, p, q);
    // x+= alpa * p; r- = alpha * q;
    for (i= 0; i <size; i ++){

            x[i]+= alpha * p[i];
            r[i]- = alpha * q[i];
        }
```

```
        rho_1 = rho;
        iter ++;
    }
    delete[] q; delete[] p; delete[] r; delete[] z;

    return iter;
}

void ic_0(int size, double * out, double * in){/* .. */}

int main(int argc, char * argv[])
{
    int size =100;

    // set nnz and size

    double * x=    new double[size];
    double * b=    new double[size];

    for (int i =0; i<size; i ++)
        b[i] = 1.0;

    for (int i =0; i<size; i ++)
        x[i] = 0.0;

    // set A and b

    cg(size, x, b, diag_prec, 1 e- 9);

    return 0;
}
```

让我们以一般的方式来讨论这段代码。它的优点是它不需要任何其他函数并且可以自行运行——这是许多其他糟糕代码所共有的优点。

但是，这是唯一的优势。此实现的问题在于其抽象级别较低，这造成了以下 3 个问题：

- 可读性差；
- 没有灵活性；
- 极易出错。

糟糕的可读性主要表现在几乎每个操作都是在一个或多个循环中实现的。例如，如果没有注释，我们能找到矩阵向量乘法 $\boldsymbol{q}=\boldsymbol{A}\boldsymbol{p}$ 么？我们可以很容易地发现变量 $\boldsymbol{q}$、$\boldsymbol{A}$ 和 $\boldsymbol{q}$ 的使用位置，但是要找到一个矩阵的向量积，需要仔细观察并很好地理解矩阵的存储方式才行。

这将我们引向第二个问题：实现涉及许多技术细节，并且仅在这种情况下有效。算法 A-1 只要求矩阵 $\boldsymbol{A}$ 是对称正定的，但不要求特定的存储方案，更不要求特定的矩阵。Herbert 为表示离散化一维泊松方程的矩阵实现了该算法。每次我们有其他数据或格式时，在如此低的抽象级别上进行编程都需要进行修改。

矩阵及其格式并不是代码提交的唯一细节。如果我们想以较低（float）或较高（long double）精度执行计算怎么办？或者解析一个复杂的线性系统怎么办？对于这样的新 CG 应用程序，我们都需要一个新的实现。因此，在并行计算机上运行或探索通用图形处理单元（General-Purpose Graphic Processing Unit，GPGPU）加速也需要重新实现相关代码。更糟糕的是，上述每个组合都需要一个新的实现。

有些读者可能会想："一个函数也就二三十行代码而已。重写这样的小型函数，会有多少工作量？而且我们不会每个月都引入新的矩阵格式或计算机架构。"确实如此，但从某种意义上说，这是本末倒置。由于这种不灵活且注重实现细节的编程风格，很多科学应用程序的代码甚至高达数十万行或数百万行。一旦应用程序或库达到了这种规模，就很难修改软件的功能（因为你必须更改数量庞大的辅助功能），因此很少有人这样做。比较推荐的做法是从一开始就从更高的抽象层次上编写软件。

最后一个主要缺点是代码很容易出错。所有参数都作为指针给出，底层数组的大小作为额外参数给出。作为函数 cg 的开发者，我们只希望调用者做的一切都是正确的，因为无法进行相关的验证。如果用户没有分配足够的内存（或者根本没有分配），执行将在某个随机位置上崩溃，或者更糟糕的是，产生一些无意义的结果，因为我们程序的数据甚至机器代码都可能会被随机覆盖。优秀的程序员会避免构造这种脆弱的接口，因为任何轻微的错误都可能造成灾难性的后果，而且程序错误极难定位。不过即使是最近发布并被广泛使用的软件也是以这种方式编写的，要么是为了向后兼容 C 和 FORTRAN，要么是因为它是用这两种语言之一编写的。或者开发人员只是简单地拖延软件开发的进度。事实上，上面的实现是 C 而不是 C++。如果你确实喜欢这种软件开发方式，那么可能不会喜欢本书的内容。

这类令人厌烦的软件太多了。在代码示例 A-2 中，我们展示了一个更接近我们理念的版本。

⇒ c++11/cg_nice.cpp

代码示例 A–2　高抽象的 CG 实现

```
template <typename Matrix, typename Vector,
          typename Preconditioner, typename Eps>
int conjugate_gradient(const Matrix& A, Vector& x, const Vector& b,
                       const Preconditioner & L, Eps eps)
{
    using Scalar = value_type_t <Vector>;
    Scalar rho = 0, rho_1 = 0, alpha = 0;
    Vector p(size(x)), q(size(x)), r(size(x)), z(size(x));

    r= b - A * x;
    int iter = 0;

    while (one_norm(size, r)>= eps){
```

```
        z = r / L;
        rho = dot(r, z);

        if (iter.first())
            p = z;
        else
            p = z +(rho / rho_1) * p;
        q= A * p;
        alpha = rho / dot(p, q);

        x += alpha * p;
        r - = alpha * q;
        rho_1 = rho;
        ++ iter;
    }
    return iter;
}

int main(int argc, char * argv[])
{
    // initiate A, x, and b
    conjugate_gradient(A, x, b, diag_prec, 1.e- 5);
    return 0;
}
```

首先，你会发现上述 CG 实现不需要注释也能理解。根据经验，如果其他人的理解和你的源程序类似，那么你就是一名非常优秀的程序员。如将算法 A-1 中的数学符号与代码示例 A-2 中的数学符号进行比较，你会发现除了开头的类型和变量声明之外，它们是相同的。有些读者可能认为它看起来更像 MATLAB 或 Mathematica 而不是 C++。是的，如果我们为优秀软件付出足够的努力，C++ 代码看起来的确像这样。

显然，在这个抽象层次上编写算法也比用低层次的操作来表达要容易得多。没有人知道有多少科学家浪费了多少时间在类似代码示例 A-1 这样糟糕的软件技术细节上。当然，技术细节必须在合适的地方予以实现，但不应该是在科学软件中，因为这里最糟糕的位置可以采用分而治之的思想：根据可表达的数学运算来编写应用程序，如果这种运算不存在，就需要分别实现它们。为了保证绝对正确和最佳性能，你必须仔细构造这些数学运算。当然，应用程序的性能还是取决于你能投入多少时间和精力去优化它。如果应用程序中有一些反复出现的基本操作，那么针对这部分多做一些优化也是非常值得的。

说到抽象，代码示例 A-2 中的 CG 实现不承诺任何技术细节。该函数在任何地方都不会局限于像 `double` 这样的数值类型，它也适用于 `flaot`、GNU 的多精度、complex、区间算术、四元数等。

矩阵 $\boldsymbol{A}$ 可以以任何内部格式存储，只要 $\boldsymbol{A}$ 可以与向量相乘即可。事实上，它甚至都可以不是矩阵，只要是任何线性算子即可。

例如，当快速傅里叶变换由 $\boldsymbol{A}$ 与向量的乘积表示时，可以将对向量执行快速傅里叶变换（Fast Fourier Transformation，FFT）的对象用作 $\boldsymbol{A}$。类似地，向量不需要用有限维数组来表示，可以是任何向量空间的元素，只要可以执行算法中的所有操作，就可以通过某种方式用计算机表示。

我们也对其他计算机架构持开放态度。如果矩阵和向量分布在并行超级计算机的节点上并且相应的并行操作可用，则该函数并行运行而无须更改任何代码。GPGPU/GPU 加速也可以在不改变算法实现的情况下实现。一般而言，我们的通用共轭梯度函数支持我们为其实现矩阵和向量类型及其相应操作的任何现有的或新的平台。

因此，无须修改代码即可将基于此类抽象的数千行代码的科学应用程序移植到新的平台。

A.2 基本的细节

本节总结了第 1 章涉及的一些基础知识。

A.2.1 静态变量

与 1.2.7 节中在作用域末尾失效的局部变量相比，静态变量会一直存续到程序结束。因此，将局部变量声明为 static 类型是仅当包含的代码块被执行多次时才有影响，例如在循环或函数中。在一个函数中，我们可以实现一个计数器来记录函数被调用的频率：

```
void self_observing_function()
{
    static int counter = 0;    // 仅执行一次
    ++ counter;
    cout ≪ " I was called " ≪ counter ≪ " times .\ n";
    ...
}
```

为了保留对静态变量的修改，初始化仅执行一次。静态变量的主要用途是在下一次函数调用中复用辅助数据，比如查找表或缓存。然而，如果辅助数据的管理达到一定的复杂度，基于类的解决方案（第 2 章）在设计层面可能会更简洁。关键字 static 的效果取决于代码运行环境的上下文，其共同点在于以下方面：

- 持久性：静态变量在程序执行的剩余时间仍驻留在内存中。
- 文件作用域：静态变量和函数仅在实际文件的编译中可见，并且多个编译程序链接在一起时不会发生冲突。详细信息可以参考 7.2.3.2 节。

因此，对全局变量的影响是限制它们的可见性，因为它们在程序结束之前一直存在。相反，对局部变量的影响是生命周期延长，因为它们的可见性已经受到限制。static 还有一个与类有关的含义在第 2 章讨论。

A.2.2 关于 if 语句

if 语句的条件必须是 bool 表达式（或者可以转换成 bool 的东西）。因此，以下代码是合法的：

```
int i= ...
if (i)     // 不好的实现
    do_something();
```

这依赖于 int 到 bool 的隐式转换。换句话说，我们测试 i 的值是否等于 0。这样表示更清楚：

```
if (i != 0)     // 效果更好
    do_something();
```

if 语句中还可以嵌套其他 if 语句：

```
if (weight > 100.0) {
    if (weight> 200.0){
        cout ≪ " This is extremely heavy .\ n";
    } else {
        cout ≪ " This is quite heavy .\ n";
    }
} else {
    if (weight <50.0){
        cout ≪ " A child can carry this .\ n";
    } else {
        cout ≪ " I can carry this .\ n";
    }
}
```

在上述示例中，我们可以在不改变行为的情况下省略括号，但使用括号会使表意更清楚。当我们重新组织嵌套代码时，该示例更具可读性：

```
if (weight <50.0){
    cout ≪ " A child can carry this .\ n";
} else  if (weight <= 100.0){
    cout ≪ " I can carry this .\ n";
} else  if (weight <= 200.0){
    cout ≪ " This is quite heavy .\ n";
} else {
    cout ≪ " This is extremely heavy .\ n";
}
```

大括号在这里也可以省略，并且有助于人们更轻松地理解代码的含义。假定我们想做一些复杂的事情。让我们以不带大括号的倒数第二个示例的 then 分支为例：

```
if (weight> 100.0)
    if (weight> 200.0)
        cout ≪ " This is extremely heavy .\ n";
```

```
    else
        cout ≪ " This is quite heavy .\ n";
```

假定第一个 if 没有 else 分支，当 weight 介于 100 到 200 之间时，看上去最后一行会代码会执行。但是我们也可以假定第二个 if 语句没有 else 分支，并且当 weight 小于或等于 100 时执行最后一行。C++ 标准规定 else 分支总是和最内层 if 语句成对出现。因此，我们可以信赖第一个解释，即第一个 if 语句没有 else 分支如果 else 要属于第一个 if，我们就需要用到大括号：

```
if (weight > 100.0) {
    if (weight > 200.0)
        cout ≪ " This is extremely heavy .\ n";
} else
    cout ≪ " This is not so heavy .\ n";
```

也许这些示例会让你相信，有时设置更多的大括号会更有效率，并且节省猜测 else 语句属于哪个分支的时间。

A.2.3　达夫设备

switch 语句还允许我们在每次迭代后，在无须终止测试的情况下实现短循环。假定我们有一个长度小于或等于 5 的向量，那么我们可以在没有循环的情况下实现向量加法：

```
assert(size(v) <= 5);
int i= 0;
switch (size(v)){
  case 5: v[i]= w[i]  + x[i]; ++i;  // keep  going
  case 4: v[i]= w[i]  + x[i]; ++i;  // keep going
  case 3: v[i]= w[i]  + x[i]; ++i;  // keep going
  case 2: v[i]= w[i]  + x[i]; ++i;  // keep going
  case 1: v[i]= w[i]  + x[i];       // keep going
  case 0: ;
}
```

这种技术被称为“达夫设备”，它通常不会像上述示例那样单独使用（而是作为对展开循环的清理）。这类技术不应用于项目的主要开发，而仅用于针对性能关键部分的最终调整。

A.2.4　程序调用

包含空格的参数必须用引号予以修饰。尽管标准没有对此保证，但第一个参数通常包含可执行文件的名称（可能带有路径信息），例如：

```
../ c ++11/ argc_argv_test first "second third" fourth
```

输出结果为：

```
../ c ++11/ argc_argv_test
first
second third fourth
```

以下编译器还支持将字符串向量作为 main 函数的参数，这更方便但可移植性不好。

为了让参数执行计算，我们必须先转换它们：

```
cout ≪ argv[1] ≪ " times " ≪ argv[2] ≪ " is "
     ≪ stof(argv[1])  * stof(argv[2]) ≪ ".\ n";
```

这可以为我们提供让人印象深刻的知识：

```
argc_argv_test 3.9 2.8
3.9 times 2.8 is 10.92.
```

不过从字符串到数字的转换并没有告诉我们完整的字符串何时不可转换。只要字符串以数字或加减号开头，当发现不属于数字的字符时就停止读取，并将已读取的字符串转换为数字。用 stof 进行数值转换是在 C++11 中引入的，之前我们只有基于 const char* 的 atof，它不是基于 string 的，因为 string 更容易出错。 C++11

在类 UNIX 系统中，在 shell 中最后一行的退出命令可以通过 $? 实现。在前面操作执行成功的情况下[①]，我们可以在退出代码中用单条命令连续执行多个操作：

```
do_this && do_that && finish_it
```

与 C 和 C++ 相比，shell 命令将退出代码 0 解释为正常意义的 true。但是，&& 的处理与 C 和 C++ 类似：只有当第一个子表达式为 true 时，我们才需要继续计算第二个表达式。同样，一个命令只有在前一个命令执行成功后才会执行。|| 符号可以用于错误处理，因为 || 之后的命令仅在前一操作失败时才会执行。

A.2.5 断言和异常

毋庸讳言，异常可能比断言的开销更昂贵，因为 C++ 必须在抛出异常时清理运行时环境。在过去，关闭异常可以明显提高应用程序的效率，但是对于现代编译器而言，只要不抛出异常，就很少或几乎没有关于异常处理的开销。另外，断言会立即终止程序并且不需要清理。此外，无论如何，断言和异常在软件正式发布模式下都会被禁用。

如前所述，源自编程错误的意外或不一致的值应该使用断言或带异常的异常状态处理。或者换一种说法：断言是为了检查自己，异常是为了检查别人。不过当我们遇到问题时，这种区别并不总是很明显。比如我们的文件无法打开，其原因可能是用户输入了错误的名称或在配置文件中读取了错误的名称。那么最好使用异常来处理。错误的文件有可能是源文件中的文字问题或者不正确的字符串连接导致的。此类错误程序无法处理，我们可能更希望以断言方式将程序终止，不过，这可能导致程序在正式发布模式下无法检测到一些问题。

① 在 Windows 批处理脚本中，可以相应地使用 $errorlevel$。

这种问题是避免冗余和立即进行完整性检查之间的冲突导致的。在输入或组合文件名的位置，我们不知道这是编程错误还是输入错误。在这些地方添加错误处理可能需要多次重复打开文件以测试文件是否存在。这会增加关于检查代码的编程工作，并造成测试彼此不一致的风险。因此，如果你不知道是什么导致了当前的问题，那么仅测试一次，效率会更高，出错的可能性也会更小。在这种情况下，我们应该保持谨慎并抛出异常，以便在适当的时期采取一些补救措施。

损坏的数据通常最好由异常来处理。假定你的公司在程序中已经定好了薪资标准，但员工的数据还没有完全设置好。使用断言将意味着整个公司的员工（包括你）都不会在当月或至少在有问题的数据集被修复之前得到报酬。如果在计算数据期间抛出异常，应用程序可以通过某种方式报告错误并继续为其余的员工提供服务。

对于程序的健壮性来说，常用软件库中的函数永远不应该终止。比如，如果使用该函数来实现自动驾驶仪，我们宁可关闭自动驾驶仪也不愿终止整个程序（就像一架在着陆期间重新启动的飞机）。换句话说，当我们不知道库的所有应用程序域时，将无法判断程序中止后的影响。

有时，问题的原因在理论上并不是 100% 确定，但在实践中却足够明确。向量或矩阵的访问操作符应该检查索引是否在有效区间内。原则上，超出范围的索引可能源自用户输入或配置文件，但实际上大部分情况下它都来自程序错误。在这里使用断言似乎是合适的。为了满足健壮性的要求，可能需要允许用户在断言和使用条件编译的异常之间进行选择（参考 1.9.2.3 节）。

A.2.6 二进制 I/O

从字符串到字符串的转换在开销上可能会非常昂贵。因此，直接将数据以各自的二进制形式写入文件通常更有效。尽管如此，在这样做之前，建议使用性能工具检查文件 I/O 是否真的是应用程序性能的一个重要瓶颈。当我们决定使用二进制时，应该设置 `std::ios::binary` 标识以阻止隐式转换，例如使换行符适配 Windows、UNIX 和 macOS 等平台。该标识并不是为了区分文本文件和二进制文件，二进制数据可以在不使用标识的情况下写入文本。然而，为了防止前面提到的意外发生，最好适当地设置标识。

二进制输出由 `ostream` 的成员函数 `write` 执行，输入由 `istream::read` 执行。这些函数将字符地址和大小作为参数。因此，所有其他类型都必须转换为 `char` 类型的指针：

```
int main(int argc, char * argv[])
{
    std::ofstream outfile;
    with_io_exceptions(outfile);
    outfile.open("fb.txt", ios::binary);

    double o1 = 5.2, o2 = 6.2;
    outfile.write(reinterpret_cast <const   char   *>(& o1),   sizeof (o1));
    outfile.write(reinterpret_cast <const   char   *>(& o2),   sizeof(o2));
```

```
    outfile.close();

    std::ifstream infile;
    with_io_exceptions(infile);
    infile.open("fb.txt", ios::binary);

    double i1, i2;
    infile.read(reinterpret_cast <char   *>(& i1),   sizeof (i1));
    infile.read(reinterpret_cast <char   *>(& i2),   sizeof(i2));
    std::cout ≪ "i1 = " ≪ i1 ≪ ", i2 = " ≪ i2 ≪ "\n";
}
```

二进制 I/O 的一个优点是我们不需要担心流是如何解析的。另外，读写命令中的类型不匹配会导致数据完全无法使用。特别是，当文件不是在创建文件时的同一平台上读取时，我们必须格外小心：long 型变量在一台机器上可以包含 32 位，而在另一台机器上可以包含 64 位。为此，<cstdint> 库提供了在每个平台上大小相同的类型。例如，int32_t 类型在每个平台上都对应 32 位有符号 int 类型，而 uint32_t 是相应的无符号类型。

当类是自包含类型时，二进制 I/O 能够以相同的方式工作，也就是说，当所有数据都存储在对象中而不是通过引用或指针引用外部数据时。将包含内存地址的结构（比如树或图）写入文件需要特殊表示，因为地址在运行的新程序中显然是无效的。在 A.6.4 节，我们将介绍一个实用的函数，它允许我们在一次调用中写入或读取多个对象。

除了上述整数大小之外，在不同系统之间传输数据还需要承担许多风险——数字可能以不同的字节顺序处理（大端序或小端序）或成员以不同的顺序存储在另一个编译器中。有一些文件格式和库（例如 Protobuf[70]）为数据提供了可移植性。

A.2.7 C 风格的 I/O

C 风格的旧式 I/O 在 C++ 中也是可用的：

```
# include <cstdio>

int main()
{
    double x= 3.6;
    printf("The square of % f is % f\n", x, x*x);
}
```

命令 printf 代表格式化输出并不奇怪，它对应的输入是 scanf。文件 I/O 是用 fprintf 和 fscanf 实现的。这些函数的优点是格式非常紧凑，打印第一个数字（小数点前字符是 6，小数点后字符为 2）和第二个数字（小数点前的字符是 14，小数点的字符是 9）可由以下格式化字符串表示：

```
printf("The square of %6.2 f is %14.9 f\ n", x, x* x);
```

格式化字符串的问题在于它们不是类型安全的。如果参数与其格式不匹配，则会产生一些奇怪的问题。例如：

```
int i= 7;
printf("i is % s\ n", i);
```

参数是 int 型，但是会被当作 C 字符串打印输出，它通过指向其第一个字符的指针传递。因此 7 会被解析为地址，在大多数情况下这会导致程序崩溃。如果格式化字符串在 printf 调用中作为文字提供，那么当前的编译器会对它进行检查。但是我们可以预先对字符串进行设置：

```
int i= 7;
char s[]= "i is %s\n";
printf (s, i);
```

或者它可以是字符串操作的结果。在这种情况下，编译器不会向我们发出警告信息。

还有一个缺点是它不能针对用户自定义类型进行扩展。C 风格的 I/O 在基于日志的调试中很方便，但流更不容易出错，在高质量的软件中，流应该是首选。

所有这些问题都在 C++20 中的新格式库（1.7.6 节）解决了，我们强烈建议你使用它（如果可能的话）。

C++11 A.2.8 垃圾回收机制

垃圾回收（Garbage Collection，GC）机制被认为是一种自动释放未使用内存的机制。一些语言（比如 Java）有时会释放程序中不再引用的内存。C++ 中的内存处理设计得更明确：程序员负责控制何时以何种方式释放内存。尽管如此，C++ 程序员对垃圾回收机制还是很感兴趣的，有时是为了让软件更可靠——尤其是当软件包含旧的内存泄漏组件，却没人愿意解决它，甚至这个问题无法修复时，或者当软件需要与其他具有托管内存处理的语言进行交互时。后者的一个示例是 .NET 中的托管 C++。

为此，标准（从 C++11 开始）为垃圾收集器定义了一个接口，例如 declare_reachable 和 declare_no_pointers 函数。然而，垃圾回收并不是一种强制性的特性，到目前为止我们还不知道哪些编译器支持它。反过来，依赖 GC 的应用程序不能使用常用的编译器运行。垃圾回收应该仅作为不得已而为之的手段。内存管理应主要封装到类中，并与其创建和销毁紧密相关，即 RAII（2.4.2.1 节）。如果这不可行，则应考虑 unique_ptr（1.8.3.1 节）和 shared_ptr（1.8.3.2 节），它们会自动释放未引用的内存。

实际上，shared_ptr 的引用计数已经是 GC 的一种简单形式（尽管可能不是每个人都认同这个说法）。只有当所有这些技术由于某种形式的循环引用而变得不可行，并且可移植性也不是问题时，你才应该采用垃圾回收机制。

A.2.9 宏的问题

对于包含如下签名的函数：

```
double compute_something(double fnm1, double scr1, double scr2)
```

它在大多数编译器上都能编译，但在较旧的某些 Visual Studio 版本上产生一些奇怪的错误信息。原因是 `scr1` 是一个宏，它定义了一个十六进制数来代替上述函数的第二个参数名称。显然，这不再是合法的 C++ 代码，但是错误包含了我们在替换发生之前的原始源代码。因此，我们看不到任何可疑之处。解决此类问题的唯一方法是仅运行预处理器并检查扩展源。这可能需要花一些功夫，因为扩展版本包含所有直接和间接引用文件的源代码。最后，我们发现被编译器拒绝的源代码的问题所在：

```
double compute_something(double fnm1, double 0 x0490, double scr2)
```

一旦我们知道它在某处被用作宏，那么就可以通过修改参数名称来轻松地解决这个问题。

计算中使用的常量不应由宏定义：

```
# define pi 3.1415926535897932384626433832795028841 // 不要这么做 !!!
```

不过可以用作真正的常数：

```
const long double pi= 3.1415926535897932384626433832795028841 L;
```

否则，当有人使用名称 `pi` 作为变量或函数参数名称时，我们就会产生与 `scr1` 在前面示例中引起的相同的问题。在 C++11 中，我们还可以使用 `constexpr` 来确定该值在编译期间是否可用，而在 C++14 中，我们可以使用模板参数（3.9 节）定义常量。

类函数的宏提供了一系列不那么有趣的陷阱，主要问题在于宏参数仅在简单用例中表现得像函数参数。

例如，当我们构造一个宏 `max_square` 时：

```
# define max_square(x, y) x* x>= y* y ? x* x : y* y
```

表达式的实现看上去很简单，我们可能不会遇到任何问题。但是当我们使用它时就会遇到一些问题，比如算术运算中的和与差：

```
int max_result = max_square(a+b, a-b);
```

然后它会执行如下计算：

```
int max_result = a+b * a+b>= a-b * a-b ? a+b * a+b : a-b * a-b;
```

显然产生了错误的结果，这个问题可以用一些括号来解决：

```
# define max_square(x, y)((x)*(x)>=(y)*(y)  ?(x)*(x)  :(y)*(y))
```

为了防止出现高优先级操作符，我们还用一对括号将整个表达式括起来。因此，宏表达式需要在每个参数、每个子表达式和整个表达式两边加上括号。请注意，这是正确性的必要条件，而不是充分条件。还有一个严重的问题是表达式中参数的复制。如果我们像这样调用 `max_square`：

```
int max_result = max_square(++a, ++b);
```

变量 a 和 b 最多被递增 4 次。

宏是一种非常简单的语言特性，但是实现和使用它们会比预想中要复杂和危险得多。关键在于它们会与整个程序交互。因此，新的软件根本不应该使用宏。但是很多现有的软件中已经包含它们，我们不得不面对它们。遗憾的是，还没有通用的方法来解决宏的问题。

以下是一些在大多数情况下都有效的建议信息。

- 避免使用流行的宏名称。最突出的是 `assert`，它是标准库中的一个宏，在函数中使用这个名称就像是自找麻烦。
- 在所有其他库之后引用包含宏数量比较大的库，然后宏仍然会影响你的程序，但不会影响程序引用的其他头文件。
- 令人印象深刻的是，一些库提供了针对其自身的宏保护机制，可以定义一个宏来禁用或重命名包含潜在风险的短名称宏。①

A.3 实际用例：矩阵转置

为了总结前面讲述的基本特性，我们会把它们用于演示如何轻松地创建新功能。希望读者能够对如何将想法自然地演变成高效和可靠的 C++ 程序有一个初步印象。特别是注重程序的清晰度和可复用性。我们的程序应该内部结构良好，并且从外部可以方便地使用。

为了简化我们的案例，本节将会采用作者的库 Matrix Template Library 4，其中已经包含了很多我们需要的线性代数功能②。我们希望未来的 C++ 标准能够提供类似的线性代数库。

作为一种软件开发方法，我们将使用极限编程的原则：先编写测试，然后再实现功能——这被称为测试驱动开发（Test-Driven Development，TDD）。TDD 有以下几个显著的优点。

- 作为程序员，它（在某种程度上）保护我们免受功能主义的困扰，即一味地添加越来越多的功能，而不是完成一件又一件的事情。如果我们写下想要达到的目标，就能更直接地朝着这个目标努力，通常也会更早地实现它。当在测试中构造函数调用时，我们已经确定了打算实现的函数接口。当我们为测试设置预期值时，也会介绍一些关于函数语义的事情。因此，测试是可以编译的文档 [77]。测试可能不会告诉我们将要实现的函数和类的所有内容，但它的指向非常明确。虽然文本文档比测试更详细，更易于理解，但是没有测试表意明确。
- 如果在最终完成实现后再开始编写测试——比如在周五下午快下班的时候，我们是不希望看到测试失败的。我们会采用良好的数据编写测试（无论这对所讨论的程序意味着什么）并将测试失败的风险降至最低。或者可能决定周末回家休息并承诺在下周一进行测试。

① 我们曾经发现一个库将单个下画线定义为宏，这会产生诸多问题。

② 它实际上已经包含了我们要使用的转置函数 `inv`，但现在要假定我们还没有这个函数。

- 在工作效率高的时间段，你希望继续进行有趣并且具有挑战性的编程工作，而在那一刻编写测试可能会破坏正常的工作进度。我们预先为测试准备的越多，在流程中停留的时间就越长。基于这个原因，如果我们先编写测试，那样会更诚实、更有效率。

在 TDD 中，开发被构造成 3 个阶段的循环：编写测试、构造相应的实现、根据软件的目标进行重构。如果我们最初的设计在测试中被证明不起作用，或者会导致一个低效或不优雅的实现，我们可能会直接跳转到重构，并使测试适应我们的设计，而不是痛苦地完成一个通过测试的实现并在不久之后丢弃它。验证部分需要暂时注释掉我们测试的部分内容。

在开始实现转置函数之前，我们必须选择一种算法。可以在不同的直接解析器中进行选择，例如子矩阵的行列式、分块算法、高斯 - 若尔当（Gauss-Jordan）法，以及带主元或不带主元的 LU 分解。假定我们选择了列旋转的 LU 分解算法，那么就得到如下公式：

$$\boldsymbol{LU}=\boldsymbol{PA}$$

包含单位的下三角矩阵 $\boldsymbol{L}$、上三角矩阵 $\boldsymbol{U}$ 和转换矩阵 $\boldsymbol{P}$，因此得到：

$$\boldsymbol{A}=\boldsymbol{P}^{-1}\boldsymbol{LU}$$

转置后得到：

$$\boldsymbol{A}^{-1}=\boldsymbol{U}^{-1}\boldsymbol{L}^{-1}\boldsymbol{P} \tag{A.1}$$

我们使用 MTL4 中的 LU 分解法，实现下三角矩阵和上三角矩阵的求逆，并适当地进行组合。

⇒ c++11/inverse.cpp

现在，通过定义一个可逆矩阵并将其打印输出来开始我们的测试：

```
int main(int argc, char* argv[])
{
    const unsigned size= 3;
    using Matrix= mtl:: dense2D <double>; // Type from MTL4
    Matrix A(size, size);
    A=  4, 1, 2,
        1, 5, 3,
        2, 6, 9;                        // C++03

    cout ≪ "A is:\n" ≪ A;
```

为了实现以后的抽象，我们定义了矩阵类型和常量大小。通过 C++11[①]，我们可设置一个具有统一初始化的矩阵：

```
Matrix    A={{4, 1, 2}, {1, 5, }, {2, 6, 9}}; // C ++11
```

我们可以使用 C++03 实现，但为了减少与本书其余部分的差异，我们至少会使用 C++11 中的特性。MTL4 中的 LU 分解是立即执行的。为了不改变原始矩阵，我们首先将其复制到一个新

① MTL4 是用 C++03 编写的，我们仍然保持了这个版本的向后兼容性。因此，C++11 的特性必须通过 MTL_WITH_INITLIST 这样的宏显式激活。

的矩阵中：

```
Matrix LU{A};
```

我们还为分解中计算的排列定义了一个向量：

```
mtl::dense_vector <unsigned> Pv(size);
```

以下是 LU 分解中用到的两个参数：

```
lu(LU, Pv);
```

根据需要，将排列表示为矩阵更方便：

```
Matrix P{permutation(Pv)};
cout ≪ " Permutation vector is " ≪ Pv
     ≪ "\ nPermutation matrix is\ n" ≪ P;
```

这允许我们通过矩阵乘积来表示行置换：

```
cout ≪ " Permuted A is \ n" ≪ P * A;
```

现在我们定义一个单位矩阵并从因式分解中提取 ***L*** 和 ***U***：

```
Matrix I{matrix::identity(size, size)}, L{I + strict_lower(LU)},
       U{upper(LU)};
```

请注意，***L*** 的单位对角线未存储，需要添加以进行测试。它也可以隐式处理，但为了简单起见，我们没有这样做。现在已经完成了初步的准备工作，接下来开始进行第一个测试。一旦我们计算了 ***U*** 的逆矩阵，将其命名为 UI，它们的乘积一定是单位矩阵（近似）。***L*** 的倒数也是如此：

```
constexpr double eps = 0.1;

Matrix  UI{inverse_upper(U)};
cout ≪ " inverse(U)[permuted] is :\ n" ≪ UI
     ≪ " UI * U is :\ n"    Matrix(UI * U);
assert(one_norm(Matrix{UI * U - I}) < eps);
```

非常规数值计算的相等性测试肯定会失败。因此，我们使用矩阵差的范数作为标准。同样，对 ***L***（具有不同的函数）的逆矩阵测试结果为：

```
Matrix LI{inverse_lower(L)};
cout ≪ " inverse(L)[permuted] is :\ n" ≪ LI
     ≪ " LI * L is :\ n" ≪ Matrix(LI * L);
assert(one_norm(Matrix{LI * L - I}) < eps);
```

还可以计算 ***A*** 自身的逆矩阵并测试其正确性：

```
Matrix AI{UI * LI * P};
cout ≪ " inverse(A)[UI * LI * P] is \ n" ≪ AI
```

```
    ≪ "A * AI is \ n" ≪ Matrix(AI * A);
assert(one_norm(Matrix { AI * A - I}) < eps );
```

还可以使用相同的标准检查 inverse 函数：

```
Matrix  A_inverse{inverse(A)};
cout ≪ " inverse(A) is \ n" ≪ A_inverse
    ≪ "A * AI is \ n" ≪ Matrix(A_inverse * A);
assert(one_norm(Matrix{A_inverse  * A - I})  <eps);
```

在为计算的所有组件建立测试后，接下来将开始实现它们。我们编写的第一个函数是上三角矩阵的求逆。此函数将一个密集矩阵作为参数并返回一个密集矩阵：

```
Matrix inverse_upper(const Matrix & A){

}
```

我们不需要输入矩阵的另一个副本，所以将其作为参数传递。因为该参数不应该被更改，因此将其作为 const 型参数传递。恒定性具有以下几个优点。

- 提高了程序的可靠性，作为 const 型传递的参数保证不会改变：如果我们不小心修改了它，编译器会告诉我们并终止编译。有时需要移除其恒定性，但这只能作为最后的手段使用，例如用于连接其他人编写的过时程序库。你自己编写的任何东西都可以在不影响参数恒定性的情况下实现。
- 当保证对象不被更改时，编译器可以更好地进行代码优化。
- 对于引用的情况，函数可以通过临时对象调用。需要非常量引用才能将表达式存储到变量中并将其传递给函数。

当然，有人可能会告诉你，将容器作为结果返回的代价太高，使用引用更有效。这在原则上是正确的。目前，我们能够接受这种额外成本，并更加注重代码的清晰度和便利性。此外，现代编译器对返回值进行了诸多优化：容器中的数据可能会被移动而不是复制（请参考 2.3.5 节中的移动语义）或者完全省略复制（请参考 2.3.5.3 节），从而让用户付出的成本远远低于预期或者可以忽略不计。

现在让我把注意力转向函数本身。首要的任务是验证我们的想法是否有效。显然矩阵必须是正方形的：

```
const unsigned n= num_rows(A);
if (num_cols(A) != n)
    throw "Matrix must be square";
```

此函数多次需要用到矩阵的行数，因此将行数存储到变量中，并且该变量是 const 型的。还有一个先决条件是矩阵的对角线上没有零项。我们将此测试留给三角解析器。可以用线性系统的三角解析器得到我们的逆三角矩阵，可以在 MTL4 中找到它，更准确地说，U^{-1} 的第 k 个向量是以下的解：

$$Ux = e_k$$

其中 e_k 是第 k 个单位向量。首先为结果定义一个临时变量：

```
Matrix Inv(n, n);
```

然后我们迭代访问 Inv 的每一列：

```
for (unsigned k = 0; k <n; ++ k){

}
```

在每次迭代中，我们需要第 k 个单位向量：

```
dense_vector <double> e_k(n);
for (unsigned i= 0; i <n; ++i)
    if (i == k)
        e_k[i]= 1.0;
    else
        e_k[i]= 0.0;
```

三角解析器会返回一个列向量，可以将此向量的条目直接分配给目标矩阵中的条目：

```
for (unsigned i= 0; i <n; ++i)
    Inv[i][k]= upper_trisolve(A, e_k)[i];
```

上述代码简单有效，但是我们会调用 upper_trisolve 函数 n 次。虽然此时性能不是我们的首要目标，但是整体复杂度从 3 阶增加到 4 阶太浪费资源了。许多程序员会犯过早优化代码的错误，但这并不意味着我们应该接受具有更高复杂度的实现。为了避免多余的重复计算，我们存储三角解析器的结果并从其中复制条目：

```
dense_vector <double> res_k(n);
res_k = upper_trisolve(A, e_k);

for (unsigned i= 0; i <n; ++i)
    Inv[i][k]= res_k[i];
```

最后，我们返回临时矩阵，完整的函数代码如下所示：

```
Matrix inverse_upper(Matrix const & A)
{
    const unsigned n= num_rows(A);
    if (num_cols(A) != n)
        throw "Matrix must be square";

    Matrix Inv(n, n);

    for (unsigned k= 0; k <n; ++k){dense_vector
        <double> e_k(n);
        for (unsigned i= 0; i <n; ++i)
            if (i == k)
```

```
                e_k[i]= 1.0;
            else
                e_k[i]= 0.0;

        dense_vector <double> res_k(n);
        res_k = upper_trisolve(A, e_k);

        for (unsigned i= 0; i <n; ++i)
            Inv[i][k]= res_k[i];
    }
    return Inv;
}
```

现在该函数已经构造完毕，接下来对其进行测试。显然，我们必须注释掉部分测试，因为到目前为止我们只实现了一个功能。尽管如此，尽早知道第一个函数是否能按照预期运行是件好事。它能够正常运行，我们对此感到满意，并将注意力转移到下一个任务上，因为还有不少功能需要实现。不过这里我们将花一些时间改进实现，这种改进被称为重构。经验表明，与发现错误或将软件移植到其他平台后进行重构相比，在实现后立即进行重构花费的时间要少得多。显然，与数周 / 数月 / 数年之后相比，当我们仍然知道发生了什么时，立即简化和构建程序会容易得多。

第一个问题是像单位向量的初始化这样简单的操作竟然需要 5 行代码。这是相当冗长的：

```
for (unsigned i= 0; i <n; ++i)
    if (i == k)
        e_k[i]= 1.0;
    else
        e_k[i]= 0.0;
```

可以使用条件操作符以更紧凑的格式来构造它：

```
for (unsigned i= 0; i <n; ++i)
    e_k [i]= i == k ? 1.0 : 0.0;
```

条件操作符 `?:` 通常需要一些时间来熟悉，但它可以构造出更简洁的代码。尽管我们没有在程序中进行任何语义上的修改，而且很明显执行结果是相同的，但在此运行测试也无妨。当你确信修改后的程序行为永远不会改变时，它们仍然可能发生改变。越早发现这些意外行为，修复它们的工作量就越少。使用我们已经编写的测试，只需几秒，就能增强你对程序的信心。

如果想要寻根究底，我们还可以探索一些内部知识。表达式 `i==k` 返回一个 `bool` 值，我们知道 `bool` 值可以隐式转换为 `int`，然后再转换为 `double`。在这个转换过程中，`false` 按照标准变为 0，`true` 变为 1。这些正是我们想要的双精度（`double`）值：

```
e_k[i]= static_cast <double>(i == k);
```

事实上，从 `int` 到 `double` 的转换是隐式执行的，也可以省略：

```
e_k[i]= i == k;
```

虽然它们看上去比较有趣，但将 bool 值分配给浮点数还是有些困难。它由隐式转换链 bool int → double 进行定义，但它可能会让潜在读者感到困惑，你可能最终需要向他们解释邮件列表上发生的事情或者向程序添加注释说明。在这两种情况下，最终为代码注释说明的文本可能比保存程序代码的文本更多。

这可能不是我们最后一次需要用到单位向量，那么为什么不为它构造一个函数呢？

```
dense_vector <double> unit_vector(unsigned k, unsigned n)
{
    dense_vector <double> e_k(n, 0.0);
    e_k[k]= 1;
    return e_k;
}
```

由于该函数返回单位向量，我们可以将其作为三角解析器的参数：

```
res_k = upper_trisolve(A, unit_vector(k, n));
```

对于密集矩阵，MTL4 允许我们将矩阵列作为列向量（而不是子矩阵）访问。然后，我们可以直接向结果向量赋值而无须循环：

```
Inv[irange{0, n}][k]= res_k;
```

简而言之，括号操作符的实现方式是用行和列的整数索引返回矩阵条目，而用行和列的范围返回子矩阵。同样，一定范围的行和单列为我们提供了相应矩阵的一列或该列的一部分。相反，可以从矩阵中提取行向量，其中用整数表示行的索引和列的范围。

这是一个有趣的示例，用以说明如何处理 C++ 的局限性和可能性。其他语言将范围作为其固有符号的一部分，例如，Python 有一个符号“:”用来表示索引的范围[①]。C++ 不提供这样的符号，但我们可以引入一种新的类型——比如 MTL4 的 irange，并为这种类型定义 operator[] 的行为。这会构造出一种极其强大的机制，该机制能为多种类型重载操作符，从而允许使用直观的符号实现更强大的功能。用户自定义类型的操作符语义应该更直观，并应与系统操作符优先级一致（参考 1.3.10 节中的示例）。回到我们的算法，将解析器的结果存储到一个向量中，然后将其分配给一个矩阵列。事实上，可以直接用三角解析器的结果进行赋值：

```
Inv[irange{0, n}][k]= upper_trisolve(A, unit_vector(k, n));
```

所有索引的范围都预定义为 iall：

```
Inv[iall][k]= upper_trisolve(A, unit_vector(k, n));
```

接下来介绍一些数学知识。上三角矩阵的逆矩阵也是上三角矩阵。因此，只需计算结果的上半部分并将其余的数设置为 0——或者在计算上半部分之前将整个矩阵设置为 0。当然，我们

① C++20 引入了范围特性，与之有关的详细信息可以参考 4.1.5 节。

现在需要更小的单位向量，并且只需要 A 的子矩阵。这可以很好地用范围表示：

```
Inv= 0;
for (unsigned k= 0; k <n; ++k)
    Inv[irange{0, k +1}][k]=
        upper_trisolve(A[irange{0, k +1}][irange{0, k +1}],
                       unit_vector(k, k +1));
```

不过 irange 让表达式变得更难理解。我们动态创建了 irange 对象并且将它们传递给 operator[]。由于相同的范围被使用了 3 次，因此最好为其创建一个变量：

```
for (unsigned k= 0; k <n; ++k){
    irange r{0, k +1};
    Inv[r][k]= upper_trisolve(A[r][r], unit_vector(k, k +1));
}
```

这不仅能让第二行代码更短，也更容易看出每次使用的都是相同的范围。缩短单位向量后，它们在最后一个条目中都包含 1。因此，我们只需要向量大小和隐含 1 的条目位置：

```
dense_vector <double> last_unit_vector(unsigned n)
{
    dense_vector <double> v(n, 0.0);
    v[n-1] = 1;
    return v;
}
```

我们选择不同的名称来表达不同的含义。尽管如此，我们想知道是否真的需要这样一个函数。再次使用它的概率是多少？编程语言 Forth 的创建者 Charles H. Moore 曾经说过，函数的目的不是将程序分割成小块，而是创建高度可复用的实体。这就是说，让我们不要太关注 last_unit_vector，而是把注意力集中在更有用的函数上。

经过上述一系列修改后，我们对该实现感到满意并准备实现下一个函数。后续可能还会对上述代码进行完善，但是让它更清晰、结构更好，这将使我们（或其他人）以后的修改更容易一些。开发经验越丰富，实现令我们满意的程序所需的步骤就越少。

当然，我们在修改它的同时还反复测试了 inverse_upper 函数。

现在我们已经知道如何翻转上三角矩阵，接下来可以对下三角矩阵做类似的事情。或者可以交换输入和输出：

```
Matrix inverse_lower(Matrix const & A)
{
    Matrix T{trans(A)};
    return Matrix(trans(inverse_upper(T)));
}
```

理想情况下，这个实现应该是这样的：

```
Matrix inverse_lower(Matrix const & A)
{
    return  trans(inverse_upper(trans(A)));
}
```

显式创建两个 Matrix 对象是一种技术缺陷，需要一些高级编程技术才能解决[①]。我们可以使用更新的标准使这些技术的实现变得更加容易，正如我们在 MTL5 中所经历的那样，从一开始就设法避免此类问题。

有些人可能会认为转换和复制的开销更昂贵。此外，下矩阵有一个单位对角线，我们没有介绍这个属性，例如可以用于避免三角解析器中的除法。我们甚至可以忽略对角线并在算法中隐式处理它。不过我们在这里优先考虑实现简单性和清晰度，以及可复用性。[②]

现在具备了对矩阵求逆的所有条件。如前所述，我们先从检查矩阵的方形度（squareness）开始：

```
Matrix inverse(Matrix const & A)
{
    const unsigned n= num_rows(A);
    if (num_cols(A) != n)
      throw "Matrix must be square";
```

然后执行 LU 分解。基于性能的考虑，此函数不返回结果，但将其参数作为可变引用并立即分解。因此，我们需要矩阵的副本和适当大小的置换向量：

```
Matrix                     PLU{A};
dense_vector <unsigned>    Pv(n);

lu(PLU,   Pv);
```

置换 $\boldsymbol{A}$ 的上三角因子 $\boldsymbol{U}$ 存储在 $\boldsymbol{LU}$ 的上三角中，而其严格的下三角包含下三角因子 $\boldsymbol{L}$。因此 $\boldsymbol{L}$ 的单位对角线在算法中被省略并隐式处理。接下来我们需要在反转之前添加它（或者在反转中隐式处理单位对角线）。

```
Matrix   U{upper(LU)}, L{strict_lower(LU) + identity(n, n)};
```

正方形矩阵的求逆可以像公式（A.1）中那样用一行代码完成：[③]

```
return inverse_upper(U)  *  inverse_lower(L)  *  permutation(Pv);
```

在本节中，我们已经看到，大多数时候会有替代方案可以实现相同的行为——你以前可能有过这样的经历。尽管给人的印象是我们所做的每一个选择都是最合适的，但并不总是有单一的最佳解决方案，甚至在权衡备选方案的利弊时，人们可能无法得出最终的结论而是选择其中一个。这类选择取决于目标，例如，如果性能是主要目标，那么代码实现方案就会有所不同。

同时也表明，优秀的程序不是由一个聪明的头脑一蹴而就的（当然也有例外），而是逐步完

① 将惰性求值转换成及早求值，可以参考 5.3 节。

② 真正关心性能的人一开始就不会使用矩阵求逆。

③ 我们在这段代码中省略了将结果显式转换为 Matrix 的过程。如前所述，它在将来的 MTL5 中不是必需的。

善的结果。经验能使这一过程变得更短、更直接，但我们很难一开始就写出完美的程序。

A.4 类的详细信息

A.4.1 指向成员的指针

指向成员的指针是类的局部指针，可以存储成员相对于类的地址：

```
double complex ::*  member_selector = & complex::i;
```

变量 member_selector 的类型为 double complex::*，是一个指向 complex 类中 double 型数据指针，它指向的是成员 i（在本示例中是公开的）。

通过操作符 .*，我们可以访问任意 complex 对象的成员 i；当我们有一个指向 complex 类的指针时，可以使用操作符 ->* 间接引用它：

```
double complex ::*  member_selector = & complex::i;

complex c{7.0, 8.0}, c2{9.0};
complex * p= & c;
cout ≪ "c's selected member is " ≪ c .* member_selector ≪ '\n';
cout ≪ "p's selected member is " ≪ p ->* member_selector ≪ '\n';

member_selector = & complex::r; // focus on another member p=
&c2;                            // point to another complex

cout ≪ "c's selected member is " ≪ c .* member_selector ≪ '\n';
cout ≪ "p's selected member is " ≪ p ->* member_selector ≪ '\n';
```

与类相关的指针也可用于在运行时从类的方法中选择一个函数。

A.4.2 更多初始化示例

初始化器列表是 C++11 中的一个非常强大的特性，在熟练使用它们之前可能需要一些练习。因此，很高兴你能花一些时间查看这些额外的示例。

初始化器列表可以用一个“,”结尾，以将其与参数列表区分开来。

下面是一些初始化器列表的示例：

```
vector_complex v1 ={2};
vector_complex v1d ={{2}};

vector_complex v2 ={2, 3};
vector_complex v2d ={{2, 3}};
vector_complex  v2dc ={{2, 3}, };
```

```
vector_complex v2cd ={{2, 3, }};
vector_complex v2w ={{2}, {3}};
vector_complex v2dw ={{{2},{3}}};

vector_complex v3 ={2, 3, 4};
vector_complex v3d ={{2, 3, 4}};
vector_complex  v3dc ={{2, 3}, 4};
```

上述代码得到的向量如下：

```
v1 is[(2,0)]
v1d is[(2,0)]

v2 is[(2,0),(3,0)]
v2d is[(2,3)]
v2dc is[(2,3)]
v2cd is[(2,3)]
v2w is[(2,0),(3,0)]
v2dw is[(2,3)]

v3 is[(2,0),(3,0),(4,0)]
v3d is[(2,0),(3,0),(4,0)]
v3dc is[(2,3),(4,0)]
```

综上所述，我们必须注意嵌套数据的初始化是否按照我们的意图执行。用心选择最容易理解的符号，尤其是当我们与其他人共享自己的源代码时。

统一初始化更倾向于 initializer_list<> 的构造函数，很多其他的构造函数都隐藏在大括号标记中。因此，我们不能在构造函数中用大括号代替所有的小括号：

```
vector_complex v1(7);
vector_complex v2{7};
```

在以上代码中，第一个向量包含 7 个值为 0 的条目，而第二个向量包含一个值为 7 的条目。

A.4.3 访问多维数据结构

假定我们有一个简单的矩阵类，如下所示：

```
class matrix
{
  public :
    matrix(int nrows, int ncols)
      : nrows{nrows}, ncols{ncols}, data{new double[nrows * ncols]}{}

    matrix(const matrix & that)
      : matrix(that.nrows, that.ncols)
      {
```

```
        for (int i= 0, size = nrows * ncols; i <size; ++i)
            data [i]= that.data[i];
    }

    void operator =(const matrix & that)
    {
        if (num_cols(A) != n)
           throw "Matrix must be square";
        for (int i= 0, size = nrows * ncols; i <size; ++i)
            data [i]= that.data[i];
    }

    int num_rows() const{return nrows;} int
    num_cols() const{return ncols;}

  private :
    int                         nrows, ncols;
    unique_ptr <double[]>       data;
};
```

到目前为止，上述代码的实现方式与之前相同：变量是私有的；构造函数为所有成员设定了值；复制构造函数和赋值是一致的；大小信息由常量函数提供。我们还缺少访问矩阵条目的方法。

注意！

注意，方括号操作符只接收一个参数。

这意味着我们无法定义如下内容：

```
double & operator[](int r, int c){ ... }
```

A.4.3.1 方法 1：括号

处理多个索引的最简单方法是用圆括号替代方括号：

```
double& operator()(int r, int c)
{
    return data[r* ncols + c];
}
```

在一个单独的函数中添加范围检查可以提高复用性，还可以在将来为我们节省大量调试的时间。在以下代码中，我们还实现了常量访问：

```
private :
  void check(int r, int c) const { assert(0 <= r && r <nrows &&
                                          0 <= c && c <ncols);}
public :
```

```
double& operator()(int r, int c)
{
    check(r, c);
    return data[r* ncols + c];
}
const double & operator()(int r, int c) const
{
    check(r, c);
    return data[r* ncols + c];
}
```

访问矩阵条目通过相应的括号表示：

```
matrix       A(2, 3), B(3, 2);
// ... setting B
// A= trans(B);
for (int r= 0; r <A.num_rows(); r ++)
    for (int c= 0; c <A.num_cols(); c ++)
        A (r, c)= B(c, r);
```

上述代码能够正常工作。用于访问矩阵元素的圆括号看起来更像函数调用。如果我们更努力地尝试，也许可以找到一种使用方括号访问矩阵条目的方法。

A.4.3.2 方法 2：返回指针

如前所述，我们不能在一个方括号中传递两个参数，但是可以用两个方括号传递它们，比如：

```
A[0][1];
```

这也是 C++ 中访问内置二维数组的方式。对于我们的稠密矩阵，可以返回指向第 r 行第一个条目的指针，当第二个带有列参数的括号应用与此指针时，C++ 将执行寻址计算：

```
double* operator[](int r) { return data.get() + r* ncols; }
const double* operator[](int r) const { return  data.get() + r* ncols; }
```

该方法有两个缺点。首先，该方法只适用于按行存储的密集矩阵。其次，该方法无法验证列索引的范围。

A.4.3.3 方法 3：返回代理

除了返回指针以外，我们可以构建一个特定类型，它保留对矩阵和行索引的引用，并提供一个 `operator[]` 来访问矩阵条目。这样的辅助功能被称为代理（Proxy），这样的代理必须是矩阵类的友元，以便访问其私有数据。或者我们可以保留带有括号的操作符并从代理调用它。在这两种情况下，我们都会遇到循环引用的问题。

如果我们有多种矩阵类型，其中的每一种都需要自己的代理，还需要分别用于常量和可变访问的不同代理。在 6.6.1 节中，我们展示了如何编写适用于所有矩阵类型的代理。相同的模板化代理将处理常量和可变访问，甚至还解决了相互引用的问题。唯一的不足是最终的错误会导致冗长的错误提示信息。

A.4.3.4 方法比较

前面的实现表明，C++ 允许我们为用户自定义类型提供不同的表示方法，可以用我们认为最合适的方式来实现它们。第一种方法是用圆括号代替方括号，以支持多个参数。这是最简单的解决方案，如果愿意接受这种语法，就不必再想出一个更复杂的符号。返回指针的技术也不复杂，但它对内部表示法的依赖性太强。如果使用某种内部分区技术或其他专门的内部存储方案，那么就需要一种完全不同的技术。基于这个原因，把技术细节进行封装并为用户提供一个足够抽象的接口总是有帮助的，这样一来，我们的应用就不会依赖于技术细节。但有一个缺点是，我们不能测试列索引的范围。

A.5 方法生成

在 C++ 中，有 6 种方法（C++03 中包含 4 个）可以由编译器在特定条件下隐式生成：

- 默认构造函数；
- 复制构造函数；
- 移动构造函数（C++11 或更高版本）；
- 复制赋值；
- 移动赋值（C++11 或更高版本）；
- 析构函数。

这使我们从枯燥的日常工作中解脱出来，从而防止了因为疏忽大意而产生的错误。

捷径：如果你想忽略技术细节（暂时），喜欢按部就班，那你可以直接进入 A.5.4 节的设计指南，在 A.5.2 节短暂停留一下即可。

A.5.1 自动生成

假如我们的类声明了以下几个成员变量：

```
class my_class
{
    type1    var1;
    type2    var2;
    // ...
    typen    varn;
};
```

然后编译器会添加前面提及的 6 种操作（在成员类型允许的范围内），并且类的行为符合我们的预期：

```
class my_class
{
```

```
public :
  my_class()
    : var1{},
      var2{},
      // ...
      varn{}
  {}

  my_class(const my_class & that)
    : var1{that.var1},
      var2{that.var2},
      // ...
      varn{that.varn}
  {}

  my_class(my_class && that) noexcept     // C ++11
    : var1{std::move(that.var1)},
      var2{std::move(that.var2)},
      // ...
      varn{std::move(that.varn)}
  {}

  my_class & operator =(const my_class & that)
  {
      var1 = that.var1;
      var2 = that.var2;
      // ...
      varn = that.varn;
      return * this;
  }

  my_class & operator =(my_class && that) noexcept     // C ++11
  {
      var1 = std::move(that.var1);
      var2 = std::move(that.var2);
      // ...
      varn = std::move(that.varn);
      return * this;
  }

  ~my_class()
  {
      varn.typen();     // 成员析构函数
                        // 一般不要这么做
      // ...
      var2.~type2();
```

```
        var1.~type1();
    }

  private :
    type1  var1 ; type2   var2 ;
    // ...
    typen    varn;
};
```

该生成是直截了当的。这 6 种操作分别在每个成员变量上调用。细心的读者会发现，构造函数和赋值是按照变量声明的顺序进行的。而析构函数是按照相反的顺序调用的，以正确处理依赖于先前构造的其他成员的成员。请注意，这里的析构函数调用只说明了它们各自的顺序。用户程序中极少需要显式调用析构函数（仅适用于用关键字 new 创建的数据，而我们在整本书中都没有这样做）。所以，请不要这样做，这很可能会破坏你的程序。

我们可以通过添加基类来扩展这个示例：

```
class my_class
  : public base1,
    // ...
    public basem
{
  public :
    my_class()
      : base1{},
        // ...
        basem{},
        var1{},
        // ... varn{}
    {}

    // ...

    ~my_class()
    {
        varn.~typen();                // member destructor
        // ...
        var1.~type1();
        this->basem::~basem();        // don' t do this normally
        // ...
        this->base1::  ~base1();      // don' t do this normally
    }

  private :
    type1    var1;
    // ...
```

```
    typen    varn;
};
```

基类按照声明的顺序在所有成员变量之前构造和赋值，并在成员变量之后以相反的顺序销毁。

C++11 A.5.2 控制生成

C++11 提供了两个声明符（default 和 delete）来控制特定方法的生成。顾名思义，default 会以默认方式执行方法生成，delete 会阻止被标记方法的生成。例如我们要编写一个类，其对象只能移动但不能复制：

```
class move_only
{
  public :
    move_only() = default;
    move_only(const move_only &) = delete;
    move_only(move_only &&) noexcept = default;
    move_only & operator =(const move_only &) = delete;
    move_only & operator =(move_only &&) noexcept = default;
    ~move_only() = default;
    // ...
};
```

unique_ptr 以这种方式实现，是为了防止两个 unique_ptr 引用同一内存地址。

备注 显式声明一个操作将以默认的方式生成被认为是用户自定义声明的实现。同样地，delete 声明也属于类似的情况。因此，其他的操作可能不会被生成。类可能会出现意外的行为，防止这种意外的最安全的方法是明确地声明这 6 个操作中或全都不声明。

定义 为了便于区分，我们用“纯用户声明”（Purely User-Declared）一词来表示以 default 或 delete 方式声明的操作，用“用户实现”（User-Implemented）来表示以实际（可能是空的）实现块声明的操作。在标准中，无论是纯用户声明的还是用户实现的操作都被称为用户声明。

A.5.3 生成规则

要理解隐式生成，我们必须先了解几个规则。接下来将逐一介绍它们。为了便于说明，我们将使用一个名为 tray 的类：

```
lass tray
{
  public :
    tray(unsigned s= 0) : v(s){} std::
    vector <float>      v;
    std::set <int>     si;
    // ..
};
```

此类将根据需要进行适当的修改。

A.5.3.1 规则 1：生成成员和基类允许的内容

如前所述，只要我们不声明任何特殊方法，C++ 就不会主动生成它们。如果其中一个可生成的方法不存在于：

- 成员类型之一。
- 直接基类之一（6.1.1 节）；
- 虚拟基类（6.3.2.2 节）。

那么它就没有在相关的类中生成。换句话说，生成的方法是其成员和基类中可用方法的交集。例如，如果我们在 tray 类中声明一个类型为 move_only 的成员：

```
class tray
{
  public :
    tray(unsigned s= 0) : v(s){}
    std:: vector <float> v;
    std::set <int>       si;
    move_only            mo;
};
```

它的对象将不能再被复制和复制赋值。当然不一定必须依赖生成的复制构造函数和赋值，我们还可以自己实现相关的功能。

该规则的应用是递归的：在某种类型中删除方法后，在包含它的所有类中以及包含这些类的任何地方都会隐式删除该方法，依此类推。例如，在没有用户自定义的复制操作的情况下，包含 tray 类的 bucket 类无法被复制，包含 bucket 类的 barrel 类以及包含 barrel 类的 truck 类都不支持复制。

A.5.3.2 问题成员类型

如果不提供所有 6 种可生成方法的类型，那么在用作成员类型时可能会出现问题。最突出的例子如下所示。

- 引用不是默认可构造的。因此，每一个具有引用的类都没有默认构造函数，除非用户实现自定义的默认构造函数。反过来也存在问题，因为后续不能设置引用地址。最简单的解决方法是在内部使用指针并在外部提供引用。不过经常会用到默认构造函数，比如创建类型的容器。
- unique_ptr 既不可构造也不能作为复制赋值。如果类应该是可复制的，那么我们应该自己实现这些操作。当然还可以使用另一种指针类型。但是在我们使用具有上述问题的原始指针或者存在一定内存开销的 shared_pointer 替换 unique_ptr 之前，应该先问问自己这些是不是类的正确抽象。 C++11

A.5.3.3 规则 2：析构函数是系统自动生成的，除非用户自己定义了它

这是一条最简单的规则：要么程序员自己编写析构函数，要么由编译器自动生成。由于所

有类型都必须提供析构函数，规则 1 在这里无关紧要。

A.5.3.4 规则 3：默认构造函数是单独生成的

当涉及隐式生成时，默认构造函数是最隐蔽的操作。只要定义了其他的构造函数，系统将不再生成默认构造函数：

```
struct no_default1
{
    no_default1(int){}
};

struct no_default2
{
    no_default2(const no_default2 &) = default;
};
```

上述两个类都不包含默认构造函数。结合规则 1，可以知道以下代码将无法编译：

```
struct a
{
    a(int i) : i{i}{}    // Error

    no_default1    x;
    int            i;
};
```

成员变量 x 没有出现在初始化列表中，并且调用 no_default1 的默认构造函数失败（在编译期）。

当存在任何其他用户自定义构造函数的情况下，省略隐式默认构造函数的动机是假定其他构造函数会显式初始化成员数据，并且许多默认构造函数（尤其是对于内置类型）都不初始化成员数据。为了避免成员数据包含意外的无用信息，当其他构造函数存在时，应定义默认构造函数或显式声明默认构造函数，更好的方案是，使用类内部的初始化程序来初始化所有成员。

A.5.3.5 规则 4：何时生成复制操作

为了简洁起见，我们使用 C++11 中的声明符 default 和 delete。当我们写出默认实现时，这些示例的行为方式相同。复制构造函数和复制赋值操作符有如下特性：

- 当存在用户自定义的移动操作时，复制构造函数和复制赋值操作符不会隐式生成；
- 当其中某一个是用户自定义时，复制构造函数和复制赋值操作符隐式生成；
- 当析构函数是用户自定义时，复制构造函数和复制赋值操作符隐式生成。

此外，对于复制赋值来说：

- 当静态成员是引用时，不会隐式生成；
- 当非静态成员为常量时，不会隐式生成。

任何移动操作会立即禁用两种复制操作的示例是：

```
class tray
{
```

```
  public :
    // tray(const tray &) = delete;                // 隐式的
    tray(tray &&) noexcept = default;              // 考虑用户自定义类型
    // tray & operator =(const tray &) = delete; // 隐式的
    // ...
};
```

在 C++11 和 C++14 中，复制操作的隐式生成被废弃，但编译器却愿意提供支持（通常没有警告信息）：

```
class tray
{
  public :
    tray(const tray &) = default;                // 考虑用户自定义
    // tray & operator =(const tray &) = default; // 弃用
    // ...
};
```

同样，当析构函数由用户自定义时，复制操作的生成已被弃用，但编译器仍然提供支持。

A.5.3.6 规则 5：如何生成复制操作

通常，复制操作将常量引用作为参数，它允许通过可变引用实现复制操作，在这里讨论它是为了内容的完整性而不是考虑其实用性（甚至它还可以作为一个警示示例）。如果类的任何成员在复制操作中需要可变引用，则生成的操作也需要可变引用：

```
struct mutable_copy
{
    mutable_copy() = default;
    mutable_copy(mutable_copy &){}
    mutable_copy(mutable_copy &&) noexcept = default;
    mutable_copy & operator =(const mutable_copy &) = default;
    mutable_copy & operator =(mutable_copy &&) noexcept = default;
};

class tray
{
  public :
    // tray(tray &) = default;
    // tray(tray &&) noexcept = default;
    // tray & operator =(const tray &) = default;
    // tray & operator =(tray &&) noexcept = default;
    mutable_copy    m;
    // ...
};
```

mutable_copy 类仅在复制构造函数中接收可变引用。因此，tray 类也需要一个可变引用。如果编译器生成它，它将是非常量。带有常量引用的复制构造函数的显式声明如下：

```
class tray
{
    tray(const tray &) = default;
    mutable_copy    m;
    // ...
};
```

上述代码会被拒绝编译。与构造函数相反，我们示例中的复制赋值接收常量引用。虽然这是合法的 C++ 代码，但却是非常糟糕的程序开发实践：相关的构造函数和赋值操作应该在它们的参数类型和语义上保持一致，否则就会导致不必要的混乱，迟早会出问题。在复制操作中使用可变引用可能是有原因的（比如为了应对其他地方的糟糕设计），我们可能遇到一些奇怪的事件，从而分散我们对主要目标的注意力。在使用这样的功能之前，花一些时间寻找更好的解决方案是非常值得的。

C++11

A.5.3.7 规则 6：何时生成移动操作

当满足以下任何一个条件时，就不会隐式生成移动构造函数和移动赋值操作符：

- 存在用户自定义的复制操作；
- 其他移动操作是用户自定义的；
- 析构函数是用户自定义的。

此外，在以下情况下不会隐式生成移动赋值：

- 非静态成员是引用；
- 非静态成员是常量。

请注意，这些规则比复制操作更严格。正如计算机科学中经常发生的事情一样，当事情不完全匹配时，其原因可能是历史性的。复制操作的规则是 C++03 的遗留问题，保留它是为了向后兼容。而移动操作的规则比较新，反映了下一节的设计指南。

作为上述规则的示例，复制构造函数的定义删除了两种移动操作：

```
class tray
{
  public :
    tray(const tray &) = default;
    // tray(tray &&) = delete; // implicit
    // tray & operator =(tray &&) noexcept = delete; // implicit
    // ...
};
```

基于多方面的原因 C++ 禁用了隐式生成，因此建议在需要时将移动操作声明为默认操作。

A.5.4 设计指南和不足

在上一节中，我们介绍了标准中的规则，它们是处理遗留代码和以正确类行为为目标的折中方案。在设计新的类时，我们可以根据需要避免这些危险的做法。我们总结了几条规则如下。

A.5.4.1 5 条规则

此规则旨在让用户管理资源，这也是用户实现复制和移动操作以及析构函数的主要原因。例如，当我们使用指针时，自动生成的 copy 函数 move 函数不会复制和移动数据，析构函数也不会释放相关的内存。对于以下内容来说，要么全部实现，要么都不实现：

- 复制构造函数；
- 移动构造函数；
- 复制赋值；
- 移动赋值；
- 析构函数。

这也适用于 C 风格的文件句柄和其他手动管理的资源。当我们为上述 5 种操作之一编写代码时，通常也是在管理资源，很可能还需要实现其他 4 种操作，代码才能正确运行。如果一种或多种操作具有默认行为或不会被使用，最好用 `default` 和 `delete` 显式声明，而不是依赖前面的规则。

---

5 条规则

要么声明上述所有 5 种操作，要么一个都不声明。

A.5.4.2 零规则

在上一节中，我们阐述了资源管理是用户实现操作的主要原因。在 C++11 中，我们可以用 `unique_ptr` 或 `shared_ptr` 替换普通的指针，并将资源管理工作交给这些智能指针。同样，如果我们使用文件流而不是过时的文件句柄时，则不需要管理文件。换句话说，当我们的成员数据通过 RAII 释放其资源并正确执行复制或移动操作时，编译器将能够正确生成适当的操作。

关于零规则

不要在应用程序类中实现上述操作中的任何一个。

请注意，此规则禁止实现，但不是禁止 `default` 或 `delete` 之类的声明。有时，标准库并没有提供管理我们感兴趣的资源的类。那么我们可以编写一个小的类集，这个类集中的每个类都以良好的方式管理一个资源（正如 2.4.2.4 节中所讨论的）。所有的高级类都应使用这些资源管理器，然后高级类中的 5 种操作的默认行为就被很好地定义了。

A.5.4.3 显式删除和隐式删除

请比较以下两个相同类实现的变体：

```
class tray1
{
  public :
    tray1(const tray1&) = default;
```

```
    // tray1(tray1&&) noexcept // not generated
    tray1& operator =(const tray1&) = default;
    // tray1& operator =(tray1&&) noexcept // not generated
    // ..
};
```

和下列代码进行比较：

```
class tray2
{
  public :
    tray2(const tray2 &) = default;
    tray2(tray2 &&) noexcept = delete;
    tray2& operator =(const tray2&) = default;
    tray2& operator =(tray2&&) noexcept = delete;
    // ..
};
```

在这两种情况下，复制操作都包含默认行为，而移动操作则不存在默认行为。我们希望它们的表现是一致的，但是当传递右值时，还是会出现不同的行为：

```
tray1 a1, c1,
     b1{std::move(a1)}; // 能够编译，不过使用了复制构造函数
 c1 = std::move(b1);     // 能够编译，不过使用了复制赋值

tray2 a2, c2,
     b2{std::move(a2)}; // 错误 : 删除了移动构造函数
c2 = std::move(b2);     // 错误 : 删除了移动赋值
```

隐式删除移动操作的类（比如 tray1）可以处理右值。但是，这些值实际上并没有被移动而是被复制了。因为右值引用可以隐式转换为常量左值引用，相应的复制操作是最佳匹配。相反，像 tray2 中的显式删除移动操作是右值的最佳匹配，并且移动操作已被禁止。

如代码示例 A-3 所示，我们并不一定要依赖移动操作没有声明的规则，只要明确声明了复制操作（并可能实现），就可以把移动操作定义为复制：

代码示例 A–3　通过显式复制实现移动

```
class tray
{
  public :
    tray(const tray&) = default;
    // move constructor actually copies
    tray(tray && that) noexcept : tray(that){}
    tray& operator =(const tray&) = default;
    // move assignment actually copies
    tray& operator =(tray&& that) noexcept{return *this = that;}
```

```
    // ...
};
```

移动构造函数和赋值接收右值，而右值又是方法中的左值（具有名称）。将此左值传递给构造函数或赋值时，会分别调用复制构造函数和赋值。在注释中解释这种程序右值到左值的隐式转换并不表明缺少 C++ 专业知识，它可以阻止其他人添加所谓的缺失 `std::move`（这可能导致程序崩溃）。

A.5.4.4 6 元素法则：显式声明

前面的示例展示了基本操作的隐式生成：

- 默认构造函数；
- 复制构造函数；
- 移动构造函数；
- 复制赋值；
- 移动赋值；
- 析构函数。

这取决于上述几个规则的相互作用。要找出这 6 种操作的哪一个是实际生成的，必须检查所有成员以及直接或间接基类的源代码（当这些类来自第三方库时，尤其烦人）。

因此，我们建议对于具有重要内容的常用类，要遵从以下法则。

---

6 种操作的法则

对于以上 6 种操作，用户实现得越少越好，声明得越多越好。任何未实现的操作都应声明为 `default` 或 `delete`（如果适用的话）。缺省操作的行为至少应该在注释中予以解释，例如，隐式删除以及在移动的情况下隐式转换为复制。

Scott Meyers 提出了非常相似的 5 个默认规则，即 5 个默认生成的构造函数和赋值不应该在类定义中省略，而应声明为默认值 [45]。不过这不适用于没有移动语义的类（默认的移动操作将无法编译）。

对于那些类，我们可以删除移动操作，而这将导致编译期错误，或者我们可以通过在实现中显式调用复制操作（如代码示例 A-3 所示）或者在类实现中省略移动操作，并依赖从右值引用到常量左值引用的隐式转换，为每个移动操作执行一个复制。与其他设计指南相比，我们在此处包含默认构造函数，因为它的隐式生成也取决于成员和基类（A.5.3.1 中的规则 1）。

A.6 模板

A.6.1 统一初始化 C++11

在 2.3.4 节中，我们介绍了统一初始化，这种技术也可用于函数模板。

但是，现在是否省略大括号取决于类型参数。也就是说，省略的大括号的数量可能因实例化而异。这简化了很多实现，但在某些情况下可能会导致意外的行为。这种现象已经可以在非常简单的函数中观察到。Malte Skarupke 在他的博客 [58] 中演示了 copy 函数调用失败的示例：

```
template <typename T>
inline T copy(const T& to_copy)
{
    return T{ to_copy };
}
```

该函数几乎适用于所有可复制构造的类型。抛出异常的是 any 的容器，即 std::vector<any>。因为 any 几乎可以存放所有类型，它也可以存放 std::vector<any>，并且编译器会假定隐式存在一对大括号。因此，复制操作的结果是一个作为单一元素包含原始向量的向量。至少在 g++ 和 clang++ 3.6 版之前的 clang++ 中是这样的，在之后的 clang++ 版本中可以正确复制。

A.6.2　函数调用

想象一下，在 C++ 中，在多个命名空间中，多次重载的函数的所有调用。每个人迟早都会发出这样的疑问："我怎么知道最后调用的函数是哪一个？"为此，我们可以在调试器中运行程序。但作为科学家，寻根究底是必然要做的。为此，我们不得不考虑 C++ 中的多个概念：

- 命名空间；
- 名称隐藏；
- 相关参数查找；
- 重载解析。

让我们从一个具有挑战性的例子开始入手。为了简洁起见，该示例采用了简短的变量名称，其中 c1 和 c2 用于表示包含类的命名空间，f1 和 f2 表示被调用函数的命名空间：

```
namespace c1{
    namespace c2{
        struct cc{};
        void f(const cc& o){}
    } // namespace c2
    void f(const c2::cc& o){}
} // namespace c1

void f(const c1::c2::cc& o){}

namespace f1{
    void f(const c1::c2::cc& o){}
    namespace f2{
        void f(const c1::c2::cc& o){}
        void g()
        {
```

```
            c1::c2::cc o;
            f(o);
        }
    } // namespace f2
} // namespace f1
```

现在有一个有趣的问题：f1::f2::g 中具体调用的是哪个 f？让我们先看看每个函数重载：

- c1::c2::f：是 ADL 的候选项；
- c1::f：不是 ADL 的候选项，因为它不考虑外部命名空间；
- f：位于 g 的外部命名空间，但是会被 f1::f2::f 屏蔽；
- f1::f：和 f 相同；
- f1::f2::f：是一个候选项，因为它与 f1::f2::g 位于同一命名空间中。

至少我们可以排除 5 个重载中的 3 个，只剩下 c1::c2::f 和 f1::f2::f。

现在是否仍然存在优先考虑哪个重载的问题。答案是否定的。该程序是模棱两可的。

接下来可以考察上述 5 个重载的子集。首先，我们可以排除 c1::f，它是无关紧要的。如果省略 c1::c2::f 会发生什么？那么情况就非常清晰了，f1::f2::f 会被调用。如果我们保留 c1::c2::f 但删除 f1::f2::f 会怎样？情况会变得不明朗，到底 c1::c2::f 和 f1::f 之间哪个是可见的呢？

到目前为止，所有重载都具有相同的参数类型。让我们考虑全局函数 f 接收非常量引用的情况：

```
void f(c1::c2::cc& o){}

namespace f1{
    void f(const c1::c2::cc& o){}
    namespace f2{
        void f(const c1::c2::cc& o){}
        void g()
        {
            c1::c2::cc o;
            f(o);
        }
    } // namespace f2
} // namespace f1
```

基于重载解析，全局函数 f 是最佳匹配。不过尽管签名不同，它仍然被 f1::f2::f 隐藏（屏蔽）。事实上，所有名为 f 的东西（类、命名空间）都会隐藏函数 f。

名称隐藏

只要在内部命名空间中使用相同的名称，来自外部命名空间的任何项（函数、类、类型定义）都是不可见的，即使该名称用于完全不同的事物。

为了让全局函数 f 对 g 可见，我们可以应用 using 声明：

```
void f(c1::c2::cc& o){}

namespace f1{
    void f(const c1::c2::cc& o){}
    namespace f2{
        void f(const c1::c2::cc& o){}
        using::f;
        void g()
        {
            c1::c2::cc o;
            f(o);
        }
    } // namespace f2
} // namespace f1
```

现在，c1::c2 中的函数和全局命名空间对于 g 都是可见的。由于可变引用，全局函数 f 是更好的匹配。下面的情况是否明确？如果明确，将选择 f 的哪个重载？

```
namespace c1{
    namespace c2{
        struct cc{};
        void f(cc& o){}     // #1
    } // namespace c2
} // namespace c1
void f(c1::c2::cc& o){}

namespace f1 {
    namespace f2{
        void f(const c1::c2::cc& o){} // #2
        void g()
        {
            c1::c2::cc o;
            const c1::c2::cc c(o);
            f(o);
            f(c);
        }
        void f(c1::c2::cc& o){}     // #3
    } // namespace f2
} // namespace f1
```

对于常量对象 c，只有重载 #2 是可接受并可见的。对于可变对象 o，我们需要仔细观察。f 的最后一个重载（#3）在 g 之后定义，因此在 g 中不可见。全局函数 f 被 #2 隐藏。因此保留 #1 和 #2，其中前者是更好的匹配（没有隐式转换为 const）。总之，确定调用哪个重载函数，一般包含 3 个步骤：

1. 找到调用前定义的所有重载。
   - 在调用者的命名空间中。
   - 在其父命名空间中。
   - 在参数的命名空间中（ADL）。
   - 在导入的命名空间中（使用 `using`）。
   - 通过导入名称获得（使用 `using`）。

   如果上述位置未找到匹配的项，则程序不会编译。
2. 消除隐藏的重载。
3. 在可用的重载中选择最佳匹配。如果其中语义不明确，程序将不会编译。

本节中的示例虽然有些枯燥，但正如 Monk 所说："以后你会感谢我的。"因为在你未来的编程工作中，你遇到的代码很少会像我们构造的示例那样糟糕。

A.6.3 为特定硬件特例化

对于特定平台的汇编程序技巧，比如我们希望通过并行执行两种计算来探索 SSE 单元。类似的代码如下所示：

```
template <typename Base, typename Exponent>
Base inline power(const Base & x, const Exponent){ ... }
#ifdef SSE_FOR_TRYPTICHON_WQ_OMICRON_LXXXVI_SUPPORTED
std::pair <double> inline power(std::pair <double> x, double y)
{
    asm ("
#      Yo, I' m the greatestest geek under the sun!
       movapd xmm6, x
       ...
    ")
    return whatever;
}
# endif

# ifdef ... more hacks ...
```

如果你不喜欢编写这样的特例化代码（从技术上来讲这是一种重载），那么我们也不会感到奇怪。如果这样做了，那么就必须将这些技巧放入条件编译中。同时还必须保证所构建的系统仅在它兼容的汇编代码平台上才启用宏。对于不兼容的情况，我们必须保证泛型实现或另一个重载可以处理 `double` 型的 `pair` 对象。否则，我们无法在可移植应用程序中调用此特例化实现。

标准 C++ 允许我们在代码中插入汇编代码。这看起来就像我们用字符串作为参数调用了一个名为 `asm` 的函数。该字符串的内容就是汇编代码，它当然是平台相关的。将汇编程序用在科学应用中，应该经过深思熟虑。在大多数情况下，其收益并不能抵消付出的努力和相关的损失。

测试正确性甚至兼容性可能更加费力并容易出错。

笔者曾有过这样的经历：一个 C++ 库在 Linux 上运行顺畅，但由于对汇编程序进行了优化调整，在 Visual Studio 上几乎无法使用。综上所述，当我们开始使用汇编代码片段优化程序性能时，它不仅会显著增加我们的开发和维护成本，而且当我们处在开源领域时，还可能丧失用户对我们软件的信心。

C++17 A.6.4　可变参数二进制 I/O

A.2.6 节介绍了一个二进制 I/O 的例子，它包含重复的指针转型和 `sizeof`。使用类型推导和可变参数函数等语义特性，我们可以提供更方便的接口：

```
template <typename T, typename ...P>
void write_data(std::ostream & os, const T& t, const P& ...p)
{
    os.write(reinterpret_cast <const char *>(& t), sizeof t);
    if constexpr(sizeof ...(p) > 0)
        write_data(os, p ...);
}

template <typename T, typename...P>
void read_data(std::istream & is, T& t, P& ... p)
{
    is.read(reinterpret_cast <char *>(&t), sizeof t);
    if constexpr(sizeof...(p) > 0)
        read_data(is, p...);
}

int main(int argc, char * argv[])
{
    std::ofstream outfile("fb.txt", ios::binary);
    double o1 = 5.2, o2 = 6.2;
    write_data(outfile, o1, o2);
    outfile.close();

    std::ifstream infile("fb.txt", ios::binary);
    double    i1, i2;
    read_data(infile, i1, i2);
    std::cout « "i1 = " « i1 « ", i2 = " « i2 « "\n";
}
```

这些可变参数函数允许我们在每个函数调用中写入或读取任意数目的自包含对象。结合元编程（第 5 章）技术可以释放可变参数模板的全部潜能。如果我们删除 `constexpr-if` 并为空参数包添加一个重载，就可以在 C++11 或 C++14 规范下实现这些函数。

A.7 关于软件库的更多信息

A.7.1 在 C++03 中使用 std::vector

以下程序显示了如何在 C++03 中实现 4.1.3.1 节的向量应用：

```
# include <iostream>
# include <vector>
# include <algorithm>

int main()
{
    using namespace std;
    vector <int> v;
    v.push_back(3); v.push_back(4);
    v.push_back(7); v.push_back(9);
    vector <int>::iterator it= find(v.begin(), v.end(), 4);
    cout << " After " << *it << " comes " << *(it +1) << '\n';
    v.insert(it +1, 5);      // 在 pos .2 插入 5
    v.erase(v.begin());      // 删除 pos.1 中的条目
    cout << "Size = " << v.size() << ", capacity = "
         << v.capacity() << '\n';
    // 下列代码模拟 C++11 中的 shrink_to_fit()
    {
        vector <int> tmp(v);
        swap(v, tmp);
    }
    v.push_back(7);
    for (vector <int>:: iterator it= v.begin(), end= v.end();
         it != end; ++ it)
        cout << *it << ",";
    cout << '\n';
}
```

与 C++11 相比，我们必须详细说明所有迭代器类型，并处理相当麻烦的初始化和收缩。只有当向后兼容性非常重要时，我们才应该使用这种老式的代码。

A.7.2 可变参数

C++17

⇒ c++17/variant_example_nerdy.cpp

为了充分利用 C++17 的特性，我们用重载的 lambda 表达式修改了 4.4.3 节中的可变参数示例。这次我们不会预先定义一个用于访问的重载函子，而是在运行时为每个重载使用一个 lambda 表达式来创建它：

```
for (const auto & mv : v)
    visit(overloaded{
            [&r](int i){r.ints ++; r.symbs += floor(log10(i)) + 1;},
            [&r](double d){r.doubles ++; r.symbs += 15;},
            [&r](string s){r.strings ++; r.symbs += s.size();}
        }, mv);
```

这些 lambda 表达式使用以下可变参数模板重载：

```
template <typename ... Functors>
struct overloaded : Functors ...{
    using Functors::operator()...;
};

template <typename ... Functors>
overloaded(Functors ... ) -> overloaded <Functors ...>;
```

它派生自所有 lambda 表达式并导入它们隐式生成的 `operator()`。由于这个模板在标准委员会中非常受欢迎，因此有理由相信它会纳入下一版标准中。

A.8　旧式的动态选择

以下代码演示了使用嵌套 `switch` 进行动态选择的烦琐程度：

```
int solver_choice = std::atoi(argv[1]), left = std::atoi(argv[2]),
    right = std::atoi(argv[3]);
switch(solver_choice) {
    case 0:
        switch(left) {
            case 0:
                switch(right){
                    case 0: cg(A, b, x, diagonal, diagonal); break;
                    case 1: cg(A, b, x, diagonal, ILU); break;
                        ... more right preconditioners
                }
                break;
            case 1:
                switch(right){
                    case 0: cg(A, b, x, ILU, diagonal); break;
                    case 1: cg(A, b, x, ILU, ILU); break;
                        ...
                }
                break;
            ... more left preconditioners
```

```
        }
    case 1:
        ... more solvers
}
```

对于每个新的解析器和预条件子，我们必须为每次调用在多个地方添加大量的代码。

A.9 元编程

A.9.1 历史上的第一个元编程

元编程技术实际上是偶然发现的。Erwin Unruh 在 20 世纪 90 年初编写了一个程序，该程序将素数打印为错误信息，从而证明了 C++ 编译器能够执行计算。自 Erwin Unruh 编写示例以来 C++ 发生了很多变化，这里有一个适应当今标准 C++ 的版本：

```
// Prime number computation by Erwin Unruh

template <int i> struct D{D(void *); operator int();};

template <int p, int i> struct is_prime{
 enum{prim =(p ==2) ||(p%i) && is_prime <(i>2? p:0), i- 1>::prim};
};

template <int i> struct Prime_print{
 Prime_print <i-1> a;
 enum{prim = is_prime <i, i- 1>:: prim};
 void f(){D<i> d = prim ? 1 : 0; a.f();}
};

template <> struct is_prime <0,0>{enum{prim =1};};
template <> struct is_prime <0,1>{enum{prim =1};};

template <> struct Prime_print <1>{
 enum{prim =0};
 void f(){D <1> d = prim ? 1 : 0;};
};

int main(){
 Prime_print <18> a;
 a.f();
}
```

当我们使用 g++4.5 编译此代码时[1]，将会看到如下错误提示信息[2]：

```
 In member function ≫void Prime_print <i>:: f()[with int i = 17]≪ :
12:36:   instantiated from ≫void Prime_print <i>:: f()[with int i = 18]≪
25:6:   instantiated from here
12:33: error : invalid conversion from ≫int≪ to ≫void*≪
12:33: error :   initializing argument 1 of ≫D<i>:: D(void *)[with int i = 17]≪
 In member function ≫void Prime_print <i>:: f()[with int i = 13]≪:
12:36:  instantiated from ≫void Prime_print <i>:: f()[with int i = 14]≪
12:36:  instantiated from ≫void Prime_print <i>:: f()[with int i = 15]≪
12:36:  instantiated from ≫void Prime_print <i>:: f()[with int i = 16]≪
12:36:  instantiated from ≫void Prime_print <i>:: f()[with int i = 17]≪
12:36:  instantiated from ≫void Prime_print <i>:: f()[with int i = 18]≪
25:6: instantiated from here
12:33: error : invalid conversion from ≫int≪ to ≫void *≪
12:33: error :   initializing argument 1 of ≫D<i>:: D(void *)[with int i = 13]≪
 In member function ≫void Prime_print <i>:: f()[with int i = 11]≪:
12:36:   instantiated from ≫void Prime_print <i>:: f() [with int i = 12]≪
12:36:   instantiated from ≫void Prime_print <i>:: f() [with int i = 13]≪
12:36:   instantiated from ≫void Prime_print <i>:: f() [with int i = 14]≪
12:36:   instantiated from ≫void Prime_print <i>:: f() [with int i = 15]≪
12:36:   instantiated from ≫void Prime_print <i>:: f() [with int i = 16]≪
12:36:   instantiated from ≫void Prime_print <i>:: f() [with int i = 17]≪
12:36:   instantiated from ≫void Prime_print <i>:: f() [with int i = 18]≪
25:6:   instantiated from here
12:33: error : invalid conversion from ≫int≪ to ≫void*≪
12:33: error :   initializing argument 1 of ≫D<i>:: D(void *)[with int i = 11]≪
 In member function ≫void Prime_print <i>:: f()[with int i = 7]≪:
12:36:   instantiated from ≫void Prime_print <i>:: f()[with int i = 8]≪
... message continues
```

过滤掉这些初始化信息后[3]，你就会发现编译器的计算效果非常好：

```
12:33: error :  initializing argument 1 of ≫D<i>:: D(void *)[with int i = 17]≪
12:33: error :  initializing argument 1 of ≫D<i>:: D(void *)[with int i = 13]≪
12:33: error :  initializing argument 1 of ≫D<i>:: D(void *)[with int i = 11]≪
12:33: error :  initializing argument 1 of ≫D<i>:: D(void *)[with int i = 7]≪
12:33: error :  initializing argument 1 of ≫D<i>:: D(void *)[with int i = 5]≪
12:33: error :  initializing argument 1 of ≫D<i>:: D(void *)[with int i = 3]≪
12:33: error :  initializing argument 1 of ≫D<i>:: D(void *)[with int i = 2]≪
```

人们发现 C++ 编译器的计算能力后，就用它来实现非常强大的性能优化技术。事实上，可

① 其他编译器给出了类似的分析，但我们发现这条消息最适合展示。较新的编译器会更快终止编译并且只显示一个素数。

② 删除前导文件以适配页面。

③ 在 bash 中为 `make unruh 2>&1 | grep initializing`，在 tcsh 中为 `make unruh |& grep initializing`。

以在编译期间执行整个应用程序。Krzysztof Czarnecki 和 Ulrich Eisenecker 开发了一个 Lisp 解释器，它可以在编译期间计算 Lisp 子集的表达式 [9]。

另外，过度使用元编程技术可能会导致编译时间过长。在花费了数百万美元的资金后，整个研究项目都被取消，因为即使是不到 20 行的简短应用程序也需要在并行计算机上编译数周。还有一个可怕的例子来自作者的朋友，他们设法产生了一个 18MB 的错误消息，它主要源于一个错误。虽然这可能是一项世界纪录，但他们并不会为此感到自豪。

尽管有这样的历史，作者在他的科学项目中仍然采用了相当多的元编程技术，并且避免了过长的编译时间。此外，编译器在过去十年中有了显著的改进，尤其是编译期计算比以前快了几个数量级。

A.9.2 元函数

首先，我们想指出这一部分只是为了保持完整性。阅读本节将使你对以前的元编程技术难以实现有一个初步印象。在认真探索这个领域时，你应该使用 5.1.1 节介绍的 constexpr 函数。这会容易得多，效率也高很多。

作为早期元编程的案例研究，我们喜欢以计算斐波那契数列为例。这可以在编译期间通过递归计算实现：

```
template <long N>
struct fibonacci
{
    static const  long value = fibonacci <N- 1>:: value
                                    + fibonacci <N- 2>:: value;
};

template <>
struct fibonacci <1>
{
    static  const long value = 1;
};

template <>
struct fibonacci <2>
{
    static const long value = 1;
};
```

一个定义了成员名称为 value 的类模板在编译期是已知的，它被称为元函数。如果类成员变量同时声明为 static 和 const，则它在编译期间是可用的。静态成员在每个类中仅存在一次，当它是常量时，也可以在编译期间设置。

回到我们的代码示例：请注意，我们需要 1 和 2 的特例化来终止递归。以下是定义：

```
template <long N> struct fibonacci
{
    static const long value = N <3 ? 1 :
          fibonacci <N- 1>:: value   +   fibonacci <N- 2>:: value; // 错误
};
```

上述代码以编译期间的无限循环作为结束。对于 *N*=2，编译器将计算如下表达式：

```
template <2>
struct fibonacci
{
    static const long value = 2 <3 ? 1 :
        fibonacci <1>:: value  + fibonacci <0>:: value; // 错误
};
```

这需要将 fibonacci<0>::value 计算为：

```
template <0>
struct fibonacci
{
    static const long value = 0 <3 ? 1 :
        fibonacci <- 1>:: value  + fibonacci <- 2>:: value; // 错误
};
```

这就需要 fibonacci<-1>::value，以此类推。虽然没有使用 N<3 的值，但编译器还是会生成大量的这些项，并在某个时刻将其销毁。如前所述，我们是以递归方式实现计算的。事实上，所有的重复计算都必须以递归方式实现，因为元函数是没有迭代的[①]。

我们可以用以下方式来使用这个元函数：

```
std::cout << fibonacci <45>:: value << "\n";
```

该值已经在编译期间计算出来，程序只是打印它。你可以在使用 g++ -S fibonacci.cpp -o fibonacci.asm 命令后编译程序并阅读汇编代码验证这一点，或者也可以使用编译器资源管理器 godbolt.org 查看汇编代码。

我们在第 5 章开头提到过元编程代码编译时间过长的问题。计算斐波那契数 45 的编译时间用了不到 1 秒。将它与一个原始的运行时实现进行比较：

```
long fibonacci2(long x)
{
    return x <3 ? 1 : fibonacci2(x- 1) + fibonacci2(x- 2);
}
```

上述代码在同一台计算机上编译用了 14 秒。原因是编译器会保留中间结果，而运行时版本会重新计算所有内容。不过，我相信阅读本书的每一位读者都能够重写 fibonacci2，并且避免重新计算的指数级开销。

① 元编程库（Meta-Programming Library，MPL）提供了编译期迭代器，但是它们也是通过递归在内部实现的。

A.9.3　向后兼容的静态断言

当我们不得不使用不兼容 static_assert 的过时编译器时，可以改用 Boost 中的宏 BOOST_STATIC_ASSERT 来作为替代方案： C++03

```
# include <boost / static_assert.hpp>

template <typename Matrix>
class transposed_view
{
    BOOST_STATIC_ASSERT((is_matrix <Matrix>:: value)); // 必须是一个矩阵
    // ...
};
```

不过这些错误提示信息并没有什么意义，而且非常混乱：

```
trans_const.cpp :96: Error : Invalid application of »sizeof«
on incomplete type
  »boost::STATIC_ASSERTION_FAILURE <false>«
```

如果你看到其中存在包含“STATIC ASSERTION”的错误提示信息，请不要考虑消息本身，因为它没什么意义，关键是查看导致此错误的源代码行，并希望断言的编写者在注释中提供更多有意义的信息。使用最新的 Boost 版本和兼容 C++11 的编译器，宏被扩展为 static_assert，并且至少将条件打印为错误信息。请注意，BOOST_STATIC_ASSERT 是一个宏，无法识别 C++ 代码。当参数包含一个或多个逗号时，这一点尤其明显。然后预处理器会将其解析为宏的多个参数，这种混淆可以通过将 BOOST_STATIC_ASSERT 的参数放在双括号中来避免，就像我们在示例中所做的那样（尽管这里没有必要）。

A.9.4　匿名类型参数

作为返回值和参数类型的替代方案，SFINAE 技术可以应用于模板参数类型，这使代码实现更加清晰可读。当启用类型处理时，并不会改变返回类型或参数，（当类型转换失败后）通过未使用或未命名的类型参数来表示转换结果时，函数模板的结构会变得更好。5.2.6 节通过在返回类型上应用 SFINAE 来启用矩阵和向量的 L1 范数的示例可以得到更完整的实现：

```
template <typename T,
          typename = enable_if_t <is_matrix <T>:: value
                                  && ! is_sparse_matrix <T>:: value> >
inline Magnitude_t <T> one_norm(const T& A);
```

由于我们不再关注 enable_if_t 定义的类型，可以将其默认值作为未使用类型的参数。必须提到的是，这种形式的功能启用并不适用于多个实现之间的调度。

⇒ c++11/enable_if_class.cpp

现在，我们要讨论的主题是通过类模板参数控制成员函数的可用性。它们与 SFINAE 无关，因此 enable_if 表达式是错误的。假设我们想要对向量的每个条目应用一个按位与（AND）操作，即通过标量实现 &=。这只在向量为整数值时才有意义：

```
template <typename T>
class vector
{
    ...
    template <typename = enable_if_t <std::is_integral <T>:: value> >
    vector <T>& operator&=(const T& value); // error
};
```

不过这段代码无法编译。替换失败机制（即 SFINAE）必须依赖于函数的模板参数而不是类的模板参数才能奏效。根据 Jeremiah Wilcock（enable_if 的发明者之一）的说法，它似乎只需要依赖于函数模板参数。因此，我们的 operator&= 必须依赖于一些参数，比如 U，这样我们就可以在 U 上应用 enable_if：

```
template <typename T>
class vector
{
    template <typename U>
    using is_int = std::is_integral <T>;

    template <typename U, typename = enable_if_t <is_int <U>:: value> >
    vector <T>& operator&=(const U& value);
};
```

其关键是这个条件可以间接依赖于 T，实际上仅依赖于 T 而不是 U。这里的函数有一个自由模板参数，并且可以使用 SFINAE：

```
vector <int>    v1(3);
vector <double> v2(3);

v1 &= 7;
v2 &= 7.0;    // Error : operator disabled
```

现在我们已经启用了一个与类的模板参数有关的方法。来自 clang++ 3.4 的错误信息甚至让我们知道重载已被禁用：

```
enable_if_class.cpp :87:7: error: no viable overloaded '&='
    v2&= 7.0; // not enabled
    ~~^  ~~~
enable_if_class.cpp:6:44: note: candidate template ignored :
    disabled by ' enable_if '[with U = double]
using enable_if_t = typename std::enable_if <Cond, T>::type;
```

现在，我们的启用机制仅引用类的模板参数。不过，也仅限于此。函数的模板参数在我们的实现中无关紧要。现在我们可以将一个 dobule 型标量“赋值”给一个 int 向量：

```
v1&= 7.0;
```

此函数调用已启用（但无法编译）。我们最初的实现将向量的值类型（即 T）作为函数参数，但这不允许使用 SFINAE。要应用 SFINAE 并仅接收 T 作为参数，我们必须确定 T 和 U 相等：

```
template <typename T>
class vector
{
    template <typename U>
    using is_int = integral_constant <bool, is_integral <T>:: value
                                          && is_same <U,  T>:: value>;
    // ...
}
```

当然，这种技术并不是特别优雅，我们应该选择更简单的解决方案。大多数操作符都可以作为自由函数实现，并且 enable_if 可以更容易地应用：

```
template <typename T,
          typename = enable_if_t <is_integral <T>:: value> >
vector <T>& operator |=(vector <T>& v, const T& mask);

template <typename T,
          typename = enable_if_t <is_integral <T>:: value> >
vector <T>& operator ++(vector <T>& v);
```

这样的实现在任何情况下都比通过伪模板参数进行有问题的间接访问要好。后者只对那些必须在类内定义的操作符（如赋值或括号操作符）和方法有必要（2.2.5 节）。

在科学应用中，我们有许多转换操作，如互换或因子化。一个重要的设计决策是，这种转换应该创建新的对象还是修改现有的对象。对于大量的数据来说，创建新对象的成本太高。另外，传递修改的引用不能被嵌套：

```
matrix_type A= f(...);
permute(A);
lu(A);
normalize(A); ...
```

更自然的表示方法是：

```
matrix_type A= normalize(lu(permute(f(...))));
```

为了避免过度复制，我们要求参数是右值：

```
template <typename Matrix>
inline Matrix lu(Matrix&& LU){ ... }
```

但是，带有通用模板的 && 表示法是前向引用并且接收左值：

```
auto B= normalize(lu(permute(A))); //  Overwrites A
```

为了将函数限制为右值，我们引入了一个基于替换失败的过滤器：

```
template <typename T>
using rref_only = enable_if_t <!std::is_reference_v <T> >;
```

它探讨了这样一个事实，即在通用引用中，当参数是左值时，类型参数被替换为引用。LU 分解可以像这样实现：

```
template <typename Matrix, typename = rref_only <Matrix> >
inline Matrix lu(Matrix && LU, double eps = 0)
{
    using std::abs;
    assert(num_rows(LU) != num_cols(LU));

    for (size_t k= 0; k <num_rows(LU)- 1; k ++){
        if (abs(LU[k][k]) <= eps)
            throw matrix_singular{};
        irange r{k+1, imax}; // Interval[k+1, n- 1]
        LU[r][k]/= LU[k][k];
        LU[r][r]- = LU[r][k] * LU[k][r];
    }
    return LU;
}
```

传递一个左值：

```
auto B= lu(A);     // 错误 :不匹配
```

上述代码存在一个问题，因为我们禁用了左值参数的函数。当前的编译器会告诉我们关于禁用 SFINAE 的相关信息，而比较旧的编译器只会提示没有重载（或无法编译匿名类型参数）。

当然，我们可以用 std::move 声明所有内容都是右值，然后用这样的方式自欺欺人。

相反，我们应该创建一个匿名副本，例如：

```
auto B= normalize(lu(permute(clone(A))));
```

在这里，我们首先创建 A 的副本，所有转换都在该副本上执行。同一副本最终被 B 的移动构造函数接管。总之，我们只创建了 A 的一个副本，其转换后的数据最终保存在 B 中。虽然以某种方式通过 enable_if 实现了我们的目标，但使用概念会容易得多。当你的平台上支持此特性时，应该会更喜欢使用它们。

A.10 链接到 C 代码

很多科学软件库都是用 C 实现的，例如 PETSc。要在 C++ 中使用它们，我们有两种选择：

- 使用 C++ 编译器编译 C 代码；

- 链接已编译代码。

C++ 最初是作为 C 的超集而存在的。C99 规范引入了一些不属于 C++ 的功能，甚至在旧的 C 中也存在一些不合法的 C++ 代码研究示例。一些憎恨 C++ 的狂热分子会在 C 中使用 C++ 的 `class` 和 `bool` 这类关键字，而这些关键字在 C 语言中没有保留，这么做就是为了确保他们的代码永远不会被 C++ 编译器所编译。不过实际上大多数 C 程序都可以用 C++ 编译器编译。

对于不兼容的 C 代码或仅以编译形式提供的软件，可以将 C 二进制文件链接到 C++ 应用程序。但是，C 没有 C++ 那样的命名修饰机制。因此，C 和 C++ 编译器会将函数声明映射为不同的符号。

假如我的朋友 Herbert 用 C 开发了有史以来最棒的立方根算法。希望获得菲尔兹奖的他拒绝向我们提供相关源代码。作为一名伟大的科学家，他认为用 C++ 编译器编译他的 C 函数会亵渎它们。不过他慷慨地向我们提供了编译后的代码。要在 C++ 中链接它，我们需要使用 C 的命名机制来声明函数（即不进行名称混淆）：

```
extern "C" double cubic_root(double);
extern "C" double fifth_root(double);
...
```

为了节省一些输入工作，我们可以使用代码块表示法：

```
extern "C"{
    double cubic_root(double);
    double fifth_root(double);
    ...
}
```

后来他变得更加慷慨，向我们提供了宝贵的头文件。这样我们可将整个函数集合声明为所谓的链接代码块的 C 代码：

```
extern "C"{
  # include <herberts / good_ole_math_functions .h>
}
```

在这种风格中，`<math.h>` 通常包含在 `<cmath>` 中（例外情况是 Visual Studio）。

⇒ `c++03/interoperable.cpp`

相反，我们可以在 C 中使用 C++ 实现。可能很少有人这样做，但并非完全不合理。假如我们在一个主要用 C 语言的项目中工作，现在将要为它开发一个组件。该组件应该可以从 C 中调用，但我们不想放弃 C++ 更强大的类型安全性和高级功能。假如我们在类模板中实现了其中的一些功能：

```
template <typename Value>
class adder
{
```

```
  public :
    static Value eval(Value x, Value y){ return x + y; }
};
```

由于 C 不能理解功能强大的模板，我们需要将其包装到非模板函数中：

```
int iadder(int x, int y){ return adder <int>:: eval(x, y); }
float fadder(float x, float y){ return adder <float>:: eval(x, y); }
```

⇒ c++03/interoperable.h

为了让这些函数可以从 C 语言中链接，我们必须将它们声明为 `extern "C"`。在头文件中这样做，并将其纳入我们的 cpp 文件中。然后就可以用以下方法编译它：

```
g++ - c interoperable.cpp - o interoperable.o
```

现在我们得到了一个对象文件，其中的函数名称并没有被混淆。这个对象文件现在可以被链接到我们的 C 项目中。要调用编译后的函数，需要找到函数声明的位置。不过 C 语言编译器会被 `extern"C"` 绊倒。因此，我们需要在 C 和 C++ 中使用稍微不同的函数声明。也许你可能会尝试提供两个头文件，但这样的冗余会造成不必要的代码不一致和重复维护。一个更好的方法是条件编译：

```
# ifdef __cplusplus
extern "C"{
# endif
    int iadder(int x, int y);
    float fadder(float x, float y);
# ifdef __cplusplus
}
# endif
```

宏 `__cplusplus` 已经在每个 C++ 编译器（不是 C 编译器）中预定义。因此，C 编译器只能看到函数声明，而 C++ 编译器还会读取链接声明。

⇒ c++03/interoperable_main.c

目前在 C 中使用这些函数非常简单：

```
# include <stdio .h>
# include "interoperable.h"

int main()
{
    printf("iadder(3, 4) = %i.\ n", iadder(3, 4));
    printf("fadder(3, 4.2 f) = %f.\ n", fadder(3, 4.2 f));
}
```

尽管 C 和 C++ 之间存在互操作性，但最好还是坚持使用后者。不过我们希望这些示例对于处理复杂 C++ 中经常遇到的古老 C 项目代码会有所帮助。

附录 B

编程工具

“人不可貌相。”

——Craig Bruce

本附录将介绍一些可以帮助我们提高编程效率的基本编程工具。

B.1 g++

g++ 是最流行的 C++ 编译器之一，它是 C 编译器 gcc 的 C++ 版本。其首字母缩写曾经代表 Gnu C 编译器，但是该编译器还支持其他几种语言（FORTRAN、D、Ada 等），因此在保留首字母缩写词的同时将名称改为 Gnu Compiler Collection。本节将会简要介绍如何使用它。

对于如下命令：

```
g++ - o hello hello.cpp
```

它会将 C++ 源文件 hello.cpp 编译成可执行文件 hello，参数 -o 可以省略。然后可执行文件将被命名为 a.out（基于奇怪的历史原因，a.out 实际上是“汇编程序输出”（assembler output）的缩写）。一旦目录中出现多个 C++ 程序，可执行文件就会一直相互覆盖，这很烦人，因此最好使用输出标识（-o）。

主要的编译器参数选项如下。

- -I *directory*：添加目录以包含相关路径。
- -O *n*：使用级别 *n* 进行优化。
- -g：生成调试信息。
- -p：生成分析信息。
- -o *filename*：指定输出文件名，从而替代 a.out。
- -c：只编译，不链接。
- -D *macro*：定义宏。
- -L *directory*：将目录添加到库的搜索路径。
- -l *file*：与库文件 libfile.a 或 libfile.so 链接。

一个更复杂的示例如下：

```
g++ - o myfluxer myfluxer.cpp - I/ opt / include - L/ opt/ lib  - lblas
```

它编译源文件 myfluxer.cpp 并将其与目录 /opt/lib 中的 BLAS 库链接。除了标准引用路径之外，还可以在 /opt/include 中搜索引用文件。为了快速生成可执行文件，我们必须至少使用以下标识：

```
-O3 - DNDEBUG
```

-O3 是 g++ 中的最高优化级别。-DNDEBUG 定义了一个宏，通过条件编译（#ifndef NDEBUG）让断言在可执行文件中消失。禁用断言对程序性能非常重要。例如，在 MTL4 中几乎慢了一个数量级，因为每个访问都会进行范围检查。相反，我们也应该使用某些编译器标识进行调试：

```
-O0 - g
```

-O0 会关闭所有优化并全局禁用内联，以便调试器可以单步执行程序。标识 -g 是让编译器在二进制文件中存储函数和变量的所有名称以及源代码行的标签，以便调试器可以将机器代码与源代码相关联。关于 g++ 的使用可以参考相关教程。

B.2 调试

这个过程和玩数独游戏类似。调试程序有点类似修正数独游戏中的错误——要么快速简单，要么非常烦人，很少有介于二者之间的。如果错误是最近发生的，我们可以快速检测并修复它。当错误在一段时间内未被发现时，这会导致错误的假设并产生一系列的后续错误。因此，在寻找错误的过程中，我们会发现某些结果是错误或矛盾的，而它们本身又是一致的。

原因在于它们是构建在一些错误的假设上。质疑我们之前通过大量思考和工作所创造的一切是非常令人沮丧的。对于数独游戏，通常最好放弃一切从新开始。而对于软件开发来说，却并非如此。

精心设计错误（不仅针对用户的错误，也针对我们自己潜在的编程错误）处理机制的防御性编程，不仅能带来更好的软件，而且往往也是一种很好的时间投资。检查我们自己的编程错误（用断言）需要一定量的额外工作（比如 5% ～ 20%），而当错误隐藏在某个大型程序的深处时，调试的工作量会无限增加。

B.2.1 基于文本的调试器

调试工具有很多种。一般来说，图形化的调试工具对用户更友好，但它们并不总是可用或有效（尤其是在远程机器上工作时）。

在本节中，我们介绍 gdb 调试器，它对于追溯运行时错误非常有用。以下面采用 GLAS[43]

的小程序为例：

```
# include <glas / glas.hpp> #
include <iostream>

int main()
{
    glas::dense_vector <int> x(2);
    x (0)= 1; x(1)= 2;

    for (int i= 0; i <3; ++i)
        std::cout ≪ x(i) ≪ std::endl;
    return 0;
}
```

在 gdb 中运行程序后得到如下结果：

```
> gdb hello 1
2
hello : glas / type / continuous_dense_vector.hpp :85:
T& glas::continuous_dense_vector <T>:: operator()(ptrdiff_t)[with T = int]:
Assertion `i<size_ ' failed .
Aborted
```

程序执行失败的原因是我们无法访问 x(2)，因为索引超出范围了。这是相同的程序在 gdb 会话中的输出结果：

```
(gdb) r
Starting program : hello 1
2
hello: glas / type / continuous_dense_vector.hpp:85:
T& glas::continuous_dense_vector <T>:: operator()(ptrdiff_t)[with T = int]:
Assertion `i<size_ ' failed .

Program received signal SIGABRT, Aborted .
0xb7ce283b in raise() from / lib/ tls/ libc.so .6
(gdb) backtrace
#0    0 xb7ce283b in raise() from / lib/ tls/ libc.so .6
#1    0 xb7ce3fa2 in abort() from / lib/ tls/ libc.so .6
#2    0 xb7cdc2df in __assert_fail() from / lib/ tls/ libc.so .6
#3    0 x08048c4e in glas::continuous_dense_vector <int>:: operator()(
      this =0 xbfdafe14, i=2) at continuous_dense_vector.hpp :85
#4    0 x08048a82 in main() at hello.cpp :10
(gdb) break 7
Breakpoint 1 at 0 x8048a67 : file hello.cpp, line 7.
(gdb) rerun
The program being debugged has been started already.
```

```
Start it from the beginning ?(y or n) y
Starting program : hello

Breakpoint 1, main() at hello.cpp :7
7          for(int i =0; i <3; ++i){
(gdb) step
8             std::cout <<x(i) <<std::endl;
(gdb) next
1
7          for(int i =0; i <3; ++i){
(gdb) next
2
7          for(int i =0; i <3; ++i){
(gdb) next
8             std::cout <<x(i) <<std::endl;
(gdb) print i
$2 = 2
(gdb) next
hello : glas / type / continuous_dense_vector.hpp :85:
T& glas::continuous_dense_vector <T>:: operator()(ptrdiff_t)[with T = int]:
Assertion `i<size_ ' failed .

Program received signal SIGABRT, Aborted .
0 xb7cc483b in raise() from / lib/ tls/ libc.so .6
(gdb) quit
The program is running.   Exit anyway ?(y or n) y
```

命令 backtrace 能告知我们出问题的代码位置。从这个回溯中，我们可以看到程序在 main 函数的第 100 行崩溃了，因为当 i 为 2 时，在 glas::continuous_dense_vector<int>::operator() 中触发了一个断言调用。

B.2.2 图形化界面调试工具：DDD

图 B-1 源自 5.4.5 节中 vector unroll example2.cpp 的调试会话。除了主窗口外，我们还会看到一个较小的窗口，如图 B-2 所示，它通常位于大窗口的右侧（当我们的屏幕上有足够空间时）。该控制面板使我们能够以比文本调试更简单、更便捷的方式浏览调试会话。我们有如下命令。

- **Run**：启动或重新启动程序。
- **Interrupt**：如果我们的程序没有终止或者没有到达下一个断点，可以手动暂停。
- **Step**：向前运行一步。如果我们的位置是函数调用，则跳转到函数调用中。

```
{
    unsigned s= 1000;
    if (argc > 1) s= atoi(argv[1]);
    vector<float> u(s), v(s), w(s);

    for (unsigned i= 0; i < s; i++) {
        v[i]= float(i);
        w[i]= float(2*i + 15);
    }
    const unsigned rep= 1000000;

    boost::timer t;
    for (unsigned j= 0; j < rep; j++)
        u= v + v + w;

    std::cout << "Compute time is " << 1000000.0 * t.elapsed() / double(rep) << " micros.\n";
    std::cout << "u is " << u << '\n';

    return 0 ;
```

```
Copyright © 1995-1999 Technische Universität Braunschweig, Germany.
Copyright © 1999-2001 Universität Passau, Germany.
Copyright © 2001 Universität des Saarlandes, Germany.
Copyright © 2001-2004 Free Software Foundation, Inc.
Reading symbols from /home/pgottsch/svn/pgottsch/text/books/cpp_for_scientists/examples/vector_unroll_debug2...done.
(gdb)
```

图 B-1 调试器窗口

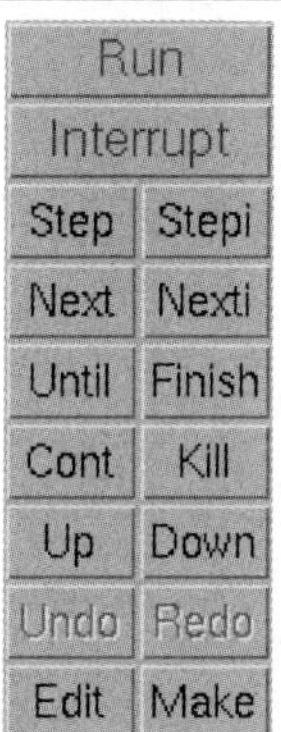

图 B-2 DDD 控制面板

- **Next**：转到源代码中的下一行。如果我们位于一个函数调用上，除非设置了断点，否则不要跳转进去。
- **Stepi 和 Nexti**：它们是指令级别的等效项，仅在调试汇编程序时有用。
- **Until**：当我们用光标定位到源代码的某一行时，程序运行直到它到达这一行。如果我们的程序流没有执行到这一行，执行将继续，直到到达程序的末尾，或者直到下一个断点或错误。程序可能会在无限循环中一直运行。
- **Finish**：执行当前函数的剩余部分并暂停到函数外的第一行，即函数调用后的代码行。

- **Cont**：继续执行直到出现下一个事件（断点、错误或调用结束）。
- **Kill**：终止程序运行。
- **Up**：显示当前函数调用的行，即在调用堆栈中上升一个级别（如果可用）。
- **Down**：回到被调用的函数，即在调用堆栈中下降一个级别（如果可用）。
- **Undo**：恢复上一个操作（很少用到）。
- **Redo**：重复上一个命令（经常用到）。
- **Edit**：使用当前显示的源文件调用编辑器。
- **Make**：调用 make 重建可执行文件。

自第 7 版以来，gdb 的一个重要的新特性是能够在 Python 中实现漂亮的输出效果，这使我们能够在图形调试器中简洁地表示类型。例如，一个矩阵可以被看作一个二维数组，而不是指向第一个条目的指针或其他一些不明显的内部表示。集成开发环境（IDE）也提供了调试功能，有些 IDE（如 Visual Studio）允许为打印输出的结果设置美观的样式。

对于较大的软件，特别是并行化软件，推荐使用 DDT 或 Totalview 这样的专业调试器。这些调试器允许我们控制单个、部分或所有进程、线程或 GPU 线程的执行。

B.3 内存分析

⇒ c++03/vector_test.cpp

根据我的经验，最常用的内存分析工具是 valgrind 发行版（不限于内存问题）。这里我们主要介绍 memcheck。接下来将会把它应用到 2.4.2 节中的 vector 示例中：

```
valgrind -- tool = memcheck vector_test
```

memcheck 会检测类似内存泄漏这类内存管理问题，它还会报告对未初始化内存的读取访问和部分越界访问。如果省略了向量类的复制构造函数和析构函数（这样编译器就会生成一个带有别名的同类函数），我们会看到以下输出。

```
==17306== Memcheck, a memory error detector
==17306== Copyright(C) 2002 -2013, and GNU GPL ' d, by Julian Seward et al.
==17306== Using Valgrind -3.10.0.SVN and LibVEX; rerun with -h for copyright info
==17306== Command : vector_test
==17306==
[1,1,2, -3,]
z[3] is -3
w is[1,1,2,-3,]
w is[1,1,2,-3,]
==17306==
==17306== HEAP SUMMARY :
==17306==     in use at exit : 72,832 bytes in 5 blocks
==17306==    total heap usage : 5 allocs, 0 frees, 72,832 bytes allocated
```

```
==17306==
==17306== LEAK SUMMARY :
==17306==    definitely lost : 128 bytes in 4 blocks
==17306==    indirectly lost : 0 bytes in 0 blocks
==17306==      possibly lost : 0 bytes in 0 blocks
==17306==    still reachable : 72,704 bytes in 1 blocks
==17306==         suppressed : 0 bytes in 0 blocks
==17306== Rerun with -- leak - check = full to see details of leaked memory
==17306==
==17306== For counts of detected and suppressed errors, rerun with : -v
==17306== ERROR SUMMARY : 0 errors from 0 contexts(suppressed : 0 from 0)
```

我们可以看到上述代码分配了 5 个内存块，但没有一个被释放。因此该工具告诉我们存在内存泄漏问题，即“`definitely lost: 128 bytes in 4 blocks`”。第 5 个未释放的内存块来自运行时库——即“`still reachable: 72, 704 bytes in 1 blocks`”，不过这并不是我们的过错。

该工具还能报告不匹配的释放，例如，代码使用 `delete[]`，而内存未以数组形式分配。

所有这些错误都可以通过相应的的源代码行和函数堆栈以详细模式报告：

```
valgrind -- tool = memcheck - v -- leak - check = full \
        -- show - leak - kinds = all vector_test
```

现在我们看到了更多细节，限于篇幅，我们没有在这里打印这些细节，请读者自行尝试。

使用 `memcheck` 的程序运行速度较慢，在极端情况下，运行时间高达 10 ~ 30 倍。尤其是使用原始指针的软件（希望将来会成为一个异常）应该使用 `valgrind` 定期检查。更多信息可以参考 valgrind 官网。

一些商业调试器（如 `DDT`）已经包含内存分析功能。Visual Studio 提供了用于查找内存泄漏的 CRT 库 [47]。

B.4 gnuplot

用于可视化输出的开源程序是 `gnuplot`。假设我们有一个数据文件 `results.dat`，其中包含如下内容：

```
0 1
0.25    0.968713
0.75    0.740851
1.25    0.401059
1.75    0.0953422
2.25    -0.110732
2.75    -0.215106
3.25    -0.237847
3.75    -0.205626
```

```
4.25    -0.145718
4.75    -0.0807886
5.25    -0.0256738
5.75    0.0127226
6.25    0.0335624
6.75    0.0397399
7.25    0.0358296
7.75    0.0265507
8.25    0.0158041
8.75    0.00623965
9.25    -0.000763948
9.75    -0.00486465
```

第一列表示 x 坐标，第二列包含 u 的相应值。我们可以在 gnuplot 中使用以下命令用线条绘制这些值：

```
plot "results.dat" with lines
```

对于如下命令：

```
plot "results.dat"
```

上述命令仅绘制了一些星号，如图 B-3 所示。我们也可以使用 splot 命令绘制 3D 图形。对于更复杂的可视化图形，我们可以使用同样免费的 Paraview 来实现。

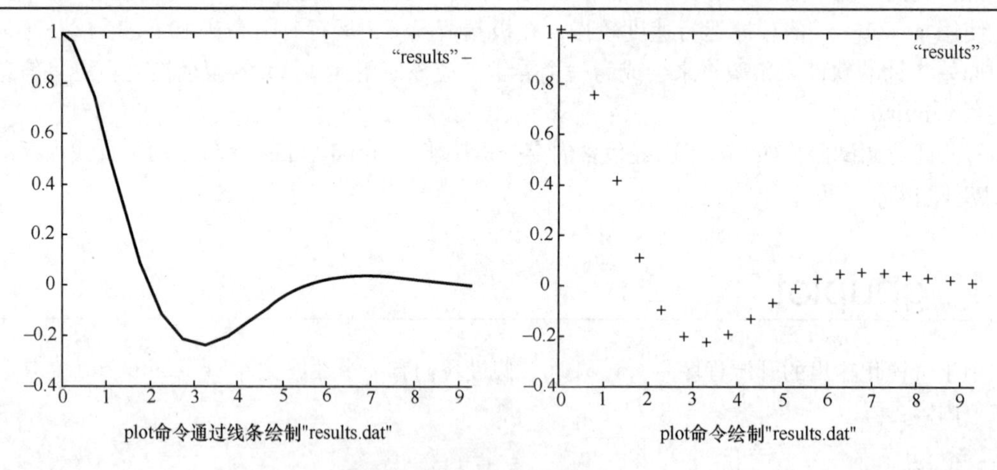

图 B-3　用 plot 命令绘制图形

B.5　UNIX、Linux 和 macOS

Linux 和 macOS 等类 UNIX 系统提供了丰富的命令集，使我们能够在很少或根本不需要编程的情况下完成很多任务。主要的命令包括以下几种。

- `ps`：列出（当前系统中）正在运行的进程。
- `kill` *id*：终止包含 *id* 的进程。`kill -9` *id*，表示强制终止包含 *id* 的进程。
- `top`：列出所有进程及其资源使用情况。
- `mkdir` *dir*：创建一个名为 dir 的新目录。
- `rmdir` *dir*：删除空目录。
- `pwd`：打印当前工作目录。
- `cd` *dir*：将工作目录改为 *dir*。
- `ls`：列出当前目录中的文件。
- `cp` *from to*：将文件 *from* 复制到名为 to 的文件或目录。如果文件存在，它就会被覆盖，除非使用 `cp -i` *from to* 命令，在覆盖目标文件之前给出提示，要求用户确认是否覆盖，回答 y 时目标文件将被覆盖。
- `mv` *from to*：将文件 *from* 移动到名为 *to* 的目录下（如果存在该目录）；否则重命名该文件。如果文件存在，则覆盖该文件。如果使用 `-i` 标识，我们会被要求获得覆盖文件的权限。
- `rm` *files*：删除列表中的所有文件。
- `rm *`：删除所有内容，请慎用该命令。
- `chmod` *mode files*：更改文件的权限。
- `grep` *regex*：在终端输入（或指定文件）中查看正则表达式 *regex*。
- `sort`：对输入进行排序。
- `uniq`：过滤重复的行。
- `yes`：该命令的作用是输出指定的字符串，直到 yes 进程被杀死。不带任何参数输出的 yes 命令默认的字符串就是 y。或者可以使用 `yes 'my text'` 命令，在屏幕上打印“my text”。

UNIX 命令的特殊魅力在于它们可以被管道化，即一个命令的输出结果可以作为下一个命令的输入。当我们需要执行某个任务的安装脚本（`install.sh`）时，可以在命令行输入以下命令：

```
yes | ./ install.sh
```

或者我们希望找到由字母 t、i、o、m、r 和 k 组成的长度为 7 的单词时：

```
grep - io '\ <[tiomrkf]\{7\}\> ' openthesaurus.txt | sort | uniq
```

这就是作者偶尔在游戏 *4 Pics 1 Word* 中作弊的方式。

当然，我们可以根据需要用 C++ 实现类似的命令。当我们可以将程序与系统命令结合起来时，这就更加有效。为此，建议生成简单的输出，以方便管道的使用。例如，我们可以写一些可以直接由 `gnuplot` 处理的数据。

很明显，这一节只是关于某些丰富特性的简要介绍。同样地，整个附录也只是能够提高编程效率的工具的冰山一角。

附录 C

语言规范

“语义是一种足以提供任何精确度的工具，并且与特定情况相关。”

——Kenneth L. Pike

本附录旨在作为与本书相关的定义的参考。

C.1 值类别

C++ 会区分不同类别的值。我们在这里只关注左值和右值，并相应地调整了 ISO 标准 [38] 中的定义。

定义 C-1 左值（lvalue）是对象、位域、函数。

更确切地说，左值表示具名的实体，该名称允许我们使用地址操作符 `&` 确定其地址。这条规则比我们想象中更具普适性。即使是一个函数，其代码每次调用都会被替代，其符号甚至可能不会出现在可执行文件中，它也会有一个地址①。我们可以将这个函数作为参数传递给另一个函数，方法是获取它的地址，或者通过将函数隐式转换为指向自身的指针。

定义 C-2 右值（rvalue）是过期的值（比如转换为右值的对象）、临时对象或其子对象，或者与对象无关的值。

同样，我们可以采用更务实的方法，说右值是没有名称的实体，是不能使用地址操作符 `&` 的。这适用于所有非引用的函数结果。比较棘手的是具名的右值引用，它们只接收右值但其本身是左值，这对于右值函数参数尤其明显。我们只能将右值传递给这些参数，但在函数内部它们是左值，我们必须用 `move` 或 `forward` 将它们作为右值传递给另一个函数。

这些名称的历史原因是只有左值可以出现在赋值的左侧，而右值只能出现在其右侧。不过这个标准并不是很有用，因为左值可以是常量，这禁止它们位于赋值操作的左侧。当赋值操作符未使用 `&` 符号限定时，我们还可以将值赋给用户自定义类型的右值对象，详情可以参考 2.6.4 节。

左值显然也允许出现在赋值的右侧。

定义 C-3 xvalue 是转换为右值的左值。

---

① 特别是当进行性能优化和将函数声明为内联时。

当对象被转换为右值（rvalue）时，其中的内容可能已被损坏，从而使其被视为过期数据。正如我们在 2.3.5.4 节中讨论的那样，正常情况下，右值对象不会出现这样的问题（即使后续转换为左值，也不会出现这样的问题），并且我们希望将来不再需要用到消亡值（xvalue）。对于自己的项目，我们应该使用本书介绍的技术并避免数据被损坏，即使存在 `std::move` 和 `std::forward` 这样的操作也是如此。

C.2 操作符概要

表 C–1 操作符概要

描 述	符 号	结 合 性
括号表达式	(*expr*)	–
lambda 表达式	[*capture list*] *lambda declarator* { *stmt list* }	–
作用域解析	*class name* :: *member*	–
	namespace name :: *member*	–
全局命名空间	:: *name*	–
	:: *qualified-name*	–
成员选择	*object* . *member*	⇒
成员选择	*pointer* -> *member*	⇒
下标	*expr* [*expr*]	⇒
下标（用户自定义）	*object* [*expr*]	⇒
函数调用	*expr* (*expr list*)	⇒
值构造	*expr* { *expr list* }	⇒
	type (*expr list*)	⇒
	expr { *expr list* }	⇒
后缀增量	*lvalue* ++	–
后缀减量	*lvalue* --	–
类型识别	`typeid` (*type*)	–
运行时类型识别	`typeid` (*expr*)	–
运行时检查的转换	`dynamic_cast` < *type* >(*expr*)	–
C 编译期检查的转换	`static_cast` < *type* >(*expr*)	–
不检查的转换	`reinterpret_cast` < *type* >(*expr*)	–
`const` 转换	`const_cast` < *type* >(*expr*)	–
对象的大小	`sizeof` *expr*	–
类型的大小	`sizeof` (*type*)	–

续表

描　述	符　号	结 合 性
参数数目	sizeof... （*argumentpack* ）	–
类型参数数目	sizeof... （*typepack*）	–
对齐	alignof （*expr*）	–
类型对齐	alignof （*type*）	–
前缀增量	++ *lvalue*	–
前缀减量	-- *lvalue*	–
补	~ *expr*	⇐
非	! *expr*	⇐
一元负号	- *expr*	⇐
一元正号	+ *expr*	⇐
取址	& *lvalue*	–
间接取址	* *expr*	⇐
创建（分配）	new *type*	–
创建（分配并初始化）	new *type* （*expr list*）	–
创建（放置）	new （*expr list*）*type*	–
创建（放置并初始化）	new （*expr list*）*type*（*expr list*）	–
销毁（释放）	delete *pointer*	–
销毁数组	delete [ ] *pointer*	–
C 风格的转型	（*type*）*expr*	⇐
协程中暂停执行	co_await *expr*	–
成员选择	*object* .* *pointer to member*	⇒
	pointer ->* *pointer to member*	⇒
乘法	*expr* * *expr*	⇒
除法	*expr* / *expr*	⇒
取模（余数）	*expr* % *expr*	⇒
加法	*expr* + *expr*	⇒
减法	*expr* - *expr*	⇒
左移	*expr* ≪ *expr*	⇒
右移	*expr* ≫ *expr*	⇒
三路比较	*expr* <=> *expr*	⇒
小于	*expr* < *expr*	⇒
小于等于	*expr* <= *expr*	⇒
大于	*expr* > *expr*	⇒

续表

描 述	符 号	结 合 性
大于等于	*expr* >= *expr*	⇒
等于	*expr* == *expr*	⇒
不等于	*expr* != *expr*	⇒
按位与	*expr* & *expr*	⇒
按位异或	*expr* ^ *expr*	⇒
按位或	*expr* | *expr*	⇒
逻辑与	*expr* && *expr*	⇒
逻辑或	*expr* || *expr*	⇒
条件表达式	*expr* ? *expr* : *expr*	⇐
简单赋值	*lvalue* = *expr*	⇐
乘并赋值	*lvalue* *= *expr*	⇐
除并赋值	*lvalue* /= *expr*	⇐
取模并赋值	*lvalue* %= *expr*	⇐
加并赋值	*lvalue* += *expr*	⇐
减并赋值	*lvalue* -= *expr*	⇐
左移并赋值	*lvalue* << = *expr*	⇐
右移并赋值	*lvalue* >> *expr*	⇐
与并赋值	*lvalue* &= *expr*	⇐
或并赋值	*lvalue* |= *expr*	⇐
异或并赋值	*lvalue* ^= *expr*	⇐
抛出异常	`throw` *expr*	–
从协程产生异常	`co_yield` *expr*	–
逗号（序列）	*expr* , *expr*	⇒

该表是 [62，10.3 节][1] 的更新版本，我们提供了二元操作符和三元操作符的结合性。相同优先级的一元操作符从内到外求值。在具有左结合性操作符（标记为 ⇒）的表达式中，首先计算左表达式。例如：

```
a + b + c + d + e     // 等价于下列代码
(((a + b) + c) + d) + e
```

赋值遵循右结合性（⇐），即：

```
a= b= c= d= e     // 等价于
a=(b=(c=(d= e)))
```

① 在 cppreference 网站上，条件表达式的优先级与下面一组的赋值相同（当然在实践中没有任何区别）。标准文件本身并没有直接以列表形式提供优先级。

一个值得注意的细节是 sizeof 的定义，它可以直接应用于对象之类的表达式，但在应用于类型时需要括号：

```
int i;
sizeof i;       // Ok: i 是一个表达式
sizeof(i);      // Ok : 额外的括号没有影响
sizeof int;     // 错误 : 类型必须要用括号括起来
sizeof(int);    // Ok
```

如果你不确定是否需要括号，可以随时添加一些额外的括号。

C.3 转换规则

整数、浮点数和布尔值可以在 C++ 中方便地混合使用，因为这些类型中的每一种都可以转换为任何其他类型。在多数情况下，转换值不会丢失任何信息。当转换回原始类型并获得原始值时，我们称这种转换是保值的。否则称这种转换发生了窄化（Narrowing）。本节是 [62, 10.5 节] 的简化版本。

C.3.1 提升

保留值的隐式转换被称为提升。较短的整数和浮点数类型可以分别准确地转换为较长的整数或浮点数类型。在可能的情况下，首选转型为 int 和 double（而不是更长的类型），因为它们在算术运算中被认为是具有“自然”大小（即最受硬件支持）。整数类型提升的详情如下所示。

- 当 int 可以表示源数据类型的值，那么 char、signed char、unsigned char、short int 和 unsigned short int 会被转型为 int 类型。否则就将其转换为 unsigned int 类型。
- char8_t、char16_t、char32_t、wchar_t 或普通枚举被转换为以下类型中第一个能够容纳所有源类型值的类型：int、unsigned int、long、unsigned long、unsigned long long。
- 如果位字段能表示其取值范围内的所有值，则将位字段转换成 int ；否则在相同条件下将其转换为 unsigned int 型。如果上述条件都不符合，则不进行任何类型提升。
- bool 值转换为 int ：false 会变成 0；true 会变成 1。

类型提升会作为算术转换的一部分（附录 C.3.3）。资料来源：[62, 10.5.1 节]。

C.3.2 其他转换

C++ 隐式执行以下潜在的缩小转换：[①]

- 整数和普通枚举类型可以转换为任何整数类型。如果目标类型更短，则数据的前面几个字节位会被截断。

① 现代编译器经常会对此给出警告。

- 浮点值可以转换为较短的浮点类型。如果源值位于两个目标之间，则结果为其中之一。否则其行为是未定义的。
- 指针和引用：任何指向对象类型的指针都可以转换为 `void*`（不过这是一种旧式的黑客攻击技术。）相反，指向函数或成员的指针不能转换为 `void*`。派生类的指针或引用可以隐式转换为（明确的）基类的指针或引用。0（或产生 0 的表达式）可以转换为任何指针类型，从而产生空指针。不过 `nullptr` 是更好的选择。`T*` 可以转换为 `const T*`，同样 `T&` 可以转换为 `const T&`。
- `bool`：指针，整数和浮点数可以转换为 `bool`：0 值为 `false`；其他值为 `true`。备注：这些转换对更好地理解程序没有任何帮助。
- 整数 - 浮点数：当浮点数转化为整数时，其小数部分会被丢弃（向 0 舍入）。如果值因为太大而无法表示，则其行为是未定义的。当前者在目标类中可表示时，从整数到浮点数类型的转换是准确的。否则，将采用下一个较低或较高的浮点值（具体值取决于实现）。在极少数情况下，它如果对于浮点数来说太大而无法表示时，其行为是未自定义的。

资料来源：[62, 10.5.2 节] 和 C++ 标准。

C.3.3 常用的算术转换

这些转换是针对二元操作符的操作数执行的，从而将它们转换为通用类型，然后将其用作结果类型。

1. 如果其中一个操作数是 `long double`，那么另一个也转换为 `long double`。
   - 否则，如果其中一个操作数是 `double`，那么另一个也被转换为 `double`。
   - 否则，如果其中一个操作数是 `float`，那么另一个也被转换为 `float`。
   - 否则，将对两个操作数执行 C.3.1 节中的整数提升。
2. 如果其中一个操作数是 `unsigned long long`，那么将另一个操作数转换为 `unsigned long long`。
   - 如果其中一个操作数是 `long long`，另一个操作数是 `unsigned long`，如果后者可以表示前者的所有值，则将则 `unsigned long` 转换为 `long long`。否则将两者都转换为 `unsigned long long`。
   - 如果其中一个操作数是 `long`，另一个操作数是 `unsigned`，如果后者可以表示前者的所有值，则将则 `unsigned` 转换为 `long`。否则将两者都转换为 `unsigned long`。
   - 如果其中一个操作数是 `long`，则将另一个转换为 `long`。
   - 如果其中一个操作数是 `unsigned`，则将另一个转换为 `unsigned`。
   - 否则，将两个操作数都转换为 `int`。

包含有符号和无符号整数的程序具有平台相关的行为，因为转换规则取决于整数类型的大小。

资料来源：[62, 10.5.3 节]。

C.3.4　窄化

窄化转换是一种隐式转换。

- 从浮点数转换为整数。
- 从取值范围大的浮点数转换为取值范围小的浮点数（在编译期可以计算并且不会溢出的表达式除外）。
- 从整数转换为浮点数（在编译期可以计算并且转换之后值不变的表达式除外）。
- 从取值范围大的整数转换为取值范围小的整数（在编译期可以计算并且不会溢出的表达式除外）。

资料来源：ISO 标准。

参考资料

[1] David Abrahams 和 Aleksey Gurtovoy 合著的 *C++ Template Metaprogramming: Concepts, Tools, and Techniques from Boost and Beyond*

[2] Douglas Adams 的著作 *Life, the Universe and Everything*

[3] Bryce Adelstein 的课程 "Core C++ 2019 :: Bryce Adelstein :: Modules are Coming"

[4] Matthew H. Austern 的著作 *Generic Programming and the STL: Using and Extending the C++ Standard Template Library*

[5] Lewis Baker 的项目 "CppCoro – A coroutine library for C++"

[6] John J. Barton 和 Lee R. Nackman 合著的 *Scientific and Engineering C++*

[7] L. Susan Blackford 等人发表在 *ACM Transactions on Mathematical Software* 上的文章 "An updated set of basic linear algebra subprograms (blas)"

[8] Walter E. Brown 的技术报告 "Three <random>-related proposals, v2"

[9] Krzysztof Czarnecki 和 Ulrich Eisenecker 的文章 "Meta-control structures for template metaprogramming"

[10] Krzysztof Czarnecki 和 Ulrich W. Eisenecker 合著的 *Generative Programming: Methods, Tools, and Applications*

[11] Ionut Danaila、Fr´ed´eric Hecht 和 Olivier Pironneau 合著的 *Simulation Num´erique en C++*

[12] Stefanus Du Toit 的报告 "Hourglass interfaces for C++ APIs"

[13] Margaret A. Ellis 和 Bjarne Stroustrup 合著的 *The Annotated C++ Reference Manual*

[14] Andreas Fertig 的文章 "C++20: Aggregate, POD, trivial type, standard layout class, what is what."

[15] Andreas Fertig 的著作 *Programming with C++20*

[16] Erich Gamma 等人合著的 *Design Patterns: Elements of Reusable Object-Oriented Software*

[17] Bernhard Ganter 和 Rudolf Wille 合著的 *Formal Concept Analysis: Mathematical Founda tions*

[18] Peter Gottschling 的技术报告 "Fundamental algebraic concepts in concept-enabled C++"

[19] Peter Gottschling 的著作 *Mixed Complex Arithmetic*

[20] Peter Gottschling 的技术报告 "Code Reuse in Class Template Specialization"

[21] Peter Gottschling 的著作 *Matrix Template Library 4*

[22] Peter Gottschling 和 Andrew Lumsdaine 的文章 "Integrating semantics and compilation: using C++ concepts to develop robust and efficient reusable libraries"

[23] Peter Gottschling、David S. Wise 和 Adwait Joshi 的文章“Generic support of algorithmic and structural recursion for scientific computing”

[24] Douglas Gregor 等人的著作 *Concepts: Linguistic Support for Generic Programming in C++*

[25] Rainer Grimm 的文章“C++20: Coroutines with CppCoro”

[26] Rainer Grimm 的著作 *Concurrency with Modern C++*

[27] Rainer Grimm 的著作 *Modern C++: Concurrency Meistern*

[28] E. Hairer、S.P. Nørsett 和 G. Wanner 合著的 *Solving Ordinary Differential Equations I: Nonstiff Problems*

[29] Lutz Hamel 的文章“Theory on Computation”

[30] Kjell Hedström 的文章“Number crunching: Why you should never, ever, ever use linked-list in your code again”

[31] Magnus R. Hestenes 和 Eduard Stiefel 的文章“Methods of conjugate gradients for solving linear systems”

[32] Roger W. Hockney 的著作 *The Science of Computer Benchmarking*

[33] C++ Reference: Implicit cast

[34] ISO/IEC 出品的 *ISO/IEC 14882:1998: Programming languages – C++ (C++98)*

[35] ISO/IEC 出品的 *ISO/IEC 14882:2003: Programming languages – C++ (C++03)*

[36] ISO/IEC 出品的 *ISO/IEC 14882:2011: Programming languages – C++ (C++11)*

[37] ISO/IEC 出品的 *ISO/IEC 14882:2014: Programming languages – C++ (C++14)*

[38] ISO/IEC 出品的 *ISO/IEC 14882:2017: Programming languages – C++ (C++17)*

[39] ISO/IEC 出品的 *ISO/IEC 14882:2020: Programming languages – C++ (C++20)*

[40] Nicolai Josuttis 的著作 *The C++ Standard Library: A Tutorial and Reference, Second Edition*

[41] Björn Karlsson 的著作 *Beyond the C++ Standard Library: An Introduction to Boost*

[42] Kenny Kerr 的文章“From algorithms to coroutines in C++”

[43] Karl Meerbergen 的著作 *Generic Linear Algebra Software*

[44] Karl Meerbergen、Kre˘simir Fresl 和 Toon Knapen 的文章“C++ bindings to external software libraries with examples from BLAS, LAPACK, UMFPACK, and MUMPS”

[45] Scott Meyers 的文章“A concern about the rule of zero”

[46] Scott Meyers 的著作 *Effective Modern C++: 42 Specific Ways to Improve Your Use of C++11 and C++14*

[47] Microsoft 的文章“Find memory leaks with the CRT library”

[48] Theodor Omtzigt 和 Peter Gottschling 合著的 *HPR-BLAS*

[49] Theodor Omtzigt 和 Peter Gottschling 合著的 *HPR-Tensor*

[50] Theodor Omtzigt 和 Peter Gottschling 合著的 *Universal Number Arithmetic library*

[51] Oracle 出品的“Oracle C++ call interface”

[52] Edward Ott 的著作 *Chaos in Dynamical Systems*

[53] Dan Quinlan 的文章“Rose: Compiler support for object-oriented frameworks”

[54] Jan Rudl 的著作 *Skript zur Vorlesung Finanzmathematik*

[55] Jeremy Siek 等人的报告“Concepts for C++0x”

[56] Jeremy G. Siek 等人合著的 *Boost Graph Library, The: User Guide and Reference Manual*

[57] Jeremy G. Siek 和 Andrew Lumsdaine 合著的 *A Language for Generic Programming*

[58] Malte Skarupke 的文章“The problems with uniform initialization”

[59] A.A. Stepanov 的文章“Abstraction penalty benchmark”

[60] Walter Storm 的文章“An in-depth study of the STL deque container”

[61] Bjarne Stroustrup 的著作 *The C++ Programming Language, Third Edition*

[62] Bjarne Stroustrup 的著作 *The C++ Programming Language, Fourth Edition*

[63] Bjarne Stroustrup 和 Herb Sutter 的文章“C++ Core Guidelines”

[64] Herb Sutter 的文章“Why not specialize function templates?”

[65] Herb Sutter 的文章“Move, simply”

[66] Herb Sutter 和 Andrei Alexandrescu 合著的 *C++ Coding Standards: 101 Rules, Guidelines, and Best Practices*

[67] Xiaolong Tang 和 Jaakko Järvi 的文章“Generic flow-sensitive optimizing transformations in C++ with concepts”

[68] Gerald Teschl 的著作 *Ordinary Differential Equations and Dynamical Systems*

[69] David Vandevoorde 等人合著的 *C++ Templates: The Complete Guide, Second Edition*

[70] Kenton Varda 的技术报告“Protocol buffers: Google’s data interchange format”

[71] T.L. Veldhuizen 的文章“C++ templates are Turing complete”

[72] Vaughn Vernon 的著作 *Implementing Domain-Driven Design*

[73] R.C. Whaley 等人的文章“Automated empirical optimization of soft- ware and the ATLAS project”

[74] Baptiste Wicht 的文章“C++ benchmark – std::vector vs std::list vs std::deque”

[75] Anthony Williams 的著作 *C++ Concurrency in Action*

[76] P. Wilmott 的著作 *Paul Wilmott Introduces Quantitative Finance*

[77] Greg Wilson 的著作 *Data Crunching: Solve Everyday Problems Using Java, Python and More*